建筑信息模型（BIM）高级技术与应用

主 编 朱 力
副主编 刘智敏

清华大学出版社
北京交通大学出版社
·北京·

内 容 简 介

本书从 BIM 商用类软件 Revit 建模的使用讲起，涉及 BIM 参数化建模中图形编程和代码编程两种方式。全书共 9 章，分别为 BIM 技术概述、BIM 建模技术、BIM 参数化建模技术、基于 API 技术的 BIM 二次开发、BIM 模型的可视化交底和应用技术、BIM 轻量化技术、基于 BIMFACE 的 BIM 项目管理平台开发、国产自主 BIM 软件介绍、BIM+技术。遵循由浅入深、循序渐进的原则，理论结合实际应用，配有详细的操作说明及可参考的实际工程案例。

本书适合土木工程专业本科生、研究生使用，也可供相关专业工程技术人员参考。

图书在版编目（CIP）数据

建筑信息模型（BIM）高级技术与应用 / 朱力主编. —北京：北京交通大学出版社 ：清华大学出版社，2023.6

ISBN 978-7-5121-5002-7

Ⅰ. ① 建…　Ⅱ. ① 朱…　Ⅲ. ① 建筑设计-计算机辅助设计-应用软件　Ⅳ. ① TU201.4

中国国家版本馆 CIP 数据核字（2023）第 110107 号

建筑信息模型（BIM）高级技术与应用
JIANZHU XINXI MOXING (BIM) GAOJI JISHU YU YINGYONG

责任编辑：刘　蕊
出版发行：清 华 大 学 出 版 社　　邮编：100084　　电话：010-62776969
　　　　　北京交通大学出版社　　邮编：100044　　电话：010-51686414
印 刷 者：北京鑫海金澳胶印有限公司
经　　销：全国新华书店
开　　本：185 mm×260 mm　　印张：18　　字数：450 千字
版 印 次：2023 年 6 月第 1 版　　2023 年 6 月第 1 次印刷
印　　数：1～1 000 册　　定价：49.00 元

本书如有质量问题，请向北京交通大学出版社质监组反映。对您的意见和批评，我们表示欢迎和感谢。
投诉电话：010-51686043，51686008；传真：010-62225406；E-mail：press@bjtu.edu.cn。

前　言

建筑信息模型（building information modeling，BIM）技术，是一种应用于工程设计、建造、管理的数据化工具，通过对建筑的数据化、信息化模型整合，在项目策划、运行和维护的全生命周期过程中进行共享和传递，使工程技术人员对各种建筑信息作出正确理解和高效应对，为设计团队以及包括建筑、运营单位在内的各方建设主体提供协同工作的基础，在提高生产效率、节约成本和缩短工期方面发挥重要作用。目前，BIM 的理念和技术已经在国内外得到实践应用，不再是行业前沿性的技术，而是政策指导，是建筑行业的大趋势，具备可视化、协调性、模拟性、优化性和可出图性等特点。

BIM 技术的概念源于美国，经过迅速发展，美国是目前 BIM 技术研究和应用较为成熟和领先的国家。2007 年以来，为鼓励所有 GSA 项目采用 3D-4D-BIM 技术，美国政府对采用该技术的项目承包商根据技术应用深度给予不同程度的资金资助，极大地推动了美国 BIM 技术的应用及相关标准的落地。加拿大对 BIM 技术的应用与推广也是不遗余力，2010 年加拿大 BIM 学会的一份调查报告显示，加拿大已经实现 BIM 技术的深度应用，BIM 参与的建设项目实现了软件与建筑生命周期的设计、施工、运维阶段相对应。新加坡政府早在 1995 年就启动了建筑信息化项目 CORENET（construction and real estate network），该项目旨在将琐碎的建筑业务联系起来，形成建筑体系，提高建筑的质量和生产率，但受限于 2D 的建筑表达方式，使得该项目未能取得预期的效果；2003 年，开发了具有建筑规划功能的 IBP（integrated building plan）系统；2004 年，完成了具有建筑服务功能的系统 IBS（integrated building system），2005 年该系统通过了测试。新加坡的 e-Plan Check 计划是国际上政府机构支持 IFC 标准和 BIM 技术的最大集成建筑服务系统工程，充分体现了新加坡政府建立基于 IFC 标准数据格式建筑信息化集成服务系统的信心。

我国 BIM 发展起步较晚，主要经历两个关键节点：第一个节点，住建部于 2011 年发布了《2011—2015 年建筑业信息化发展纲要》（建质〔2011〕67 号），首次指出 BIM 应纳入信息化建设标准内容。在 2011—2013 年国家政策对 BIM 发展的推行和指导作用下，广东省、浙江省、上海市及北京市等发达省市先后发布地方政策，主要以政策为导向，示范引领推动 BIM 发展。第二个节点，住建部于 2016 年发布了《2016—2020 年建筑业信息化发展纲要》（建质函〔2016〕183 号），BIM 被列为“十三五”建筑业重点推广的五大信息技术之首。进入 2017 年，BIM 发展进入高峰期，全国各省市大力推进 BIM 发展进程，发布的相关政策急速增加。截至 2022 年底，上海、广东、浙江和广西 4 个省区市正式出台了 BIM 收费标准，其余各省市也在加快收费标准的编制。后续几年内，国家及各省市将逐步完善各专业领域 BIM 相关标准，BIM 政策已由初步示范引导阶段发展为全面推进融合阶段。

目前我国高校 BIM 人才培养现状主要包括设置 BIM 课程，开设 BIM 专业或成立 BIM 学院，设置 BIM 工作室和研发中心，与企业或行业协会联合举办 BIM 大赛等。为适应形势发展要求，各个高校都制订了相关的培养方案及改革措施，逐渐将重点从传统的单一理论教学转向加大实践教学，主要表现在把 BIM 相关基础课程融入原有的教学环节，提高学生操作 BIM 技术软件的基本能力，并通过实际项目的建设案例锻炼学生的实际应用能力；通过各类 BIM 专业竞赛，企业、高校间得到很好的交流，也为学生就业提供了很好的平台。

市面上有关 BIM 建模的书籍相对较多，但介绍高级技术应用的书较少。本书从 BIM 商用类软件 Revit 建模的使用讲起，涉及 BIM 参数化建模中图形编程和代码编程两种方式。全书共 9 章，分别为 BIM 技术概述、BIM 建模技术、BIM 参数化建模技术、基于 API 技术的 BIM 二次开发、BIM 模型的可视化交底和应用技术、BIM 轻量化技术、基于 BIMFACE 的 BIM 项目管理平台开发、国产自主 BIM 软件介绍、BIM+技术。遵循由浅入深、循序渐进的原则，理论结合实际应用，配有详细的操作说明及可参考的实际工程案例。本书适合土木工程专业本科生、研究生使用，也可供相关专业工程技术人员参考。

本书由朱力担任主编，刘智敏担任副主编。具体编写分工如下：第 1 章，朱力、李佳欢；第 2 章，张晓虎、尤孙锋；第 3 章，朱力、刘一迪；第 4 章，朱力、郭甲超；第 5 章，朱力、赵利佳；第 6 章，朱力、张维举；第 7 章，季鑫霖、李佳欢；第 8 章，尤孙锋、朱力；第 9 章，刘智敏、李双宇。

感谢北京构力科技有限公司高校部、市场部、BIMBase 研发中心、授权中心等部门在本书编写过程中提供的帮助，特别鸣谢北京构力科技有限公司马尚、刘逸凡两位专家提供的通信联络和技术问答支持。

刘一迪同学为本书的资料整理做了大量工作，在此表示诚挚的谢意。

本书配有配套视频资料，仅供选用本书作为教材的教师使用，可发邮件至 zhuli@bjtu.edu.cn 索取。鉴于作者水平有限，书中难免有错误及不妥之处，敬请读者批评指正。

编　者

2023 年 2 月

目　录

第1章

BIM 技术概述

近年来，BIM（building information model）技术在建筑行业已经形成一股热潮，对 BIM 技术的定义一般习惯引用美国国家 BIM 标准的说法，该定义包含三个部分：① BIM 是一个设施（建设项目）物理和功能特性的数字表达；② BIM 是一个共享的知识资源，是一个分享有关这个设施的信息，为该设施从概念到拆除的全生命周期中的所有决策提供可靠依据的过程；③ 在设施的不同阶段，不同利益相关方通过在 BIM 中插入、提取、更新和修改信息，以支持和反映其各自职责的协同作业。

BIM 思想最早是由“BIM 之父”Charles Eastman 提出，1975 年 Charles Eastman 教授提出“a computer—based description of—a building”，以便实现建筑工程的可视化和量化分析，提高效率。1986 年，美国学者 Robert Aish 提出“building modeling”，这一概念与现在业内广泛接受的 BIM 概念已经非常接近。2002 年由 Autodesk 公司提出建筑信息模型（BIM），并推出了自己的软件产品，随即在全球多个项目上进行试用，取得不错的效果。[1]

1.1　BIM 技术在建模、模型应用角度的整体技术

1.1.1　BIM 技术在建模中的整体技术

BIM 技术是一种多维模型信息集成技术，可以使建设项目的所有参与方（包括政府主管部门、业主、设计、施工、监理、造价、运营管理、项目用户等）在项目从概念产生到完全拆除的整个生命周期内，都能够在模型中操作信息和在信息中操作模型，从而从根本上改变从业人员依靠符号文字形式的图纸进行项目建设和运营管理的工作方式，实现在建设项目全生命周期内提高工作效率和质量以及减少错误和风险的目标。[2] 本小节将通过以下三个方面的讨论进一步阐释 BIM 技术的内涵。

1. BIM 技术与多维模型信息

BIM 技术是一种多维模型信息集成技术，搭载信息是其基本功能和进行后续相关应用的基础。BIM 模型中的信息一般包括两类，第一类是建设项目或设施的基本信息，如几何尺寸、空间关系、参考规范、安全数据等；第二类是建设项目或设施的过程信息，如生产数据、安装及装配数据、建设进度信息、工程造价数据以及检测数据信息等。BIM 技术是针对建设项目或设施搭建的全生命周期信息化管理平台，因此通常情况下 BIM 模型中应该包含尽可能多的信息，但包含巨量信息的 BIM 模型会给建模和协作共享造成困难。可以通过仅在 BIM 基本模型中保存部分信息，而将更多的附属信息独立于基本模型之外，通过基于 API（application programming interface）的二次开发过程与基本模型进行交互来解决这一问题。该方法将使得

BIM 模型更加合乎逻辑、便于使用，各行业可以更容易地控制其所关心的信息流，对 BIM 技术在建模阶段基于互联技术进行二次开发也逐渐成为一种趋势。[3] 当前有许多 BIM 平台协助开发者进行二次开发，如 BIMFACE 平台、EBIM 云平台、协筑 BIM 平台、达索系统 BIM 平台等。

上述方法的关键是要建立各类工程信息的使用标准，以便集成和后续应用。而哪些信息必须保存在基本模型中，哪些信息适合采用二次开发进行添加，应该由工程师和软件设计师共同决定。

2. BIM 技术与 BIM 建模平台

BIM 是一个宽泛的关于工程建设信息化的技术理念，BIM 技术并不等同于任何建模软件，但 BIM 技术通常需要通过 BIM 建模软件来实现，这两者之间的关系应该明确。不同的软件平台有不同的特点和应用场景，常用的建模软件平台有 Autodesk Revit 平台、Bentley 平台、ArchiCAD 平台、CATIA 平台、Tekla Structures 平台等，详见后续章节。

3. BIM 与 IFC 标准

建模软件平台的选择通常由行业性质和使用者的熟悉程度决定，大多数软件均以其特定格式保存模型（如.rvt、.dgn、.pln 等），这给协同共享和信息交互造成了困难。

为解决该问题，Autodesk 公司于 1994 年成立了 IAI（International Alliance for Interoperability），这是一个由 12 家公司组成的联盟，2005 年以来，该联盟一直以 buildingSMART 的网站名称运作。buildingSMART 一直以来致力于改进建筑行业应用程序之间的数据交互，形成了数据交互及标准化的具体解决方案，打破了原始 BIM 技术的信息竖井，催生出了更为开放的 openBIM 理念，这也是现代 BIM 技术最为重要的理念之一。[4]

IFC（Industry Foundation Classes）标准通过两种手段获取信息，一种是通过标准格式的文件交换信息，另一种是通过标准格式的程序接口访问信息。IFC 标准整体的信息描述分为四个层次，从下往上分别为资源层、核心层、共享层、领域层，每个层次又包含若干模块，相关工程信息集中在一个模块里描述。资源层里多是基础信息定义，如材料、几何、拓扑等；核心层定义信息模型的整体框架，如工程对象之间的关系、工程对象的位置和几何形状等；共享层定义跨专业交换的信息，如墙、梁、柱、门、窗等；领域层定义各自领域的信息，如暖通领域的锅炉、风扇、节气阀等。

2013 年，IFC 标准被国际标准化组织注册为《建设和设备管理行业的数据共享用工业基础类（IFC）》（ISO 16739—2013）国际标准。美国国家 BIM 标准和我国的一些本土化的三维模型建筑信息标准均建立在 IFC 标准之上。[5] 在此之后，该标准不断完善更新，在 2018 年发展为《建设和设备管理行业的数据共享用工业基础类（IFC）. 数据架构》（ISO 16739—1—2018），作为现行 IFC 国际标准。

IFC 标准侧重于模型数据交互及标准化，随着 BIM 技术的深入发展，模型应用的其他方面（如围绕模型进行通信）必将催生出更为全面的信息标准（如 BCF，BIM Collaboration Format），而这正是 BIM 技术基层信息组织的关键，了解此类信息标准对读者理解 BIM 技术的全貌有一定的促进作用。

1.1.2 BIM 技术在模型应用中的整体技术

BIM 技术是针对建设项目或设施搭建的全生命周期的信息化管理平台，在进行工程建设的每个阶段，BIM 技术均有对应的具体应用。本小节结合国内外研究情况阐明 BIM 技术在建设项目或设施全生命周期中的应用框架和具体应用技术。

1. BIM 技术在全生命周期中的应用框架

BIM 技术在建设项目或设施全生命周期中的应用框架由数据信息、多维模型和实际应用三部分组成。BIM 技术需要不同的软件协作完成，在实施过程中不同行业的软件数据格式并不相同，会产生不兼容问题。这是 BIM 模型数据信息组成的核心问题，IFC、BCF 等标准就是为了解决该问题而建立的。多维模型是数据信息的载体，包含了从概念设计阶段到运营管理阶段全生命周期的所有数据信息，形成了各个阶段和不同的工作过程相应的子系统，是协同工作的重要依据。实际应用是 BIM 技术的最终目标，具体的应用技术见下文“BIM 技术在全生命周期各阶段的具体应用技术”。BIM 技术在全生命周期中的应用框架，如图 1–1 所示。[6]

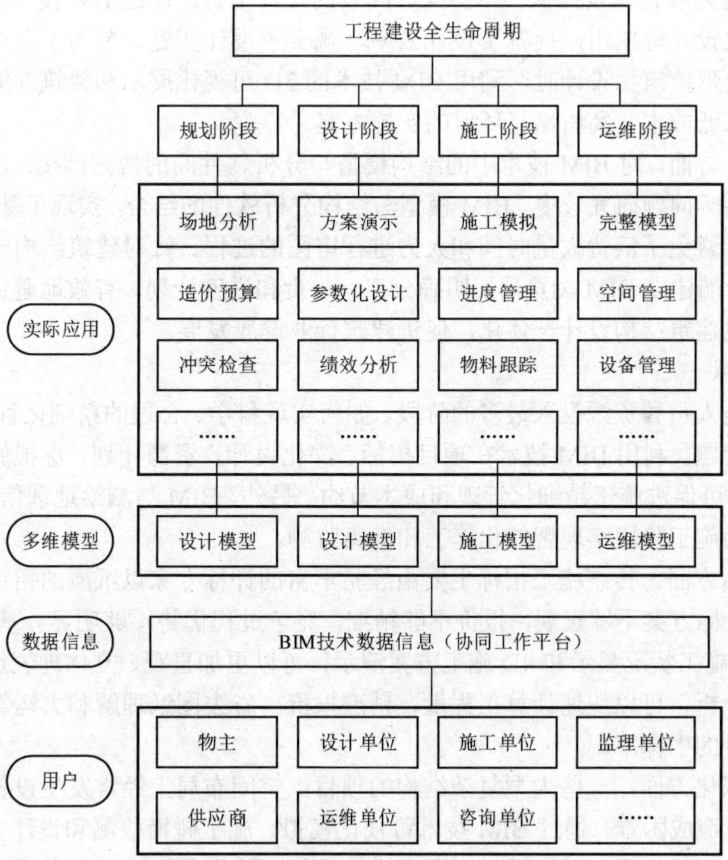

图 1–1　BIM 技术在全生命周期中的应用框架

2. BIM 技术在全生命周期各阶段的具体应用技术[7]

1）规划阶段

在规划阶段，需要依据业主的设计任务进行初步规划、方案预演、场地分析和建筑性能预测等任务。传统手段往往定量分析不充分，主观因素偏重，对于大量的数据信息处理困难。然而，通过 BIM 技术强大的信息统计功能和初步模型的分析、评估，对建设方案和投资预算方案进行模拟和分析，有效地处理数据信息，可在场地规划分析、成本估算、策划方案优选和空间布局等方面取得良好效益。

目前，BIM技术在规划阶段的应用较少。为了深入优化各个策划方案和保证建筑物性能，针对建筑物场地规划分析提出BIM技术结合层次分析法的应用方法：首先，确定规划方案的自然因素、社会政治因素、交通和位置因素、经济技术因素等影响因子；其次，根据判断矩阵特征向量解算的原理，求得准则层各元素对目标层的优先权重；再次，进行加权，得出各预备方案对最终目标的总权重，优选方案为权重最大者；最后，结合BIM技术的性能模拟分析，进一步优化方案。层次分析法和BIM技术的结合，不仅降低了方案选择的难度和建设成本，还优化了方案的性能，使最终的决策更加客观和科学，使得场地规划布局更加合理。

2）设计阶段

对于工程项目设计越来越复杂多变、设计周期短、信息不流畅、数据重用率低等严重问题，BIM技术可为项目建设提供一个协同、高效的设计平台。通过BM技术的参数化设计、协同设计和深化设计等应用，提升了设计效率，减少了设计变更，节约了设计成本。另外，在进行复杂的异形建筑物设计时，利用BIM技术的3D可视化展示和建筑性能模拟分析，可为工程项目带来低成本、高质量、环保的实施方案。

在结构设计方面，对BIM技术中的结构模型与分析软件间的数据链接，以及建筑结构设计间的无缝对接等问题研究较多。BIM模型与结构分析软件的结合，实现了基于BIM模型的快速荷载计算，避免了浪费大量时间和人力进行审图的过程。针对建筑结构一体化的设计思路，可以通过云端建立BIM浏览器，明确分工、分责和进度计划，有效地避免不同单位间的利益冲突，实现建筑结构设计一体化，促进建筑行业健康发展。

3）施工阶段

施工阶段是人员和资源投入最多的阶段，如何实现科学、合理的精细化管理，节约成本，是亟须解决的问题。利用BIM技术在项目招标、深化设计、资源计划、虚拟施工和安全控制等方面的功能，可促进施工精细化管理和成本节约；另外，BIM与测绘地理信息技术的集成，可以很好地帮助施工阶段实现智能化施工和健康监测。

在项目投标方面。传统施工招标主要由经验丰富的评标专家以纸质的招标文件筛选施工单位，这样的投标方案不够直观，报价不够精细，竞争过程优势不够明显。基于BIM的施工投标，通过3D施工状况显示和4D施工方案演示，可以更加直观、立体地表达技术方案；通过精细化数据分析，可以快速计算工程量、精准报价，省去图纸理解和大运算量模型建立的工作，提高项目的中标率。

在施工图深化方面，一些大型复杂结构的项目，空间布局上经常发生设备管线与结构间的碰撞，给施工造成困难。通过BIM技术可视化模拟、施工碰撞检测和设计方案优化，可解决施工过程中的碰撞问题，减少返工，提高施工质量，从而节约施工成本。

在施工模拟方面，由于复杂建筑结构的施工图比较抽象，经常导致专业间沟通交流障碍，不利于施工进度的控制。国内首次研发的4D施工管理系统，有效控制了施工进度，提高了施工效率；采用多层次BIM建模规则，可实现复杂场景施工过程的高效动态模拟与分析，减少了施工返工，并保证了施工质量。总之，通过BIM技术的施工模拟，直观地进行了施工交底和作业指导，从而可及早发现问题，采取相应的补救措施，使进度计划与施工方案达到最优化。

在计划及成本控制方面，工程造价管理主要采取分段性的管理模式，经常发生不同专业间数据信息丢失和工程量反复计算的问题。BIM 技术与管理信息系统集成，可实现施工进度与材料需求相结合，实现进度、成本的动态管理与联合控制。另外，基于 BIM 的施工动态监控模式，不仅优化了资源的使用计划，还提高了造价算量精度和效率，很好地控制了施工成本。

在安全管理方面，施工过程中，在现场布置、工作面管理、危险源辨识等方面，经常会出现安全问题，而 BIM 技术的应用，可以创建 4D 施工安全信息管理模型。通过模型模拟进行邻近施工和限高施工、施工场地规划，保证了施工安全，提高了施工安全的管理水平。

4）运维阶段

传统竣工图参差不齐，错误频出，许多建筑设施的关键数据缺失，在隐患或事故发生之时，不能够有效地采取相应措施，导致经济损失严重。近年来，人们研究 BIM 技术在建筑设施维护管理、灾害预警应急处理、结构管线安全监控和节能优化等方面取得了显著成果，有效节约了运维成本。BIM 智能运维管理系统可实现所有系统设备的动态管理、灾害应急处理和能耗分析。对 BIM 技术和楼宇自动化系统进行集成，使楼宇系统的设备维护管理、人员管理和应急管理等工作集成在统一的平台，可实现楼宇系统智能化管理的目标。未来 BIM 技术将会使建筑项目运维管理逐步迈向信息化、数字化和智能化，更有助于智慧城市这一理念的实现。

随着智慧测量及计算机技术的迅速发展，与各种技术的集成应用也逐渐成为 BIM 应用的重要形式之一，前后涌现出了 BIM+GIS、BIM+智能型全站仪、BIM+倾斜摄影技术、BIM+三维激光扫描技术、BIM+VR 技术、BIM+AR 技术、BIM+MR 技术和 BIM+3D 打印技术等。

1.1.3　BIM 技术面临的挑战

1. 缺乏与 BIM 技术相对应的信息化生产体系

BIM 技术在很多建设项目或设施中被使用，然而大多数情况下仍然是作为传统的基于图纸的生产方式的补充，无法直接代替图纸实现基于模型的生产。法律法规的滞后、交付标准的不完善、相关人才的缺乏都是造成目前这一局面的原因，要真正实现 BIM 技术，设计理念、硬件设施和法律法规等方面必须发展和完善到一定程度，我们还有很长的路要走。

2. 关于 BIM 技术本质的误解

近年来，BIM 技术在建筑行业掀起一股热潮，加上软件公司对其软件的大肆宣传，BIM 概念被不断神化。我们必须清楚 BIM 的本质（BIM 是一个过程，并不等同于任何建模软件），它能够解决什么问题，为什么 BIM 技术是必要的。对 BIM 技术的误解和对这种误解的不经意传播或许会让 BIM 技术本身走错方向！

3. 缺乏精通 IT 技术的工程人员

如今是信息化时代，工程建设也逐步向信息化靠拢，而目前的工程技术人员中很少有人精通 IT 技术或能够创造出有用的信息化工具。在数字工具的开发中，应该让更多的工程技术人员参与，而不是完全外包给 IT 行业，这样才能充分发挥专业特长和工程经验，创造出更适用、更合乎逻辑的数字工具。

1.2 智慧工地

智慧工地取自智慧建设概念，是指运用信息化手段，通过三维设计平台对工程项目进行精确设计和施工模拟，围绕施工过程管理，建立互联协同、智能生产、科学管理的施工项目信息化生态圈，并将此数据在虚拟现实环境下与物联网采集到的工程信息进行数据挖掘分析，提供过程趋势预测及专家预案，实现工程施工可视化智能管理，以提高工程管理信息化水平，从而逐步实现绿色建造和生态建造。

智慧工地将更多人工智能、传感技术、虚拟现实等高科技技术植入建筑、机械、人员穿戴设施、场地进出关口等各类物体中，并且被普遍互联，形成“物联网”，再与“互联网”整合在一起，实现工程管理干系人与工程施工现场的整合。智慧工地的核心是以一种“更智慧”的方法来改进工程各干系组织和岗位人员进行交互的方式，以便提高交互的明确性、效率、灵活性和响应速度。

智慧工地是智慧建设管理理念的实践基础，为现场管理与 BIM 的结合提供了物质纽带，为智慧工地管理的运行体系提供了物质框架。[8] 智慧工地整体架构可以分为以下三个层面。

第一个层面是终端层。充分利用物联网技术和移动应用提高现场管控能力。通过 RFID、传感器、摄像头、手机等终端设备，实现对项目建设过程的实时监控、智能感知、数据采集和高效协同，提高作业现场的管理能力。

第二个层面是平台层。各系统中处理的复杂业务以及产生的大模型和大数据，对服务器提供高性能的计算能力和低成本的海量数据存储能力产生了巨大需求。通过云平台进行高效计算、存储及提供服务。让项目参建各方更便捷地访问数据，协同工作，使得建造过程更加集约、灵活和高效。

第三个层面是应用层。应用层核心内容应始终围绕着提升工程项目管理这一关键业务核心，因此项目管理系统（PM）是工地现场管理的关键系统之一。BIM 的可视化、参数化、数据化的特性让建筑项目的管理和交付更加高效和精益，是实现项目现场精益管理的有效手段。[9]

BIM 技术在智慧工地中的应用主要分为技术应用和管理应用两个方面。

1. 技术应用

与 BIM 技术的常规应用类似，BIM 技术在智慧工地中的技术应用包括工程量统计、节点分析、视频监控、碰撞检查和材料的实时管控等。[10]

2. 管理应用

BIM 技术在智慧工地中更为重要的作用是协调管理，为项目各个单位提供相应的数据信息，通过对数据信息进行分析，考察工程施工效率，从而对建筑工地施工现场进行全面管理，提升管理水平。[11] 基于 BIM 的智慧工地管理体系涉及工序安排、材料与资源调度、空间布置、进度控制、质量监管以及成本管理等多方面内容。凌立睿等[12]和曾凝霜等[13]均提出了基于 BIM 的智慧工地管理体系，如图 1–2 所示。

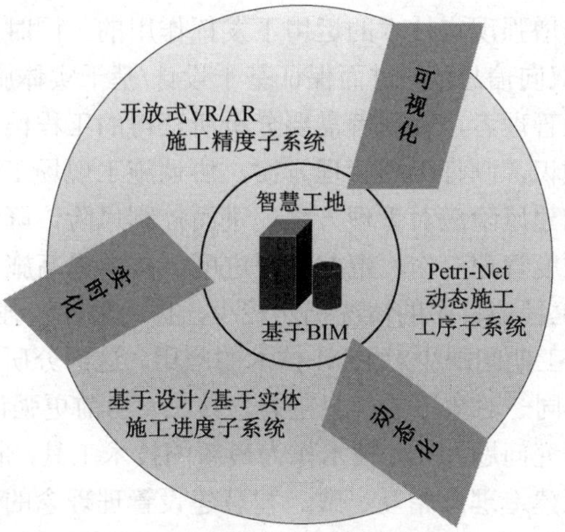

图 1－2　基于 BIM 的智慧工地管理体系

1）开放式 VR/AR 施工精度子系统

开放式 VR/AR 施工精度子系统则是智慧工地管理体系的重要组成部分。开放式 VR/AR 施工精度子系统融合了虚拟现实技术、现实增强技术、图形模拟技术、扫描技术。通过应用开放式 VR/AR 施工精度子系统开展工程管理工作，不仅可以科学地管理、控制每项施工环节，还可以进行实时管理，进而保证工程管理效果。在开放式虚拟现实与增强现实系统下，管理人员可以应用设备将施工信息投射到施工现场，进而指导施工活动。在 AR 技术以及位置追踪标记下，管理人员可以全面地追踪施工信息，了解施工情况，以此构建施工管理方案。通过应用开放式虚拟现实与增强现实系统，可以对整个施工活动进行评价。在应用三维扫描技术时，可以向开放式虚拟现实与增强现实系统传递工地立体施工信息。对于管理人员来讲，其需要研究这些信息，进而优化施工管理工作。同时可以应用所获得的施工信息，开展虚拟建造中碰撞检测、虚拟演示等工作。

2）Petri-Net 动态施工工序子系统

动态管理是工程管理发展的方向，将 Petri-Net 动态施工工序子系统应用到工程管理中，就可以及时地获得工程信息，保证动态管理质量。这是因为该系统可以动态模拟施工现场，并构建了实时管理框架，为动态管理工程施工活动提供了可靠的保障。在 Petri-Net 动态施工工序子系统与开放式 VR/AR 施工精度子系统两者结合应用的情况下，就可以更好地对工程进行动态化管理。在 Petri-Net 动态施工工序子系统中，可以获知工程安排情况，进而评估工程的安排是否合理。若是不合理，就需要优化工程安排工作。这样不仅可以保证工程效率，而且可以节约施工费用。

3）基于设计/基于实体施工进度子系统

通过将基于设计/基于实体施工进度子系统应用在工程管理中，可以构建施工立体化模型，对施工活动进行动态化管理，协调施工进度，确保工程按时完成。基于设计/基于实体施工进度子系统是由感知层、传输层、应用层与控制层等构成的，在这些层级的作用下，可以提升系统运行水平。其中，感知层通过捕捉工程扫描信息、定位信息等，为工程管理工作提供管理数据。传输层则通过利用现代化信息技术、互联网技术、通信技术传输信息，而传输信息的载体是手机、Pad 等设备。管理人员通过获得丰富的施工信息，可优化管理工作。应用层是在移动计算技术与增强现实技术的运用下发挥作用的。同时要工地现场搭建“虚拟—现实”与“现实—虚拟”双向信息流，进而保证基于设计/基于实体施工进度子系统应用效果。控制层的应用对象是工程管理者，管理者需要分析所获得的工程信息，结合自己的工程管理经验以及工程管理专业知识，制订工程管理方案，协调施工现场工作。与此同时，管理者需要分析工程管理风险，构建风险应对管理方案，进而控制风险，降低风险发生概率。此外，管理人员需要做好工程进度管理工作，把控工程进度，科学提高施工效率。[12-13]

当前将BIM应用到工程项目中的情况仍然较少，且局限性较强。其一，对比全生命周期设计和运行维护阶段，施工期间缺少对BIM技术的应用，这部分研究主要集中在虚拟建造方面，并建立起不同环境与同一对象下的信息割裂。其二，当前更强调对BIM技术的研究，没能从管理视角出发分析研究问题。BIM技术作为最新的技术工具，带来了新的项目协作理念，这和可持续发展下的智慧建造理念相互一致。智慧建设管理理念的问世，提升了建筑施工管理整体质量与水平，推动了BIM技术在国内全面推广。[14]

1.3 BIM+技术

1.3.1 BIM+倾斜摄影技术

倾斜摄影技术是国际测绘领域近些年发展起来的一项高新技术，它打破了以往正射影像只能从垂直角度拍摄的局限，通过在同一飞行平台上搭载多台传感器，同时从一个垂直、四个倾斜五个不同的角度采集影像，将用户引入符合人眼视觉的真实直观世界。相对于正射影像，倾斜影像能让用户从多个角度观察地物，更加真实地反映地物的实际情况，极大地弥补了基于正射影像应用的不足。通过配套软件的应用，可直接基于成果影像进行包括高度、长度、面积、角度、坡度等的量测，扩展了倾斜摄影技术在相关行业中的应用。针对各种三维数字城市应用，利用航空摄影大规模成图的特点，结合从倾斜影像中批量提取及贴纹理的方式，能够有效降低城市三维建模成本。相较于三维GIS技术应用庞大的三维数据，应用倾斜摄影技术获取的影像的数据量要小得多，其影像的数据格式可采用成熟的技术快速进行网络发布，实现共享应用。

BIM作为工程应用的一项重要实例技术，在基础建设应用中发挥着重要的作用，而BIM结合以实景三维全纹理全要素特性快速发展的倾斜摄影技术，又将带来行业思路的转变，成本的降低以及效率的提高。BIM+倾斜摄影技术通常用在工程建设、国土安全、室内导航、三维城市、市政模拟以及资产管理等方面。

1.3.2 BIM+三维激光扫描技术

三维激光扫描也称激光雷达扫描，是近几年出现的一项高新技术，能够快速、直接、高精度地采集测量对象的三维信息，生成激光点云。在工程实施阶段，作为项目指导和虚拟施工的BIM技术，往往难以全面考虑现场多变的复杂因素，无法准确地指导现场施工。如何使之应用于现场管理，更加有效地推进项目实施，必然需要一定的技术手段作为辅助。三维激光扫描技术能够成为有效连接BIM模型和工程现场的桥梁。

三维激光扫描技术与 BM 技术结合在工程建设中的应用主要表现在以下方面：原始现场资料存档，现场数据快速逆向建模，施工质量对比，工程进度跟踪、质量检测，运维管理，等等。[15]

1.3.3 BIM+VR 技术

VR（virtual reality）技术，即虚拟现实技术，是指借助计算机及最新传感器技术创造的一种崭新的人机交互手段。虚拟现实是利用计算机模拟产生一个三维空间的虚拟世界，提供使用者关于视觉、听觉、触觉等感官的模拟，让使用者如同身临其境。

将 VR 作为 BIM 施工突破点，是因为 VR 作为现今最具有价值的前沿技术，在与 BIM 模型相结合的过程中具有很强的关联性，两者的优势互为补充。BIM 与 VR 技术相结合，一方面，通过三维立体渲染技术可以把施工工程预期的设计图纸，结合实际的施工方式、施工环境和建设技术，重新整合以三维化的形式呈现出来，从而提升了工程施工中的管理效力；另一方面，BIM 与 VR 技术相结合，可以在很大程度上提升对数据信息的量算效率，减少人工计算或借助其他低级运算设备造成的误差，能够更好地把握建筑工程的信息精度。[16]

BIM 与 VR 技术相结合在工程建设中的应用主要表现在以下方面：沉浸式设计、三维协同施工、施工安全培训等。

1.3.4 BIM+AR 技术

AR（augmented reality）技术，即增强现实技术，它是一种将真实世界信息和虚拟世界信息“无缝”集成的新技术，是把原本在现实世界的一定时间、空间范围内很难体验到的实体信息通过计算机等科学技术，模拟仿真后再叠加，将虚拟的信息应用到真实世界，被人类感官所感知，从而达到超越现实的感官体验。

现阶段，BIM 技术在工程建设中已取得一些应用成果，但是建筑的规模化、结构复杂化、功能多元化等特点，往往导致应用 BIM 技术得到的部分设计图与实际环境不吻合、可视化表达不足等问题。将 BIM 与 AR 技术相结合，可以弥补 BIM 技术的不足。

BIM 与 AR 技术的结合可以获得更佳的设计效果体验、升级优化设计施工方案、降低施工成本和提高施工精度以及提升可视化效果等。5G 技术的发展可以逐步解决数据传输速率慢、端到端的延时长和超高频率带来的传输衰减问题，相信在不远的将来，5G 助力的 BIM+AR 技术所带来的数字经济将会得到进一步发展，从而在建筑领域发挥更大作用。[17]

1.3.5 BIM+MR 技术

MR（mixed reality）技术，即混合现实技术，是虚拟现实技术的进一步发展。该技术通过在现实场景呈现虚拟场景信息，在现实世界、虚拟世界和用户之间搭起一个交互反馈的信息回路，以增强用户体验的真实感。MR 比 VR、AR 更具优势：VR 技术使用户沉浸在虚拟环境之中，而 MR 技术则是把现实世界与虚拟世界相融合，用户既能体验现实物理世界的实体，还能得到该对象在虚拟数字世界中的信息，实现现实世界与虚拟世界的实时交互；与 AR 相比，MR 具有实时性、可视性、交互性的优点，更能把建筑信息模型的实用价值体现出来。

BIM+MR 技术相结合在工程建设中的应用主要表现在：协同化模型设计、信息化现场施工及高效化运营维护等方面。[18]

1.3.6 BIM+3D 打印技术

3D 打印技术是一种基于三维数字模型文件的快速成型技术，它通过逐层打印或粉末浇铸来构造对象，综合了数字建模技术、机电控制技术、信息技术、材料科学和化学等先进科学技术。BIM 与 3D 打印技术的集成应用主要表现在以下两个方面。

1. BIM+3D 打印技术在设计阶段的应用

对于建筑工程而言，设计工作占据相当重要的地位，并且会对后续的建造、验收、使用等，产生持续的影响。3D 打印技术在建筑领域的设计阶段应用后，能够对很多创意想法进行分析，提高多种不同建筑类型设计方案的可行性，对现实的施工产生较强的指导作用；并且能够对部分特殊设计提前做出有效的预估，从而获得最直观的感受，设定好相应的辅助措施，弥补不足与缺失，确保工程建设最终取得良好的效果。

2. BIM+3D 打印技术在施工阶段的应用

建筑设计采用 BIM 技术，依据设计模型将工程建筑采用专用 3D 打印机进行整体打印，能有效降低人力成本，不产生粉尘和建筑垃圾。整体打印是一种绿色环保的施工技术，在节能降耗、环保等方面与传统技术相比具有明显的优势。在现代建筑设计中，往往出现很多异形结构或部件。采用 BIM 和 3D 打印的集成技术，不再需要复杂的工艺、措施和模具，从而能够快速、准确地制造出任何复杂的异形部件，缩短工期，降低成本，提高尺寸精度和质量。

习　题

1. 简述 BIM 技术的概念和特点。
2. 简述 BIM 技术与 BIM 建模平台的区别和联系。
3. IFC 标准对 BIM 技术的发展有何意义？
4. 简述 BIM 技术在智慧工地中的应用。
5. BIM+技术包括哪些方面？

第2章

BIM建模技术

2.1 常用建模平台

BIM建模平台是BIM技术应用过程的核心，其主要目的是进行三维设计，所生成的模型是后续BIM应用的基础。目前常用的BIM建模平台有Autodesk Revit平台、ArchiCAD平台、Bentley平台、CATIA平台以及Tekla平台，不同的建模平台有着不同的应用场景和侧重点。

1. Autodesk Revit 平台

Revit是美国Autodesk公司一套系列软件的名称。Autodesk公司凭借AutoCAD的优势，将Revit迅速推广。目前国内最常见、应用最为广泛的BIM核心建模平台就是Revit，Revit系列软件包括Revit Architecture、Revit Structure和Revit MEP三款软件，对应建筑、结构和设备三个领域，这三款软件以.rvt格式为基础，可以实现三个专业的三维协同设计。

Revit的人性化一大特色在于它界面简洁，有极好的操作性和开放性。Revit的另一大特色在于它自带大量的构件族。同时，族也会帮助用户实现建筑构件的自定义，并且赋予属性参数，这极大扩展了Revit软件的适用性，各个专业都可以使用“族库”来提高自己的建模效率。Revit还可以与Autodesk公司的AutoCAD、3DS MAX、Navisworks等软件配合实现不同场景下的BIM应用需求。

但是Revit软件不是万能的，它在应用的时候也有其短板，Revit在处理复杂空间曲面曲线时存在明显不足，有时候当角度变化引起参数调整时，Revit也不能做出很好的调整。

2. ArchiCAD 平台

ArchiCAD是Nemetschek公司旗下最为人熟知的软件，也是最早推广应用的BIM核心建模软件，至今仍被广泛使用。ArchiCAD拥有多种多样的内部应用和可供用户使用的对象，与其他软件之间也有很好的交互性。ArchiCAD的界面与Revit同样简洁直观，方便用户学习，易于上手。

ArchiCAD的不足之处在于其受到参数约束功能的限制，导致用户创建参数模型时会遇到困难。由于ArchiCAD采用了独特的内存系统，在处理一些较复杂的项目时，软件会自动将模型分解，产生由整到分的问题。

3. Bentley 平台

Bentley系列软件在工厂设计（石油、化工、电力、医药等）和基础设施（道路、桥梁、市政、水利等）领域有无可争辩的优势，功能丰富。包含强大的二维、三维图形平台及用于和其他软件交互的协同平台。Bentley拥有程序式、特征参数化、实体等多种创建三维模型的建模方式。但是这也带来了操作困难、界面复杂的问题，给用户建模带来一定困难。

Bentley 内置很多分析软件，但在不同的阶段，需要其中不同的分析软件进行相应的协作，加上不同功能的建筑模型有各自的特点，导致用户学习掌握的难度增大。同时，Bentley 对象库的数量有限，建模过程相对更加花费时间。

4. CATIA 平台

由法国达索公司研发的 CATIA 是全球最高端的机械设计制造软件，主要用于像飞机、汽车、轮船等交通工具的设计，具有接近垄断的市场地位。为了满足机械设计的需要，CATIA 软件在曲面造型方面相对其他 BIM 核心建模软件有着极大的优势，应用到工程建设行业无论是对复杂形体还是对超大规模建筑，其建模能力、表现能力和信息管理能力都比传统建筑类软件有明显优势，未来亦具有很大的市场潜力。

但是 CATIA 软件最初并不是针对工程建设行业开发的，因此它的缺点就在于不能满足建筑项目的需要和人员特点。CATIA 软件与其他建筑软件的对接也存在不便之处。软件操作难度较高，学习起来需要花费一定的时间。

5. Tekla 平台

Tekla 公司的 Xsteel 广泛应用于钢结构设计领域。Xsteel 可以与其他 BIM 相关软件进行交互，并创建三维模型。Xsteel 针对钢结构设计进行了深度的优化，可以直观地显示构件间的连接情况，保证连接正确。Xsteel 本身也可以生成接口文件和各种报表，这些信息都能为项目的全生命周期提供服务。Xsteel 在分析细部构件、协同作业、设计复杂结构等方面有强大的优势。

但是，Xsteel 上手困难，界面复杂，价格昂贵，在处理复杂的曲面结构上也存在着不足。

2.2 国产建模平台

目前，虽然行业中占据主流的是国外 BIM 软件，但是国产 BIM 软件也在逐步发展，相对于国外 BIM 软件，国产 BIM 软件能够更好地适应国人的使用习惯。而在一些市政项目当中，基于保密性，国外软件受限的情况下，国产软件反而会更加受欢迎。国内主流 BIM 建模平台有以下几种。

1. 广联达 BIM 平台

广联达 BIM 立足建筑产业，在国内市场拥有最好的口碑，是围绕工程项目全生命周期，以提供工程建设专业应用为核心的平台服务商，主要软件有 BIM5D、BIMMAKE 及 BIMSpace。

BIM5D 以 BIM 平台为核心，集成全专业模型，并以集成模型为载体，关联施工过程中的进度、合同、成本、质量、安全、图纸、物料等信息，为项目提供数据支撑，实现有效决策和精细管理，从而达到减少施工变更、缩短工期、控制成本、提升质量的目的。

BIMMAKE 是基于广联达自主知识产权图形和参数化建模技术，为 BIM 工程师打造的聚焦于施工全过程的 BIM 建模及专业化应用软件，具有二次结构、砌体深化设计，钢筋节点深化与三维交底等功能。

BIMSpace 是基于 BIM 正向设计理念打造的全专业一体化 BIM 正向设计解决方案，服务于以 Revit 平台为基础的设计单位。BIMSpace 包括乐建、乐构、给排水、暖通、电气、机电深化、协同平台、企业族库管理平台，涵盖了各专业的快速建模、计算分析、规范校验、智慧出图等功能，体现了设计工作中的提质、增效、协同与增值的理念。打通设计过程与云端存储之间的壁垒，使项目参与人员能够基于平台进行及时沟通与协作，实现设计协同和管理协同。

2. 鲁班 BIM 平台

鲁班 BIM 围绕工程项目基础数据的创建、管理和应用共享，为行业用户提供了业内领先的从工具级、项目级到企业级的完整解决方案。鲁班 BIM 系列包括鲁班工场、鲁班场布、鲁班节点、鲁班万通、鲁班大师（土建）、鲁班大师（安装）及鲁班下料等软件。支持构造柱智能定位，梁柱、梁板、梁墙节点工程量划分，结构净高检查，三维场地模拟，钢筋复杂节点排布模拟等功能。

鲁班 BIM 软件与系统十分符合中国的施工企业管理现状与项目管理特色，上手较快。软件中能自动集成各地清单定额，实现一模多算。符合国内工程设计规范、造价管理规范和工程量计算规则，并且可以根据当地计算规则生成工程量。可自定义计算规则，存为模板，并可在企业内部共享。

3. PKPM 平台

PKPM 是中国建筑科学研究院研发的工程管理软件，PKPM 是一个系列，除了集建筑、结构、设备（给排水、采暖、通风空调、电气）设计于一体的集成化 CAD 系统以外，还有建筑概预算系列（钢筋计算、工程量计算、工程计价）、施工系列（投标系列、安全计算系列、施工技术系列）、施工企业信息化等软件。

PKPM 的 BIMBase 平台基于三维图形内核 P3D，重点实现图形处理、数据管理和协同工作，由三维图形引擎、BIM 专业模块、BIM 资源库、多专业协同管理、多源数据转换工具、二次开发包等组成。可满足大体量工程项目的建模需求，实现多专业数据的分类存储与管理，以及多参与方的协同工作，支持建立参数化组件库，具备三维建模和二维工程图绘制功能。

同时，BIMBase 平台提供了 C++、Python、C#等多种二次开发接口，目前已有建筑、电力、化工等多个行业的软件在 BIMBase 平台上开展二次开发。平台的多款国产 BIM 应用软件，多专业建模及自动化成图、结构分析设计、装配式建筑设计、绿色建筑分析、铝模板设计等，已经逐步建立起国产 BIM 软件生态环境。

4. 品茗 BIM 平台

品茗 BIM 是基于 Revit 平台进行二次开发的国产 BIM 软件，其软件系列包括 HiBIM 土建版、HiBIM 机电版及 HiBIM 场布等。品茗 BIM 是一套开放的 BIM 软件，可以与其他 BIM 软件相互使用。

其最大优点就在于能够快速翻模，扩展了 120 多个翻模工具，进而简化了 Revit 的操作难度，翻模效率可提高 3～8 倍。快速出量，直接利用 Revit 设计模型，根据国标清单规范和全国各地定额工程量计算规则，在 Revit 平台上完成工程量计算分析，快速输出所需的计算结果和统计报表。深化设计，运用碰撞检查、净高分析、管线综合排布、虚拟漫游等 BIM 技术，大幅度减少返工，提高工作效率。扩展性强，支持行业主流格式（如 DWG™、DXF™、DGN 和 IFC）导入、导出及链接数据，因此模型数据能应用到设计、施工、运维等建设工程信息化全生命周期，进而增强了工作流和可交付结果的可靠性和可配置性。

2.3 BIM 建模实例

本节以 Revit 建模平台为例，建立带玻璃幕墙别墅的三维 BIM 模型，如图 2–1 所示，演示 Revit 建筑模块的相关功能。

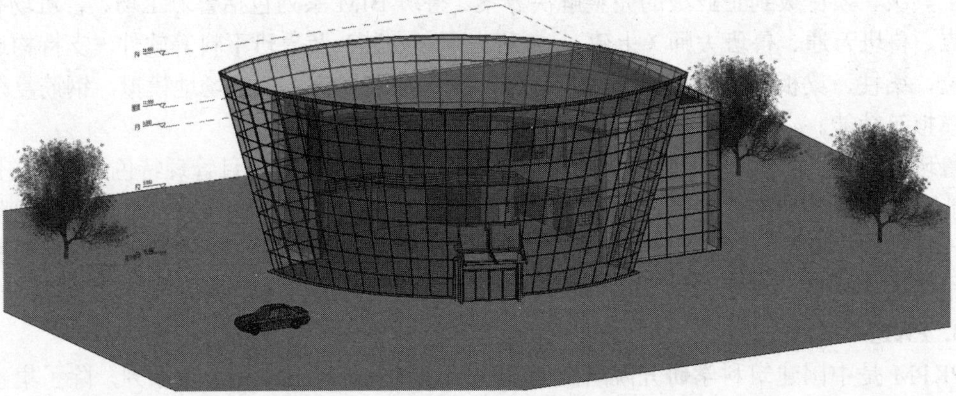

图 2–1　带玻璃幕墙别墅的三维 BIM 模型

2.3.1 新建项目

单击 Revit 软件初始界面上的【新建】按钮，然后在【新建项目】对话框中单击下拉菜单，选择“建筑样板”，如图 2–2 所示。

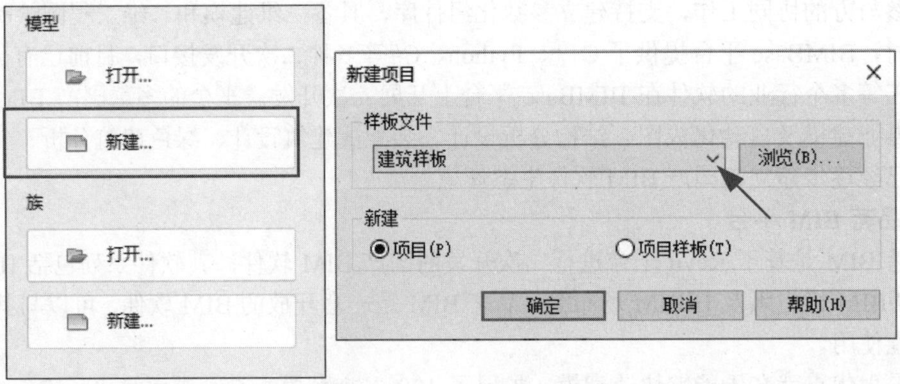

图 2–2　新建项目

2.3.2 创建标高

标高是三维模型中高程的基准，在 Revit 建模过程中，首先要在新建项目中创建标高，根据 CAD 图纸中的“立面图”来创建标高，图纸如图 2–3 所示。

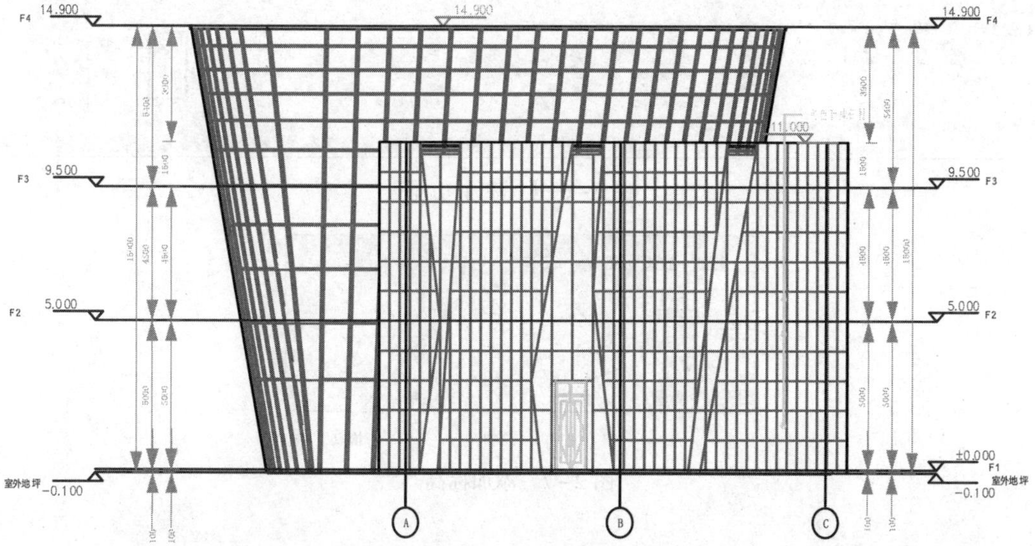

图 2-3　带玻璃幕墙别墅的立面图

建筑标高通常在立面视图中创建，打开【项目浏览器】的【立面（建筑立面）】选项卡，如图 2-4 所示。在四个立面方向中任选一个，双击打开该方向的立面视图，本例在【东】立面中创建标高。

在立面视图中，软件默认自动创建两个标高，如图 2-5 所示。可以双击标高对应的“高程”和“名称”进行修改，例如双击名称“标高 1”，然后对应图纸将其命名为“F1”。同样，双击“标高 2”的高程数值“4.000”，修改为“5.000”，双击名称“标高 2”，修改命名为“F2”。

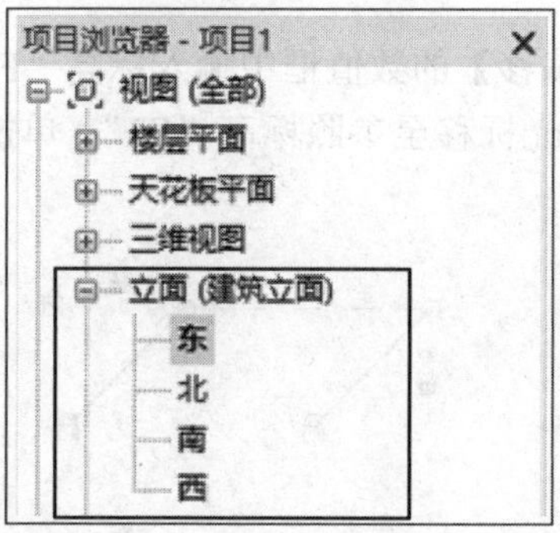

图 2-4　【立面（建筑立面）】选项卡

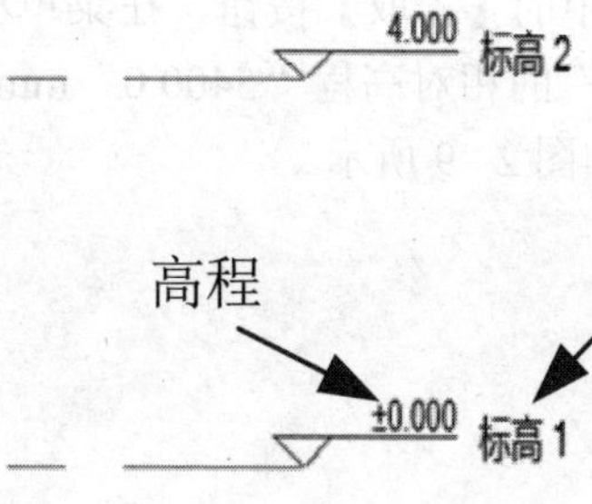

图 2-5　立面标高

添加标高。单击打开【建筑】功能选项卡下面的【标高】功能，如图 2-6 所示。添加标高有两种方式：绘制和拾取标高，如图 2-7 所示。绘制标高需要以参照标高为基准，将光标移至参照标高附近，输入新建标高与参照标高的相对高程数值，按 Enter 键完成创建；拾取标高需要捕捉 CAD 图纸中绘制的“标高线”完成创建。本例中分别采用绘制和拾取标高的方式添加剩余标高。

单击菜单栏中的【绘制】按钮，将光标移至参照标高“F2”的上侧，输入标高“F3”与参照标高“F2”的相对高程“4500”mm，按 Enter 键即可生成标高“F3”，如图 2-8 所示。

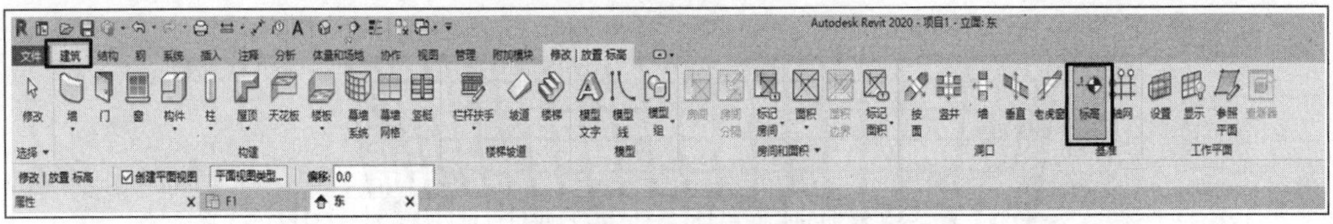

图 2-6 【标高】功能

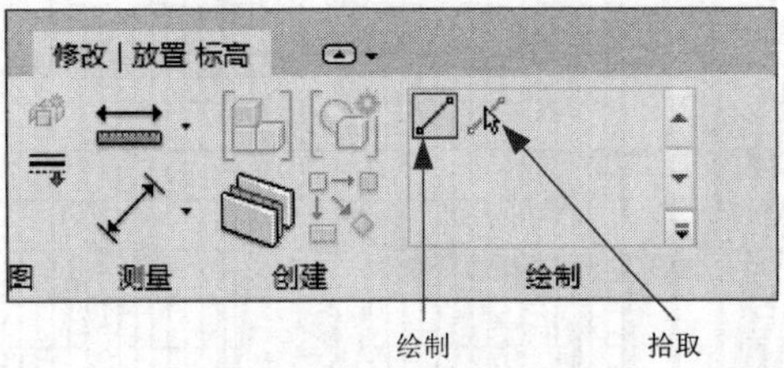

图 2-7 添加标高

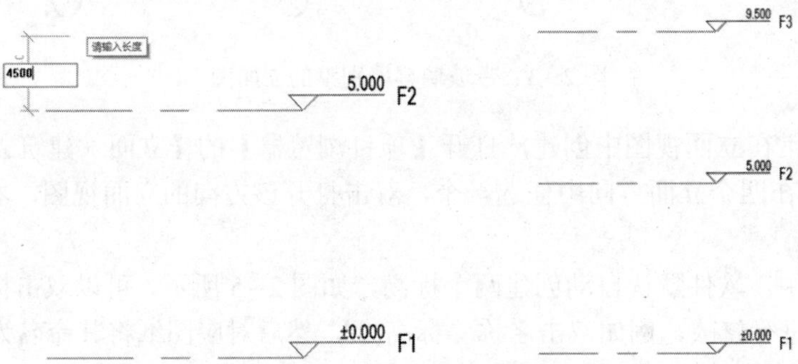

图 2-8 绘制标高

单击菜单栏中的【拾取】按钮，在菜单栏下部【偏移】的数值框中输入标高“F4”相对于参照标高“F3”的相对高程“5400.0”mm，然后将光标移至参照标高“F3”，单击即可生成标高“F4”，如图 2-9 所示。

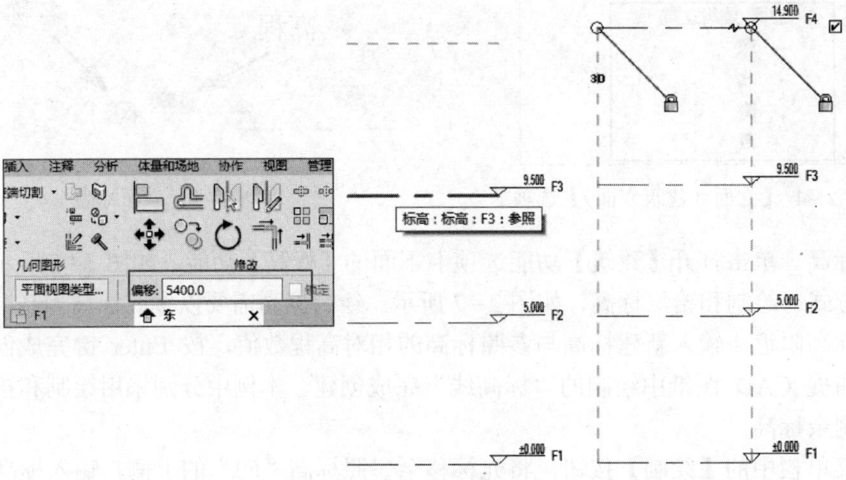

图 2-9 拾取标高

采用上述方法添加剩余标高，当标高距离较近，标高名称有重叠时，可以单击【添加弯头】将名称分开。单击选中标高线，将光标移至标高线的弯折处，当显示“添加弯头”时单击，即可将标高的名称分开，如图 2–10 所示。

图 2–10　添加弯头

所有标高创建完成后如图 2–11 所示。

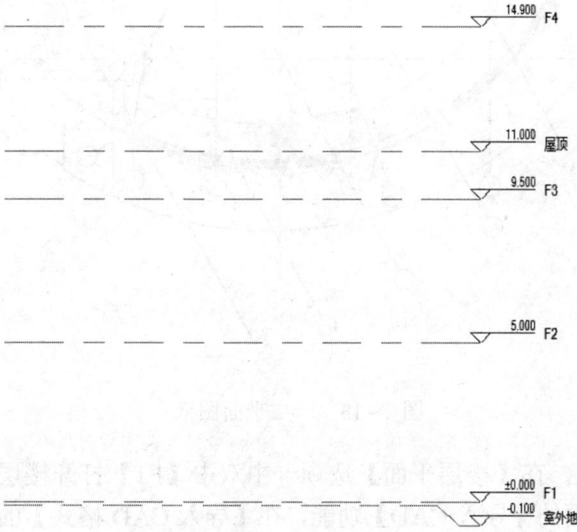

图 2–11　所有标高创建完成

2.3.3　创建轴网

项目的轴网需要在【楼层平面】视图中创建，不同楼层图纸中的轴网可能会不同。标高创建好以后，在【楼层平面】选项卡会出现标高所对应的楼层名称，需要双击打开相应楼层的平面视图进行轴网创建，如图 2–12 所示。本例中项目的轴网参照建筑的一层平面图纸，在【F1】楼层视图中创建，如图 2–13 所示。

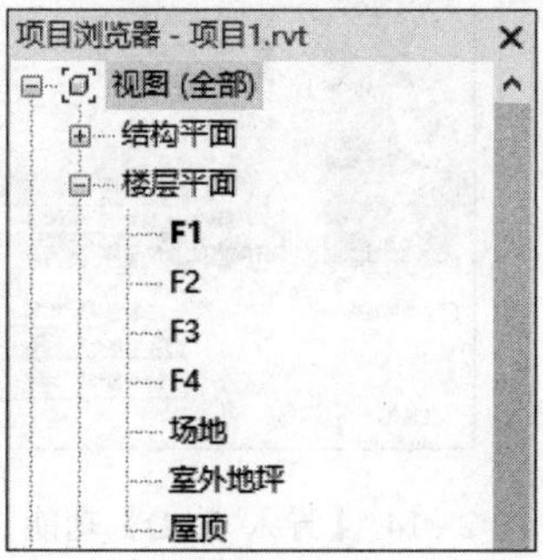

图 2–12　【楼层平面】选项卡

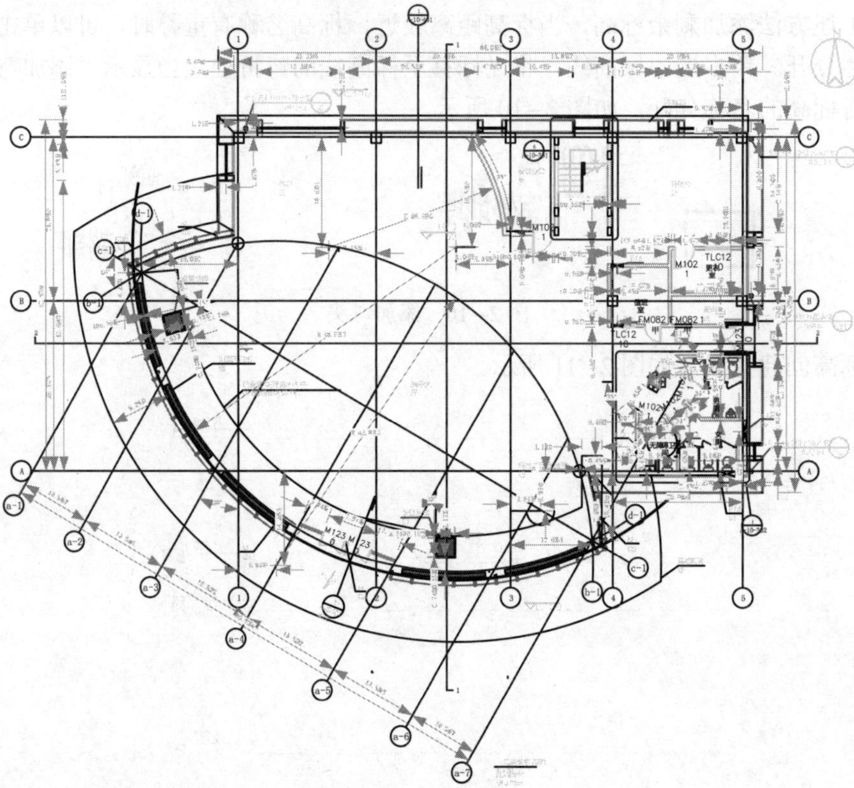

图 2-13　一层平面图纸

首先导入平面图纸，在【楼层平面】选项卡中双击【F1】打开楼层平面视图。单击打开【插入】功能选项卡下面的【导入 CAD】功能，在【导入 CAD 格式】的对话框中选择建筑的一层平面图纸，在【导入单位】下拉菜单中选择“毫米”，【定位】下拉菜单中选择“自动-中心到中心”，单击【打开】按钮，如图 2-14 和图 2-15 所示。

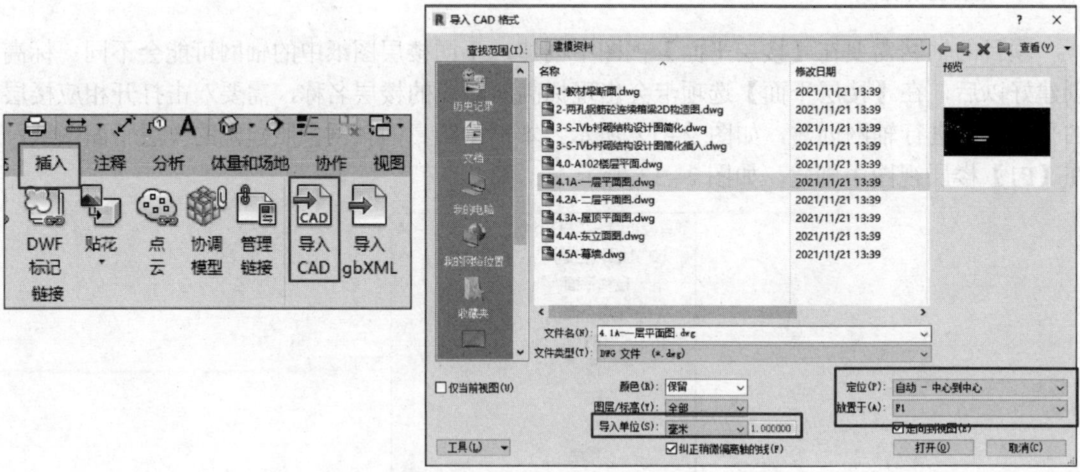

图 2-14　【导入 CAD】功能

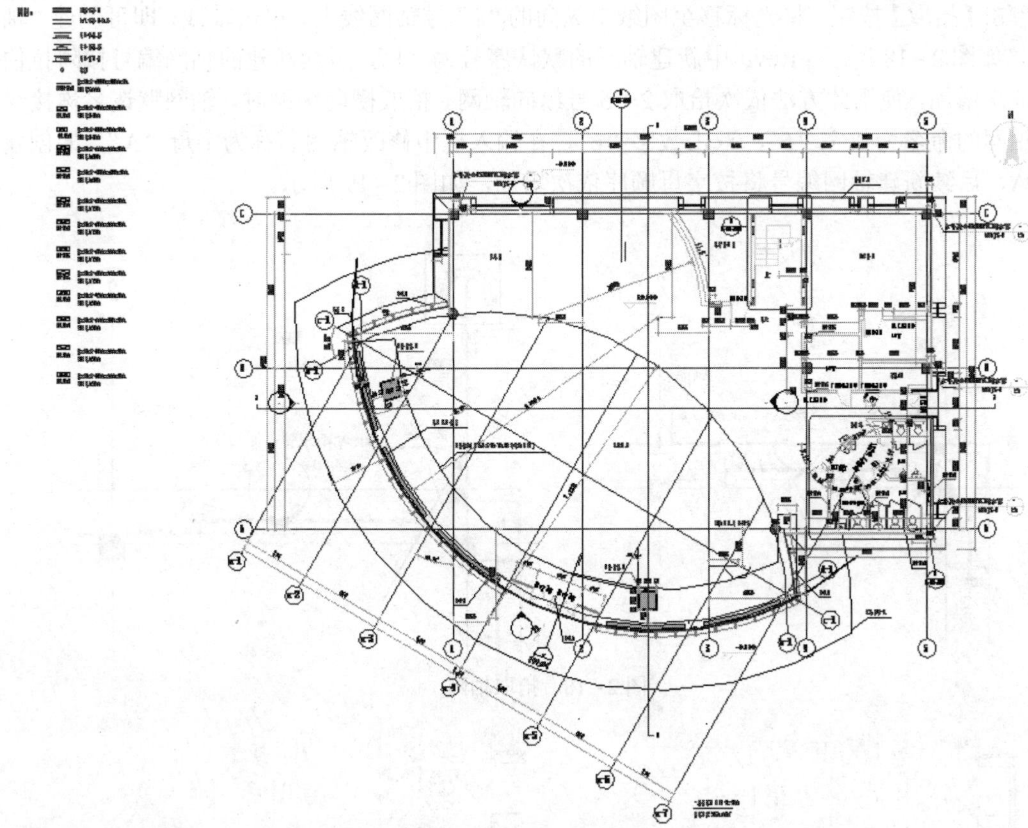

图 2－15　将图纸导入 Revit

添加轴网。单击打开【建筑】功能选项卡下面的【轴网】功能，如图 2－16 所示。添加轴网有两种方式，绘制和拾取，如图 2－17 所示。绘制是在楼层平面视图中以轴网的起点、终点、圆心、端点等创建直线或圆弧线轴网；拾取是通过单击选中图纸中的轴网线直接创建轴网。本例中使用拾取方式来添加轴网。

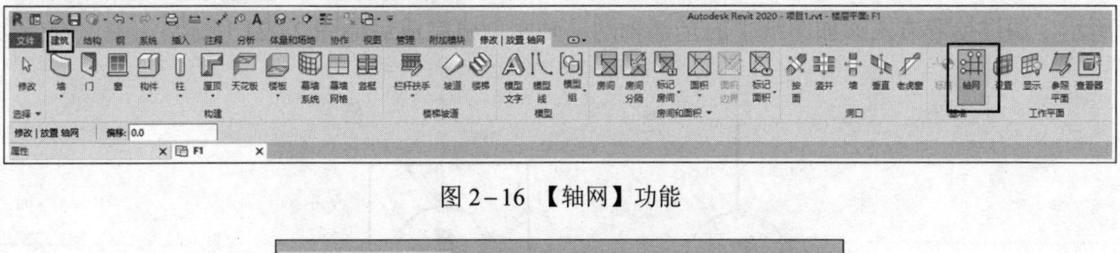

图 2－16 【轴网】功能

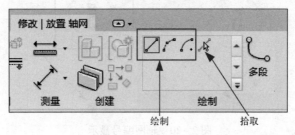

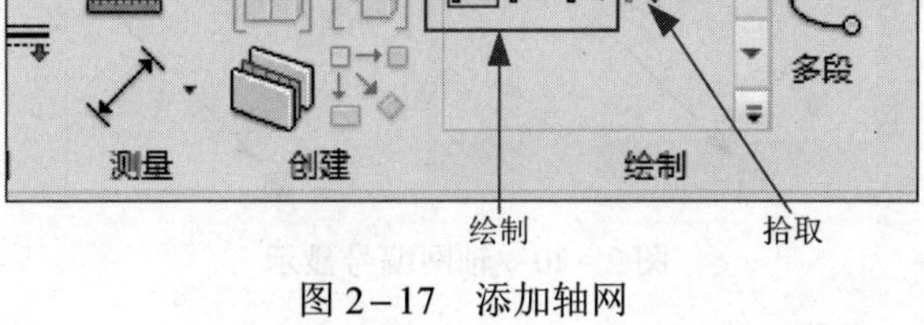

图 2－17　添加轴网

单击【拾取】按钮，将光标移至图纸中纵向的“1”号轴网线上，单击轴线，即可创建“轴网 1”，如图 2－18 所示。Revit 中新建轴网的默认序号为“1”，后续新建的轴网编号按阿拉伯数字依次增加，使用此方法依次拾取 2～5 号纵向轴网。拾取横向轴网时，轴网默认名称接续前一轴网的命名为数字“6”，双击数字“6”，在输入框中修改轴网名称为字母“A”，即创建轴网 A，后续新建轴网编号将按字母顺序依次增加，如图 2－19 所示。

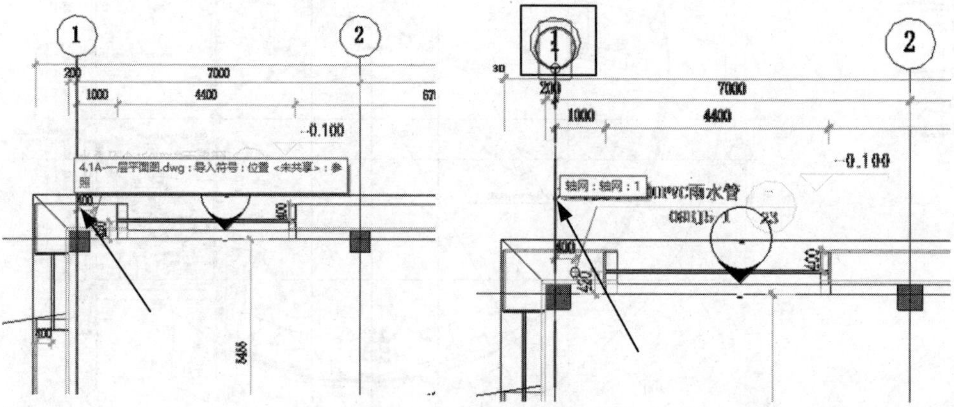

图 2－18　拾取轴网

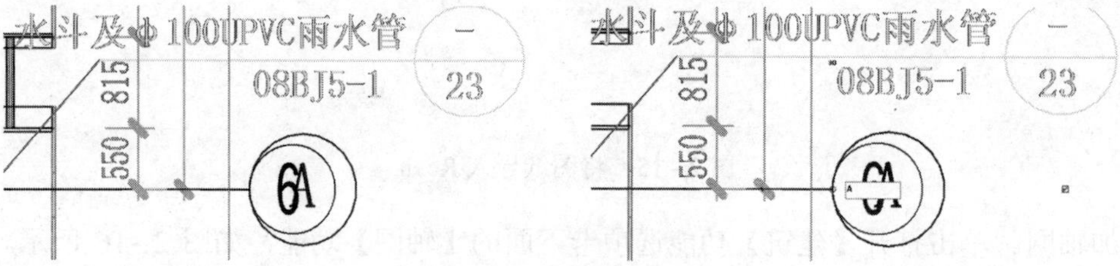

图 2－19　修改轴网名称

轴网的编号默认在轴线的单侧显示，如需改为双侧显示，需单击选中已创建的轴网，对轴网端部的小方框进行勾选。当小方框内出现对勾时，则该侧的轴网编号显示，如图 2－20 所示。通过拾取方式添加图纸中的全部轴网，轴网创建完成后如图 2－21 所示。

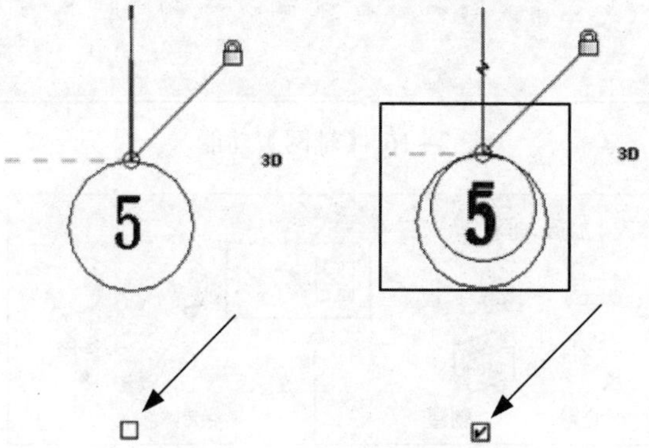

图 2－20　轴网编号显示

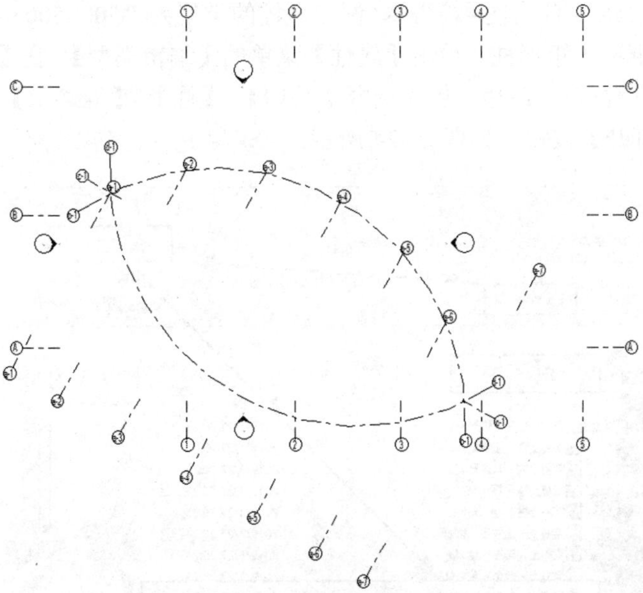

图 2-21 轴网创建完成

轴网全部创建完成后，可以单击菜单栏中的【锁定】按钮将图元进行锁定，避免建模过程中因操作失误移动图纸或者轴网的位置，如图 2-22 所示。

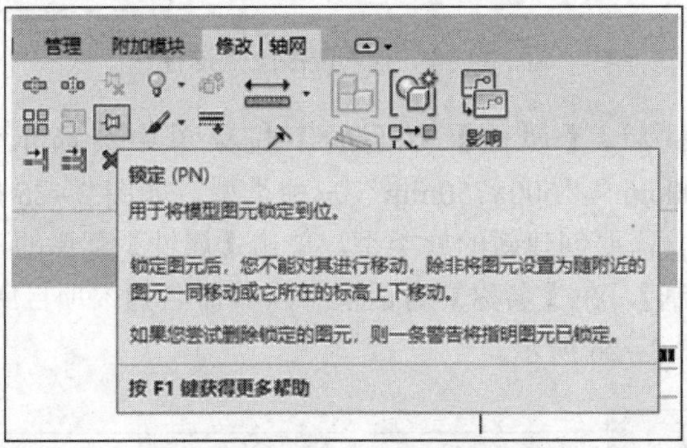

图 2-22 锁定图元

2.3.4 创建结构柱

根据图 2-13 所示的建筑一层平面图纸进行项目结构柱的创建。打开标高“F1”的平面视图，单击打开【结构】功能选项卡下面的【柱】功能，进行结构柱的布置，如图 2-23 所示。

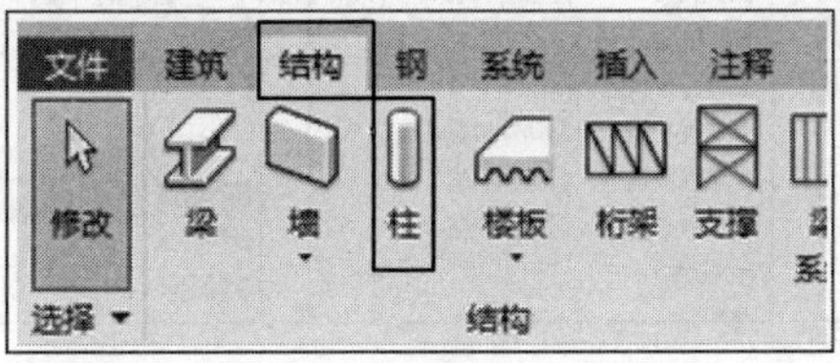

图 2-23 【柱】功能

结构柱默认为“UC－普通柱－柱”，本例中，柱的类型为“500×500mm”混凝土矩形柱，需要在项目中载入混凝土矩形柱。单击【属性】菜单的【编辑类型】，在【类型属性】对话框中单击【载入】，然后在载入路径中依次选择【结构】|【柱】|【混凝土】，选中“混凝土－矩形－柱”后单击【打开】按钮，如图 2－24 所示。

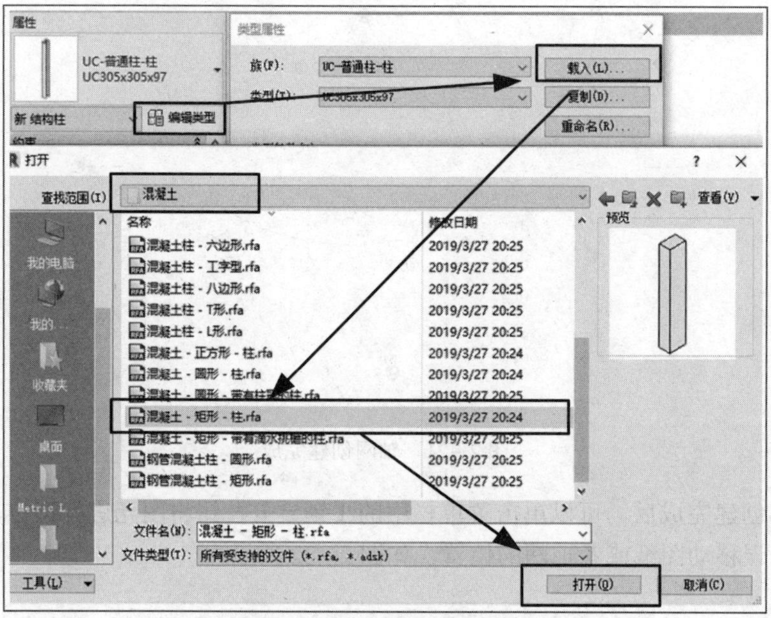

图 2－24　载入混凝土矩形柱

载入混凝土矩形柱后，【属性】界面的下拉菜单中会显示混凝土矩形柱族，有“300×450mm”“450×600mm”“600×750mm”三种类型，如图 2－25 所示。族类型中没有本项目所需尺寸的矩形柱，需要创建新的族类型。单击【属性】菜单的【编辑类型】，在【类型属性】对话框单击【复制】，在【名称】对话框中将其命名为本项目所需的“500×500mm”，然后单击【确定】，如图 2－26 所示。

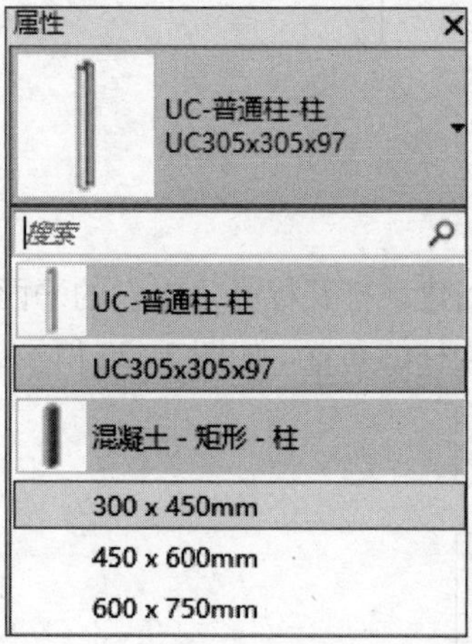

图 2－25　混凝土矩形柱族

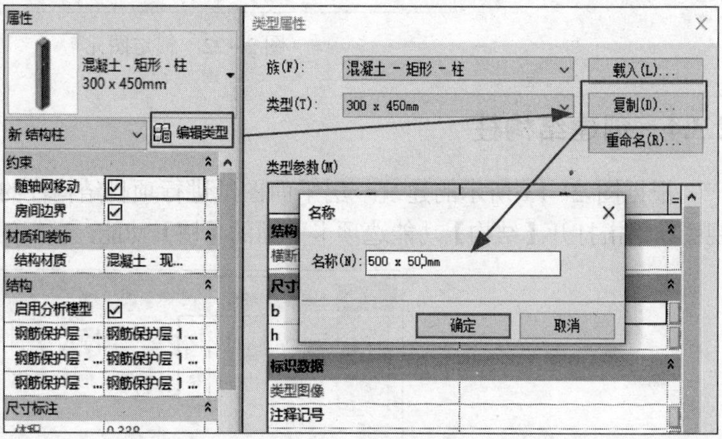

图 2－26　复制创建新的族类型

在【类型属性】菜单中修改结构柱的尺寸，将宽边“b”设置为“500”，长边“h”设置为“500”，然后单击【确定】，此时已创建好本项目需要的“500×500mm”混凝土矩形柱，可以开始布置结构柱，如图 2–27 所示。

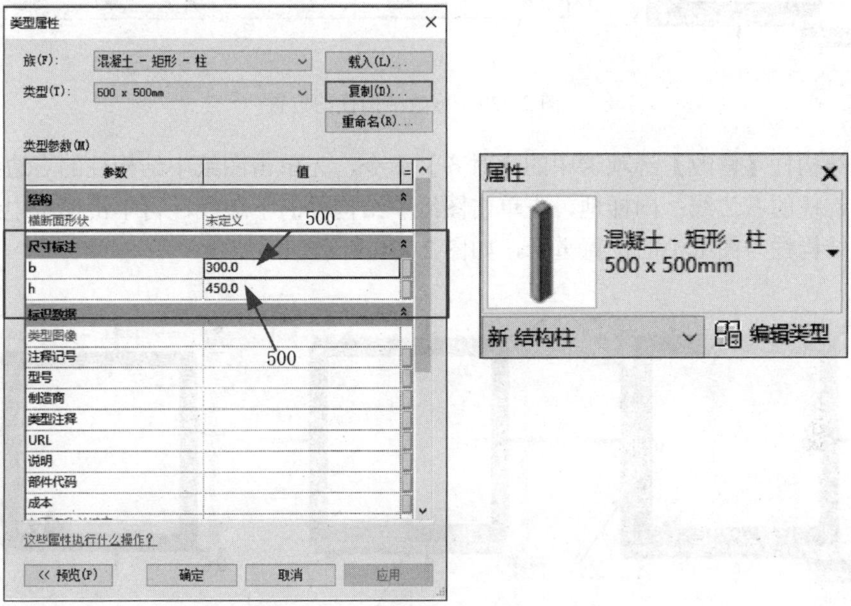

图 2–27　修改结构柱的尺寸

放置结构柱时，混凝土矩形柱的形状会出现在视图中并随光标移动，当把光标移动到平面图中柱的相应位置时，Revit 会自动捕捉平面图中的“轴线交点”等图元。此时将菜单栏下拉框中的“深度”修改为“高度”，“F2”修改为“F3”，则柱的底部将连接到标高“F1”，顶部连接到标高“F3”。将光标移至平面视图中柱的准确位置，单击即可将柱进行放置，如图 2–28 所示。

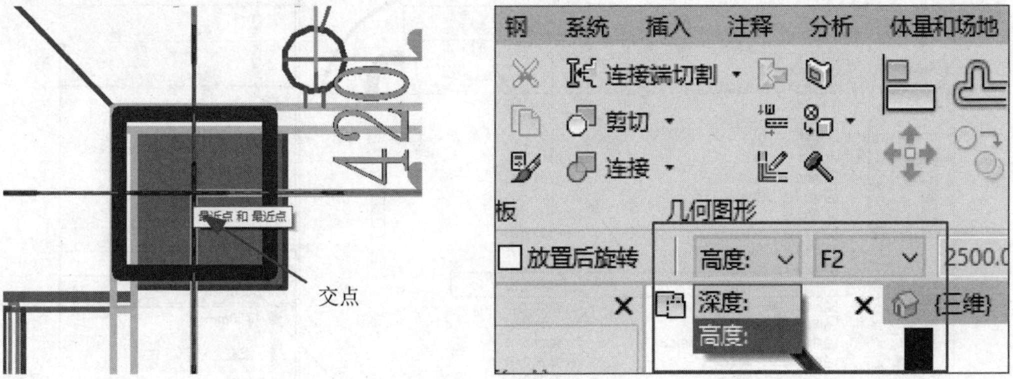

图 2–28　放置结构柱

当结构柱未精确放置到图纸上的相应位置时，可利用结构柱【修改】选项卡中的【对齐】【偏移】【移动】等功能修改结构柱的位置，如图 2–29 所示。

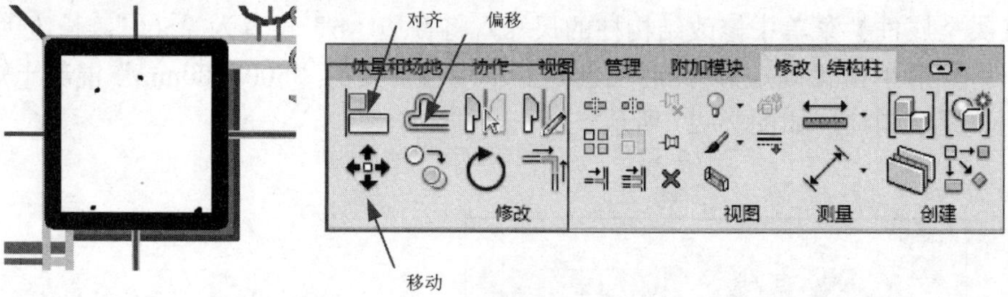

图 2-29　修改结构柱的位置

单击结构柱【修改】选项卡中的【对齐】命令，先单击图纸中结构柱的右边线，再单击模型中结构柱的右边线；同样地，先单击图纸中结构柱的下边线，再单击模型中结构柱的下边线，则结构柱与图纸中的位置重合，如图 2-30 所示。

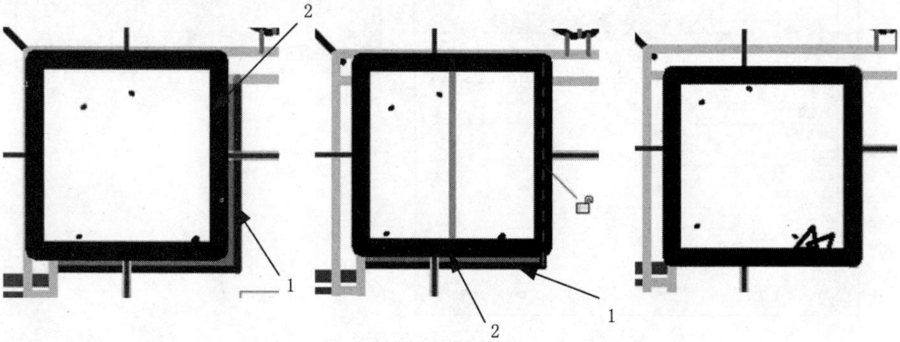

图 2-30　【对齐】功能

载入混凝土圆形柱。单击【属性】菜单中【编辑类型】，在【类型属性】对话框中单击【载入】，然后在载入路径中依次选择【结构】|【柱】|【混凝土】，选中“混凝土-圆形-柱”，然后单击【打开】按钮。在混凝土圆形柱族中选择直径“600mm”的族类型，在图纸中的相应位置进行圆形柱的放置，如图 2-31 所示。

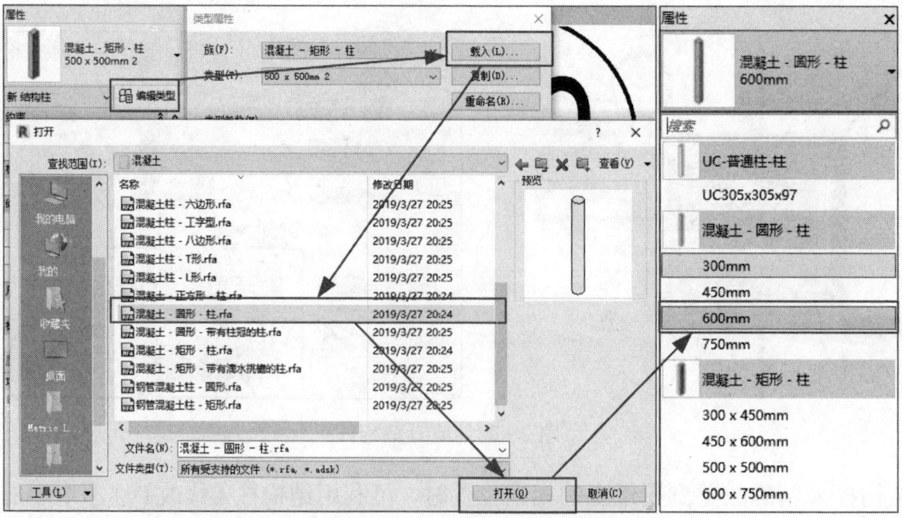

图 2-31　载入混凝土圆形柱

放置完所有结构柱后，结构柱三维图如图 2-32 所示。

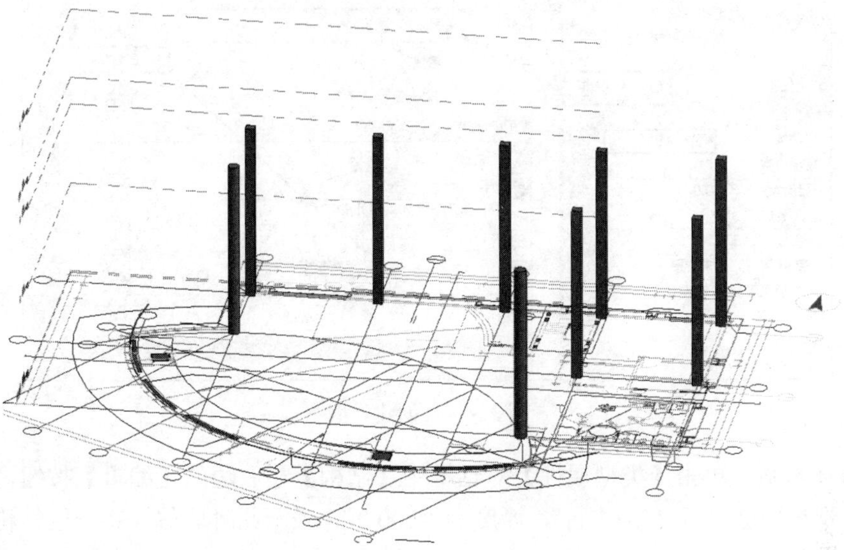

图 2-32　结构柱三维图

2.3.5　创建墙体

墙体的类型有【墙：建筑】、【墙：结构】和【面墙】三种。本例中建筑外墙的墙体是由混凝土砌块砌筑的，厚度为 270mm。单击打开【建筑】功能选项卡下面的【墙】功能，选择【墙：建筑】进行绘制，如图 2-33 所示。

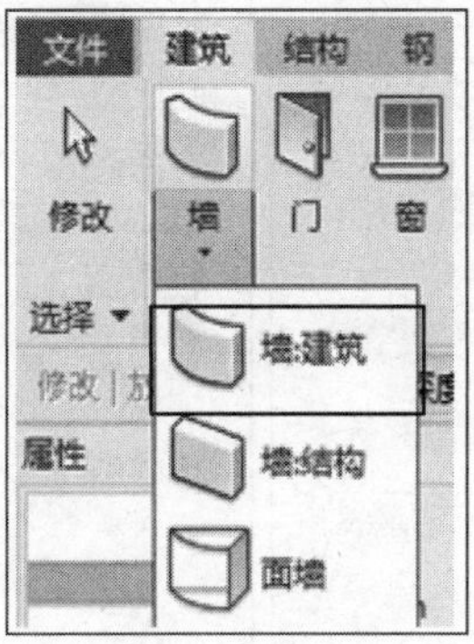

图 2-33　【墙】功能

创建外墙。墙的族类型有【叠层墙】、【基本墙】和【幕墙】三种，选择【基本墙】来创建墙体。基本墙类型中没有 270mm 厚度的墙，需自行创建，单击【编辑类型】，在【族】的下拉菜单中选择“系统族：基本墙”，然后单击【复制】，为了方便建模，命名为“270mm 厚外墙”，单击【确定】，如图 2-34 所示。

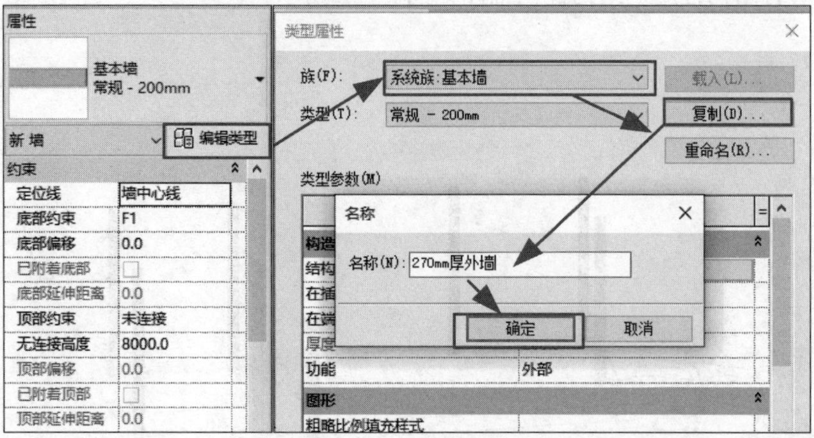

图 2-34　创建外墙

修改墙体参数。单击【类型属性】对话框中【结构】栏右边的【编辑】按钮，在【编辑部件】的对话框中会显示“结构[1]”，厚度为“200.0”，表示此时墙体只有一层结构且厚度为200mm。对话框中的“包络上层”指墙体靠近屋外的一侧，“包络下层”指墙体靠近屋内的一侧，单击【插入】按钮，即可插入新的墙体结构层，如图 2-35 所示。

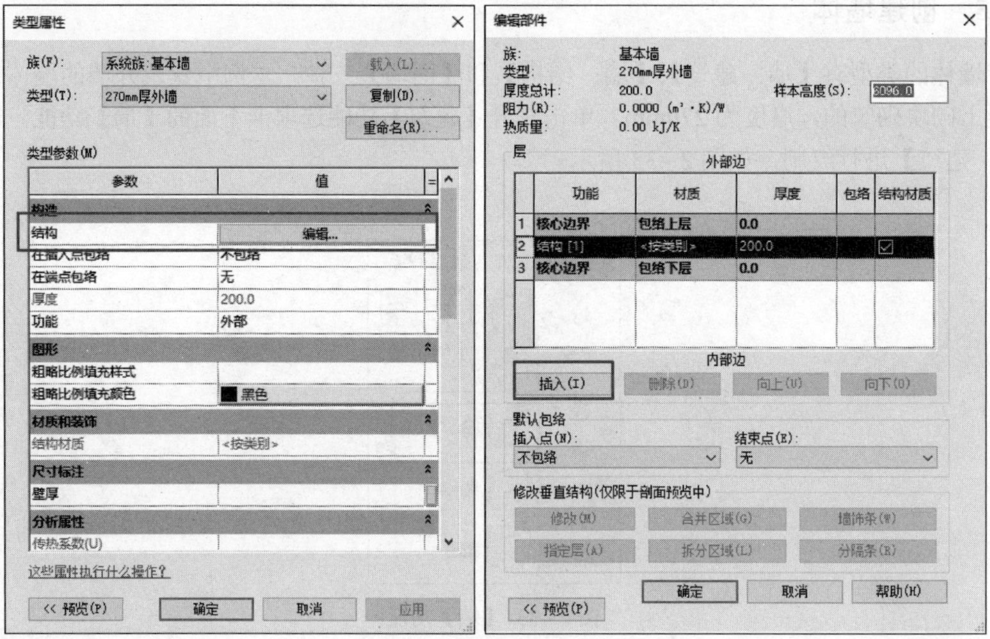

图 2-35　修改墙体参数

在墙体中添加新结构层后，修改其层厚度为“70.0”，勾选“结构材质”方框，然后单击“材质”栏中的【添加材质】按钮。在【材质浏览器】的搜索框中输入“混凝土”关键字，单击选中需要的“混凝土砌块”，然后单击【确定】，如图 2-36 所示。此时“270mm 混凝土砌块外墙”已创建完毕。

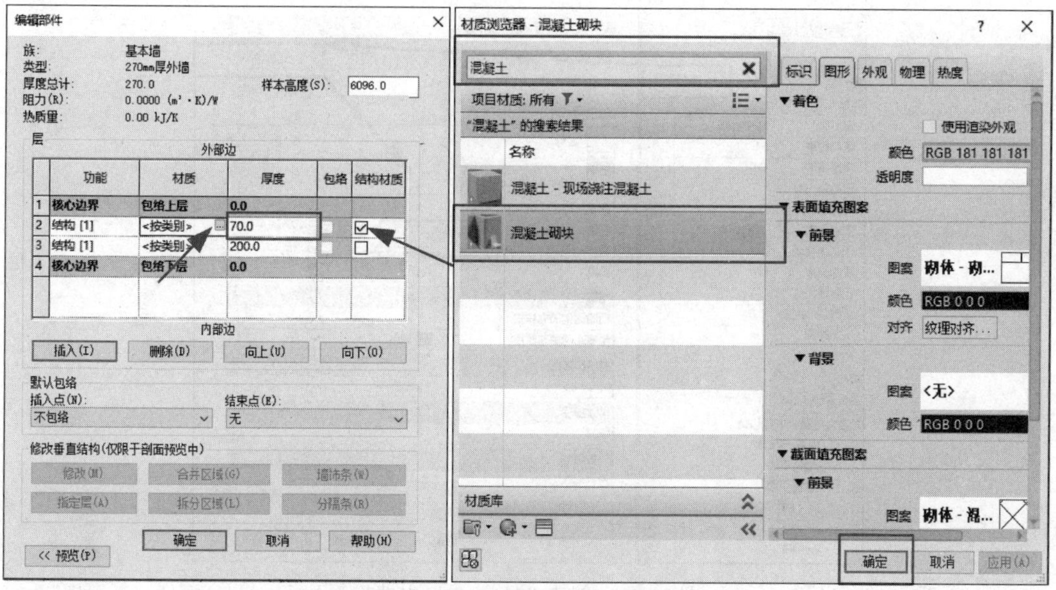

图 2－36　添加墙体新结构层

绘制墙体。在【属性】菜单中设置墙体的“底部约束”为“F1”，“顶部约束”为“直到标高：F2”，即可开始绘制建筑第一层的外墙墙体。按顺时针方向沿着图纸上墙体的相应位置进行绘制（顺时针方向绘制可保证墙体的“包络上层”朝外，逆时针反之），当墙体未精确放置到图纸上的相应位置时，可参照 2.3.4 节中结构柱的修改方式进行修改，如图 2－37 所示。

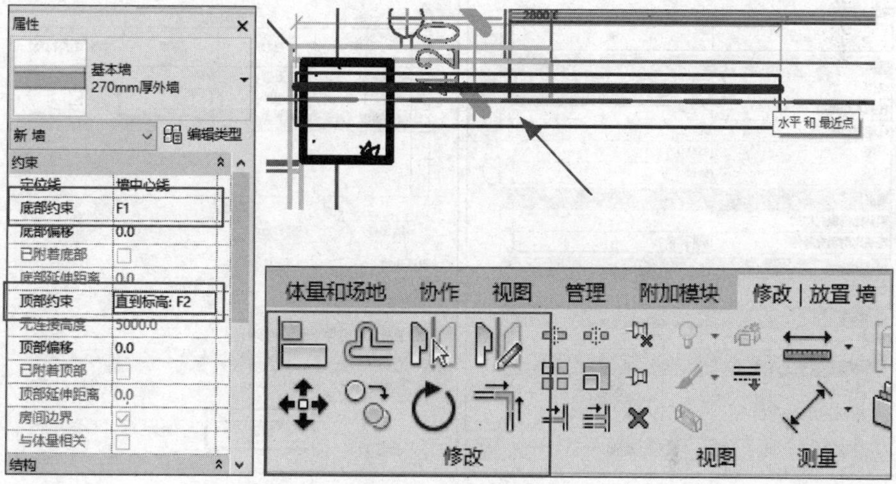

图 2－37　绘制墙体

创建“150mm 厚内墙”。单击【编辑类型】，在【族】下拉菜单中选择“系统族：基本墙”，然后单击【复制】，为了方便建模，命名为“150mm 厚内墙”，单击【确定】，如图 2－38 所示。

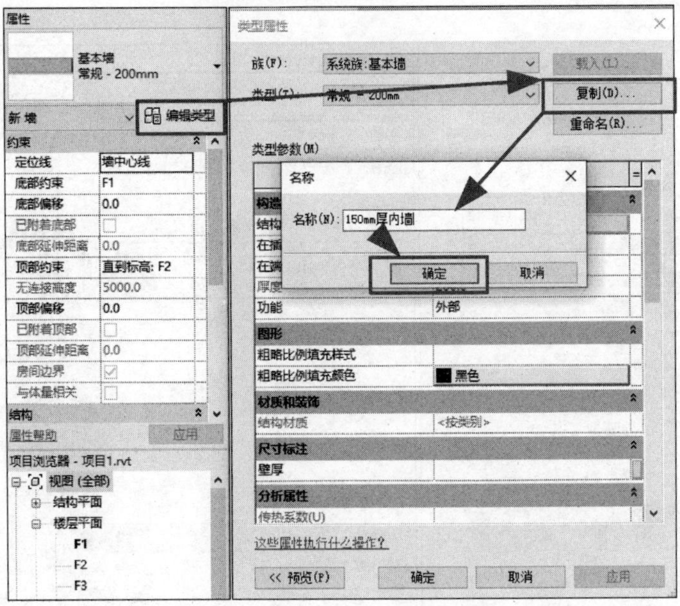

图 2–38　创建“150mm 厚内墙”

修改内墙参数。单击【类型属性】对话框“结构”栏的【编辑】按钮，将【编辑部件】对话框中的厚度改为“150”，单击【确定】，即创建完成“150mm 厚内墙”，如图 2–39 所示。

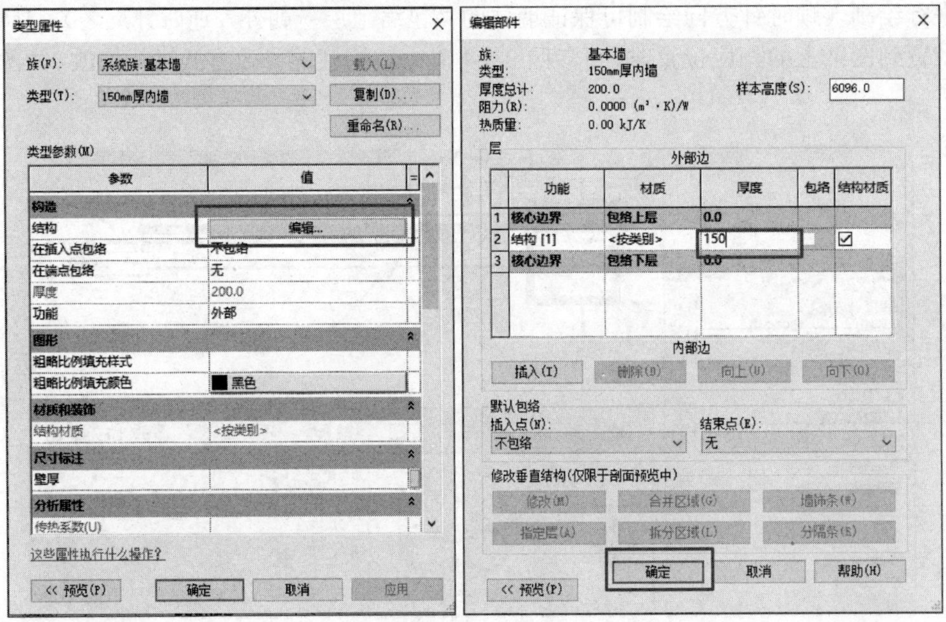

图 2–39　修改内墙参数

绘制弧形内墙。单击【绘制】菜单中的【圆心—端点弧】按钮选项，找到弧形内墙的圆心并单击，然后单击圆弧的第一个端点，接着单击圆弧的第二个端点，即可绘制弧形内墙，如图 2–40 所示。

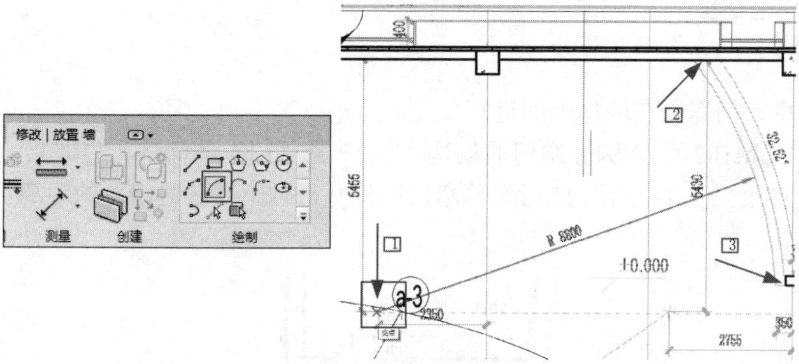

图 2-40　绘制弧形内墙

依照上述方法完成建筑第一层剩余内墙的绘制，其平面及三维图如图 2-41 所示。

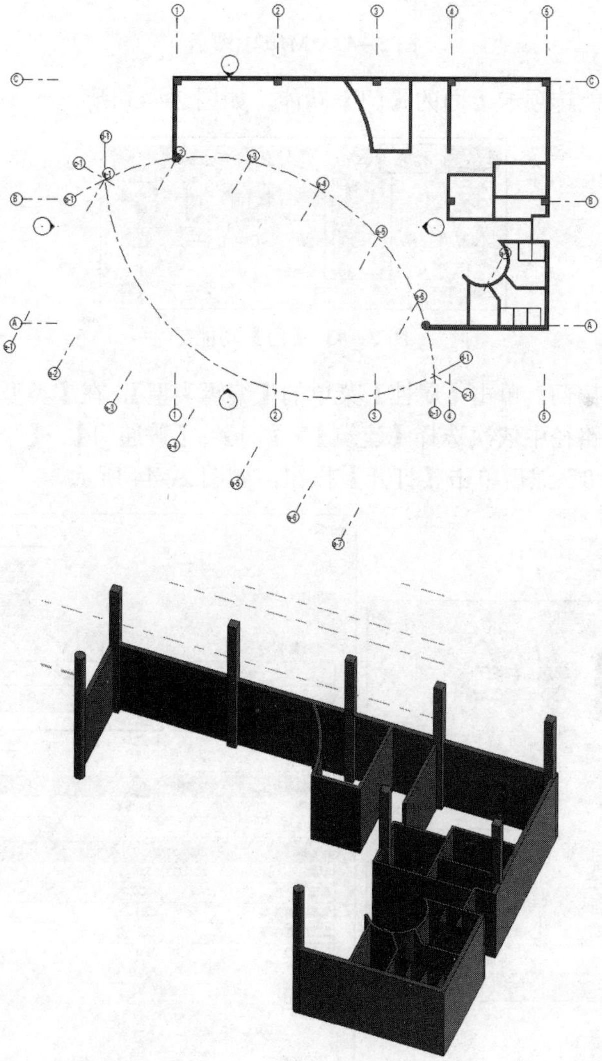

图 2-41　建筑第一层平面及三维图

2.3.6 创建门

在 Revit 中，门需要在墙体上面进行创建。

以图纸中“M1021”为例介绍门的创建，“M”是“门”的简称，“1021”代表门的宽度为 1000mm，高度为 2100mm。此门为单扇门朝外开，且距离右边墙体的距离为 100mm，如图 2-42 所示。

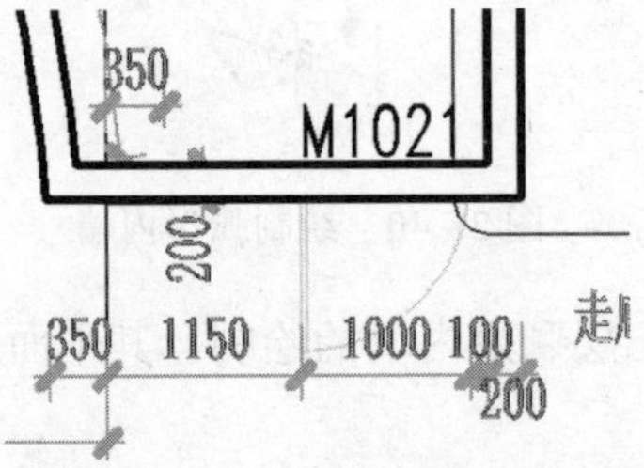

图 2-42 M1021 图示

单击【建筑】功能选项卡下面的【门】功能，如图 2-43 所示。

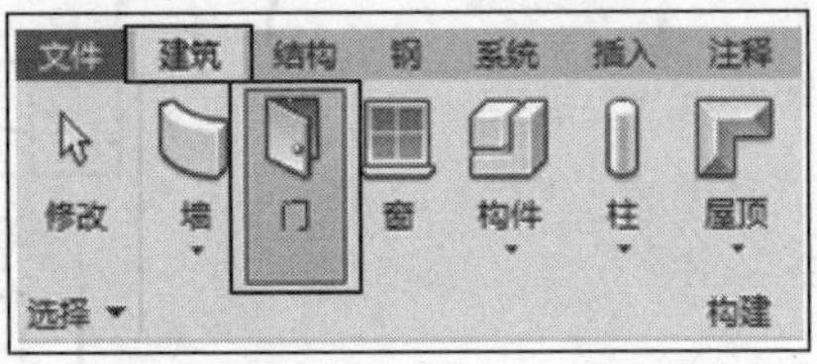

图 2-43 【门】功能

在项目中载入单扇门。单击【属性】菜单的【编辑类型】，在【类型属性】对话框中单击【载入】，然后在载入路径中依次选择【建筑】|【门】|【普通门】|【平开门】|【单扇】，选中“单嵌板镶玻璃门 8”然后单击【打开】按钮，如图 2-44 所示。

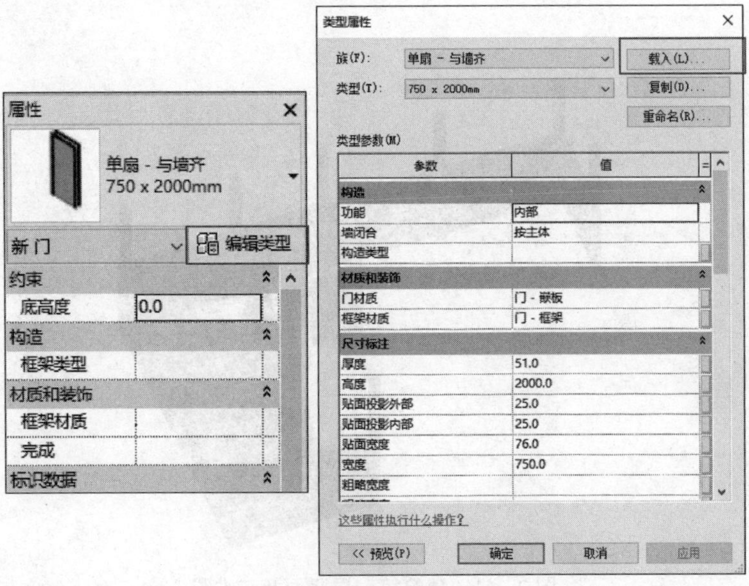

图 2-44 载入单扇门

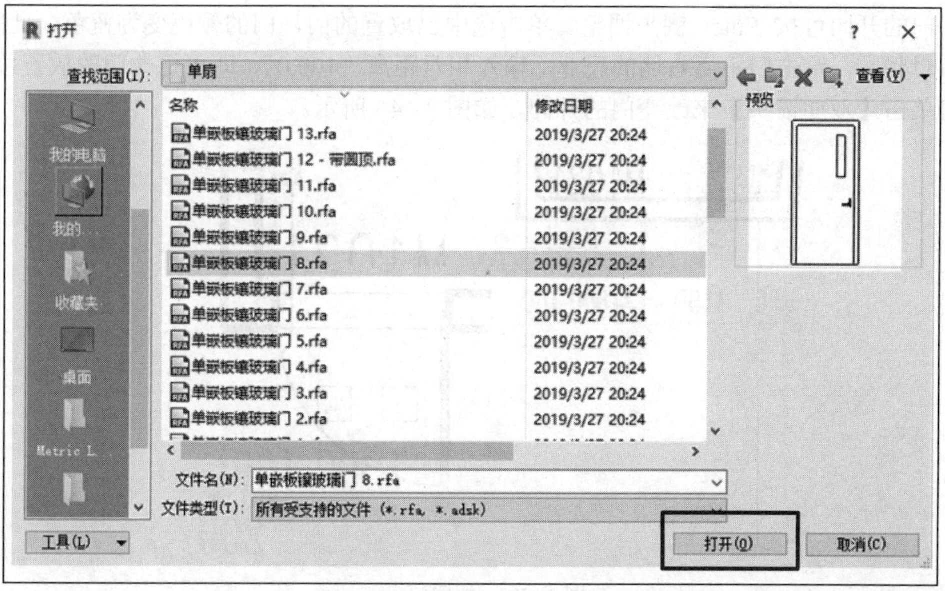

图 2-44　载入单扇门（续）

创建门类型。在【类型属性】对话框中单击【复制】，命名为“M1021”，单击【确定】。然后修改“尺寸标注”中的“宽度”为“1000.0”，“高度”为“2100.0”，单击【确定】，即“M1021”创建完毕，如图 2-45 所示。

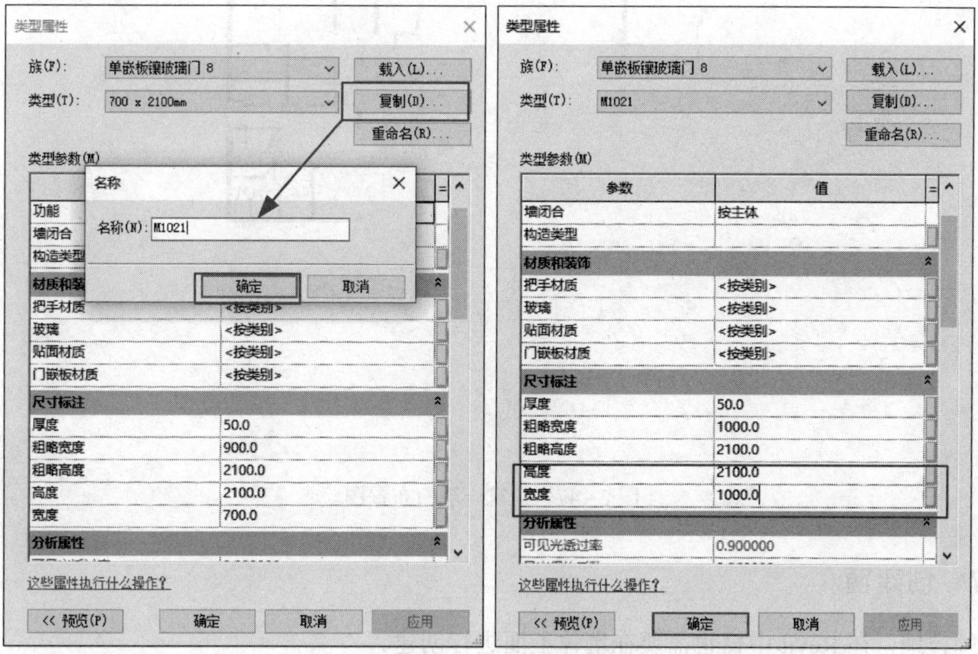

图 2-45　创建门类型

放置门。将光标移动到图纸中门的相应位置，软件将自动捕捉放置位置，可通过单击来放置门，门的开向可按 Enter 键来调整。单击选中已放置的门，门的颜色变为蓝色，此时门处于可编辑状态，单击门距离右墙的尺寸，输入相对距离“100.0”，即可更改门的放置位置。此时也可单击【双向箭头】来改变门的开向，如图 2–46 所示。

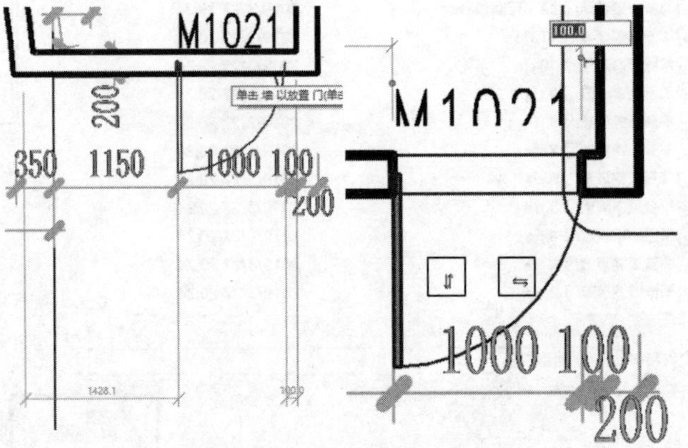

图 2–46　放置门

按照上述方法放置建筑一层的所有门，其布置图如图 2–47 所示。

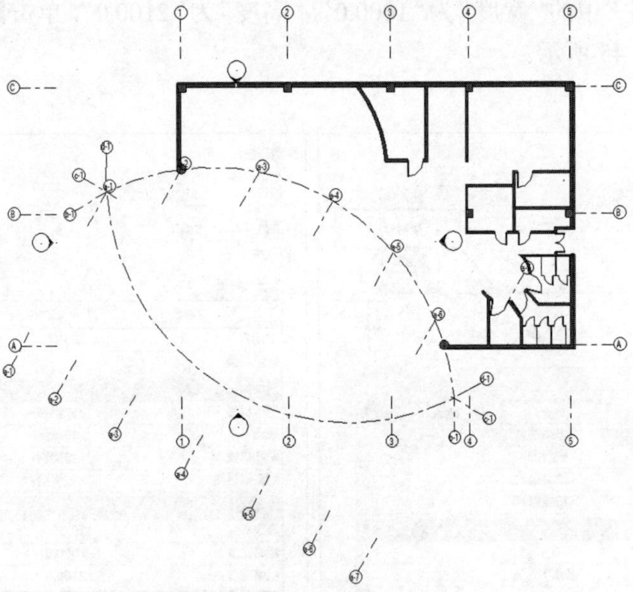

图 2–47　建筑一层门布置图

2.3.7　创建窗

同样地，在 Revit 中窗也需要在墙体上面进行创建。

以图纸中“TLC1210”为例介绍窗的创建，“TLC”是“推拉窗”的简称，“1210”代表窗的宽度为 1200mm，高度为 1000mm，此窗距离右边墙体的距离为 650mm，如图 2–48 所示。

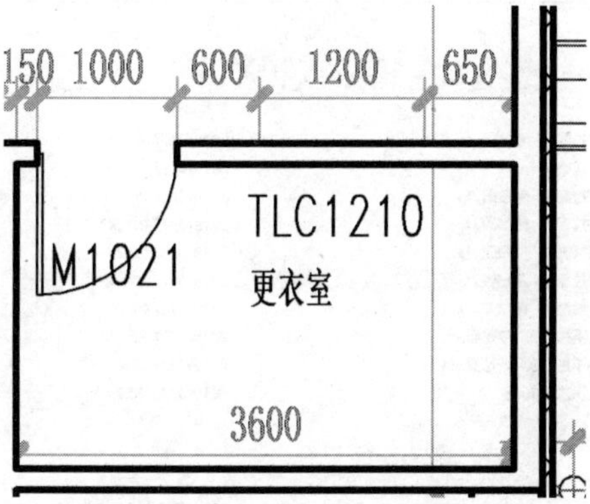

图 2－48　TLC1210 图示

单击打开【建筑】功能选项卡下面的【窗】功能，如图 2－49 所示。

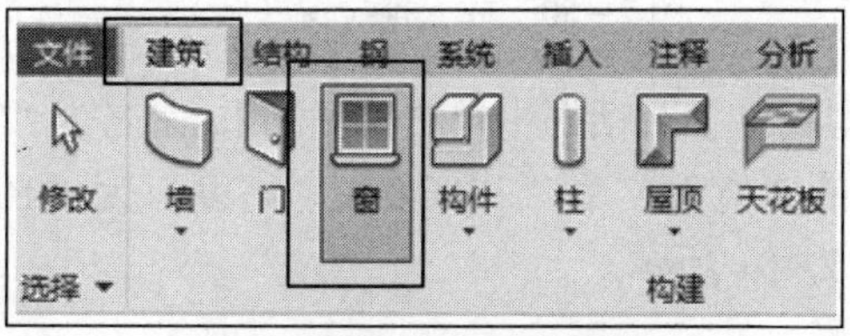

图 2－49　【窗】功能

在项目中载入推拉窗。单击【属性】菜单的【编辑类型】，在【类型属性】对话框中单击【载入】，然后在载入路径中依次选择【建筑】|【窗】|【普通窗】|【推拉窗】，选中“推拉窗 2－带贴面”后单击【打开】按钮，如图 2－50 所示。

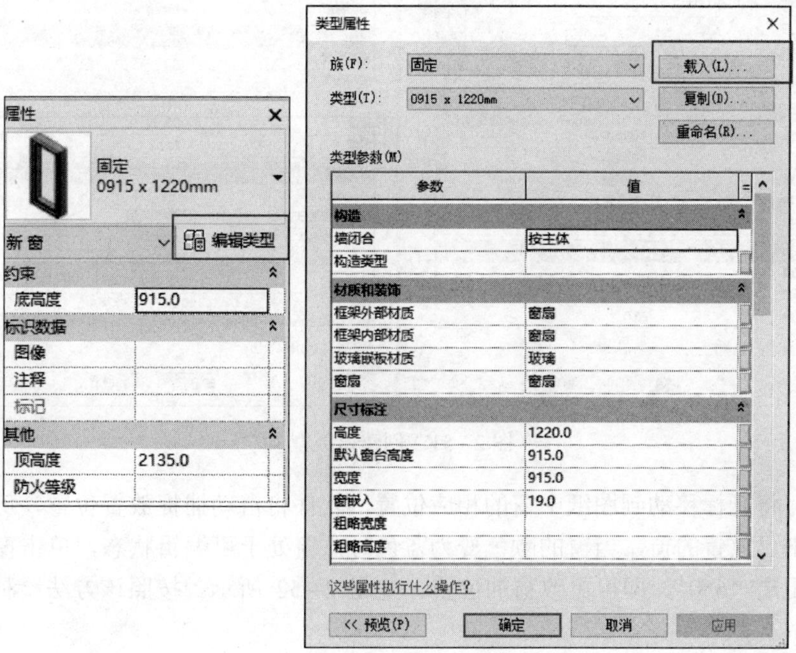

图 2－50　载入推拉窗

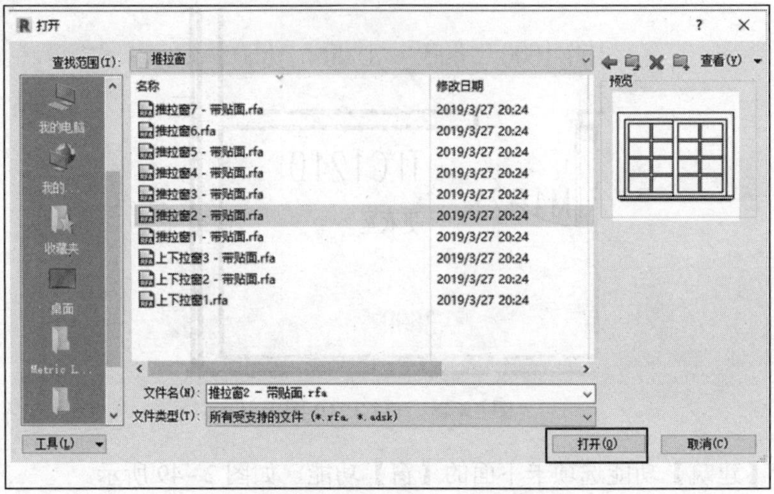

图 2-50　载入推拉窗（续）

创建窗类型。在【类型属性】对话框中单击【复制】，命名为“TLC1210”，单击【确定】。然后修改【尺寸标注】中的“宽度”为“1200.0”，“高度”为“1000.0”，单击【确定】，即TLC1210 创建完毕，如图 2-51 所示。

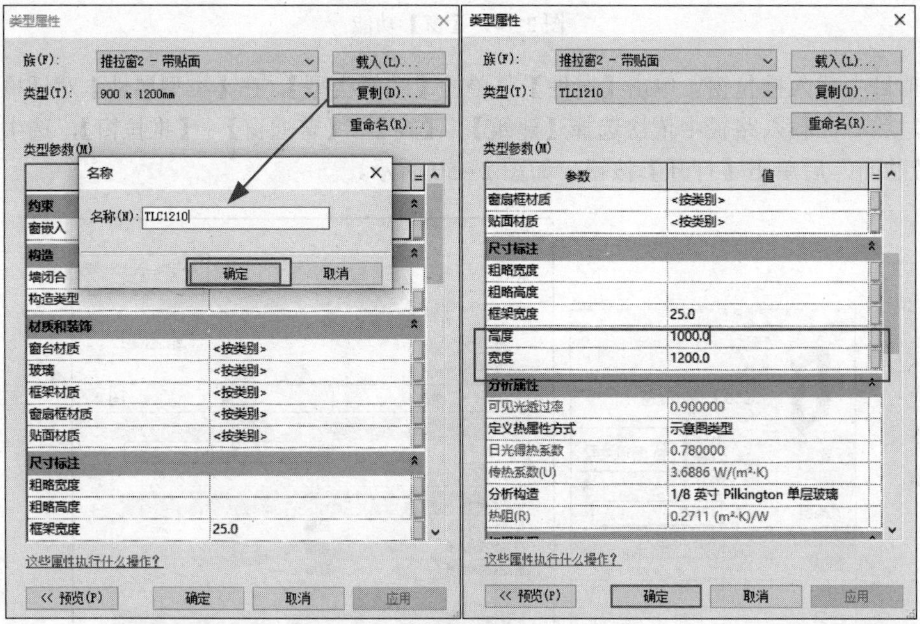

图 2-51　创建窗类型

放置窗。将光标移动到图纸中窗的相应位置，软件将自动捕捉放置位置，可通过单击来放置窗。单击已放置的窗，当窗的颜色变为蓝色时，窗处于可编辑状态，单击窗距离右墙的尺寸，输入距离“650”，即可更改窗的位置，如图 2-52 所示。按照该方法绘制建筑一层所有的窗。

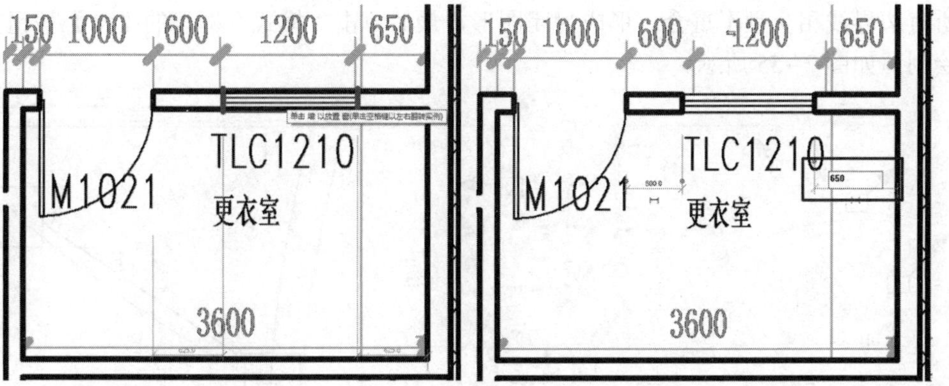

图 2－52 放置窗

2.3.8 创建楼板

楼板的类型有四种：【楼板：建筑】、【楼板：结构】、【面楼板】和【楼板：楼板边】。单击打开【建筑】功能选项卡下面的【楼板】功能，选择【楼板：建筑】进行绘制，如图 2－53 所示。

图 2－53 【楼板】功能

楼板的绘制方式主要有两种：直接绘制和拾取线绘制。直接绘制是使用直线、弧线、矩形框等方式绘制楼板的边界，使其形成一个封闭且不重合的平面图形，以此来创建楼板；拾取线绘制是通过单击选择图纸中的边界线来创建楼板，绘制更加方便，如图 2－54 所示。

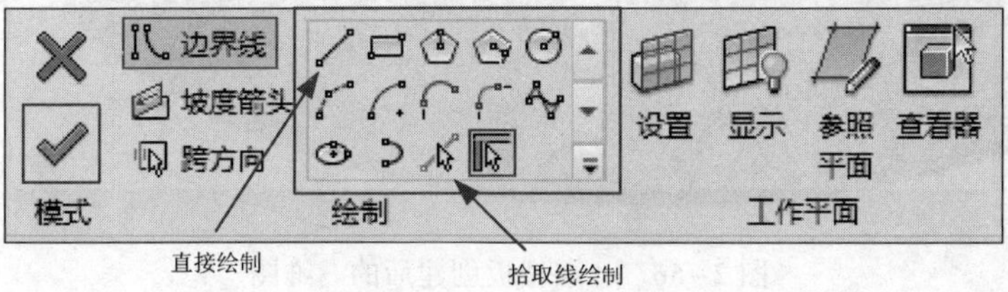

图 2－54 楼板绘制

本例中使用拾取线绘制方式绘制楼板。单击【拾取线】按钮，依次选中图纸中的 1～7 号楼板边界线。然后单击选中 6 号圆弧边界线的右端点，将其拖动到 5 号边界线的端点，使两条边界线相交；同样拖动 6 号圆弧边界线的左端点使其与 7 号边界线的端点相交。按此方法使所有边界线相交且不重合，形成封闭图形，最后单击“模式”框里的【√】按钮完成楼板的绘制，如图 2-55 所示。

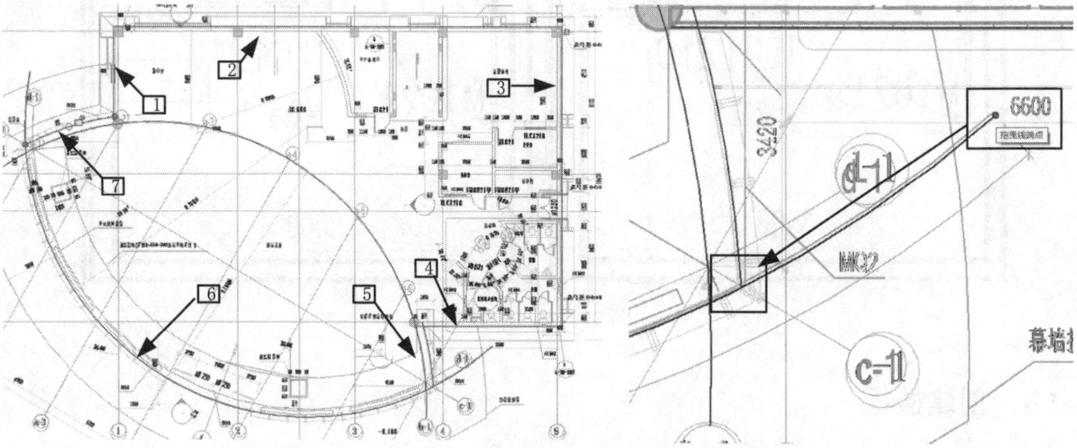

图 2-55　使用拾取线绘制方式绘制楼板

建筑一层楼板创建后的三维图如图 2-56 所示。

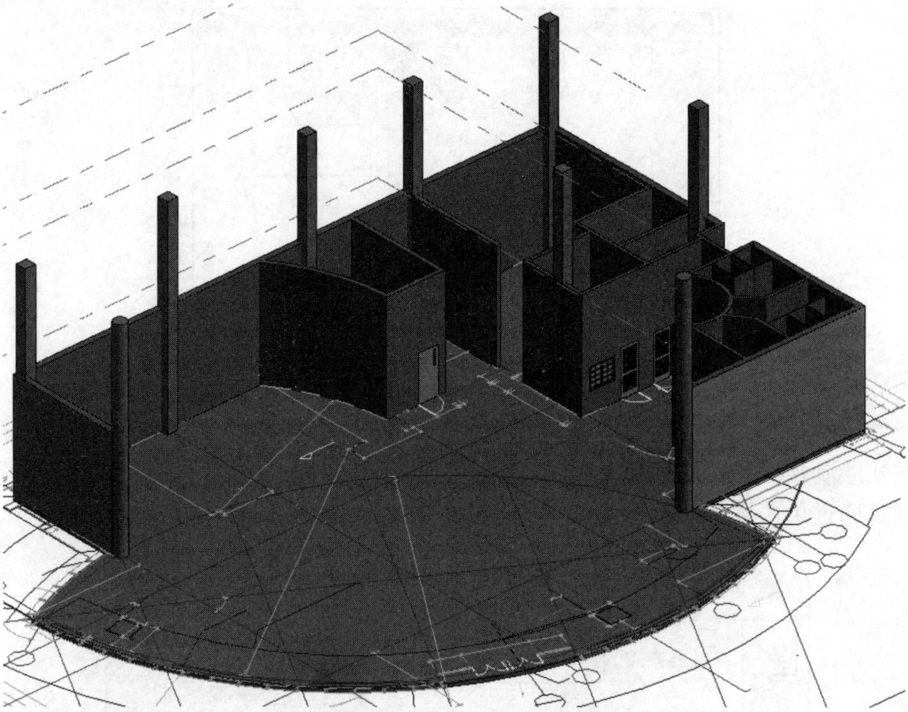

图 2-56　一层楼板创建后的三维图

2.3.9　放置装饰物

家具等装饰物使用【建筑】功能选项卡下面的【构件】功能进行放置，如图 2-57 所示。

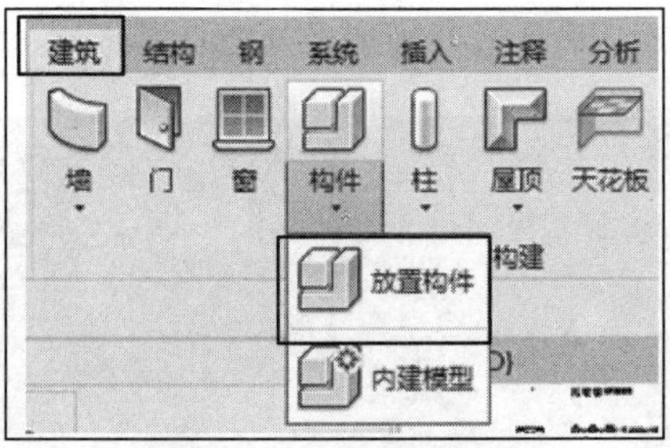

图 2–57 【放置构件】功能

单击【放置构件】，载入需要放置的家具。以洗脸盆为例，单击【属性】菜单的【编辑类型】，在【类型属性】对话框中单击【载入】，在加载路径中依次选择【建筑】|【卫生器具】|【3D】|【常规卫浴】|【洗脸盆】，选择“立柱式洗脸盆”，单击【打开】，如图 2–58 所示。

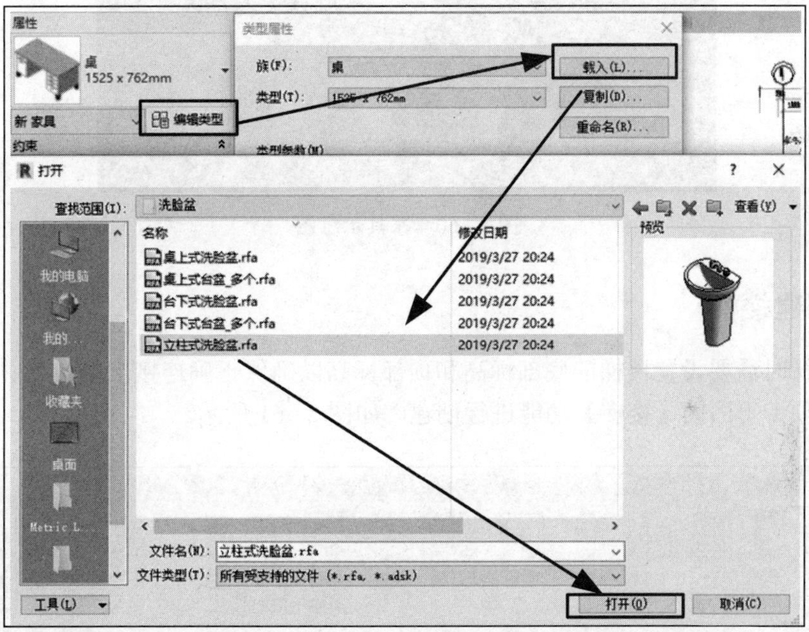

图 2–58　载入洗脸盆

放置洗脸盆。将光标移至图纸中洗脸盆的相应位置，软件将自动捕捉图纸中的端点，按空格键可调整洗脸盆的放置方向，单击即可放置，如图 2–59 所示。

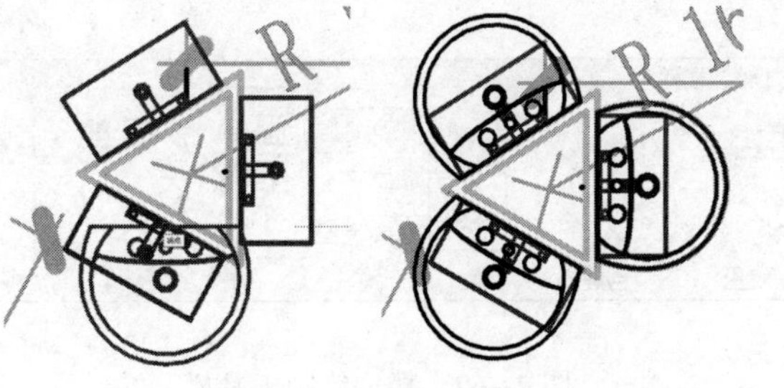

图 2–59　放置洗脸盆

放置建筑一层的其余家具，家具示意图如图 2-60 所示。

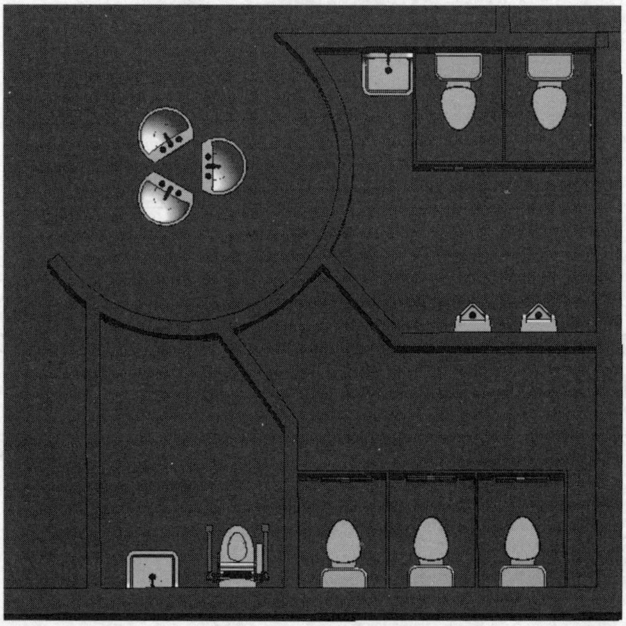

图 2-60　家具示意图

2.3.10　创建楼梯

创建楼梯时需要设置楼梯的底部标高和顶部标高以确保正确连接下层和上层，通过【建筑】功能选项卡下面的【楼梯】功能进行创建，如图 2-61 所示。

图 2-61　【楼梯】功能

在楼梯绘制工具栏中可以选择绘制直梯、螺旋楼梯、L 形楼梯等，每种楼梯包括梯段、平台、支座三个组成部分，如图 2-62 所示。

图 2-62　楼梯绘制工具栏

本例中使用【直梯】功能创建连接一层、二层的双跑楼梯。要在建筑二层的楼板上切开楼梯口，双击打开“F2”楼层平面视图，导入建筑二层的平面图纸，将图纸中的轴网与项目中已建轴网对齐。

单击选中建筑二层楼板，单击【编辑边界】功能，进入楼板编辑模式。选择【边界线】功能，单击【线】按钮，使用直线沿着平面图纸中楼梯口的边界绘制将要开口的封闭图形，绘制完成后，单击【√】按钮，则楼梯口创建成功，如图 2-63 和图 2-64 所示。

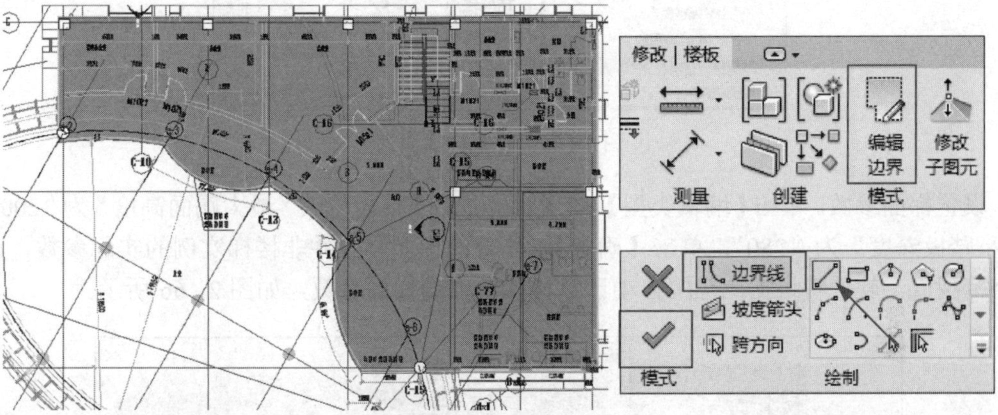

图 2-63　编辑楼板

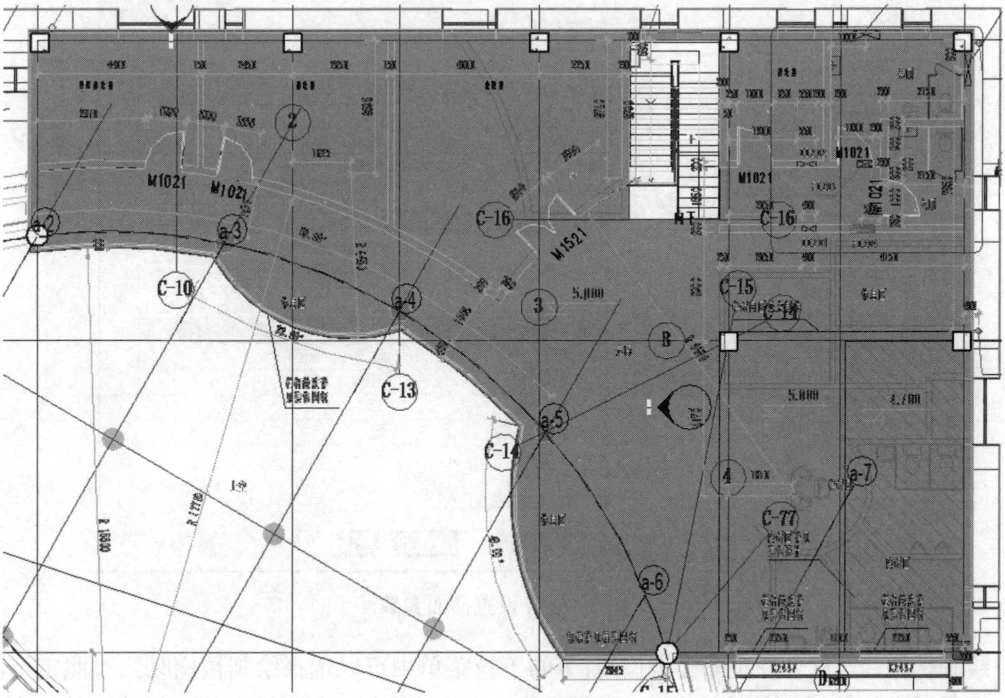

图 2-64　创建楼梯口

单击【直梯】按钮，在【属性】菜单中选择“整体浇筑楼梯”。楼梯约束设置为底部标高“F1”，顶部标高“F2”，如图 2-65 所示。

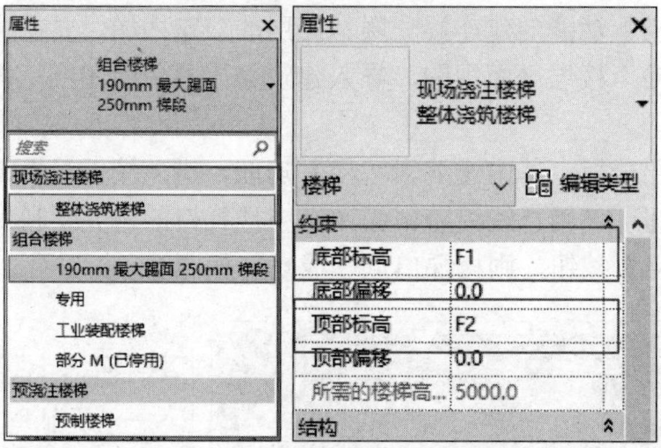

图 2-65　设置楼梯属性

设置梯面参数。单击【编辑类型】，在【计算规则】框内修改“最大踢面高度”为“200.0”，“最小踏板深度”为“280”，单击【确定】。此处的梯面参数并非楼梯实例的实际参数，而是一个范围值，软件将根据此范围自动计算楼梯所需的梯面参数，如图 2-66 所示。

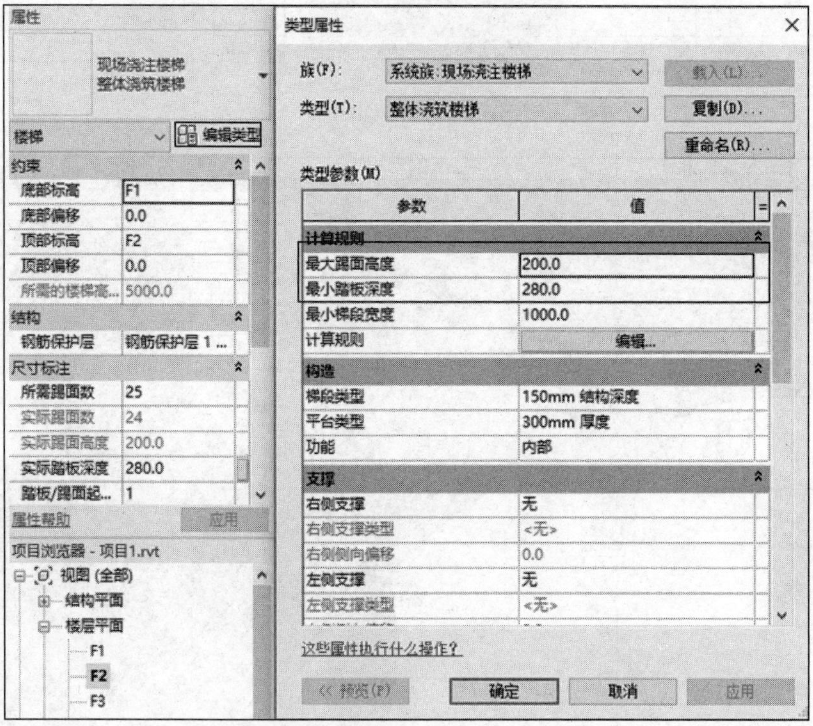

图 2-66　设置梯面参数

绘制楼梯。在软件左上角【定位线：】的下拉菜单中可以选择绘制楼梯时的参照定位，根据实际需要进行选择，本例中选择“梯段：中心”进行绘制。在图纸中第一段楼梯的起点“1”位置单击开始绘制，沿着梯段中心线绘制到“2”位置单击结束；然后绘制第二段楼梯，从“3”位置单击开始，沿中心线绘制到“4”位置单击结束，即可创建楼梯，软件将自动创建第一段、第二段楼梯之间的平台，如图 2-67 所示。

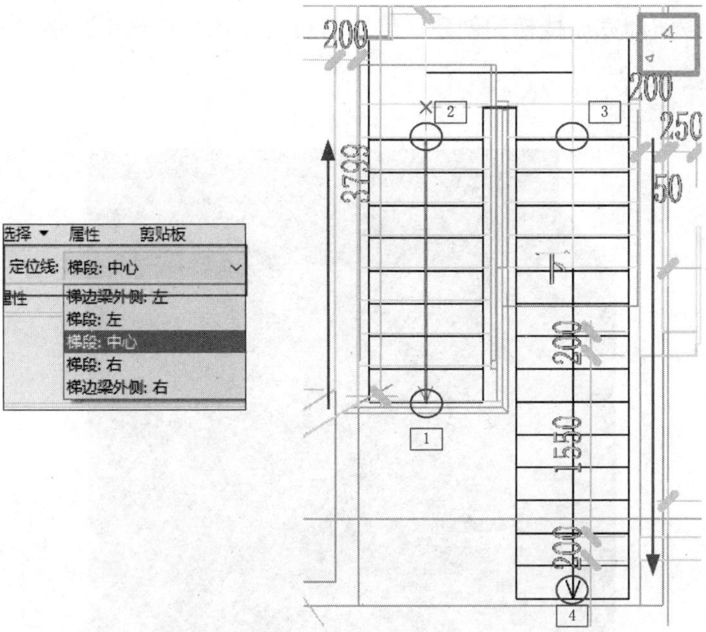

图 2－67　绘制楼梯

修改楼梯宽度。选中第一梯段，拖动梯段左面的三角形按钮，向左拖至墙边，即可修改楼梯宽度，将剩余楼梯宽度修改至与图纸对齐，如图 2－68 所示。

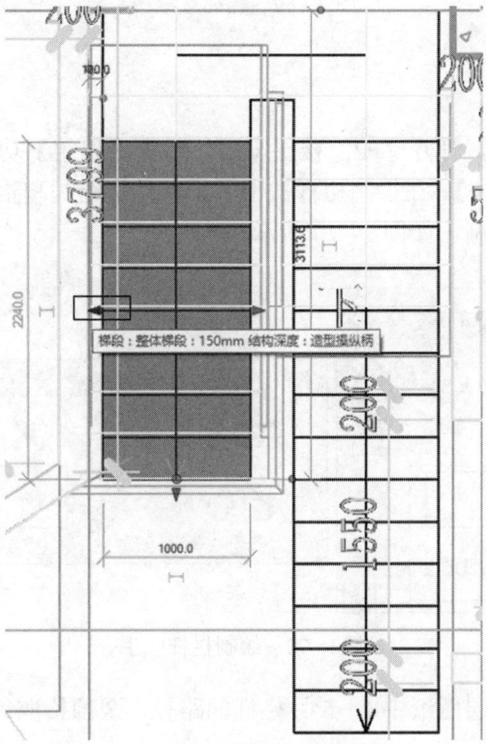

图 2－68　修改楼梯宽度

单击【√】按钮即完成楼梯的创建，软件将自动生成楼梯扶手。楼梯三维图如图 2-69 所示。

图 2-69　楼梯三维图

2.3.11　创建栏杆

添加建筑二层的栏杆。打开“F2”楼层平面，单击【建筑】功能选项卡下面的【栏杆扶手】功能，选择【绘制路径】。在绘制栏杆扶手时，有直接绘制和拾取线两种方式，本例中使用【拾取线】功能进行绘制，如图 2-70 所示。

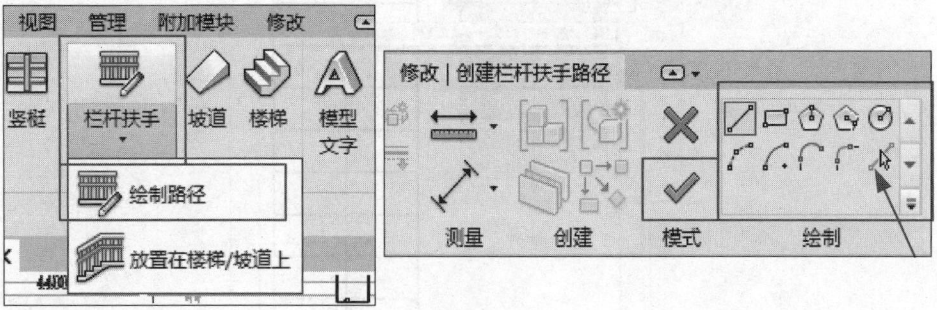

图 2-70　绘制栏杆扶手

依次单击拾取建筑二层图纸中 1～5 号栏杆的路径，全部拾取后单击【√】按钮，即完成栏杆的创建，如图 2-71 所示。

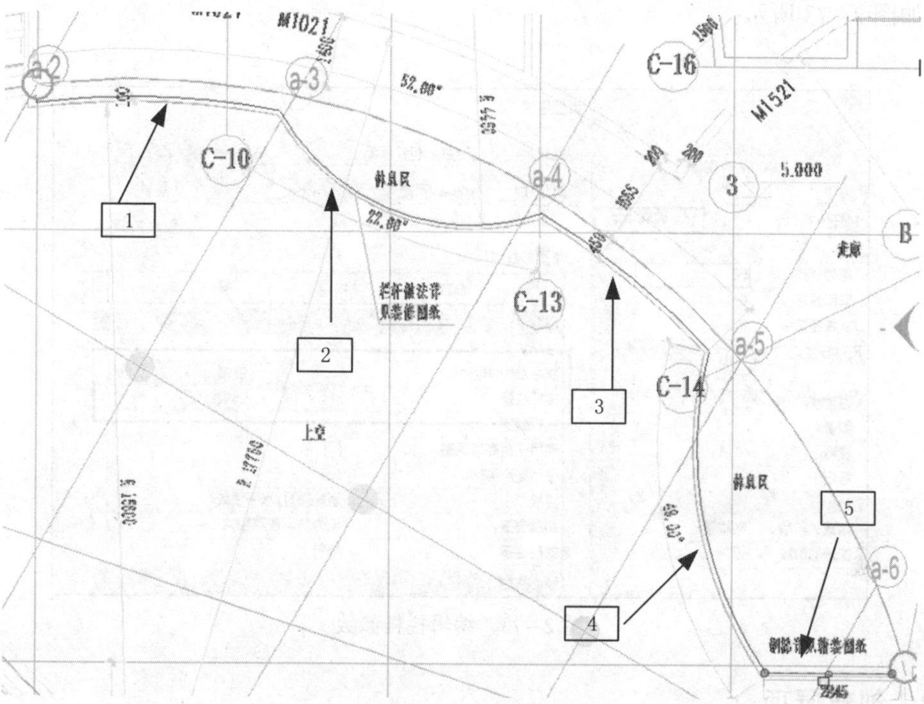

图 2－71　拾取栏杆路径

栏杆创建完成后的三维图如图 2－72 所示。

图 2－72　栏杆创建完成后的三维图

栏杆创建完成后，可以单击【编辑类型】来改变栏杆的造型参数，在【类型属性】对话框中，“扶栏结构（非连续）”可以调整横向扶手的间距、根数，“栏杆位置”可以调整栏杆的间距，如图 2–73 所示。

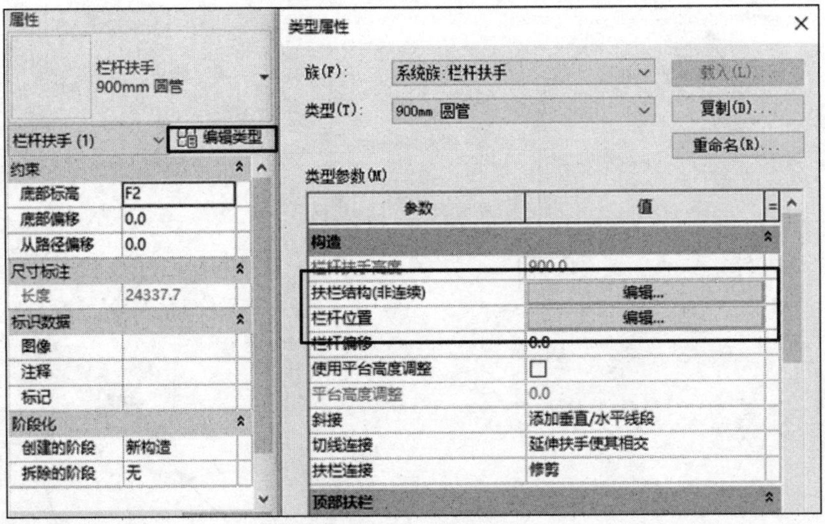

图 2–73　编辑栏杆参数

2.3.12　创建屋顶

打开“F3”楼层平面，单击【建筑】功能选项卡下面的【屋顶】功能，屋顶功能有【迹线屋顶】【拉伸屋顶】【面屋顶】【屋檐：底板】【屋顶：封檐板】【屋顶：檐槽】等。【迹线屋顶】和【拉伸屋顶】使用较多，【面屋顶】用于体量创建部分，剩余三种用于屋顶装饰，本例中使用【迹线屋顶】功能创建屋顶，如图 2–74 所示。

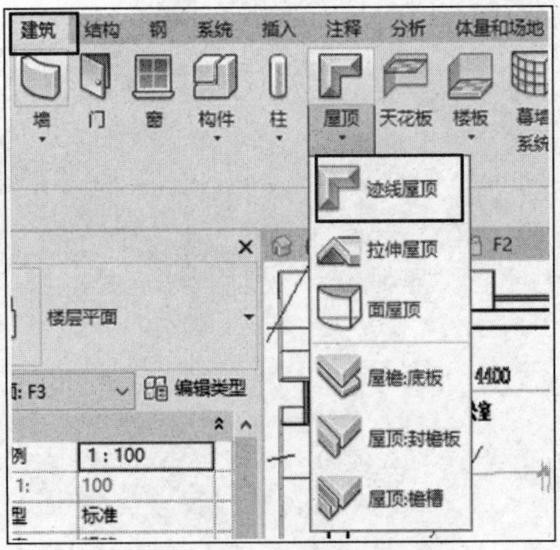

图 2–74　【屋顶】功能

设置屋顶参数。在【属性】菜单中选择“基本屋顶常规–400mm”，“底部标高”设置为“F3”，本例中屋顶为平面结构，所以在界面左上角“定义坡度”框中取消勾选，如图 2–75 所示。

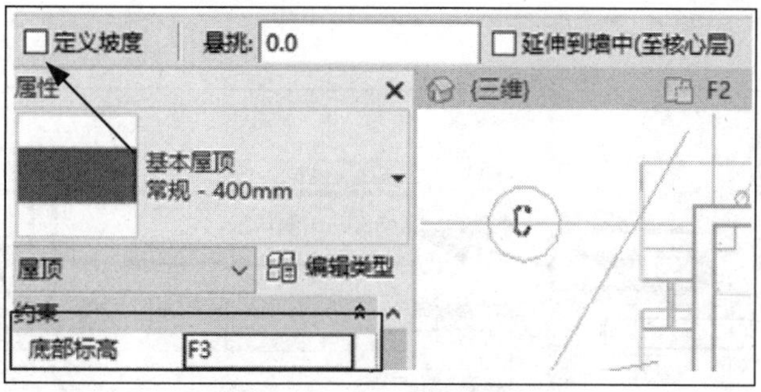

图 2－75　设置屋顶参数

参照 2.3.8 节创建楼板步骤来绘制屋顶，如图 2－76 所示。

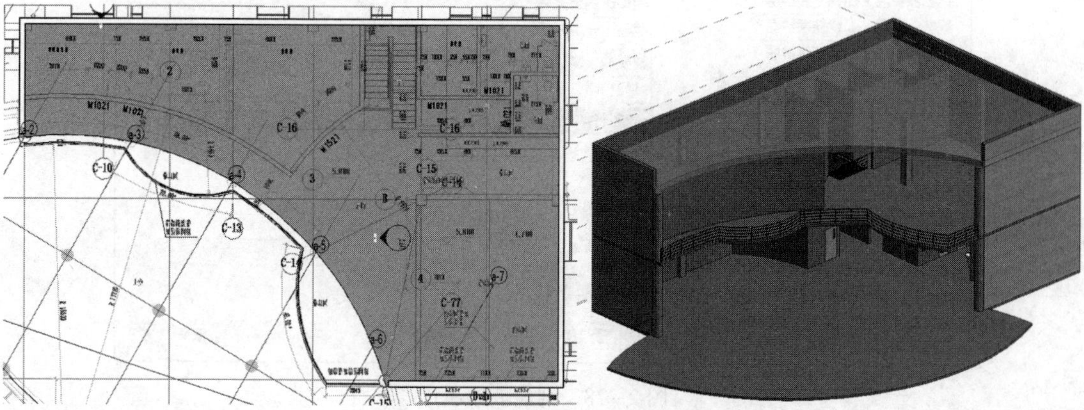

图 2－76　绘制屋顶

创建玻璃屋顶。打开“F4”楼层平面，导入玻璃屋顶的平面图纸，移动图纸使图纸的轴网与项目中的已建轴网重合。单击【建筑】功能选项卡下面的【楼板】功能，选择【楼板：结构】，如图 2－77 所示。

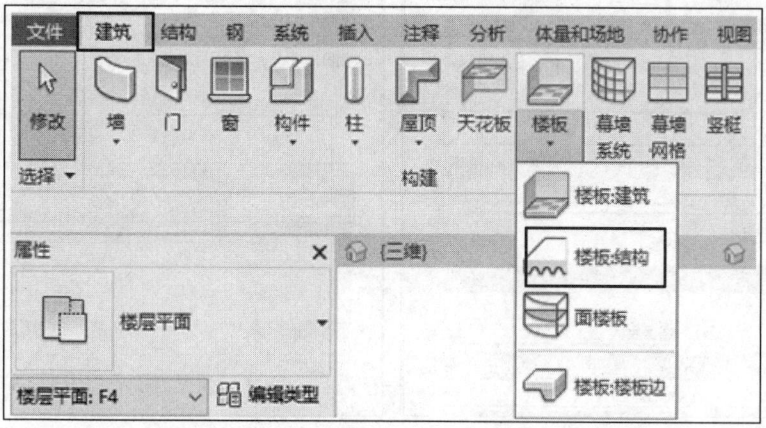

图 2－77　【楼板】功能

在【属性】菜单中单击【编辑类型】，类型选择“常规－150mm”的楼板，单击【复制】，命名为“玻璃屋顶”，如图 2-78 所示。

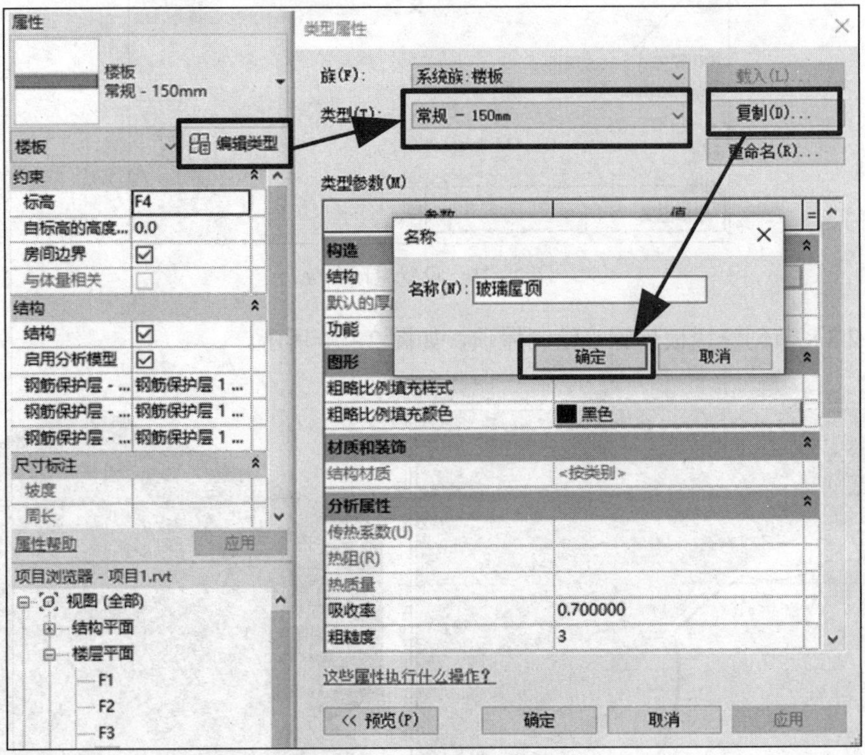

图 2-78　创建玻璃屋顶

编辑屋顶材质。在【类型属性】对话框中，单击“结构”栏的【编辑】按钮，在【编辑部件】对话框的“材质”栏中单击【加载】按钮，打开材质库，如图 2-79 所示。

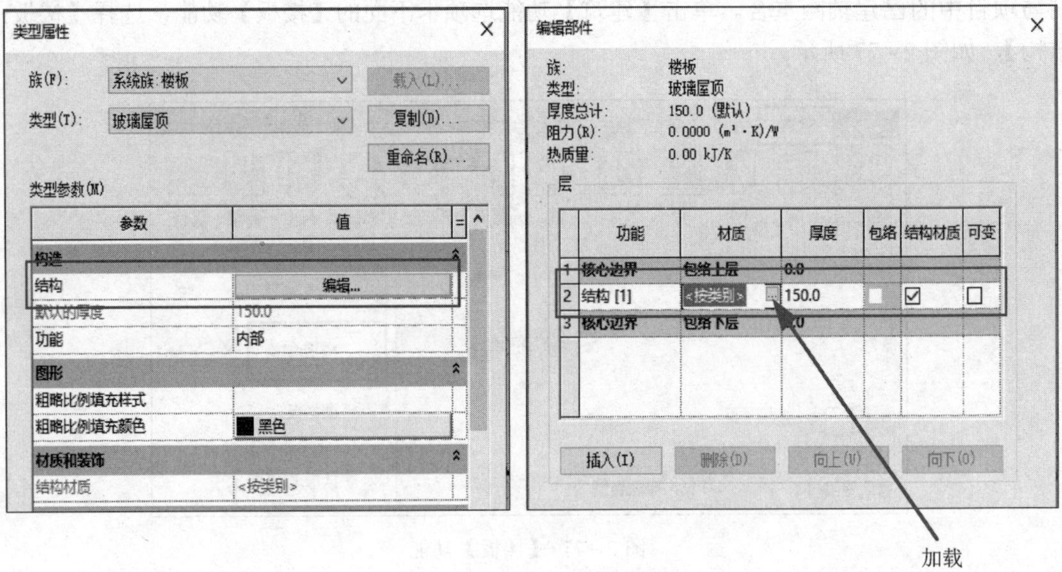

图 2-79　打开材质库

在【材质浏览器】的搜索框中输入“玻璃”，选中“玻璃”材质，单击【确定】，如图2-80所示。

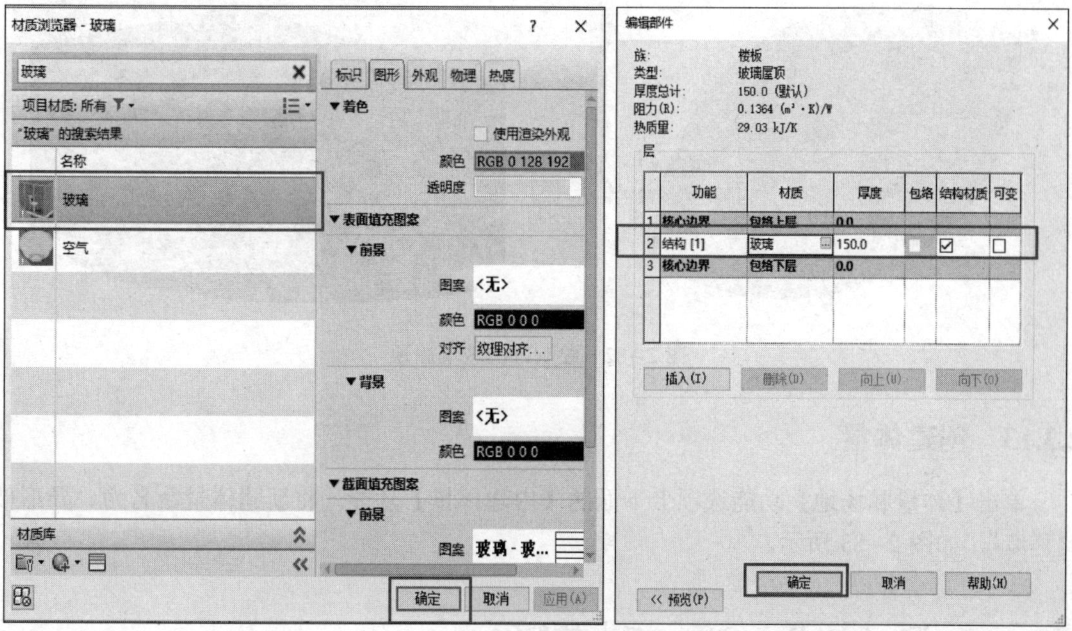

图2-80　编辑玻璃材质

绘制玻璃屋顶。单击【拾取线】功能，选择图纸中玻璃屋顶的1号和2号边界线，然后单击菜单的【跨方向】功能，沿着3号箭头方向赋予玻璃屋顶的跨方向，最后单击【√】按钮，即完成玻璃屋顶的绘制，如图2-81所示。

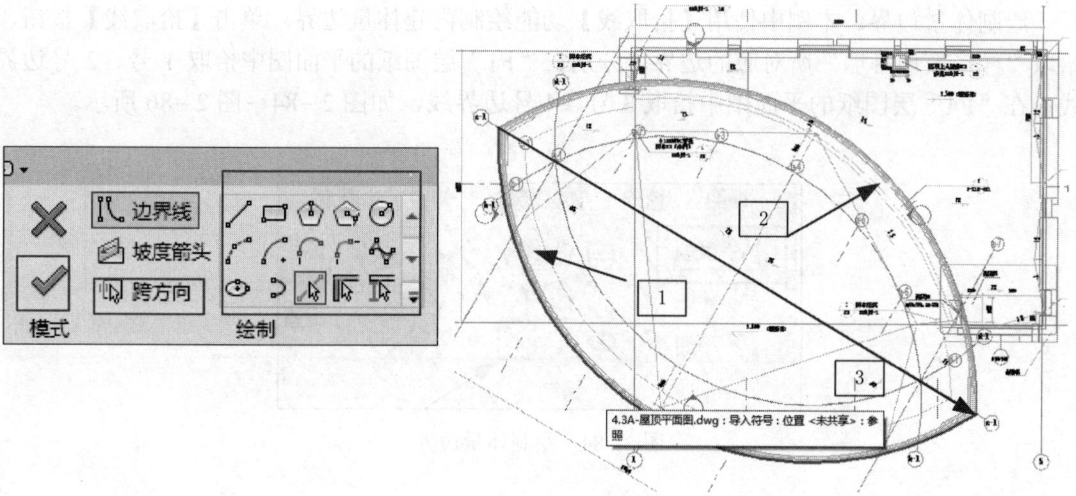

图2-81　绘制玻璃屋顶

绘制好的玻璃屋顶如图 2-82 所示。

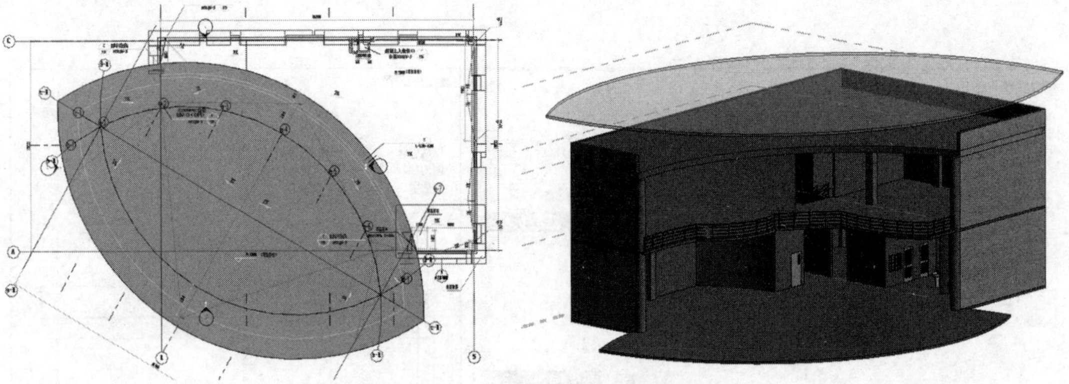

图 2-82　绘制好的玻璃屋顶

2.3.13　创建体量

单击【体量和场地】功能选项卡下面的【内建体量】功能，将新建体量命名为“异形玻璃幕墙”，如图 2-83 所示。

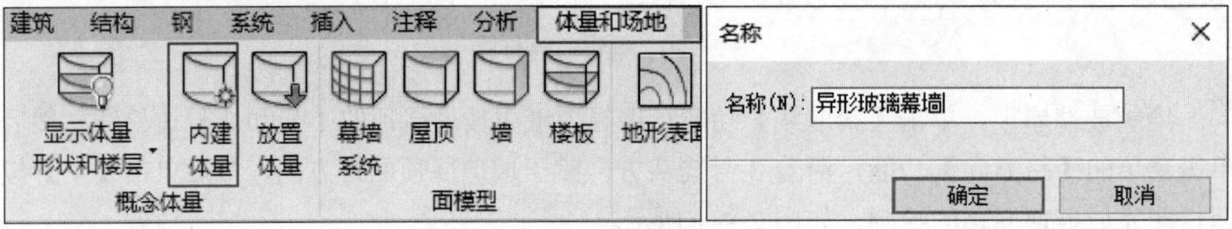

图 2-83 【内建体量】功能

绘制体量边界。本例中使用【拾取线】功能绘制内建体量边界。单击【拾取线】按钮，拾取“异形玻璃幕墙”所对应的边界。分别在“F1”层图纸的平面图中拾取 1 号、2 号边界线；在“F4”层图纸的平面图中拾取 3 号、4 号边界线，如图 2-84～图 2-86 所示。

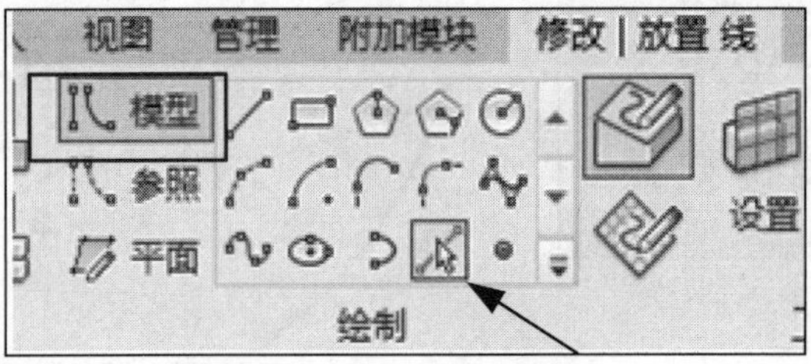

图 2-84　绘制体量边界

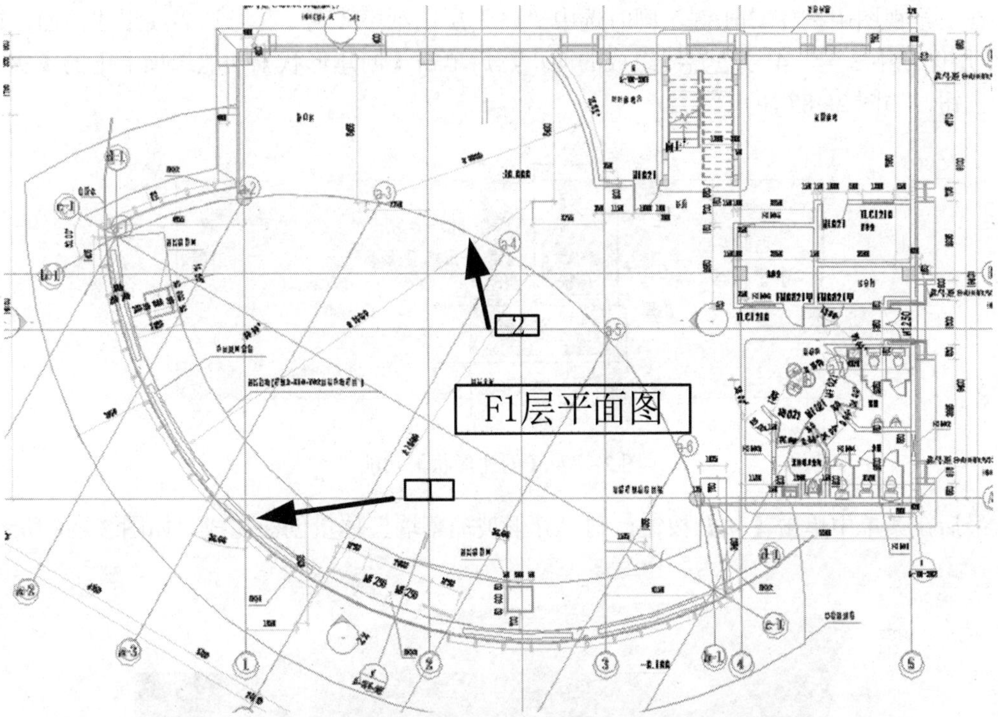

图 2-85　F1 层平面图

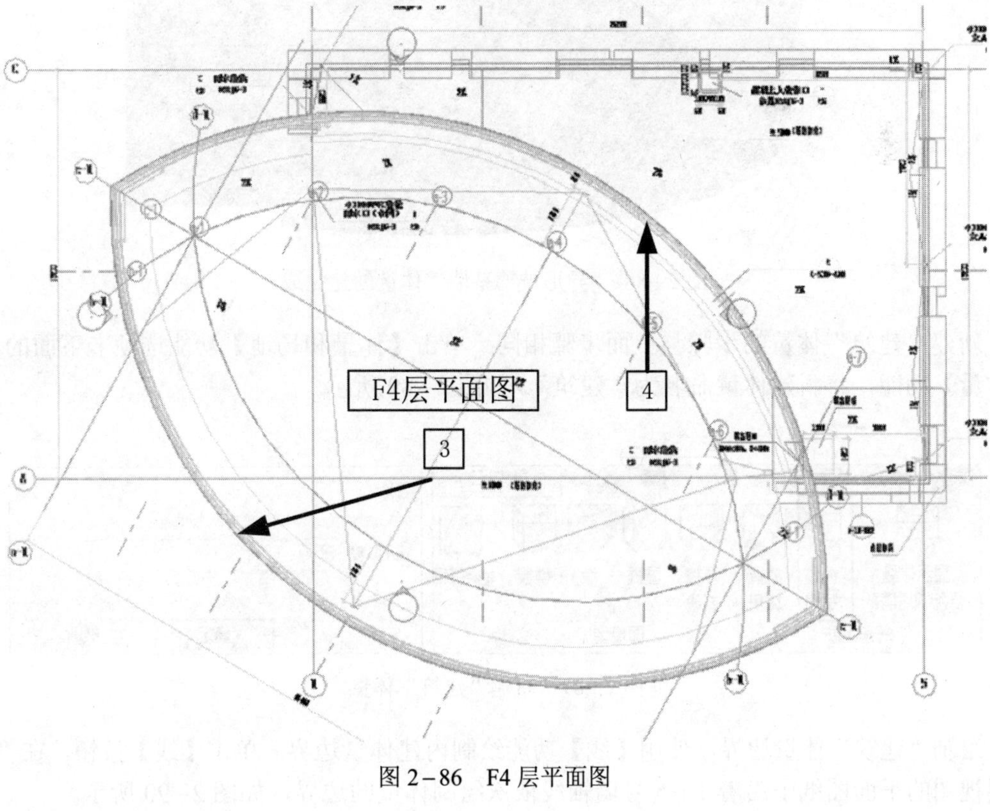

图 2-86　F4 层平面图

在三维视图中按住 Ctrl 键，同时选中“F1”层图纸中 1 号、2 号边界线组成的面，以及“F4”层图纸中 3 号、4 号边界线组成的面，然后单击【创建形状】功能选项卡下的【实心形状】按钮，如图 2-87 所示。

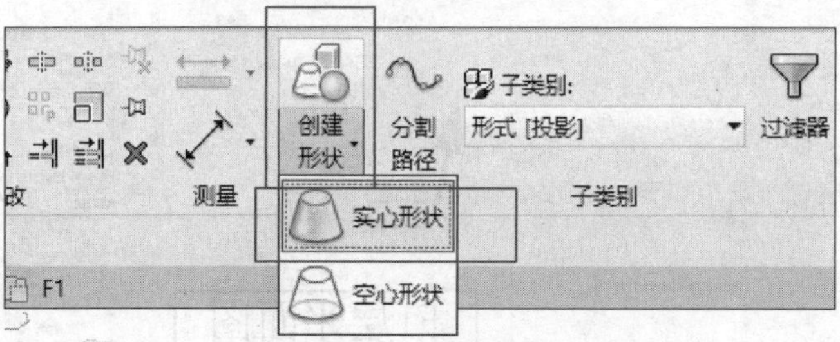

图 2-87 【创建形状】功能

最后在菜单中单击【√】按钮，则“异形玻璃幕墙”体量创建完成，如图 2-88 所示。

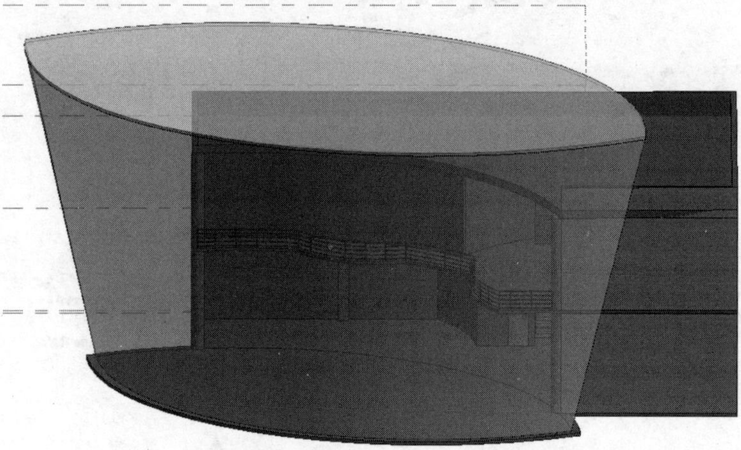

图 2-88 “异形玻璃幕墙”体量创建完成

新建“建筑”体量的步骤与上面步骤相同。单击【体量和场地】功能选项卡下面的【内建体量】功能，将新建体量命名为“建筑”，如图 2-89 所示。

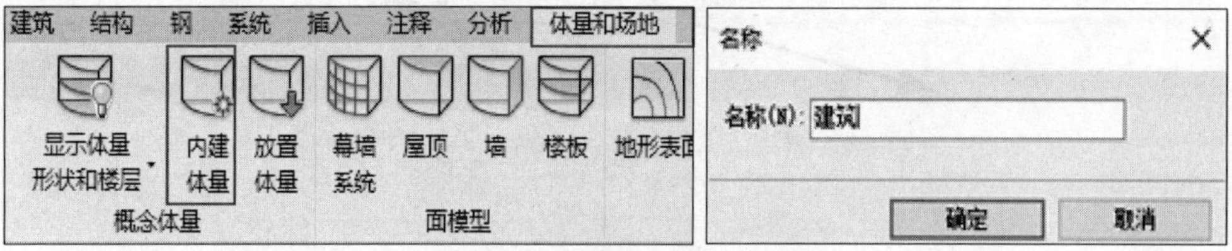

图 2-89 新建“建筑”体量

绘制“建筑”体量边界。使用【线】功能绘制内建体量边界。单击【线】按钮，在“F1”楼层视图的平面图纸中沿着 1～5 号墙轴线依次绘制体量的边界，如图 2-90 所示。

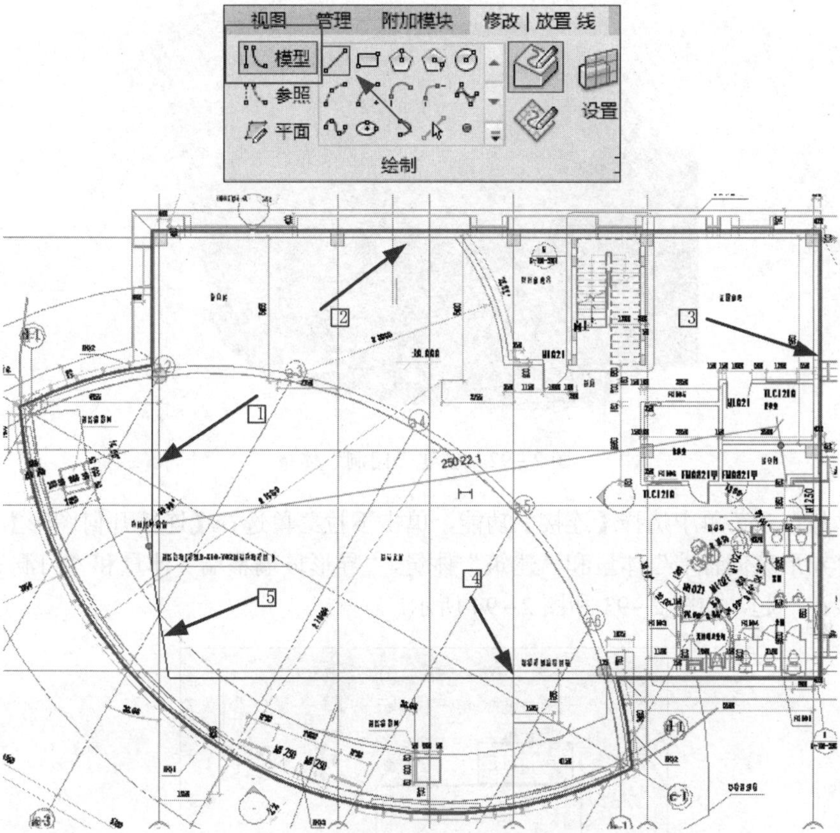

图 2-90 绘制“建筑”体量边界

在三维视图中选中“F1”层图纸中 1～5 号边界线绘制的面，然后单击【创建形状】功能选项卡下的【实心形状】按钮，最后在菜单中单击【√】按钮，则“建筑”体量创建完成，如图 2-91 所示。

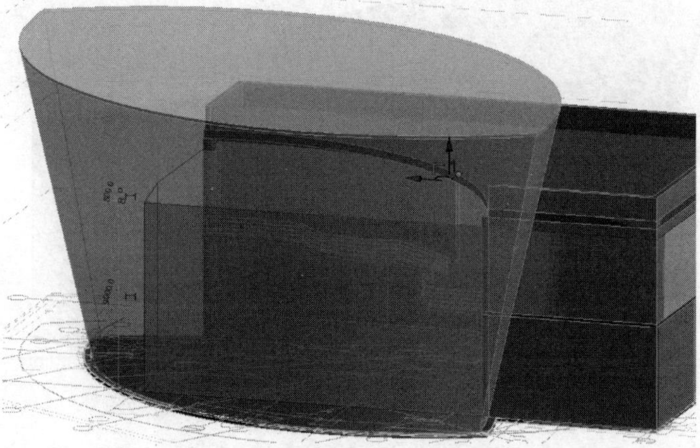

图 2-91 “建筑”体量创建完成

创建“门洞”体量。使用上述方法在“F1”楼层平面视图的图纸中绘制边界并创建“门洞”体量，单击选中“门洞”体量，将其高度修改为“3000”mm，如图 2-92 所示。

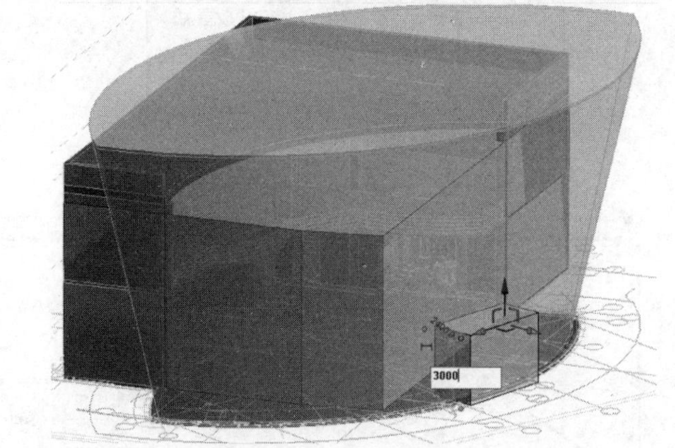

图 2-92　创建“门洞”体量

连接体量。在菜单中选择【连接】功能，单击下拉菜单选择【连接几何图形】，分别通过单击拾取“异形玻璃幕墙”体量和“建筑”体量，“异形玻璃幕墙”体量和“门洞”体量，则体量将连接在一起，如图 2-93 和图 2-94 所示。

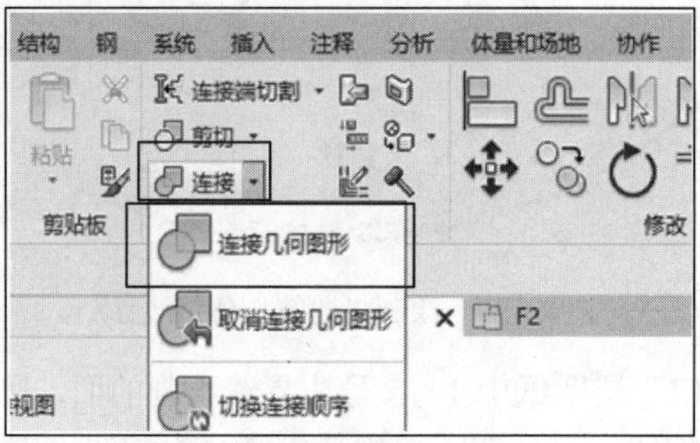

图 2-93 【连接】功能

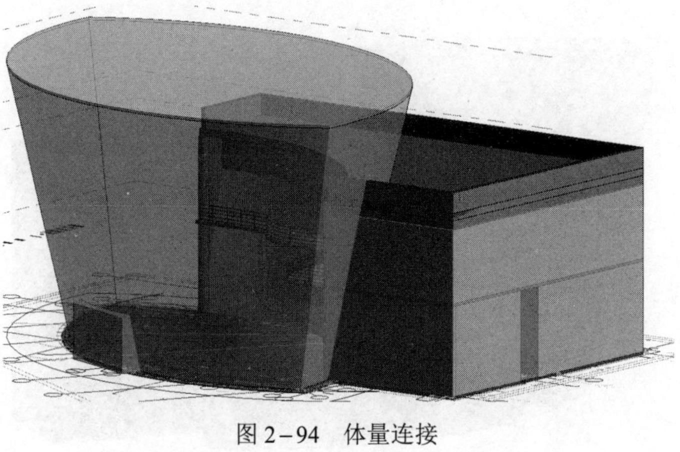

图 2-94　体量连接

2.3.14　创建幕墙

创建幕墙系统。单击【体量和场地】|【幕墙系统】功能，如图 2-95 所示。

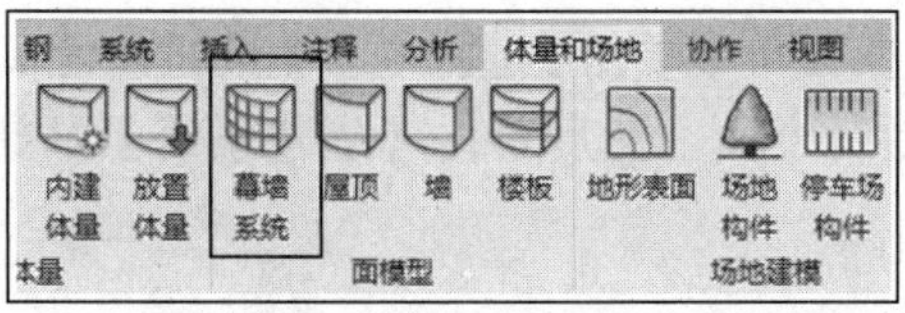

图 2–95　【幕墙系统】功能

在幕墙系统【属性】菜单中单击【编辑类型】，然后在【类型属性】对话框中单击【复制】命令，将新建幕墙类型命名为“1500×1500 异形玻璃幕墙”，如图 2–96 所示。

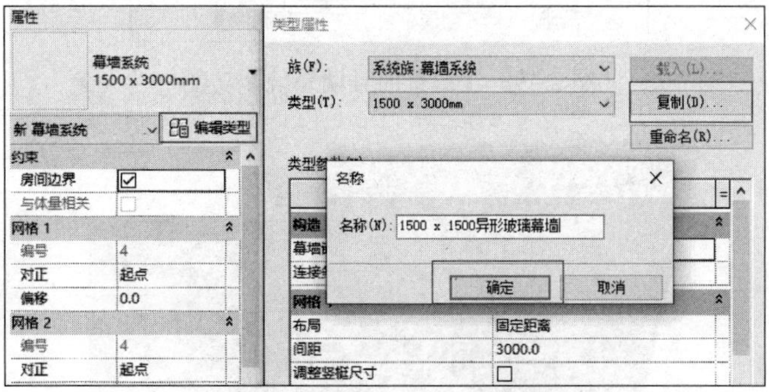

图 2–96　新建幕墙系统类型

修改新建幕墙系统参数。将“网格 1”和“网格 2”的布局形式修改为“固定距离”，间距均调整为“1500.0”。将“网格 1 竖梃”和“网格 2 竖梃”的“内部类型”修改为“圆形竖梃：25mm 半径”，“边界 1 类型”和“边界 2 类型”均修改为“圆形竖梃：25mm 半径”，单击【确定】，如图 2–97 所示。

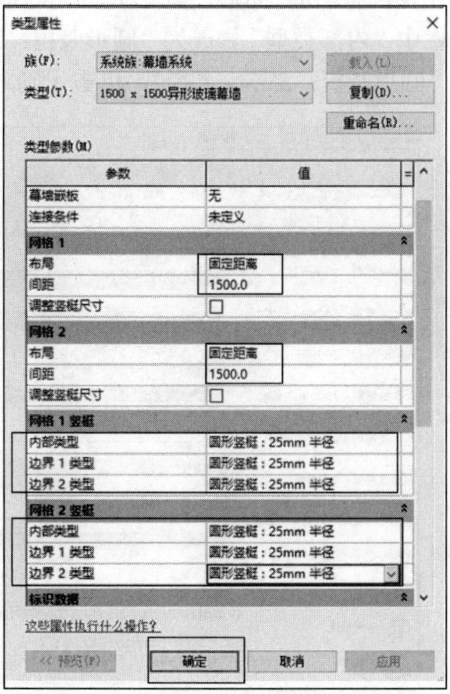

图 2–97　修改新建幕墙系统参数

创建放置面幕墙系统。在菜单中单击【选择多个】按钮，然后按住 Ctrl 键，同时选中“异形玻璃幕墙”体量的前、后两个面，然后单击【创建系统】按钮，幕墙系统创建完成，如图 2–98 和图 2–99 所示。

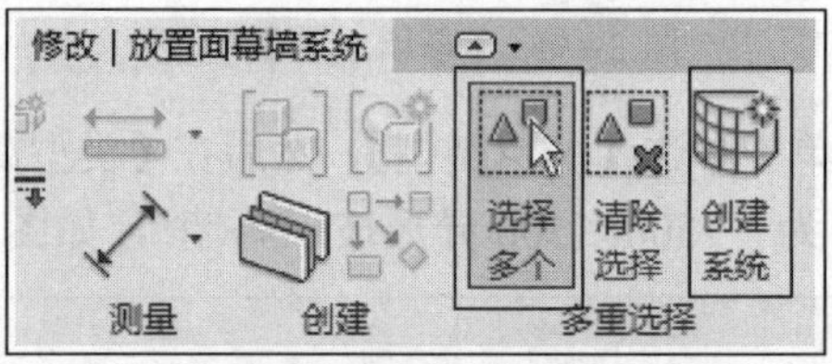

图 2–98 【放置面幕墙系统】功能

图 2–99 幕墙系统创建完成

修改幕墙参数。幕墙从属于墙体，与普通墙的绘制方式一致。在【建筑】功能选项卡下单击【墙】，选择【墙：建筑】，在【属性】菜单的墙体类型下拉菜单中选择【幕墙】。编辑类型属性，将“垂直网格”和“水平网格”栏中的“布局”修改为“固定距离”，“间距”修改为“1500.0”；“垂直竖梃”和“水平竖梃”栏中“内部类型”修改为“圆形竖梃：25mm 半径”，“边界 1 类型”和“边界 2 类型”均修改为“圆形竖梃：25mm 半径”，单击【确定】，如图 2–100 所示。

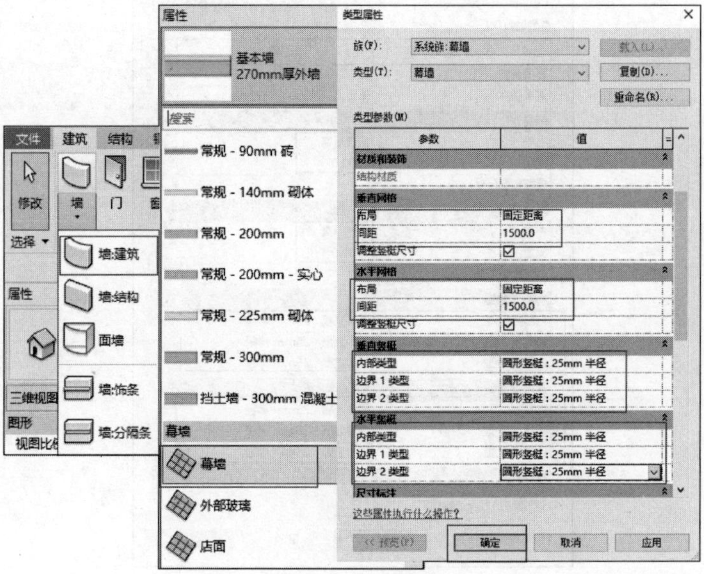

图 2–100 修改幕墙参数

绘制幕墙。选择【绘制】菜单中的【线】按钮，设置幕墙“底部约束”为“F1”，“顶部约束”为“直到标高: 屋顶”，沿着“F1”楼层平面图纸中玻璃幕墙的边界进行绘制，如图2–101所示。

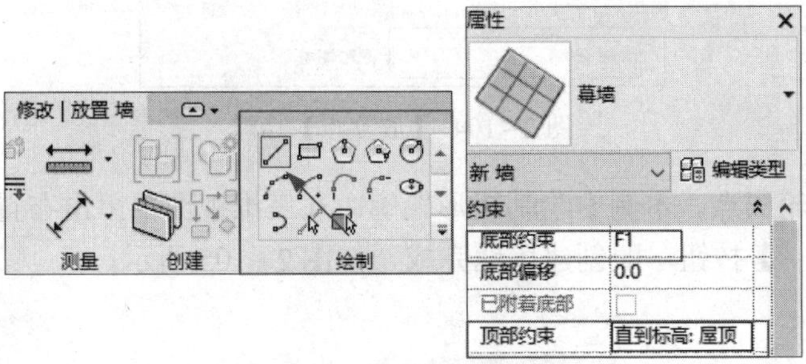

图2–101　绘制幕墙

玻璃幕墙如图2–102所示。

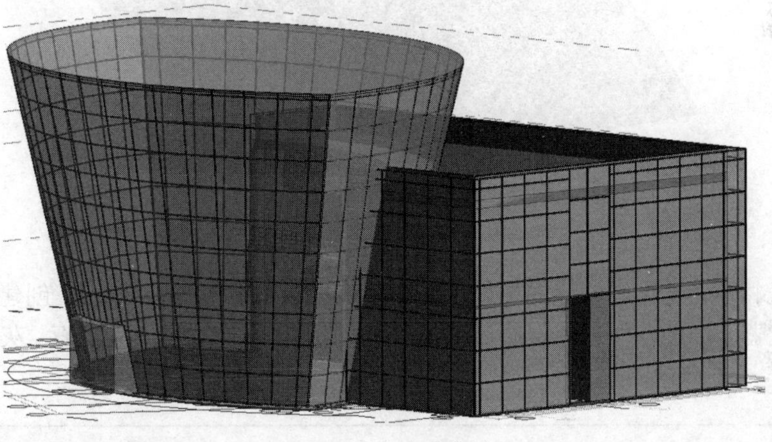

图2–102　玻璃幕墙

2.3.15　创建场地

场地包括地形表面、建筑地坪、场地道路等，选择【体量和场地】功能选项卡下的【地形表面】功能进行绘制，如图2–103所示。

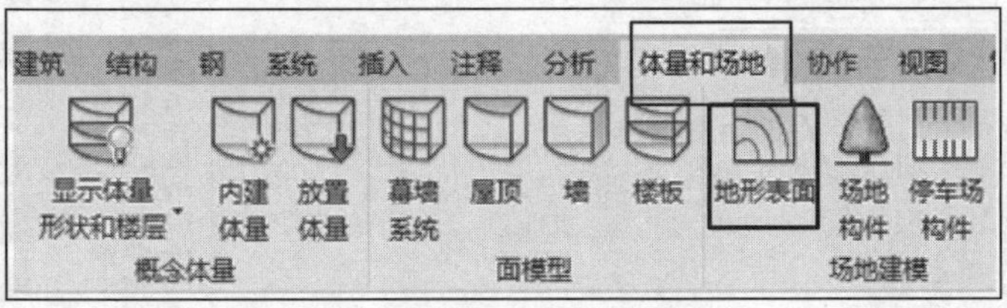

图2–103　【地形表面】功能

放置高程点。选择【放置点】功能，将菜单中的“高程”值修改为室外的实际高程（绝对高程），即室外地坪的标高“–0.1”，如图2–104所示。

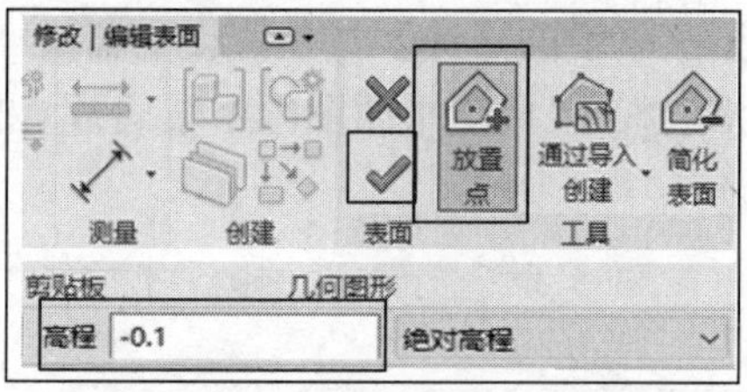

图 2–104 【放置点】功能

放置场地的外轮廓点。本例中绘制矩形轮廓，在三维视图中单击布置矩形的四个角点，布置完成后单击【√】按钮，即创建场地完成，如图 2–105 所示。

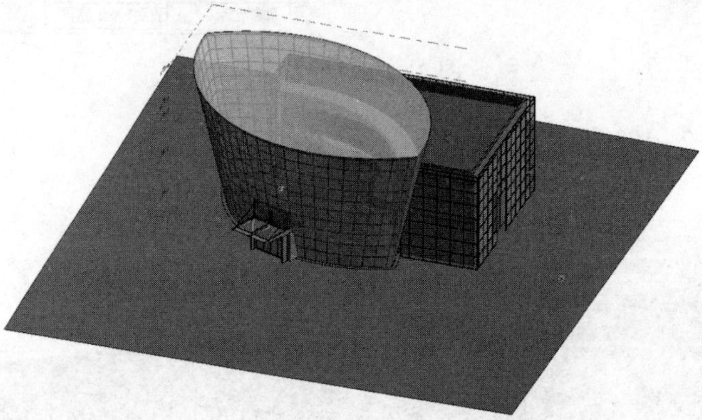

图 2–105 创建场地完成

修改场地材质。选中已创建的场地，单击【属性】菜单中的【材质】，创建“新材质”并在【资源浏览器】中选取合适的材质赋值给“新材质”，本例选取“大理石–灰色”作为场地材质，如图 2–106 所示。

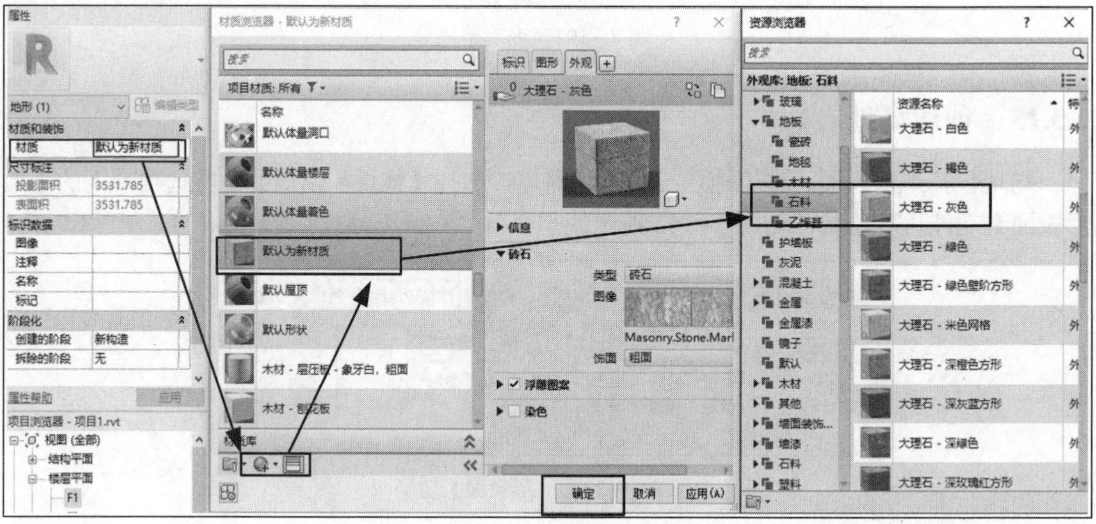

图 2–106 修改场地材质

添加场地构件。在【体量和场地】功能选项卡下单击【场地构件】功能来放置场地构件。在【属性】菜单中选择“Shumard 橡树－9.1 米”，修改“标高”为“室外地坪”，与场地齐平，在场地中单击放置，如图 2－107 所示。

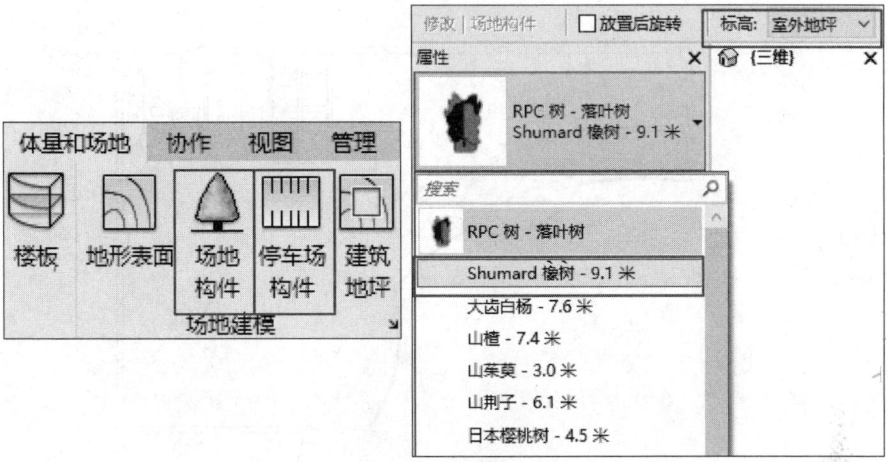

图 2－107　添加场地构件

同样地，可以在【属性】菜单中单击【编辑类型】，载入其他场地构件进行场地布置，本例载入小汽车模型，场地布置完成后如图 2－108 所示。

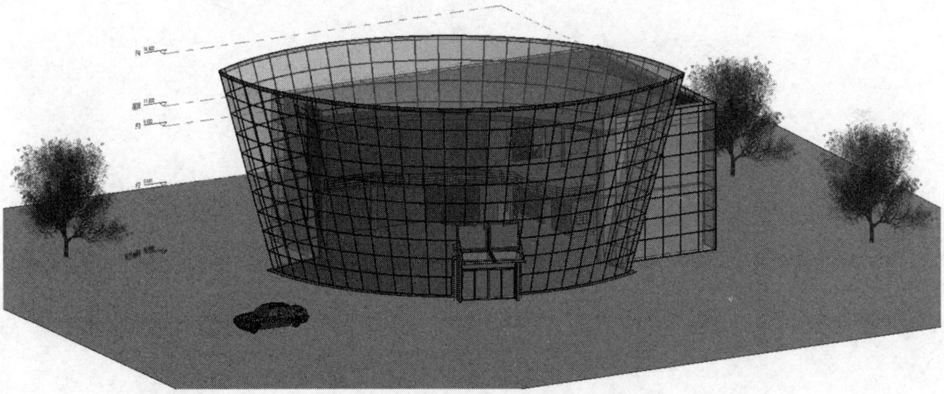

图 2－108　场地布置完成

习　　题

1. 什么是 Revit 族的实例参数？什么是类型参数？二者有何区别？
2. 在 Revit 中如何使用剖面框功能？
3. 根据图 2－109 所示的“二层平面图”，绘制建筑二层的内墙。
4. 根据图 2－109 所示的“二层平面图”，绘制建筑二层的门。

5. 根据图 2-109 所示的“二层平面图”，放置建筑二层的装饰物。

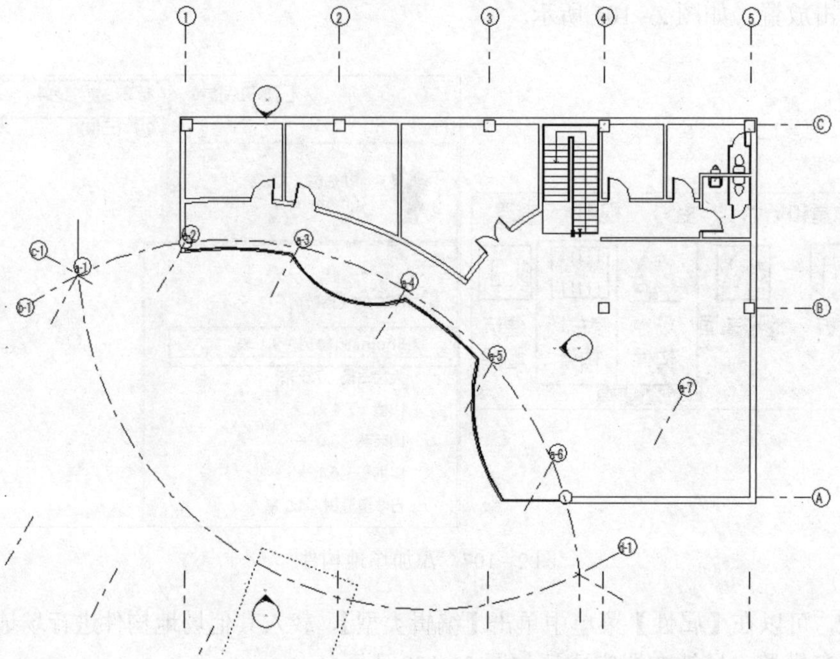

图 2-109　二层平面图

第3章

BIM参数化建模技术

3.1 Dynamo简介

3.1.1 Dynamo介绍

Dynamo是一种对Revit进行参数化设计的辅助性可视化编程工具，其程序十分灵活，可以实现Revit自身无法实现的功能，并且跨行业规程进行使用，功能极其丰富和强大。使用Dynamo时，我们需要像程序员一样思考，不仅要熟悉3D模型的构建流程，也需要知道各个命令之间的关系，但由于其为可视化编程语言，可通过图形化界面创建程序，而不是一行行地写程序代码，用户可以简单地连接预定义功能模块，轻松创建自己的算法和工具，并在3D空间中生成几何图形和处理数据。图3－1中的建筑是Dynamo插件官方针对建模这个功能的演示实例。

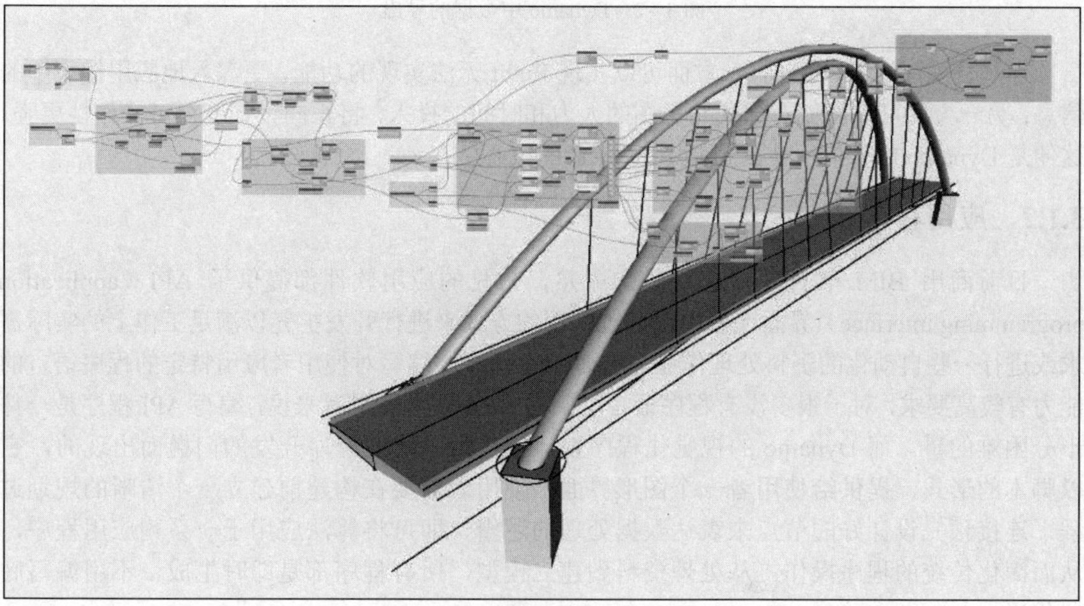

图3－1　Dynamo建模演示实例

在Dynamo出现之前，Revit建模通常需要耗费人力依次创建每个构件，仅有的一些插件要么功能较局限，只能解决某些固定问题；要么开发时间长，成本高，不易制作。而在Dynamo

问世之后，很多重复性的、机械性的工作可以交给软件进行，大大提升作业效率；同时补充了 Revit 中的很多功能，可以创建更加复杂的形体。在 BIM 设计、建模及使用过程中，会出现大量的数据需要我们处理以及录入，如果根据 Revit 本身的功能进行作业，其工作量之大和工作效率之低都是令人难以接受的。而通过 Dynamo，我们可以实现与 Excel 的交互，通过对 Excel 中数据的处理，可以大大简化我们的工作流程。Dynamo 中数据的导出如图 3-2 所示。

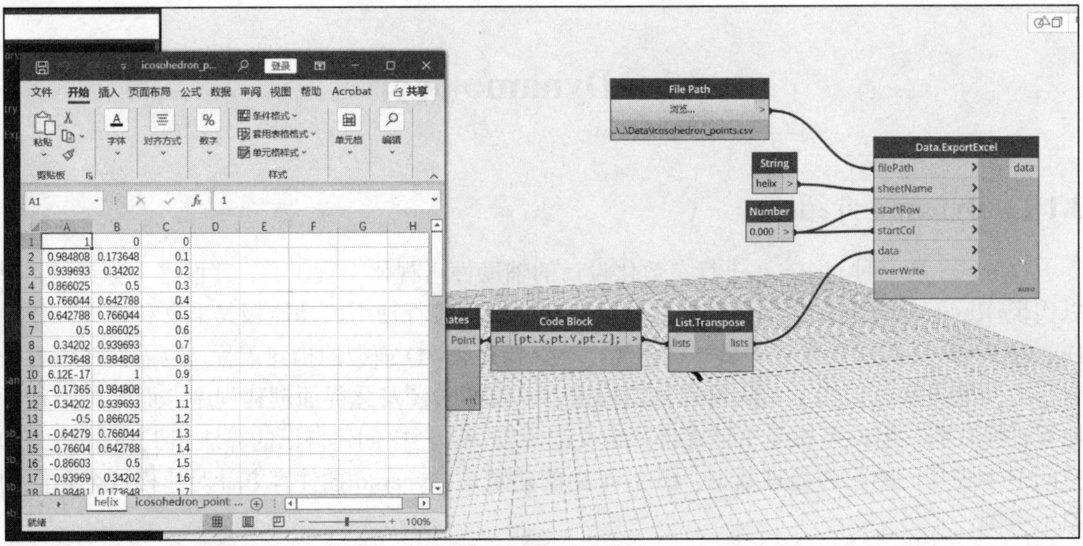

图 3-2　Dynamo 中数据的导出

通过合理运用 Dynamo，一方面可以实现 Revit 无法实现的功能，更深入地应用模型中的信息；另一方面可以降低对建模与出图的人力和时间的投入，将正向设计变得可操作性更强。这便是 Dynamo 的价值所在，也是 BIM 革命的核心所在。

3.1.2　应用程序

目前商用 BIM 软件发展已经趋向成熟，常见的应用软件都提供了 API（application programming interface）界面让使用者通过编程的方式来进行开发扩充以满足工作上的实际需求或进行一些自动化的资料处理作业。然而 API 程序的编写对使用者应用特定的程序语言的能力有较高要求，对于很多没有程序语言基础的 BIM 技术使用者来说，编写 API 程序是一件十分困难的事。而 Dynamo 的视觉化程序设计就是为了降低程序开发的门槛而出现的，它以脚本的形式，提供给使用者一个图形界面，使用者需要在构建前建立一个清晰的规划过程，连接预先设计好的节点来表达数据处理的逻辑，即可将算法应用于一系列应用程序，从而简化传统的程序操作。从处理资料到建立模型，所有程序都是即时生成，不用编写底层代码。

Dynamo 应用程序可以作为 Revit 的外挂程序运行，2017 及以上的 Revit 版本中，Dynamo 已作为默认插件存在，安装 Revit 时自动安装；在 2016 及更早版本中需要用户手动安装。

3.2　参数化建模基础

3.2.1　图元的选择

想要实现 Dynamo 和 Revit 模型的互动，两者之间的数据交互是少不了的，而将 Revit 中的图元导入 Dynamo 中，需要使用一些特殊的节点。在 Revit 节点的分类中，有“Selection”这个节点分类，专门用于 Revit 模型中的族类别、族类型和图元的选择，被选中的模型将进入 Dynamo 的工作空间中供使用者进行下一步处理。选择方式有两种：一种是直接在 Revit 中点选或者框选来进行选择；另一种是通过选择框中的列表进行选择。常用的选择节点如下。

（1）Gategories（族类别）：选择当前 Revit 项目中内置的所有族类别，如图 3–3 所示。

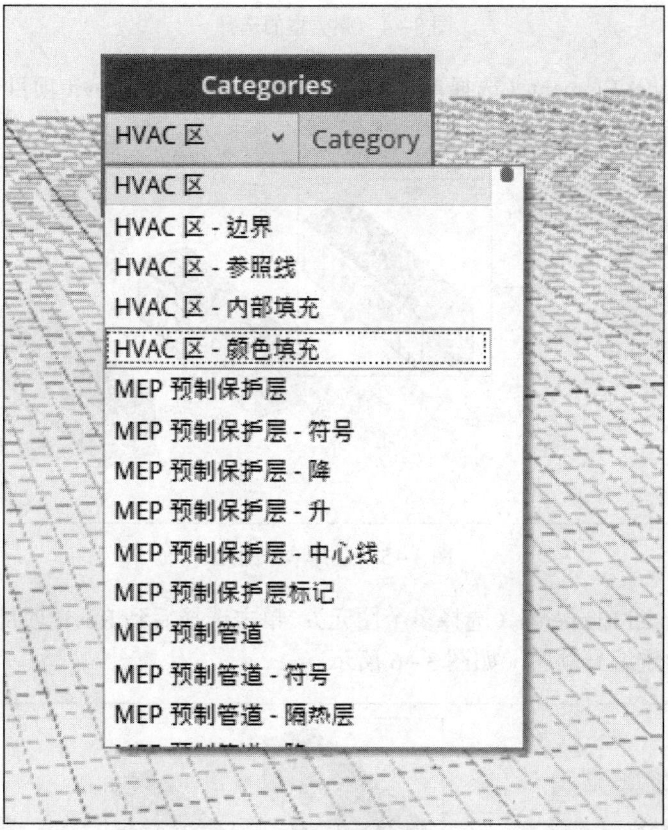

图 3–3　族类别的选择

（2）Family Types（族类型）：选择当前 Revit 项目中内置的所有族类型，如图 3–4 所示。

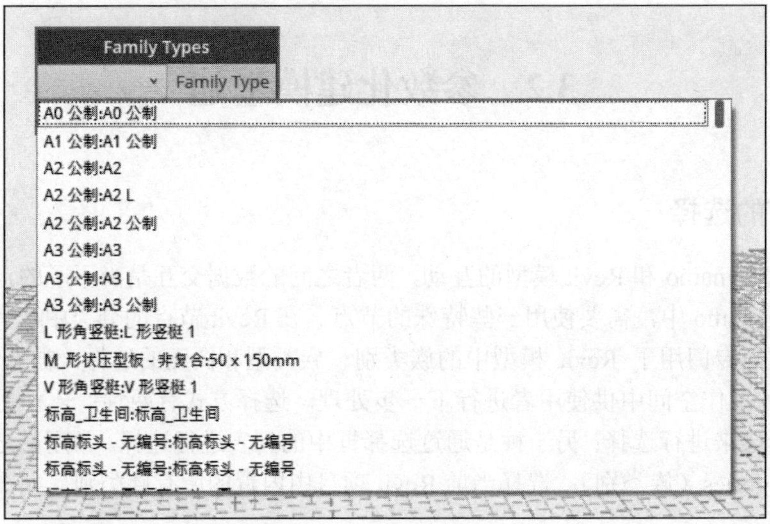

图 3-4　族类型的选择

（3）Select Model Element（选择单个图元）：单击选择后到 Revit 项目中点选目标对象，只能选择单个图元，如图 3-5 所示。

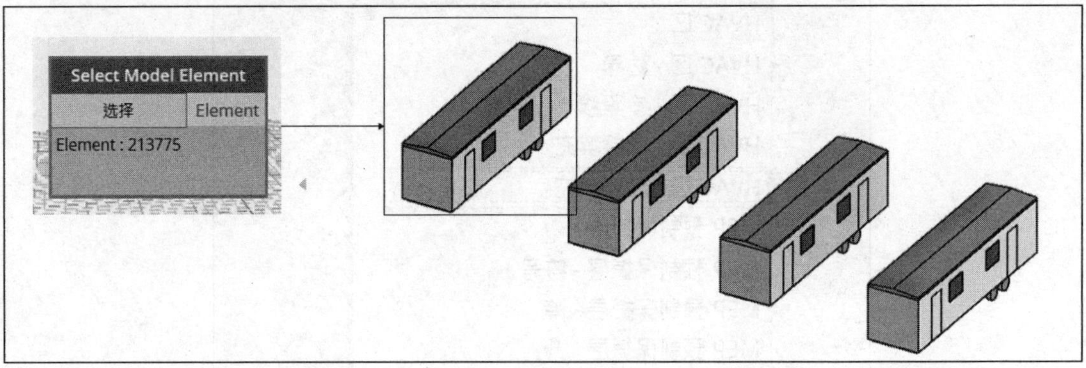

图 3-5　选择单个图元

（4）Select Model Elements（选择多个图元）：单击选择后到 Revit 项目中框选目标对象，框选的先后顺序决定编号顺序，如图 3-6 所示。

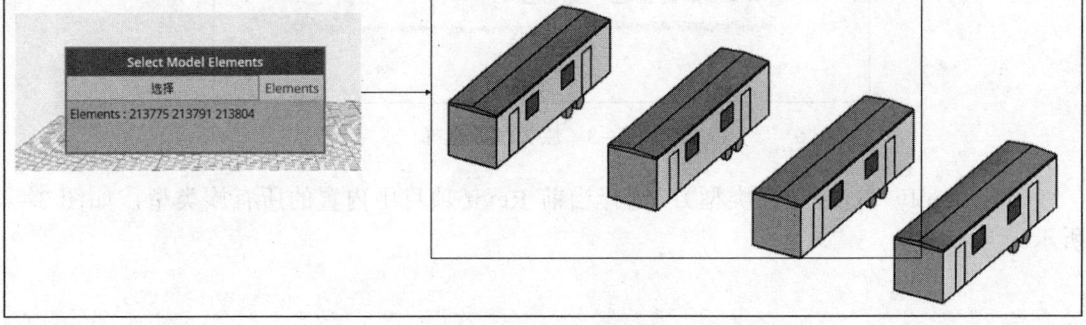

图 3-6　选择多个图元

3.2.2　创建 Revit 图元

要想实现 Revit 和 Dynamo 的交互，需要通过 Dynamo 来创建 Revit 中的图元。使用 Dynamo 创建的程序可以统一控制整个模型，而不是像传统方式那样各个部分联系并不紧密。下面通过几个例子来简单说明如何通过参数化创建图元。

1. 创建标高

创建标高的方式主要有以下几种。

（1）Level.ByElevationAndName：这种方式可以通过输入标高的名称和数值来进行创建，可以自己定义标高的名称，如图 3-7 和图 3-8 所示。

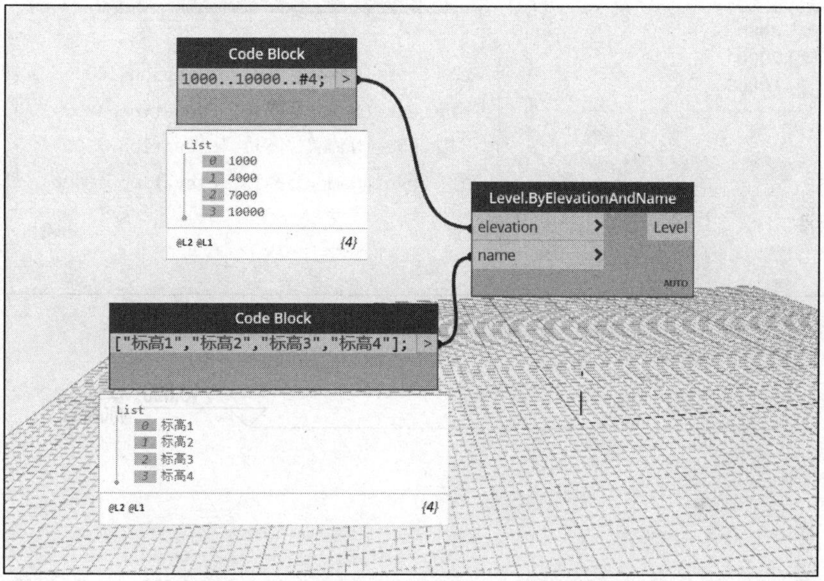

图 3-7　通过输入标高的名称和数值创建标高

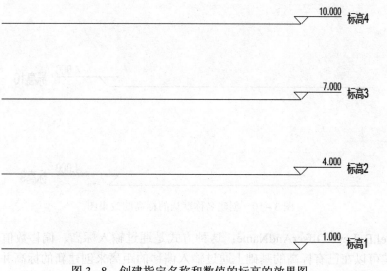

图 3-8　创建指定名称和数值的标高的效果图

（2）Level.ByElevation：这种方式可以通过输入标高的数值来进行创建，名称为默认名称。这种方式和上一种类似，但无法指定标高名称，如图 3–9 和图 3–10 所示，其中名称为默认的标高 9、标高 10、标高 11、标高 12。

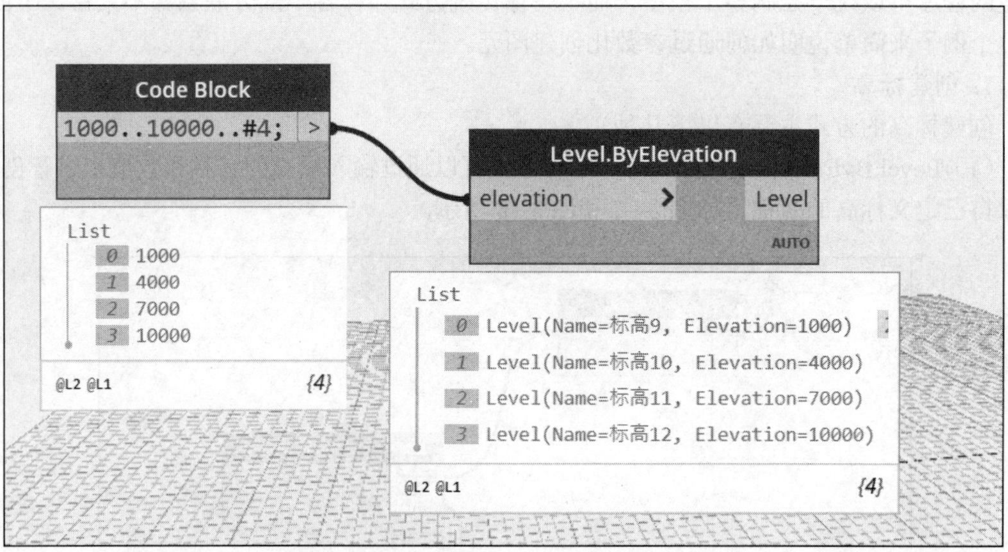

图 3–9　通过输入标高的数值创建标高

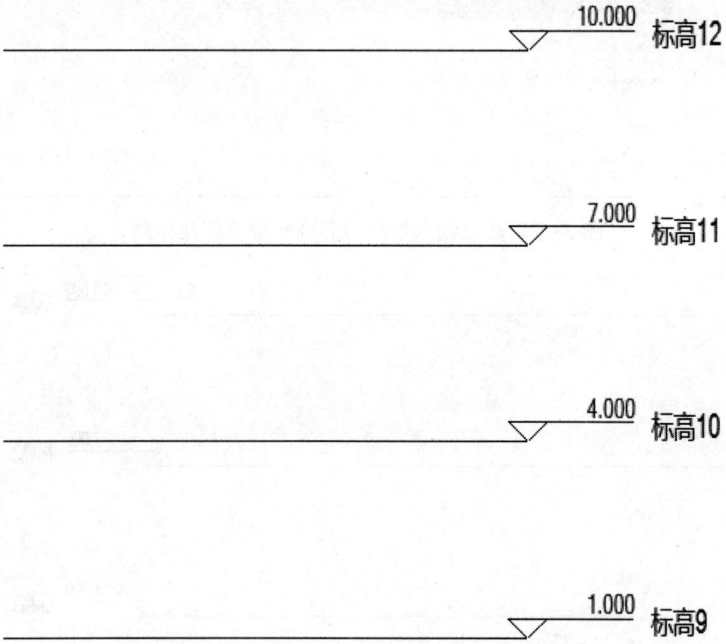

图 3–10　创建名称默认的标高的效果图

（3）Level.ByLevelOffserAndName：这种方式是通过输入标高、偏移数值和标高名称来创建标高。其可以在已有标高的基础上通过输入偏移的距离来创建新的标高并指定新标高的名称，如图 3–11 和图 3–12 所示。

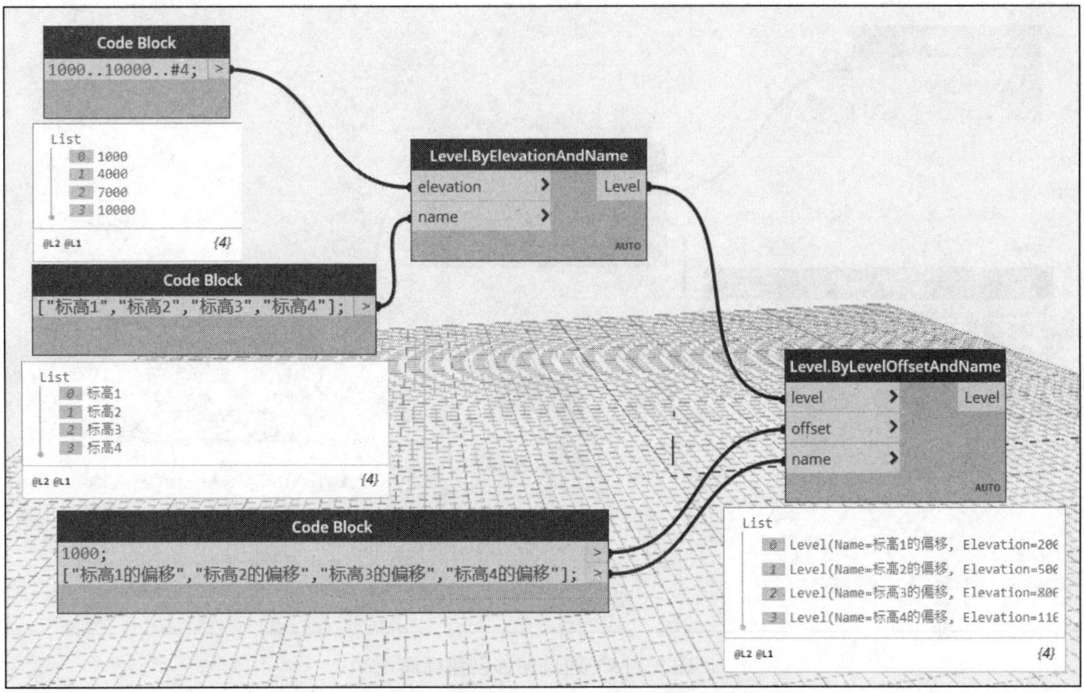

图 3－11　通过输入标高、偏移数值和标高名称创建标高

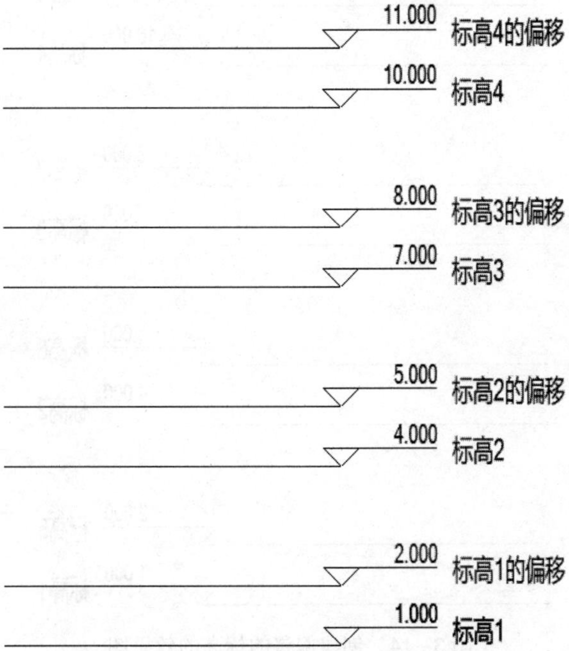

图 3－12　创建偏移并指定名称的标高的效果图

（4）Level.ByLevelAndOffset：这种方式是通过输入标高和偏移数值创建标高，名称为默认名称。这种方式和上一种类似，但无法指定标高名称，如图 3－13 和图 3－14 所示，其中名称为默认的标高 5、标高 6、标高 7、标高 8。

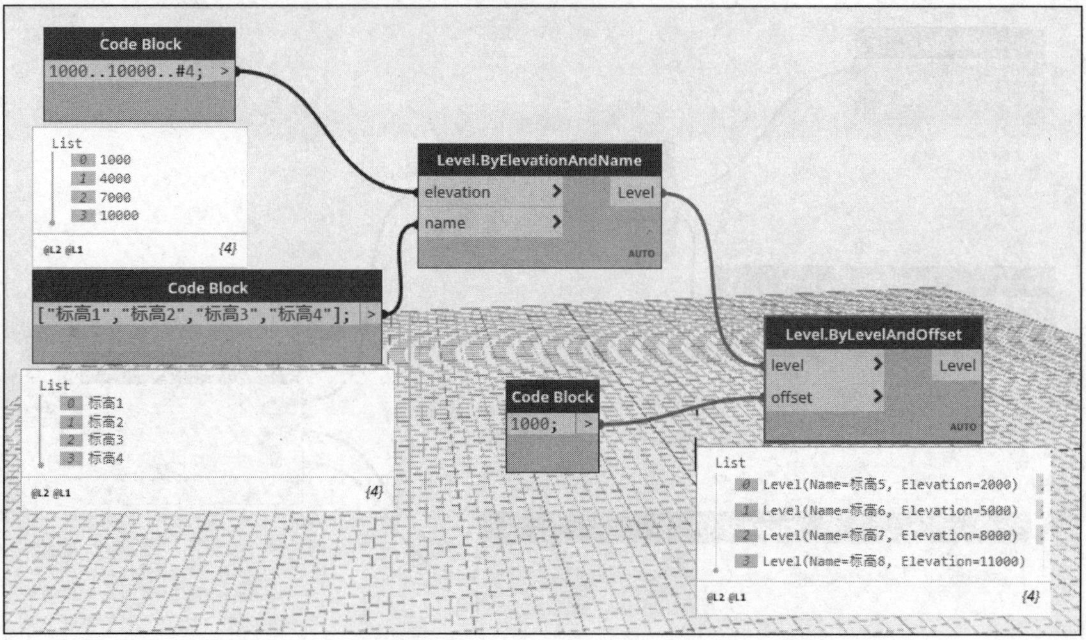

图 3－13　通过偏移创建标高

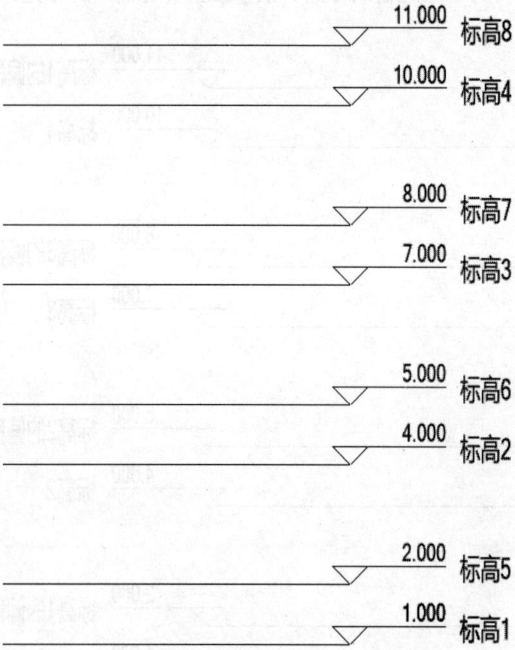

图 3－14　创建偏移的标高的效果图

2. 创建轴网

创建轴网的方式主要有以下三种。

（1）Gird.ByArc：这种方式是沿着弧线生成轴网。

（2）Gird.ByLine：这种方式是沿着直线生成轴网。

（3）Gird.ByStartPointEndPoint：这种方式是通过输入起点和终点生成轴网，如图 3-15 和图 3-16 所示。

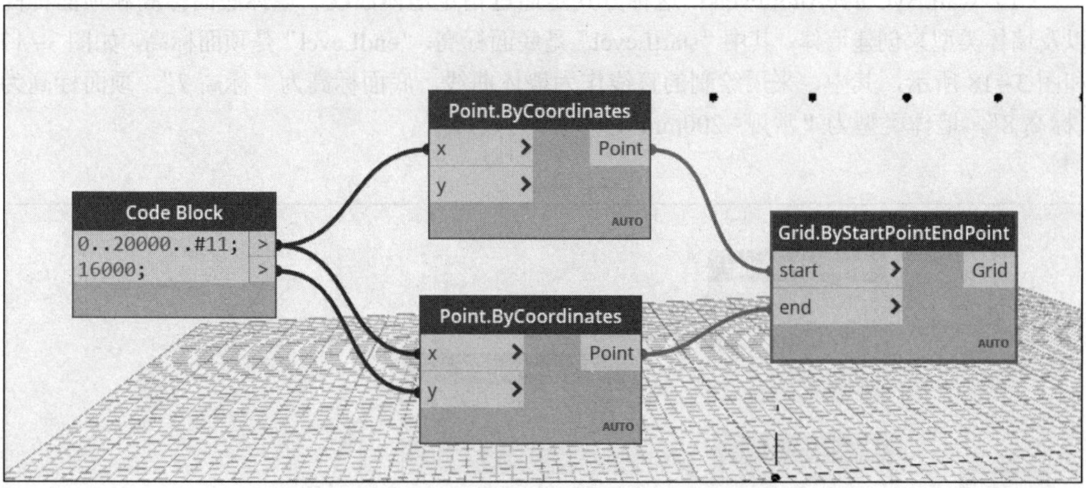

图 3-15　通过起点和终点创建轴网

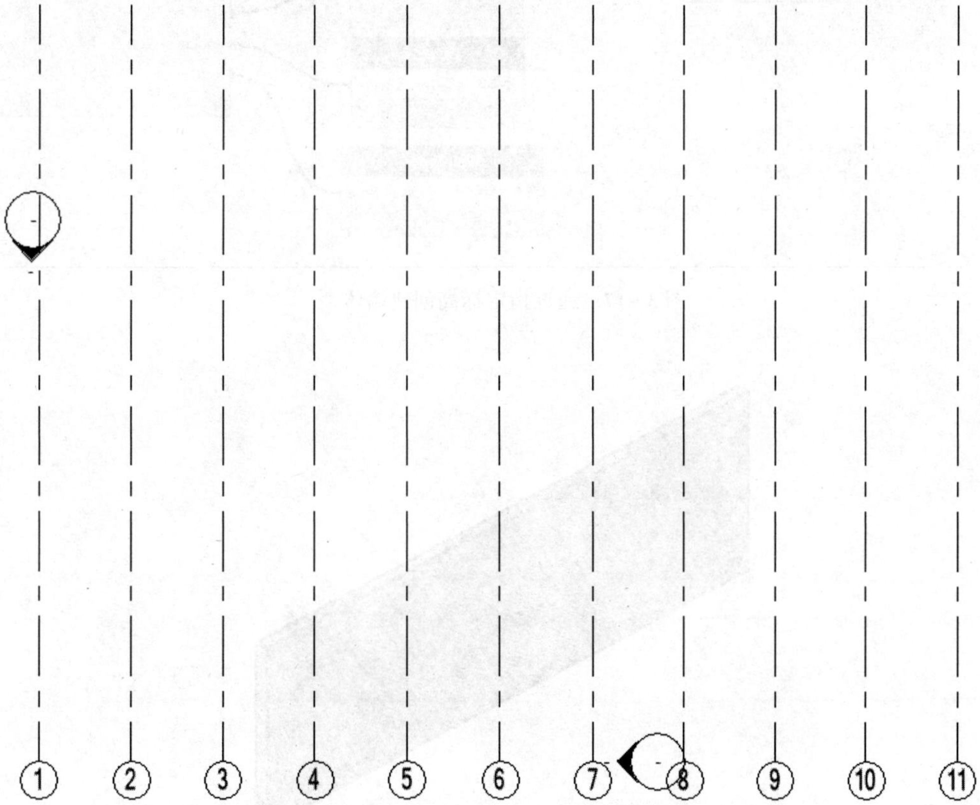

图 3-16　通过起点和终点创建的轴网的效果图

3. 创建墙体

创建墙体的方式主要有以下两种。

（1）Wall.ByCurveAndLevels：这种方式是通过指定墙体曲线、墙体底面标高和顶面标高以及墙体类型来创建墙体，其中“startLevel”是底面标高，“endLevel”是顶面标高，如图 3-17 和图 3-18 所示，其中，采用绘制的直线作为墙体曲线，底面标高为“标高 7”，顶面标高为“标高 8”，墙体类型为“常规-200mm”。

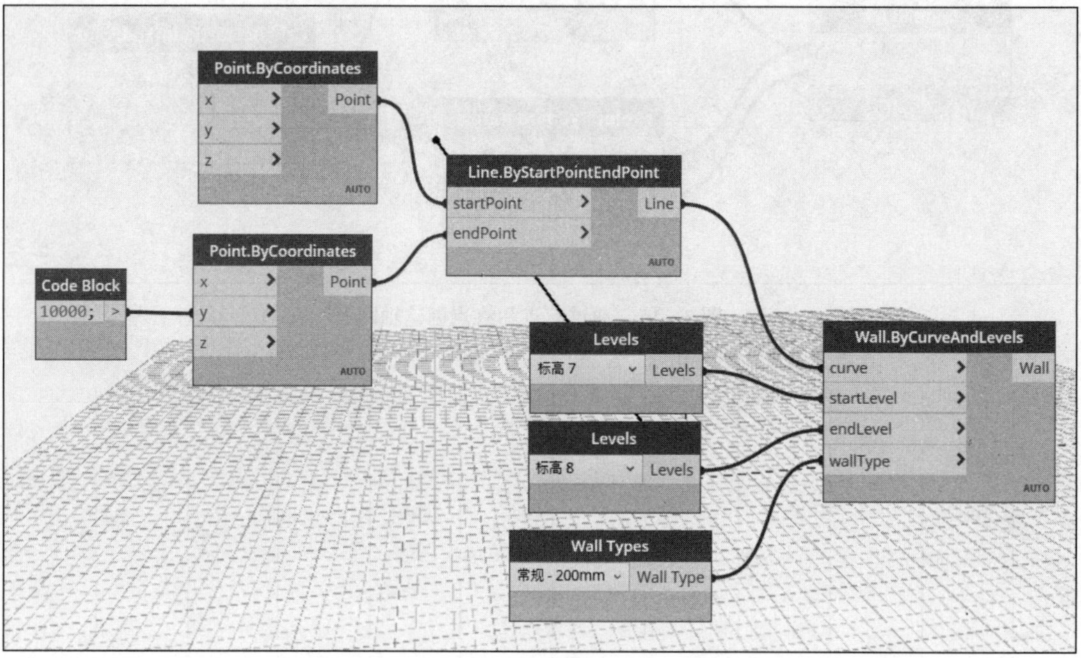

图 3-17　通过指定标高创建墙体

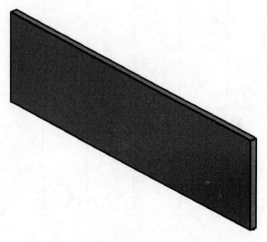

图 3-18　指定标高创建的墙体的效果图

（2）Wall.ByCurveAndHeight：这种方式是通过指定墙体曲线、墙体底面标高、墙体高度以及墙体类型来创建墙体，如图 3-19 和图 3-20 所示。其中，采用绘制的曲线作为墙体曲线，底面标高为“标高 7”，墙体高度为“2700” mm，墙体类型为“CW 102-50-140p”。

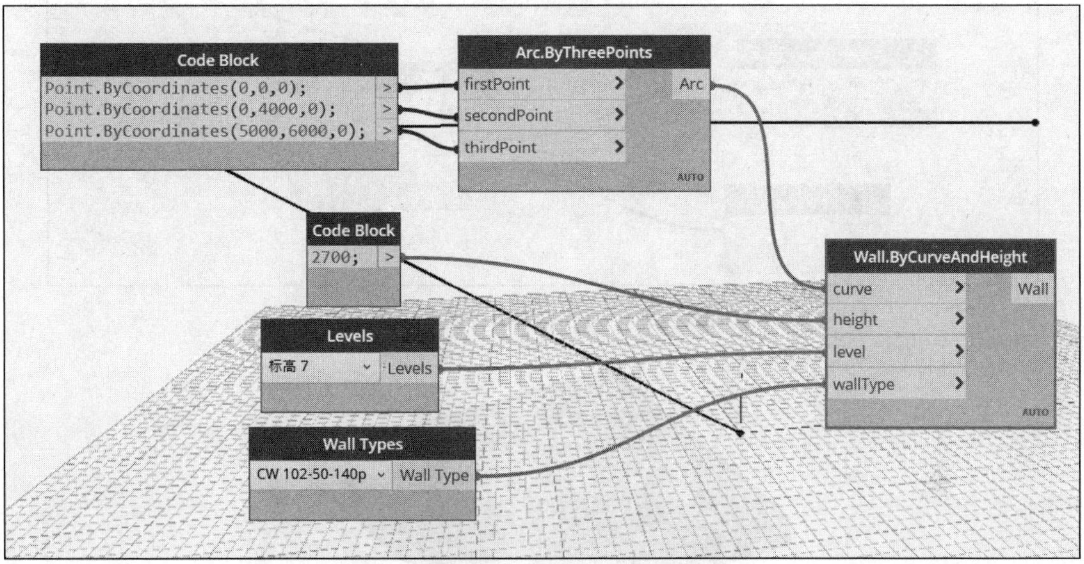

图 3-19　通过指定标高和高度创建墙体

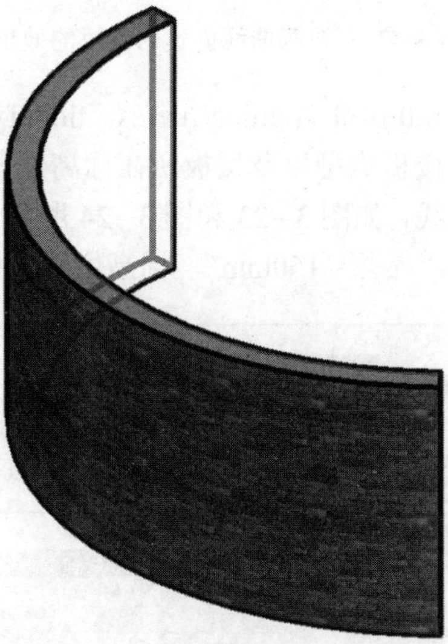

图 3-20　指定标高和高度创建的墙体的效果图

4. 创建楼板

创建楼板的方式主要有以下两种。

（1）Floor.ByOutlineTypeAndLevel（outline，floorType，level）：这种方式是通过指定封闭的楼板轮廓曲线、楼板类型以及楼板所在标高来创建楼板，如图 3-21 和图 3-22 所示。其中采用绘制的曲线作为楼板轮廓，楼板类型为“常规-150mm”，标高位于“标高 7”。

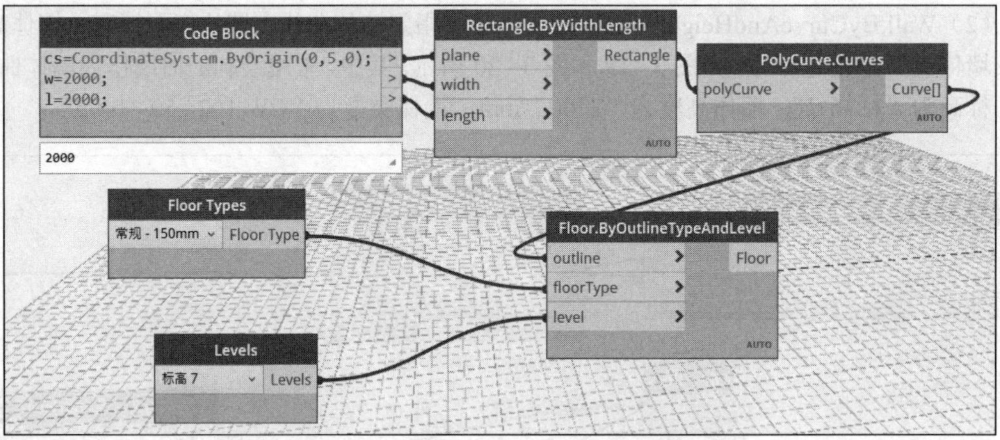

图 3－21　通过轮廓曲线创建楼板

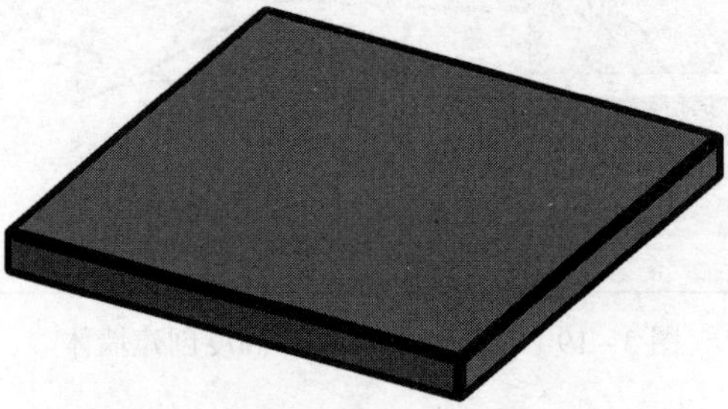

图 3－22　轮廓曲线创建的楼板的效果图

（2）Floor.ByOutlineTypeAndLevel（outlineCurves，floorType，level）：这种方式同样是通过给定封闭的楼板轮廓曲线、楼板类型以及楼板所在标高来创建楼板，但与前面方法不同之处在于此方法允许输入多重曲线，如图 3－23 和图 3－24 所示。其中，采用绘制的两个封闭曲线作为楼板轮廓，楼板类型为“常规－150mm”，标高位于“标高 7”。

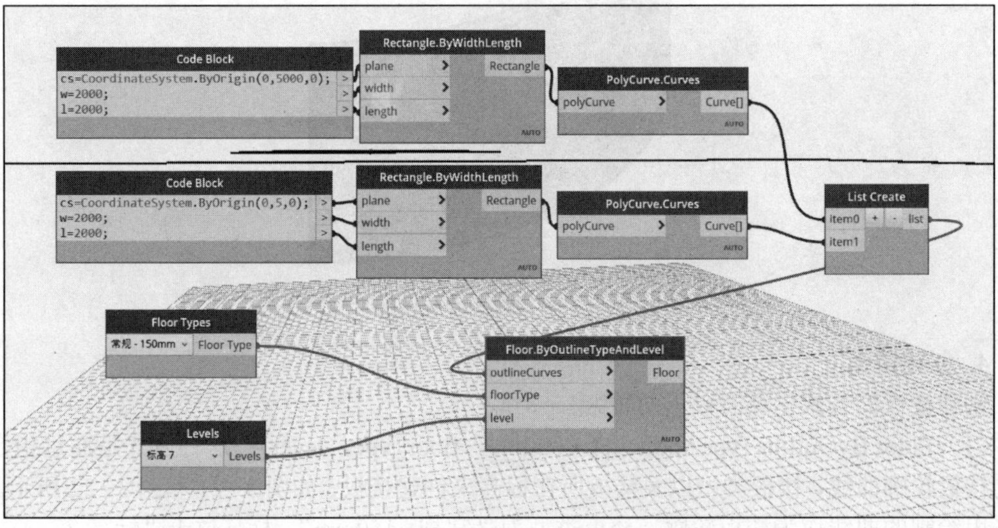

图 3－23　通过多重轮廓曲线创建楼板

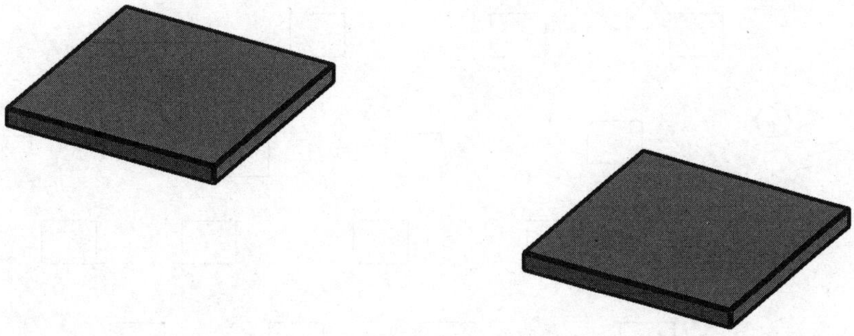

图 3－24　多重轮廓曲线创建的楼板的效果图

3.2.3　修改图元参数

在 Revit 建模过程中，赋予项目详细信息是必不可少的环节，而处理大量数据是一项十分烦琐且容易出错的工作，那么如何准确高效地处理数据成了必须解决的问题。Excel 是一个处理数据十分方便高效的工具，可以通过 Dynamo 实现 Revit 与 Excel 的交互减少工作量。下面通过实例展示如何用 Excel 统一控制立方体的长度和宽度。

首先，创建一个立方体的公制常规族文件，长度为实例参数“L”，宽度为实例参数“B”，高度设置为 100mm，如图 3－25 所示。

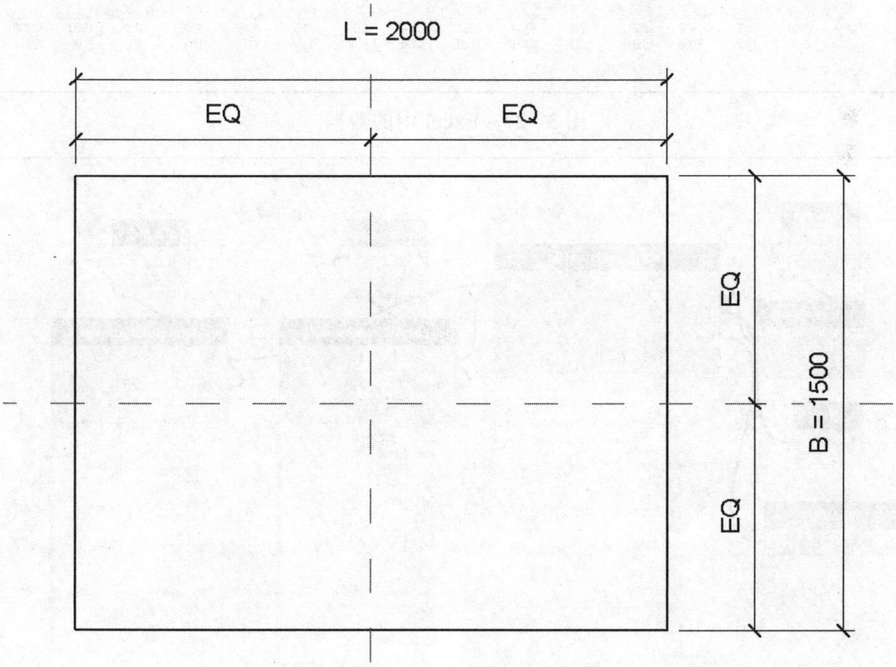

图 3－25　立方体的公制常规族文件

将其载入项目文件中，放置多个实例之后打开 Dynamo，如图 3－26 所示。

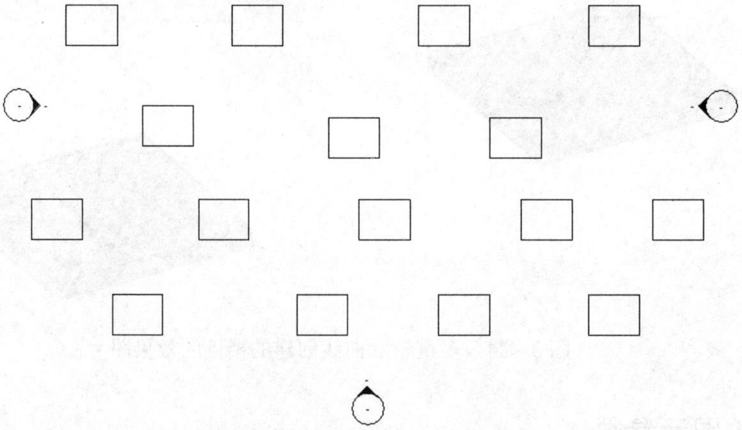

图 3－26　载入项目文件后的立方体模型

将准备赋予立方体的长、宽数据在 Excel 中处理好，提取到 Revit 中生成两个列表，一个列表为“L”的数值，另一个列表为“B”的数值，如图 3－27 和图 3－28 所示。

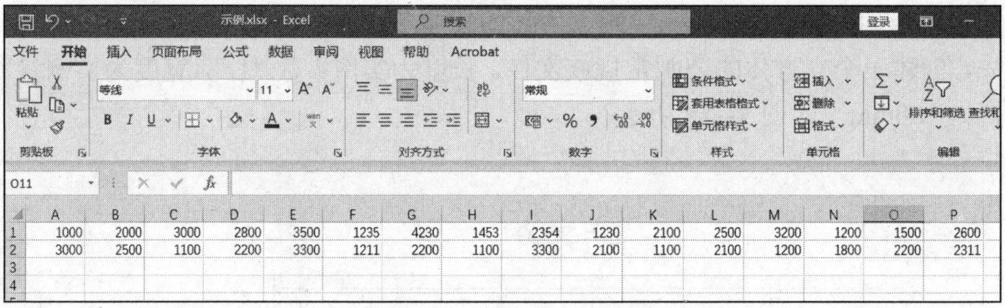

	A	B	C	D	E	F	G	H	I	J	K	L	M	N	O	P
1	1000	2000	3000	2800	3500	1235	4230	1453	2354	1230	2100	2500	3200	1200	1500	2600
2	3000	2500	1100	2200	3300	1211	2200	1100	3300	2100	1100	2100	1200	1800	2200	2311

图 3－27　Excel 中的数据

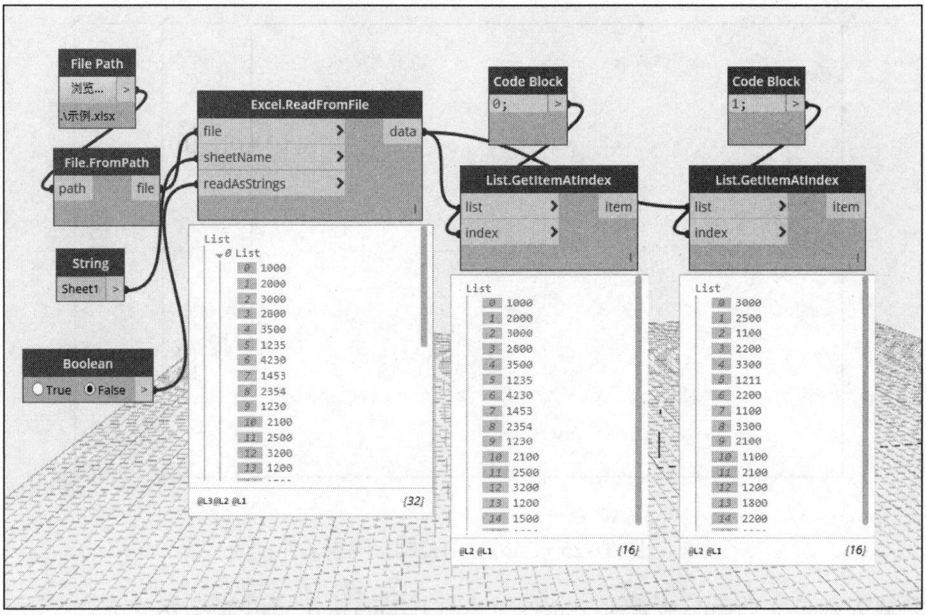

图 3－28　获取 Excel 中参数“L”和参数“B”的值

然后，将创建好的立方体通过框选导入 Dynamo 中，将上一步得到的两个列表赋予立方体的实例参数“L”和“B”，如图 3-29 和图 3-30 所示。

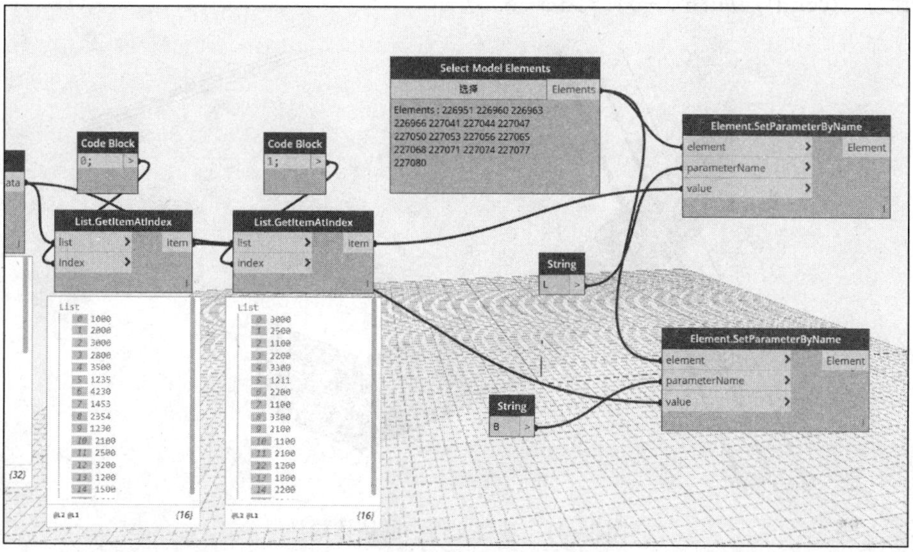

图 3-29　赋予立方体具体参数值

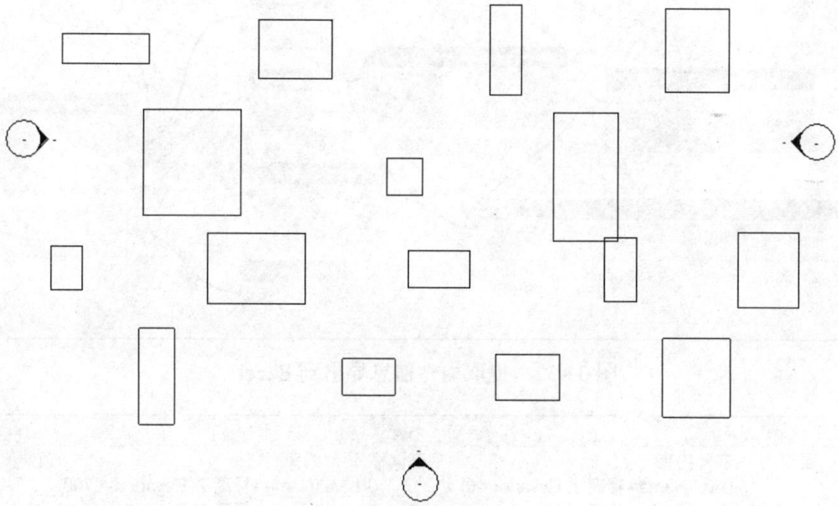

图 3-30　设置参数值后的立方体

通过上述实例，我们发现可以将填写参数值这样一项容易出错的、烦琐的、机械性的工作交给计算机完成，而不是逐一给立方体赋值，这样既减少了工作量，又提高了准确度。

3.2.4　提取模型信息

通过 Dynamo，我们还可以提取模型中的构件信息并将结果和 Excel 进行交互，以完成后期的信息统计工作。下面展示如何用 Dynamo 提取构件信息。

在项目文件中任意放置几道墙体，利用框选将其导入 Dynamo 中，然后提取墙体的族与类型、面积、底部约束、底部偏移、顶部约束、顶部偏移和结构用途等信息，最后将获得的数据导出到 Excel 中，如图 3-31～图 3-33 所示。

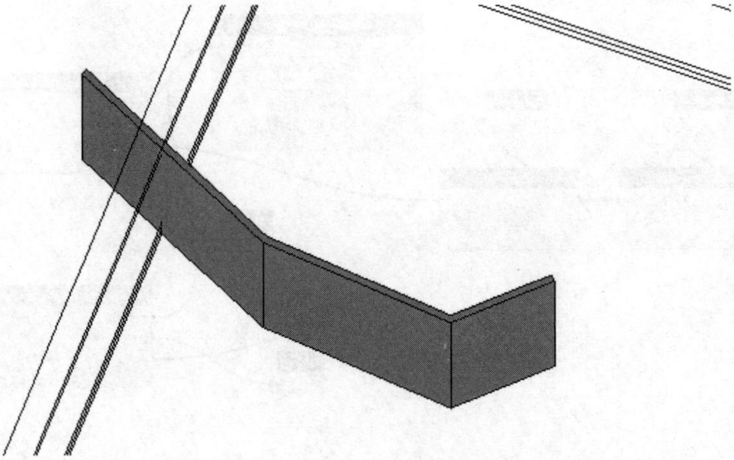

图 3-31　项目文件中的墙体构件

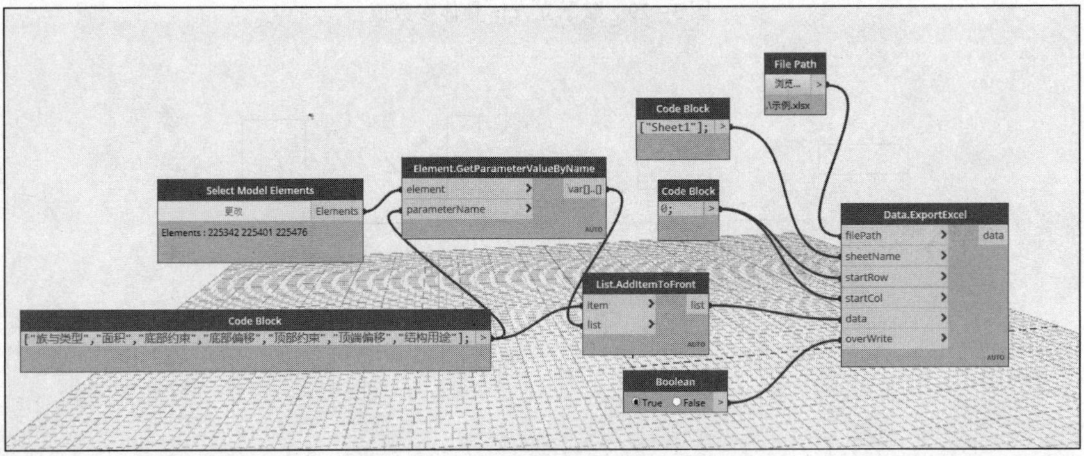

图 3-32　提取构件信息导出到 Excel

A	B	C	D	E	F	G
族与类型	面积	底部约束	底部偏移	顶部约束	顶端偏移	结构用途
常规 - 200mm		Level(Name=标高 1, Elevation=0)	0	Level(Name=标高 2, Elevation=1700)	0	0
常规 - 200mm	26.34	Level(Name=标高 1, Elevation=0)	0	Level(Name=标高 2, Elevation=1700)	0	0
常规 - 200mm	25.21	Level(Name=标高 1, Elevation=0)	0	Level(Name=标高 2, Elevation=1700)	0	0

图 3-33　Excel 获得的构件数据

3.2.5　Code Block 的应用

“Code Block”是由 Dynamo 提供的一种可以直接编写 DesignScript 代码的节点，使用者可以用它来进行许多命令，如创建列表、数值、字符串等，也可用于处理单个或者一系列的节点命令。下面介绍“Code Block”的一些用法。

1. 输入功能

“Code Block”最常用的用法就是作为输入节点使用，双击 Dynamo 工作空间即可将“Code Block”调出。其语法有一定规律，若要作为输入数值的节点，可以直接输入数值，其与“Number”节点的功能是相同的；若要作为输入字符串的节点，可以直接在想输入的字符串两端添加双引号，其与“String”节点的作用是相同的，如图 3-34 所示。

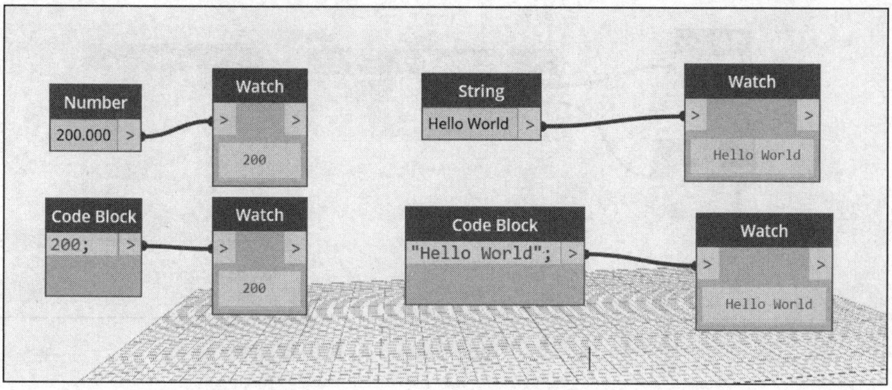

图 3-34　用“Code Block”输入数字和字符串

“Code Block”也可以作为输入数学公式的节点使用，如计算“5*6-9”，我们可以直接通过“Code Block”进行运算，不必使用烦琐的数学运算符号节点所编写的程序，如图 3-35 所示。

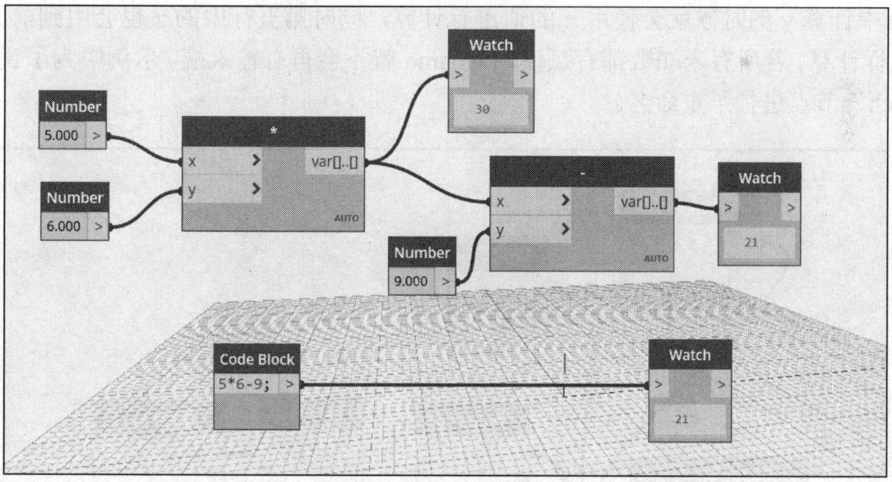

图 3-35　用“Code Block”输入数学公式

若参与计算的数值是一个数值列表或一个变量，我们可以在“Code Block”中利用未知数进行表示。如图 3-36 所示，欲计算“（x*1+y*2）/3”，其中有两个变量 x 和 y，输入数学公式后“Code Block”会出现两个输入项“x”和“y”。此时可以创建一个“Number Slider”或数值列表连接到“Code Block”作为“x”和“y”的值。同时，输入项可用其他字符代替，对结果无影响。

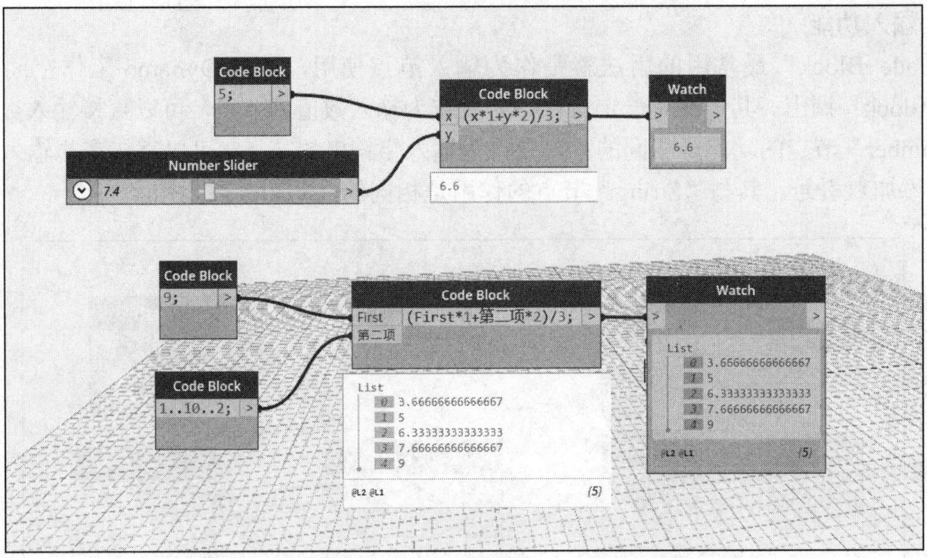

图 3-36　在“Code Block”中使用未知数

“Code Block”还可以写入多行内容，每一行可以独立进行输出。例如，用同一个“Code Block”节点进行多个字符串和字符的输入、多个数学公式的计算以及创建多个函数等。值得注意的是，在输入多行内容时，每一行末尾都需要用“;”断行。在图 3-37 中，当我们进行计算时可以发现，若在“Code Block”中定义过某个未知数的值，在后面进行计算时，该未知数代表的字母将会用前面赋过的值进行计算。例如，在第三行中我们定义了 x 的值，那么在第四行中计算 y 的时候就会使用 x 的值进行计算，同时第五行中的 z 也会用到前面两步的 x 和 y 进行计算。若所有未知数都有赋值，Dynamo 就不会再有输入端。示例中为了说明清楚，对“Watch”节点进行了重命名。

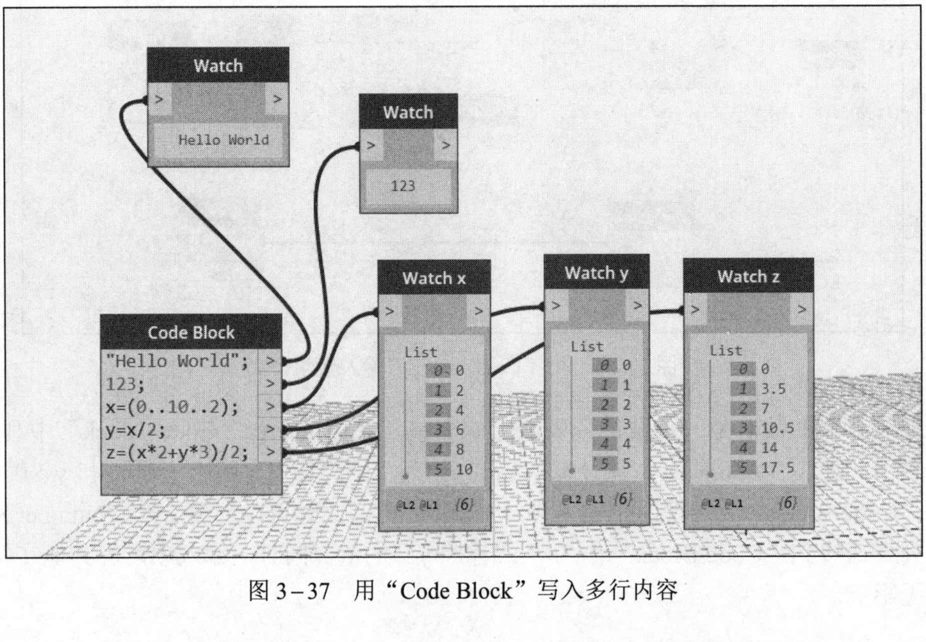

图 3-37　用“Code Block”写入多行内容

2. 创建列表

“Code Block”可以用来快速创建列表。使用“[]”可以直接创建任意列表，包括数值列表和字符串列表，如图 3-38 所示。

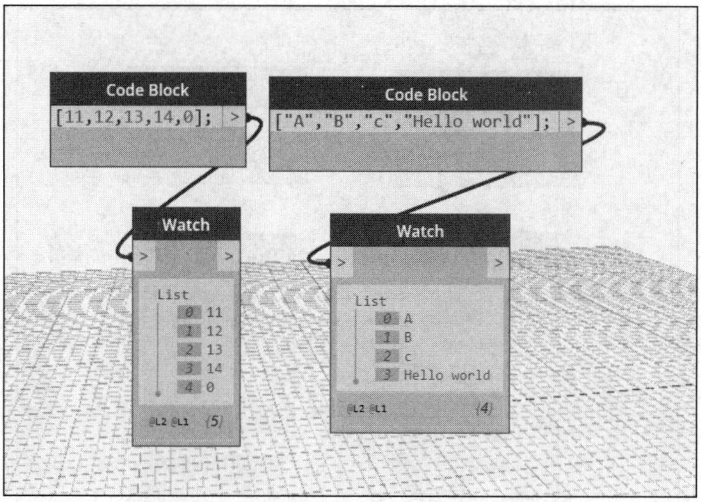

图 3-38　用“Code Block”直接创建列表

“Code Block”也可以用来代替“Range”和“Sequence”节点来进行创建递增或递减的数值列表，创建的语法有很多种，如“数字..数字..数字”“数字..数字..#数字”“数字..#数字..数字”等。总的来看，第一个数字一般代表列表的起始数值，第二个数字一般代表列表的终止数值，第三个数字一般代表间距。若数字前面加上“#”，就代表列表的项数。下面具体介绍各种情况。

（1）[起始数值..终止数值]：这种方式是输入两个数字，第一个作为起始数值，第二个作为终止数值，中间以 1 为间隔生成列表，如图 3-39 所示。

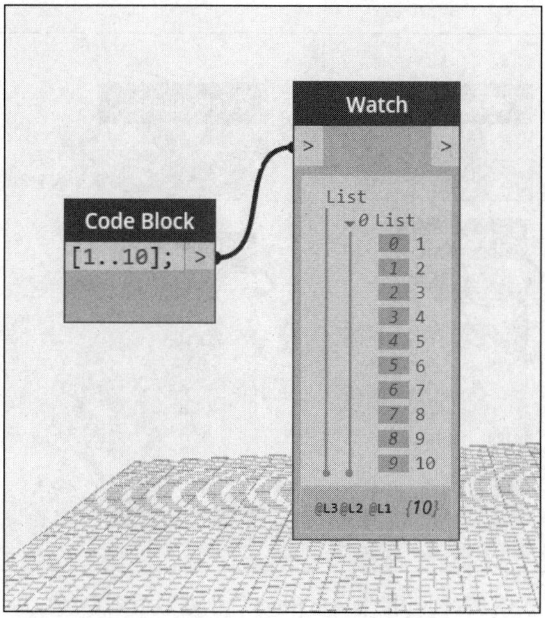

图 3-39　用“Code Block”创建数值列表（1）

（2）[起始数值..终止数值..间距]：这种方式是输入三个数字，第一个作为起始数值，第二个作为列表能到达的最大数值，即终止数值，第三个数值作为间距。生成列表时，从起始数值开始累加间距，数值列表最后一项不大于终止数值，如图 3－40 所示。

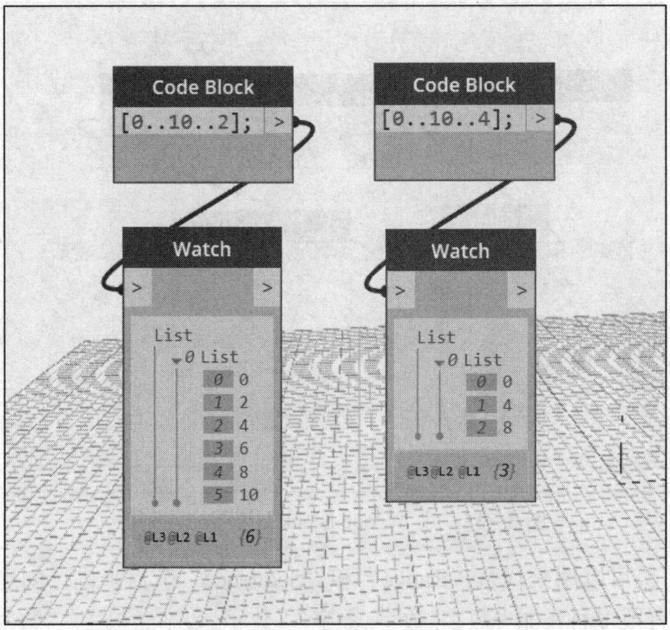

图 3－40　用“Code Block”创建数值列表（2）

（3）[起始数值..终止数值..#列表项数]：这种方式是输入三个数字，第一个作为起始数值，第二个为终止数值，也是列表的最后一项，第三个数字是列表的项数。生成列表时，起始数值作为列表第一项，终止数值作为列表最后一项，中间均匀插入其他项，如图 3－41 所示。

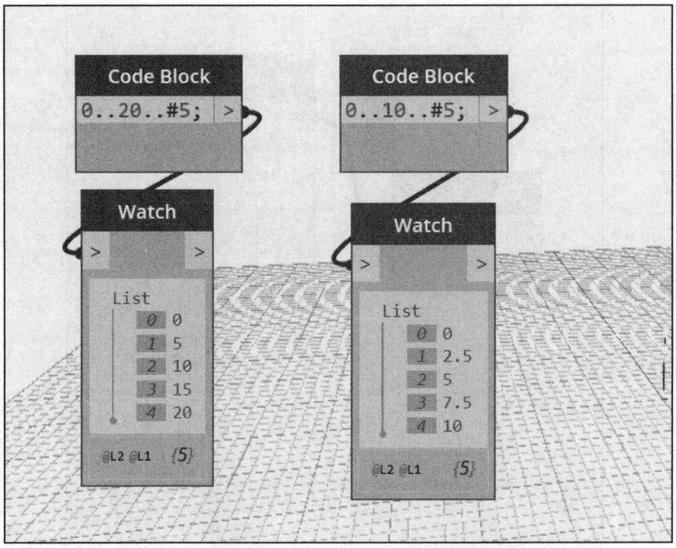

图 3－41　用“Code Block”创建数值列表（3）

（4）[起始数值..#列表项数..间距]：这种方式是输入三个数字，第一个作为起始数值，第二个作为列表总项数，第三个作为相邻两项的间距。生成列表时，从起始数值开始，依次加上间距，一直到生成所需项数再停止，如图 3-42 所示。

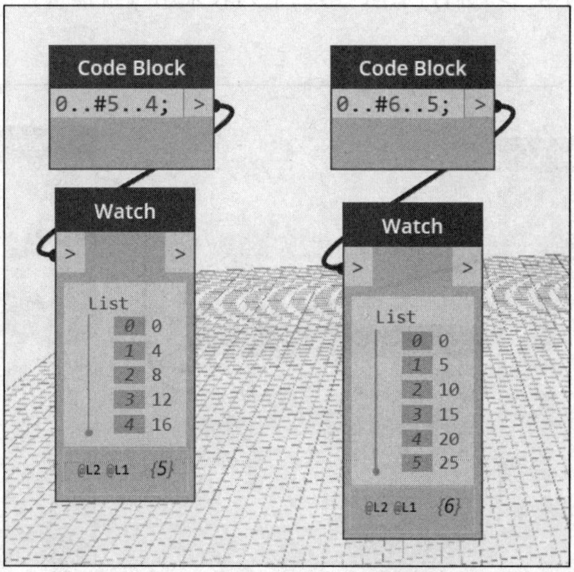

图 3-42 用“Code Block”创建数值列表（4）

（5）上述列表创建方式均为创建一维列表的方式，若想创建多维列表（嵌套列表），可以利用“()”引入一个数值列表代替一个单独数值，“()”中的语句写法同上，创建列表时首先进行括号内数值列表的创建，然后以此列表中每一个数值作为起始数值进行后面列表的创建，如图 3-43 所示。

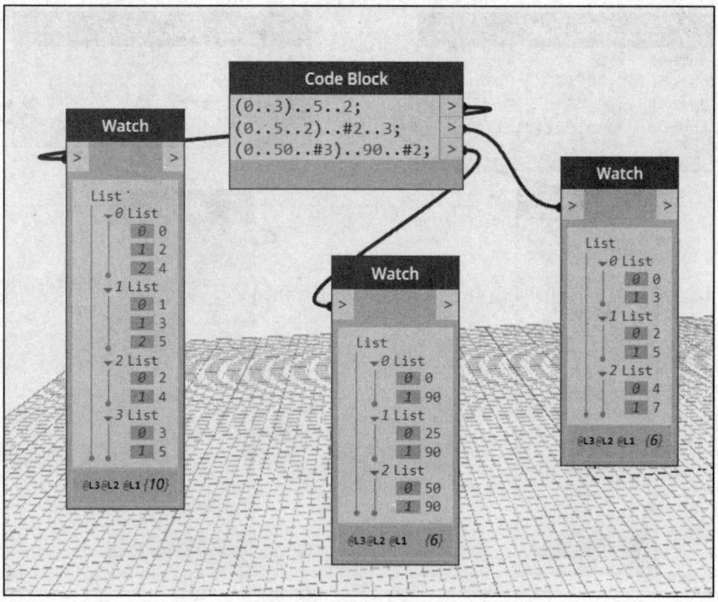

图 3-43 用“Code Block”创建数值列表（5）

（6）值得注意的是，用“()”创建数值列表时，不止起始数值，终止数值、间距、列表项数等都可以用“()”代替，若只有一个括号，将会直接按括号中生成的列表创建一个多维列表；若有多个括号，将会按照每个括号中的对应位置的数值创建多维列表。例如，第一个列表采用每个括号中的第一项进行创建，第二个列表采用每个括号中的第二项进行创建，如图 3-44 所示。

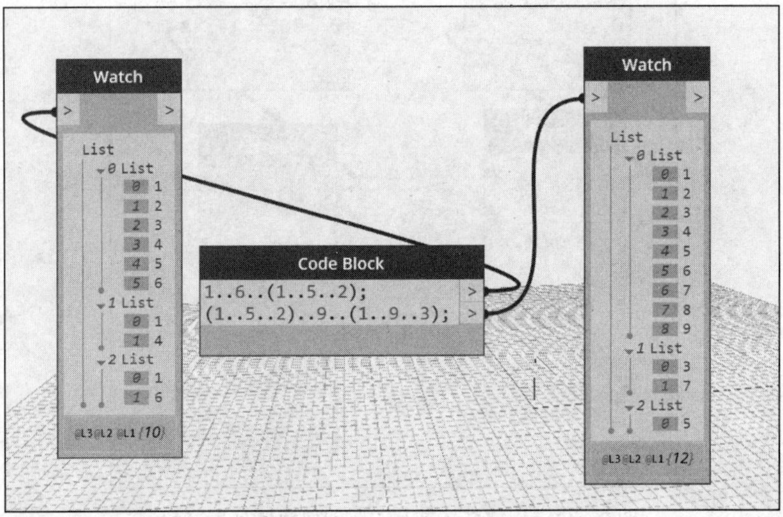

图 3-44　用“Code Block”创建数值列表（6）

3. 编辑列表

“Code Block”还可以用来将多个列表合并成为一个多维列表，其功能类似“List.Create”，在合并之前我们需要先将列表命名，然后再进行合并，如图 3-45 所示。

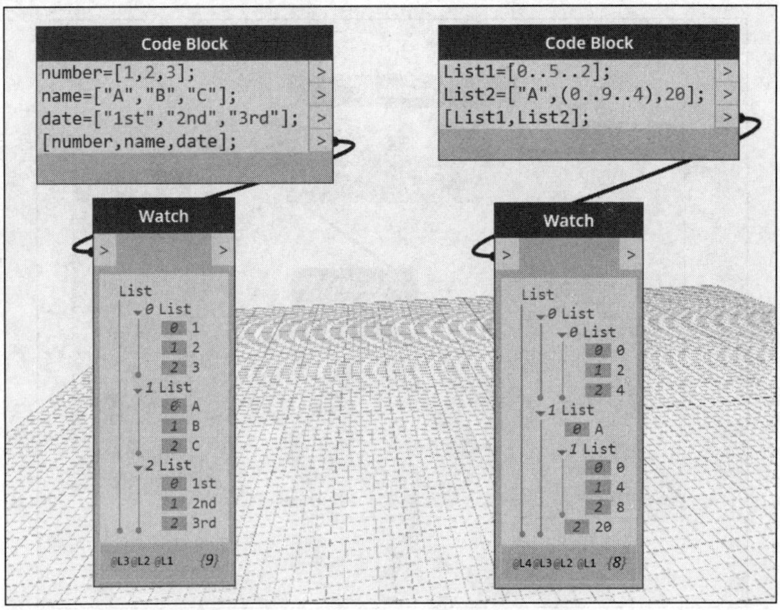

图 3-45　用“Code Block”合并数值列表

“Code Block”也可以用于从列表中提取想要的项，其功能类似于“List.GetItemAtIndex”节点，提取时将所需列表名称给出，将整个多维列表输入即可，如图 3-46 所示。

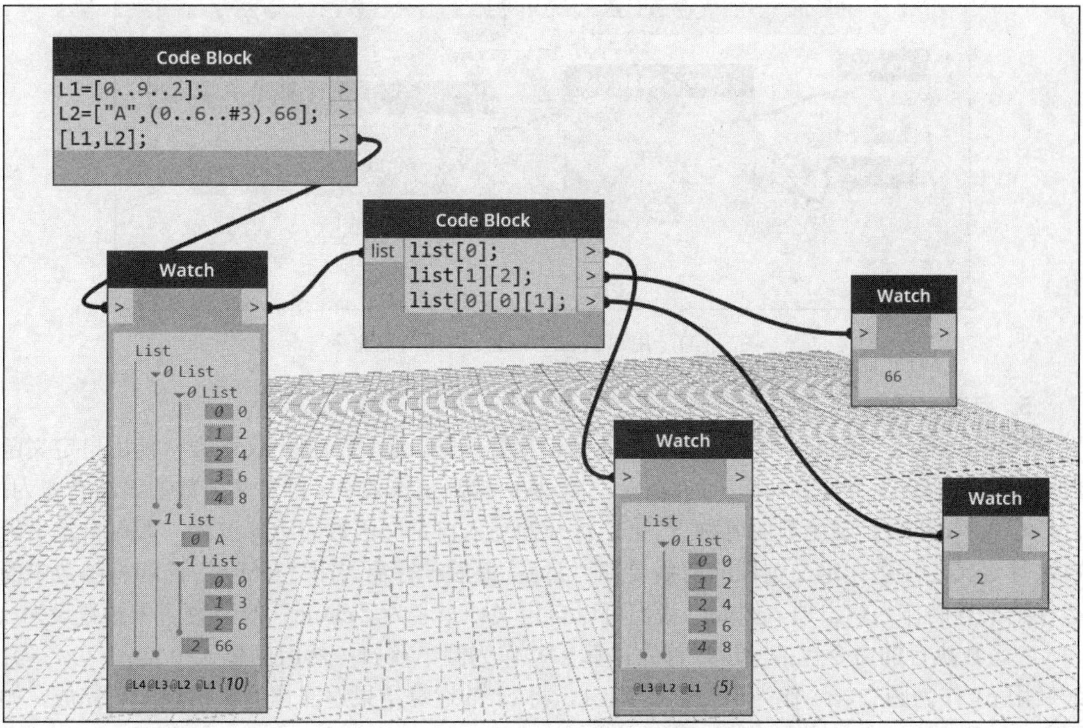

图 3-46　用“Code Block”提取列表项

4. 执行节点命令

“Code Block”还可以用于执行节点命令，使用特殊的语法进行输入就可用“Code Block”完成 Dynamo 的大部分功能，这样无需在节点库中检索，直接输入命令即可。Dynamo 中的语法主要分为创造、操作、查询三类。大部分节点的语法结构都是“目标元素+.+命令或方法”。其中，“目标元素”表示该节点的执行对象，如坐标点（Point）、曲线（Curve）、列表（List）等，在 Dynamo 的“节点”库中，节点也是以目标元素来进行分类的；“.”用于分隔“目标元素”和“命令或方法”，但是一些节点如“Watch”或“Flatten”等就不遵循此语法；“命令或方法”表示该节点执行的命令或是执行该命令需要的方法，如“Point.ByCoordinates”是通过坐标来创建点，“Solid.Rotate”是旋转构件，其功能与从节点库中调用的节点完全相同，如图 3-47 所示。

可以发现，使用“Code Block”不仅可以代替“Number”等输入节点进行方便快捷的输入，还能调用大部分节点库中的节点以简化程序，比普通的节点库中的节点更加方便和直观。同时，“Code Block”节点本身带有联想功能，在其中输入命令时会出现下拉列表，将所有相关联的命令列出以供使用。所以，可以合理利用“Code Block”进行编程，这将会给工作带来很多便利。

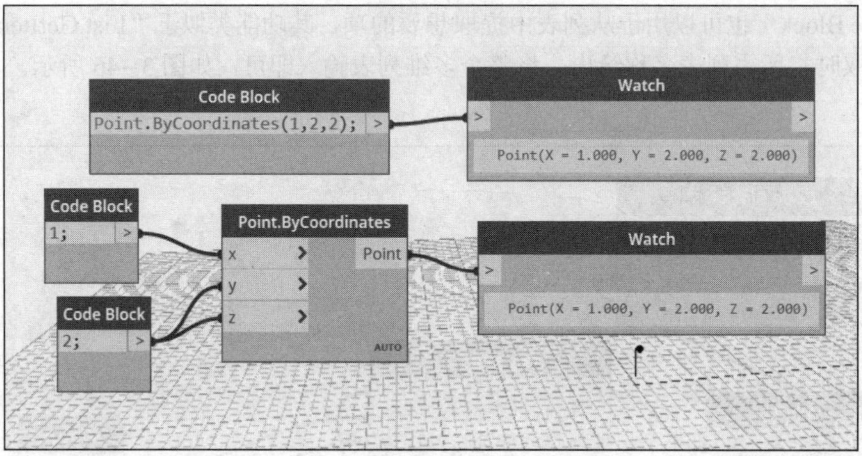

图 3-47　用“Code Block”调用节点命令

5. 自定义函数

“Code Block”还可以用来通过简单的语句构建函数，也称为自定义函数。使用自定义函数可以大量地减少重复劳动性质的编程工作，从而提高工作效率。自定义函数的语法一般为：首行写入“def 自定义函数的名称”；第二行开始写入自定义函数的运算过程，即对自定义函数进行定义，注意在定义过程的前后要加“{}”；最后一行需要用“return”语句将函数中的运行结果返回作为输出项。例如，我们可以自定义一个名为“circle”的函数，未知数设为 x 和 y，函数执行的命令包括三步：首先计算 x+y 作为圆半径 r1；然后创建一个点 p1（x，y）；最后用 p1 作为圆心、r1 作为半径创建圆 c1，将 c1 的运算结果返回作为输出项即可完成，如图 3-48 所示。

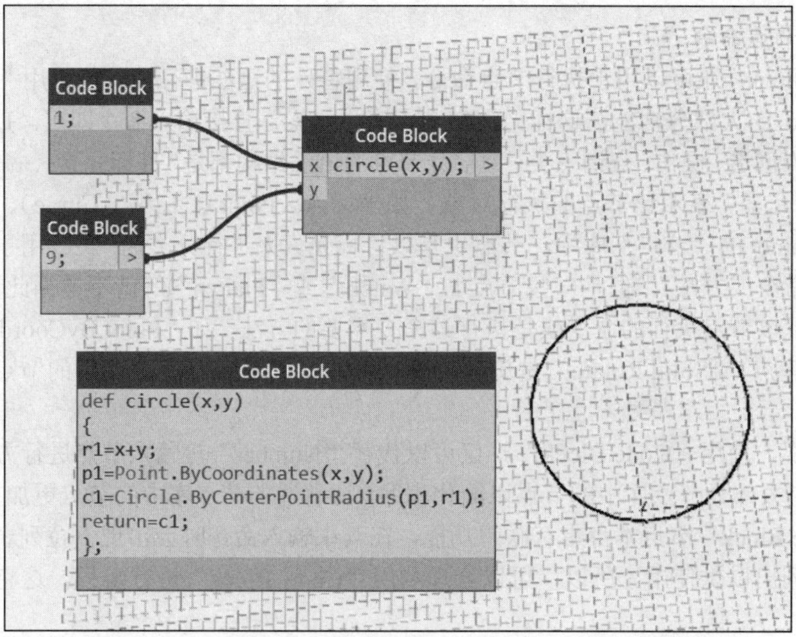

图 3-48　用“Code Block”自定义函数

3.3　参数化建模实例

3.3.1　创建异形模型

单纯的建模并不是 Dynamo 的主要用途，但是在异形模型的创建上 Dynamo 有其特有的优势。创建异形模型的关键之处在于确定模型外形的函数表达。下面介绍一个建造异形大厦的实例，效果图如图 3–49 所示。

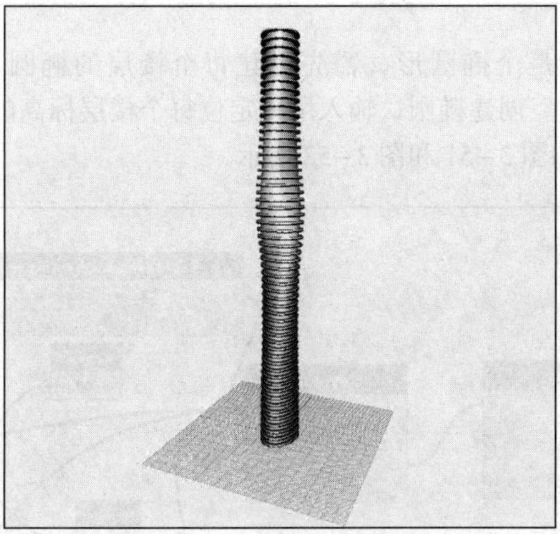

图 3–49　异形大厦效果图

查资料得知，异形大厦共 56 层，每层的旋转量如图 3–50 所示。

层	旋转量	层	旋转量	层	旋转量	层	旋转量
1	-10°	15	15°	29	74°	43	168°
2	-9°	16	18°	30	82°	44	171°
3	-8°	17	21°	31	90°	45	174°
4	-7°	18	24°	32	98°	46	177°
5	-6°	19	27°	33	106°	47	180°
6	-5°	20	30°	34	114°	48	183°
7	-4°	21	33°	35	122°	49	186°
8	-3°	22	36°	36	130°	50	189°
9	-2°	23	39°	37	138°	51	192°
10	0°	24	42°	38	146°	52	194°
11	3°	25	45°	39	154°	53	195°
12	6°	26	50°	40	159°	54	196°
13	9°	27	58°	41	162°	55	197°
14	12°	28	66°	42	165°	56	198°

图 3–50　异形大厦每层的旋转量

从图 3－50 中可知，大厦从底部到顶部一共旋转了 209°，可以将所有楼层分为 5 个部分旋转，每个部分的起始旋转量及层间间隔旋转量各有不同，如表 3－1 所示。

表 3－1　异形大厦各部分旋转量

楼层	起始旋转量/（°）	层间间隔旋转量/（°）
1～9	－10	1
10～25	0	3
26～39	50	8
40～51	159	3
52～56	194	1

由于每一层的截面是个椭圆形，需先创建每个楼层的椭圆形截面。通过“Ellipse.ByCoordinateSystemRadii”创建椭圆，输入用来定位每个楼层标高的坐标系、椭圆长半轴长度和椭圆短半轴长度，如图 3－51 和图 3－52 所示。

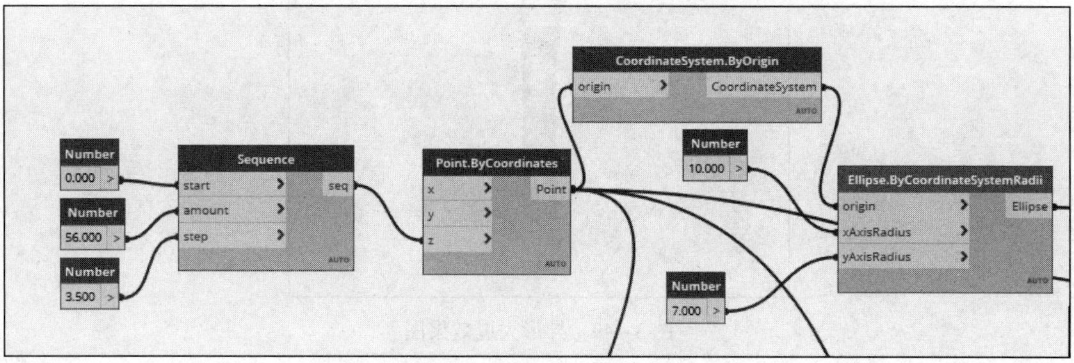

图 3－51　创建椭圆形楼层截面

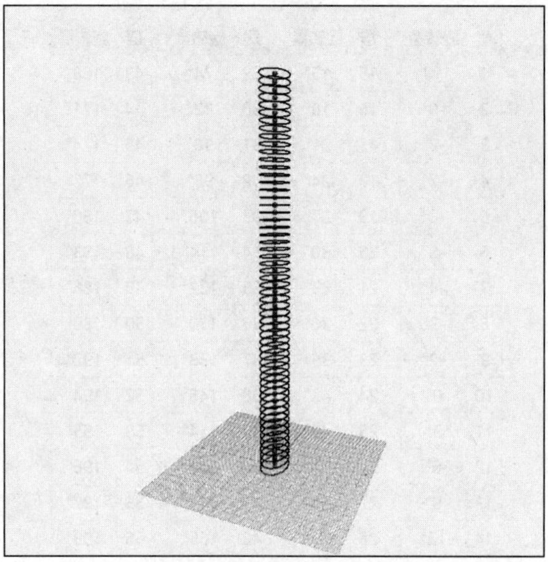

图 3－52　通过 Dynamo 创建的楼层截面效果图

接着对创建的 56 个椭圆进行旋转：通过“Geometry.Rotate”来进行旋转，输入需要被旋转的图形、旋转中心点、旋转轴和旋转的角度，如图 3-53 和图 3-54 所示。

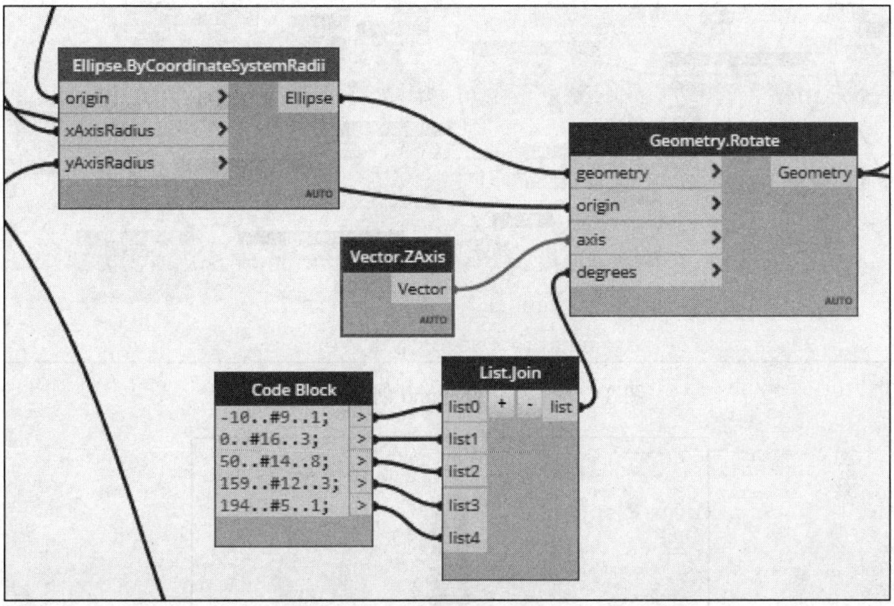

图 3-53　旋转创建出的楼层截面

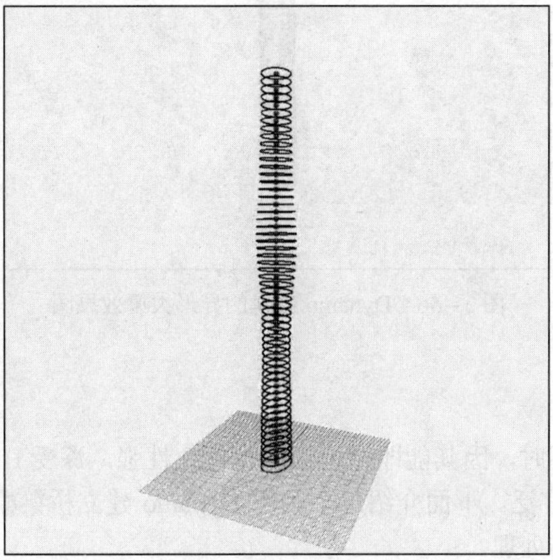

图 3-54　旋转后的楼层截面效果图

最后通过 Solid.ByLoft 来创建楼层主体，这样大厦内部就完成了。再利用同样的方法建立外部的椭圆主体，随后通过“Surface.ByPatch”和“Surface.Thicken”来创建自定义的高度实体，再通过“Solid.DifferenceAll”，在外椭圆创建的实体中减去内椭圆创建的实体，即求交集，如图 3-55 和图 3-56 所示。

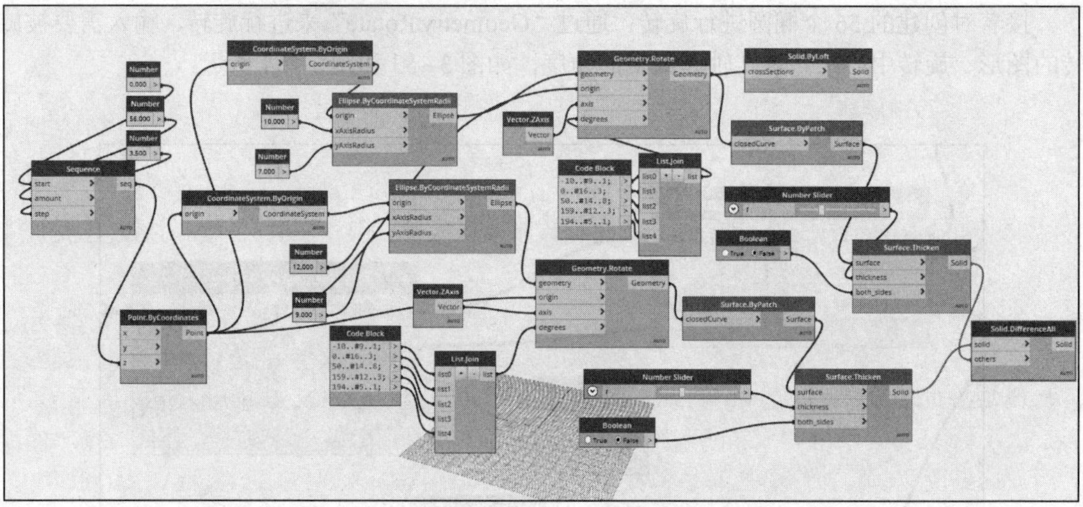

图 3－55　利用 Dynamo 创建异形大厦

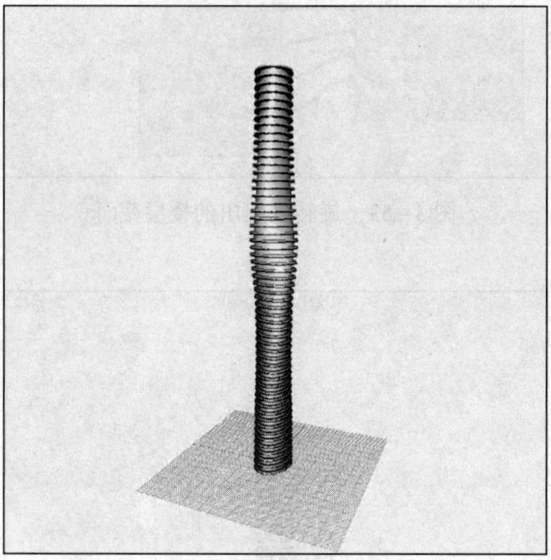

图 3－56　Dynamo 创建的异形大厦效果图

3.3.2　创建桥梁

Dynamo 在实际应用时，因其能即时反馈以及便捷性强，深受 BIM 工作者的喜爱，其在桥梁建模中的应用十分广泛。下面介绍一个利用 Dynamo 建立桥梁模型的实例，但应注意，Dynamo 的优势在于数据处理。

1. 建模思路

在 Revit 中设定一条基准线，拾取到 Dynamo 中，并由此做出桥梁、护栏、桥墩、拱肋和钢索等，具体步骤如下。

（1）拾取桥梁中心线与设定桥面高度。

（2）创建桥梁边界线。

（3）创建桥跨实体。

（4）创建护栏与桥跨镜像。

（5）桥墩定位。

（6）创建桥墩实体。

（7）创建桥拱实体。

（8）创建钢索。

2. 分步详解

1）拾取桥梁中心线与设定桥面高度

打开 Revit 模型，创建一条直线，通过“Select Model Element”和“Element.Geometry”将其导入 Dynamo 中，再通过“Geometry.Translate”移动曲线，并给“zTranslation”赋予“2000”的数值，此数值可根据桥梁实际地理环境而定，如图 3－57 所示。

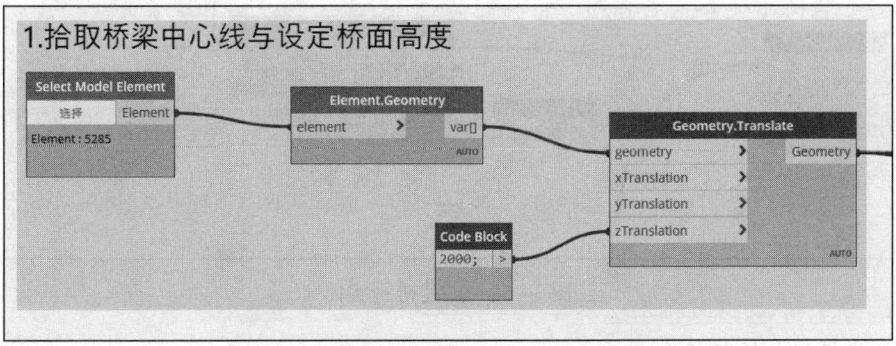

图 3－57　拾取桥梁中心线与设定桥面高度

2）创建桥梁边界线

设定桥面宽度为 1200cm（单侧），由桥面中心线作为起点设定 4 个位移，分别为桥面中心点、下部中心点、上部边缘、下部边缘。同时，设定出上部边缘曲线，作为控制桥宽以及桥面系的参考线。通过“Curve. StartPoint”取出曲线起始点，用“Geometry.Translate”作为曲线与点位移的节点，“Code Block”中的内容是控制桥跨上下结构厚度的，如图 3－58 所示。

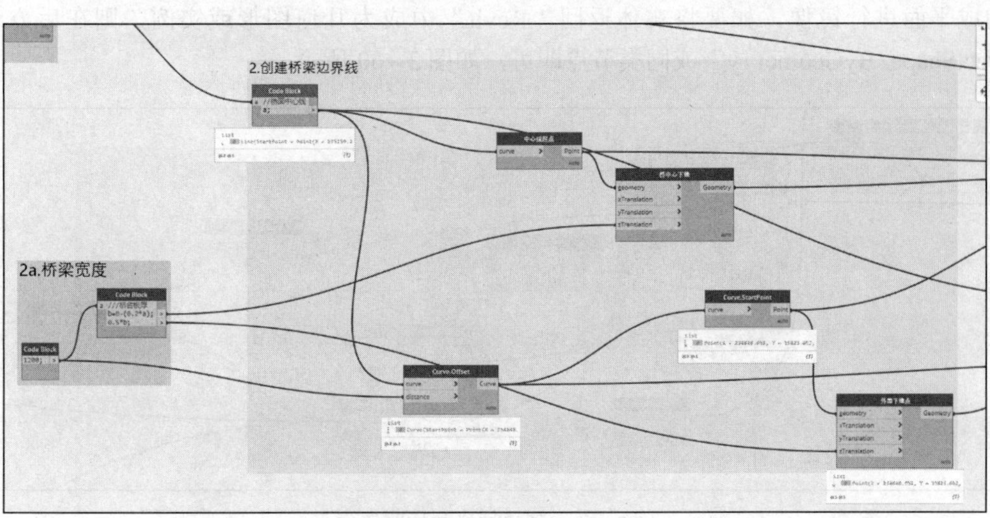

图 3－58　创建桥梁边界线

3）创建桥跨实体

桥跨的部分是先由点列表产生封闭平面曲线，再给予封闭曲线挤出路径形成实体；护栏的部分是先挤出曲线为曲面，再加厚曲线成为实体。具体做法如下：先通过“List.Join”按顺时针方向将4个点加入列表，注意，此处若排序错误则无法生成封闭曲线与实体；再通过“PolyCurve.ByPoints”连接参考点列表，后方连接至“Solid.BySweep”；最后将中心线接到“path”输入端运行后即可生成单侧桥垮，如图3-59所示。

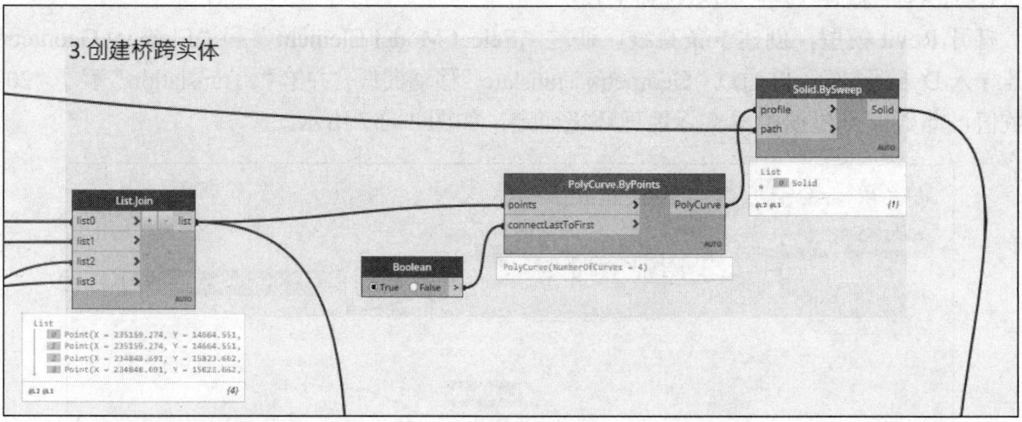

图3-59　创建桥跨实体

4）创建护栏与桥跨镜像

由桥面边缘线起始，先通过“Code Block”给予护栏高度与厚度数值，接着将中心线连接至“Curve. Extrude”的“curve”输入端，“distance”输入端即为护栏宽，至此生成曲面，后方接至“Surface.Thicken”的“surface”输入端，另一输入端连接护栏高度，将曲面挤出高度后成为实体，接着通过“Solid.Union”连接两实体进行布尔并集成为单一实体，至此完成单侧桥垮。接着通过“Geometry. Mirror”进行镜像并将融合实体连接至“geometry”输入端。此处需要提供镜像平面，使用“Plane.ByLineAndPoint”节点，将中心线及中心下部结构参考点构成平面进行镜像，如要将实体返回“Revit”中成为几何图形或实例，则在后方连接“DirectShape. ByGeomet ry”或同类节点即可，如图3-60所示。

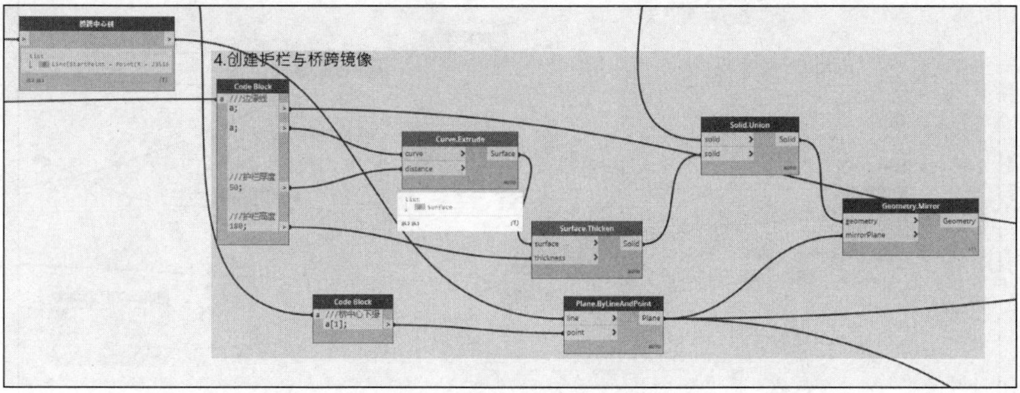

图3-60　创建护栏与桥跨镜像

5）桥墩定位

5 号节点组的作用主要是桥墩定位，此时 2 号节点组的桥面边缘线用来做参考线，左下方 5a 是控制拱肋钢管尺寸与偏移量，也会影响到桥墩的尺寸。而 5 号节点组使用的节点除了之前介绍的，还有“Curve.PointAtParameter”，作用是给予一个 0 和 1 之间的数值，就可以根据对应值在线段中取点，例如设定参数为 0.5，则点落在线段中点，此处因有四座桥墩，所以左右各取两点，使用对称的做法，一点取 0.05，另一点就取 0.95，此数值建议于 0.03～0.1，太接近 0 或 0.5 都会造成异常。接着合并连接至“Curve.PointAtParameter”即完成点位。此外，通过 Geometry.Translate 将节点降低 300 至桥垮下方，桥墩顶部中心点就定位完成了，此点同时也是与拱肋连接之处，节点图如图 3-61 所示。

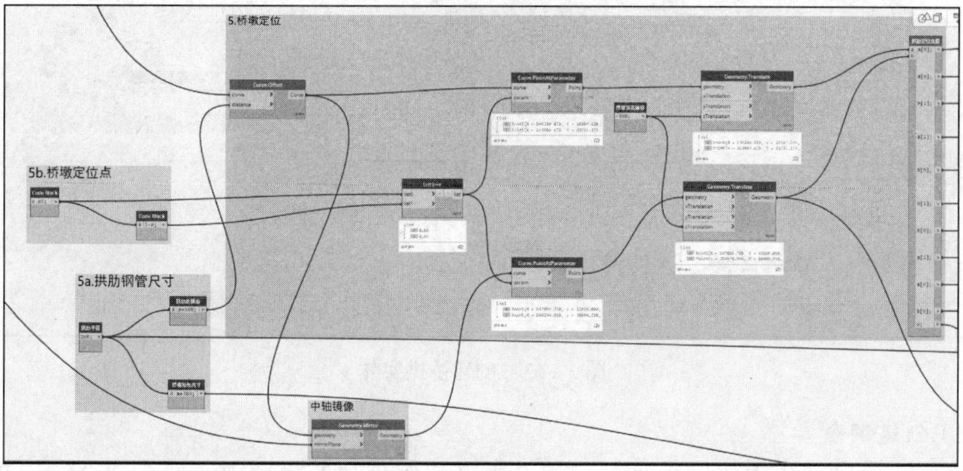

图 3-61　桥墩定位

6）创建桥墩实体

6 号节点组的功能是桥墩的实体创建，通过 Circle.ByCenterPointRadius 生成截面，将 5 号节点组成果中的桥墩中心顶部连接至“centerPoint”上，并将 5a 设定的半径值连接“radius”，形成圆形。再将圆形接至“Polygon.Regular Polygon”的“circle”输入端，另一输入端输入“4”。最后将生成的四边形接至“Curve.ExtrudeAsSolid”，“distance”输入端连接数值“-1500”，节点图如图 3-62 所示。

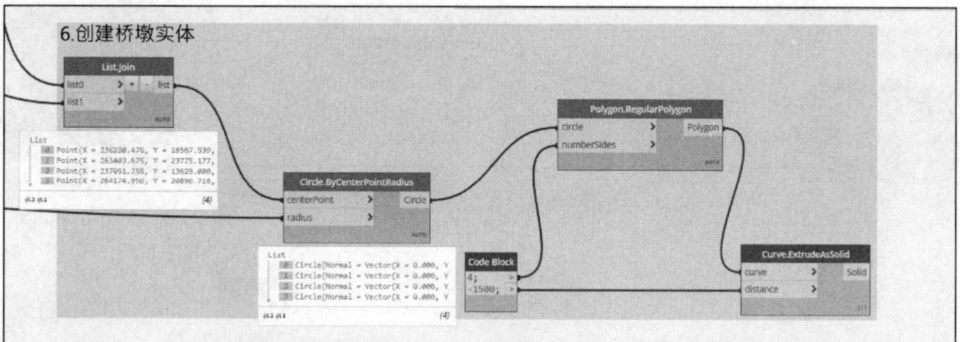

图 3-62　创建桥墩实体

7）创建桥拱实体

创建桥拱实体时，桥墩中心点通过 Line.ByStartPointEndPoint 创建直线，再通过 Curve.PointAtParameter 和 Geometry. Translate 获得取线中点与高度偏移，再通过 List.Join 将起点、终点与中间点组合成单一列表，并使用“NurbsCurve. ByPoints”创建拱肋中心线；同时以拱肋起点创建圆形作为扫掠的轮廓。最后，通过 Solid.BySweep，profile 输入端处连接路径，path 是封闭轮廓，即可生成拱肋，节点图如图 3-63 所示。

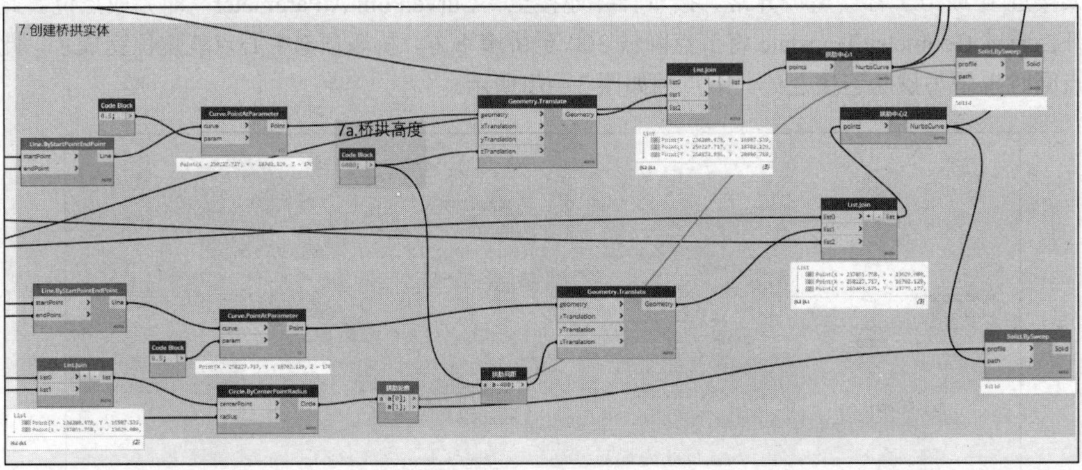

图 3-63　创建桥拱实体

8）创建钢索

生成钢索时，先生成钢索吊点。用 7 号节点组创建的拱肋中心线和“Curve. PointA tParameter”求得其吊点，考虑到钢索配置的合理性，指定点参数范围在 0.15～0.85 为宜。前面的部分是使用 2 号节点组或者 4 号节点组的桥垮边缘或护栏顶的参考线，并连接至“Geometry.ClosestPointTo”的“geometry”输入端，后面的部分是连接上 8a 的吊点列表，此列表分上下游，分别与其边缘线做最近点的分析，将得到的最近点与吊点连接，创建钢索，如图 3-64 和图 3-65 所示。

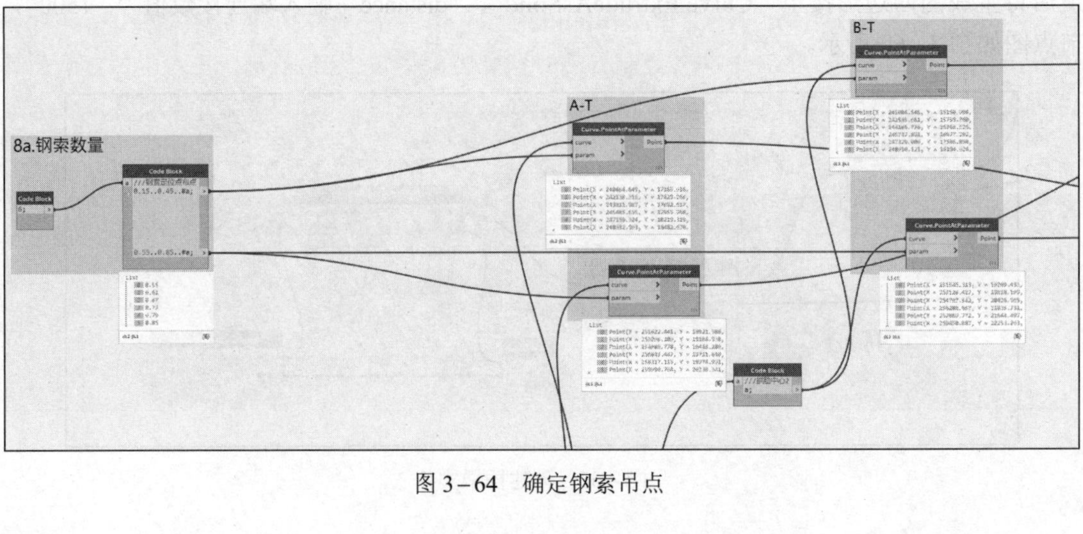

图 3-64　确定钢索吊点

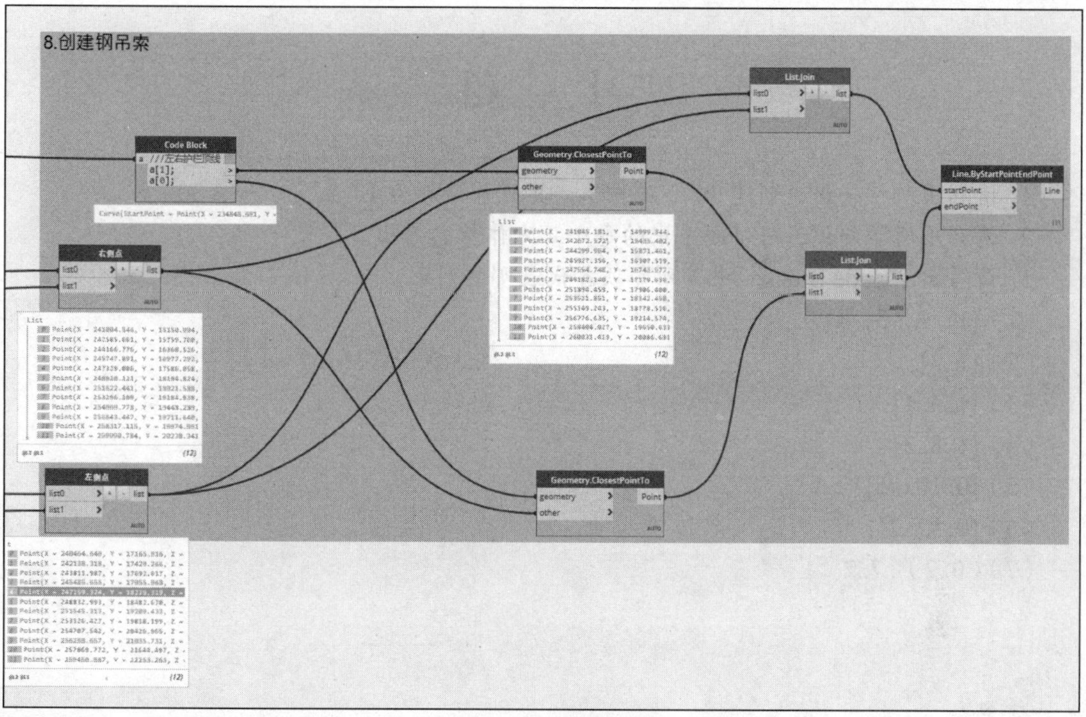

图 3–65　创建钢索

最终桥梁模型效果图如图 3–66 所示。

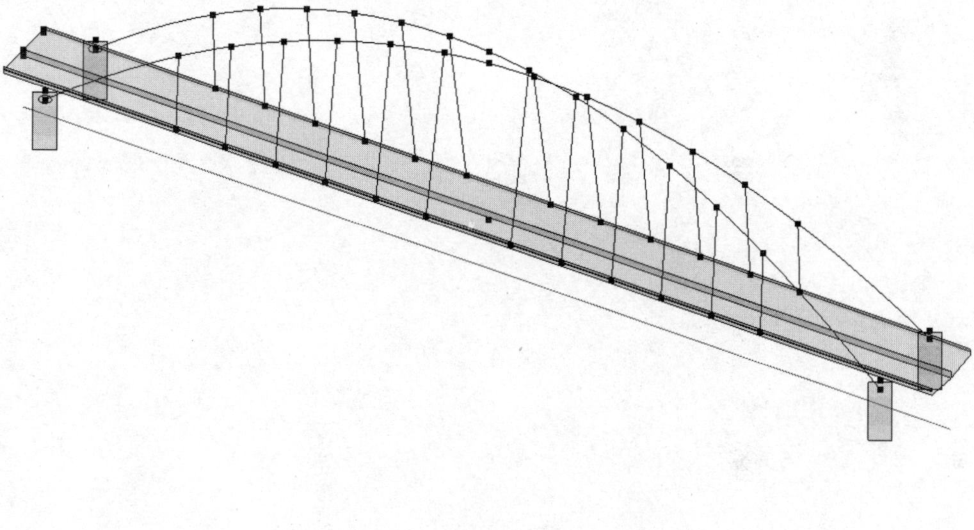

图 3–66　最终桥梁模型效果图

习　题

1. 请利用所学知识，创建 30 个正方体，其边长分别为 1，2，3，…，30。

2. 请利用所学知识，将习题 1 中的每个正方体信息导出。

3. 请写出“Code Block”中下列各项各代表哪些列表。

（1）[1，2，3，4]

（2）[1..3]

（3）[1..4..1]

（4）[1..8..3]

（5）[0..10..#5]

（6）[0..#3..2]

（7）（0..2）..7..2

第4章

基于API技术的BIM二次开发

4.1 Revit API的介绍

在BIM行业中，Revit可以被称为一款领航级的建模软件，其内置了丰富多样的BIM建模功能供使用者选择，但有的时候使用这些内置的、原生的功能并不能很好地完成任务，所以就有了对自定义功能的需求。因此，Autodesk公司也提供了应用程序开发接口——Revit API（application program interfcae），使用者可以基于API技术自行开发程序并集成到Revit软件进行使用，为Revit的功能扩展提供了无限可能。

Revit API具有一系列命名空间和类库，是建立在Revit产品的基础上的，需要在Revit运行时才能工作，其允许通过任何与.NET兼容的语言（如Visual Basic.NET、C#、C++/CLL、F#）来编程客制出满足使用需求的程序，在Revit软件原有功能的基础上，实现以程序开发的方式对Revit软件不完善的功能进行修补或者添加原本没有的功能，简化手动建模时不易完成的或重复性的工作，并进一步对接其他分析软件或者模拟软件，从而提高Revit软件的使用效率，扩大其使用范围。Revit API具体可以完成以下工作：

- 用插件自动化完成重复性的工作；
- 访问BIM模型图形数据；
- 访问BIM模型参数数据；
- 创建、修改、删除模型元素；
- 创建插件UI进行增强；
- 自动检测错误以强制产品的规范；
- 获取工程数据来分析或生成报告；
- 导入外部数据来创建新元素或设置元素参数；
- 集成其他应用程序包括分析软件到Revit产品；
- 自动创建Revit项目文档。

4.2 Revit API的加载

4.2.1 Revit二次开发的主要工具

在进行BIM二次开发之前需要下载安装多个软件，初学者在参考本书进行学习的过程中应尽量保证所使用的软件和书中所演示的一致，以免浪费大量时间在软件的安装、卸载等过程上。此外，还需要记清每个程序的安装路径。

1. Autodesk Revit 的安装

只有安装了 Autodesk Revit，才可以对 Revit API 进行后续的相关操作。该软件的安装比较简单，这里不再赘述（编者建议在安装过程中保持网络畅通，以免部分材质库或模板无法正常安装以及其他问题的出现）。本书中有关 API 操作的演示均基于 Autodesk Revit 2019 进行，不同版本的 Autodesk Revit 软件在操作上可能存在细微的差异，读者可根据后续步骤自行调整操作。

2. Visual Studio 的安装

建议选择社区版（Visual Studio Community）进行安装使用，本书所使用的是 Visual Studio Community 2019（以下简称 VS）。

下载地址：https://visualstudio.microsoft.com/zh-hans/vs/older-downloads/#visual-studio-2019-and-other-products

下载完成后双击运行安装。如果完全安装 VS 软件，会比较占用存储空间，而且部分功能在使用过程中几乎不会涉及，所以可以仅安装图 4-1 矩形框内所示应用，完成部分 VS 的安装，此过程可以更改安装目录。

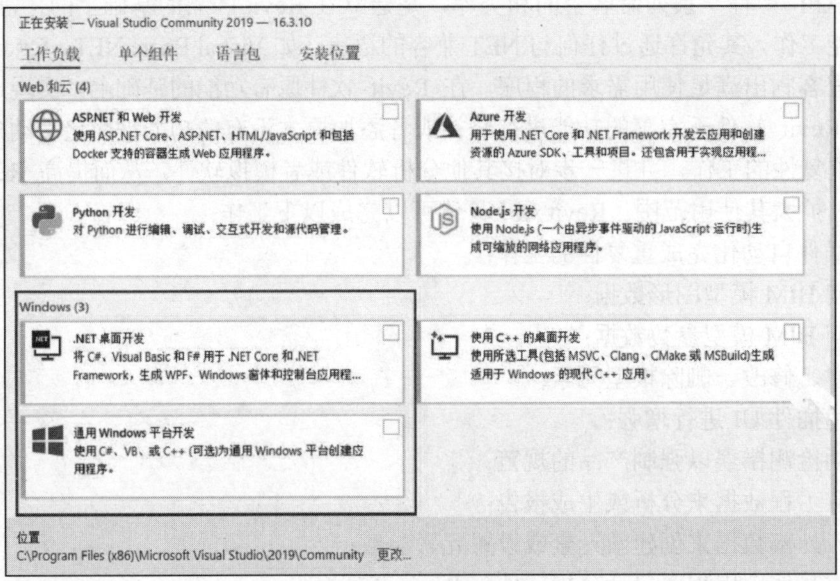

图 4-1　VS 安装界面

Revit 二次开发推荐了三种编程语言，分别是 C#、VC++、VB，后来又兼容了 Python 编程语言。本书推荐使用 C#作为 Revit 二次开发的编程语言，因为这套开发体系最为成熟，而且 C#学习起来也比较容易。

VS 安装完成后，在桌面双击 VS 快捷方式图标，打开 VS 应用程序窗口。单击【创建新项目】，弹出如图 4-2 所示的窗口，单击【C#】作为编程语言，单击【Windows】作为运行平台，单击【库】作为项目类型，单击【类库（.NET Framework）】，单击【下一步】弹出新项目配置窗口，将项目名称命名为“Hello Revit”，指定项目的存放位置，项目框架为“选择为 .NET Framework 4.7”，单击【创建】弹出图 4-3 所示界面，完成创建 C#新项目的操作。

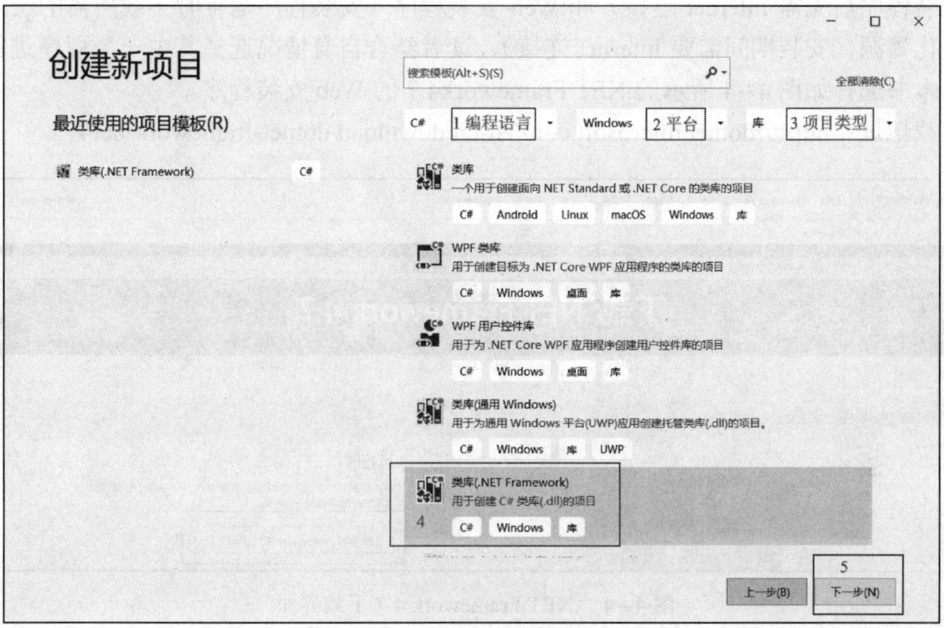

图 4-2　创建 C#新项目

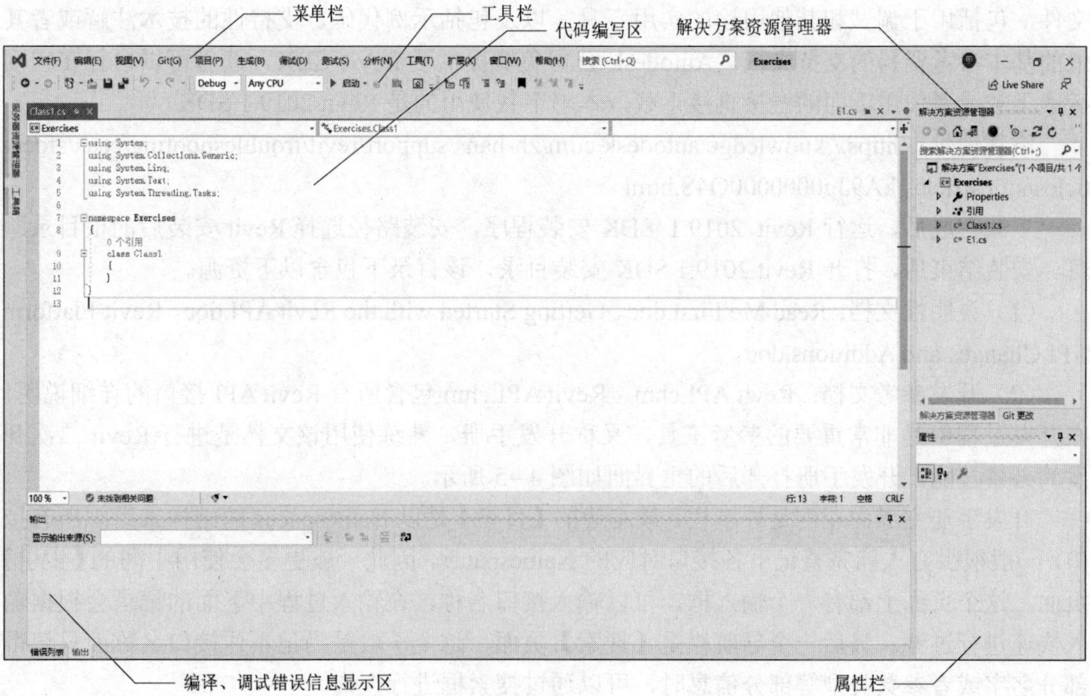

图 4-3　VS 主界面

3. 微软.NET Framework 的安装

在浏览器中搜索“.NET Framework”，找到微软官方下载网站，选择“运行应用－运行时”栏下的安装程序进行下载。微软官网提供脱机安装程序（包括英文版安装所需的所有内容，下载安装程序后无需 Internet 连接）和 Web 安装程序（安装程序运行时下载所需的文件，包括本地化资源，安装期间需要 Internet 连接），读者结合自身情况选择其中一个程序进行下载安装，本书选择如图 4－4 所示的.NET Framework4.7 的 Web 安装程序。

下载地址：https://dotnet.microsoft.com/zh-cn/download/dotnet-framework/net47

图 4－4　.NET Framework 4.7 下载界面

4. Revit SDK 的安装

Revit SDK（Software Development Kit）提供了 Revit 二次开发应用程序接口 API 的一些文件，包括用于调试和其他用途的实用工具，以及包括示例代码、支持性的技术注解或者其他的基本参考资料的支持文档。Autodesk 公司免费提供了 Revit SDK，读者可以自行在官网搜索下载或者使用下面的链接直接下载，本书下载使用的是 Revit 2019.1 SDK。

下载地址：https://knowledge.autodesk.com/zh-hans/support/revit/troubleshooting/caas/sfdcarticles/sfdcarticles/kA93g0000000O4S.html

下载完成后，运行 Revit 2019.1 SDK 安装程序，安装路径选择 Revit 安装后的根目录即可。安装结束后，打开 Revit 2019.1 SDK 安装目录，该目录下包含以下资源。

（1）说明性文档：Read Me First.doc、Getting Started with the Revit API.doc、Revit Platform API Changes and Additions.doc。

（2）开发参考文档：Revit API.chm。Revit API.chm 包含所有 Revit API 接口的详细说明，在开发过程中是非常重要的参考工具，又称开发手册，熟练使用该文档是进行 Revit 二次开发的必备技能。开发手册打开后的主界面如图 4－5 所示。

开发手册主界面左侧是导航栏，最左边的【目录】是以 Namespaces 的结构来组织所有接口，一般很少有人能完整记下各接口对应的 Namespaces，因此一般更多会使用中间的【索引】页面，这个页面上部有一个输入框，可以输入接口名称，在输入过程中下面的记录会根据输入快速进行过滤。最后一个导航栏是【搜索】页面，这个一般是当记不住接口名称而只记得部分名字或者参数类型等部分信息时，可以通过搜索框进行查询。

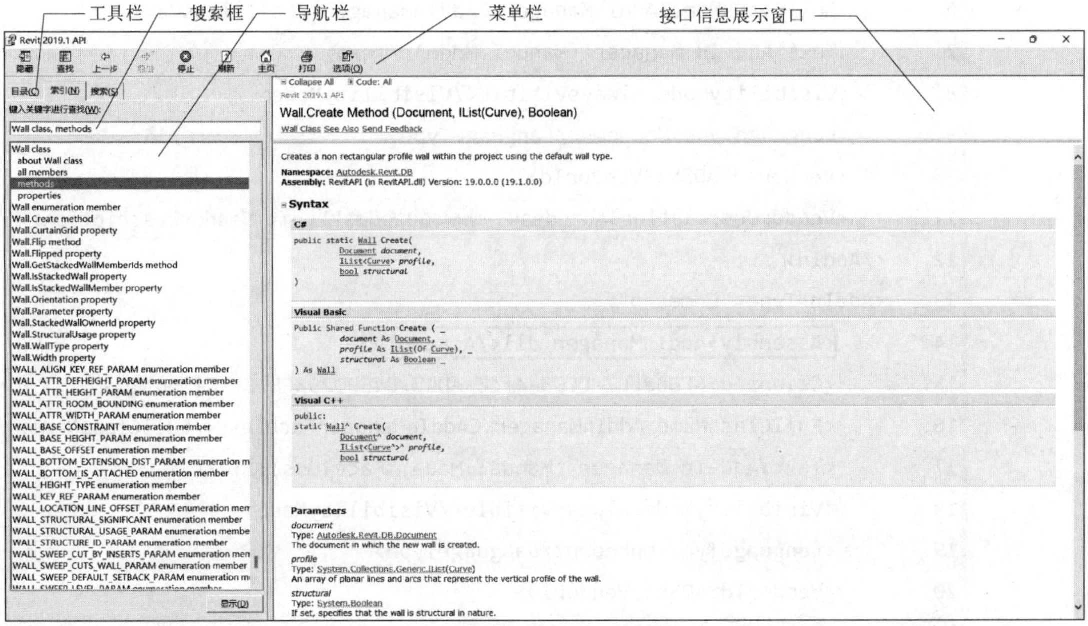

图 4–5　开发手册主界面

开发手册主界面的右侧是接口信息展示窗口，主要包含以下内容（需要注意，并非每个接口都包含下述所有内容）：①接口类和接口名称；②接口所属的 Namespace；③接口所属的动态链接库（RevitAPI.dll 或者 RevitAPIUI.dll）；④接口最早出现的 Revit 版本；⑤接口定义（一般会同时给出 C#、Visual Basic 和 Visual C++三个版本）；⑥参数说明，说明每个参数的类型及作用；⑦返回值；⑧附属说明，对接口的补充说明，调用接口前需要仔细查看；⑨代码示例（部分接口无代码）；⑩异常，说明调用接口可能出现的异常类型以及出现的条件（部分接口无异常）。

（3）制作安装程序时所需要的 Revit AddInUtility.chm 文档。

（4）制作用户界面时需要的 Autodesk Icon Guidelines.pdf 文档。

（5）重要工具 AddInManager（插件管理器）。AddInManager 是 Autodesk 的官方插件，用来加载 Revit 插件，其优点是不用重启软件就可以修改插件代码并再次加载和运行。

该插件使用前需要先将其加载到 Revit 中，加载方法：复制 Revit 2019.1 SDK 安装路径下“Add-In Manager”目录中的“AddInManager.dll”和“Autodesk.AddInManager.addin”文件到目录“C:\ProgramData\Autodesk\Revit\Addins\2019”（在 Windows 10 中可能会找不到该目录，需要打开资源管理器的【选项卡查看】|【勾选隐藏的项目】）。用计算机自带的记事本将“Autodesk.AddInManager.addin”文件以文本形式打开，将“Assembly”标签下的“[TARGETDIR]”直接删去，然后 Ctrl+S 保存更改文本，修改后的文件如下。

```
<?xml version="1.0" encoding="utf-8"?>
<RevitAddIns>
    <AddIn Type="Command">
        <Assembly>AddInManager.dll</Assembly>
        <ClientId>8C0A9E25-B7C5-421c-A1AB-702F73FA551F</ClientId>
```

```
        <FullClassName>AddInManager.CAddInManager</FullClassName>
        <Text>Add-In Manager (Manual Mode)</Text>
        <VisibilityMode>AlwaysVisible</VisibilityMode>
        <LanguageType>Unknown</LanguageType>
        <VendorId>ADSK</VendorId>
        <VendorDescription>Autodesk, www.autodesk.com</VendorDescription>
    </AddIn>
    <AddIn Type="Command">
        <Assembly>AddInManager.dll</Assembly>
        <ClientId>6FDB8EC7-CCD3-4fc0-ADB7-B459D298FB93</ClientId>
        <FullClassName>AddInManager.CAddInManagerFaceless</FullClassName>
        <Text>Add-In Manager (Manual Mode, Faceless)</Text>
        <VisibilityMode>AlwaysVisible</VisibilityMode>
        <LanguageType>Unknown</LanguageType>
        <VendorId>ADSK</VendorId>
        <VendorDescription>Autodesk, www.autodesk.com</VendorDescription>
    </AddIn>
    <AddIn Type="Command">
        <Assembly>AddInManager.dll</Assembly>
        <ClientId>91A2419C-5FCA-491A-BAA3-29A497EC07C7</ClientId>
        <FullClassName>AddInManager.CAddInManagerReadOnly</FullClassName>
        <Text>Add-In Manager (ReadOnly Mode)</Text>
        <VisibilityMode>AlwaysVisible</VisibilityMode>
        <LanguageType>Unknown</LanguageType>
        <VendorId>ADSK</VendorId>
        <VendorDescription>Autodesk, www.autodesk.com</VendorDescription>
    </AddIn>
</RevitAddIns>
```

如果文件修改完成后打开 Revit 软件，找到【附加模块】|【外部工具】，可以看见图 4－6 矩形框中的内容，就证明以上操作无误，安装成功。如果无法看到以下内容，请仔细检查自己的操作流程以及文件所在目录是否与本书所述一致。

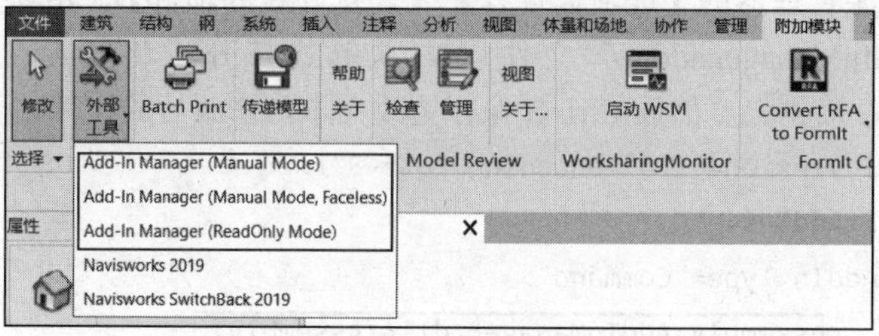

图 4－6　Add-In Manager 安装成功界面

（6）开发实例代码，在 Samples 文件夹下有大量的例子，基本涵盖了 Revit API 的用法，对于综合应用 Revit API 有很高的指导意义。这些实例有两种使用方法：一种是根据目录下各子目录内容，找到与自己想要开发内容相近的，直接参看对应的完整项目内容；另一种是想知道某个接口应该如何配合其他接口使用，可以在 Samples 文件夹下搜索所有包含该接口名称的文件，然后再查看对应文件所在的项目内容。

5. Revit Lookup 的配置

在编写程序的过程中，经常需要查询文档中图元的信息，但 Revit 提供的信息又比较少，这时 GitHub 上面发布的一个程序——Revit Lookup（它是一款不用写代码就可以直观看到 API 对象的插件），可以帮助调试 Revit 数据库，并且辅助理解和查找元素以及它们的参数。

下载地址：https://github.com/jeremytammik/RevitLookup/tree/2019.0.0.7#revitlookup

可以在 Revit Lookup 下载界面中单击图 4-7 所示的矩形框内的【Download ZIP】进行下载。

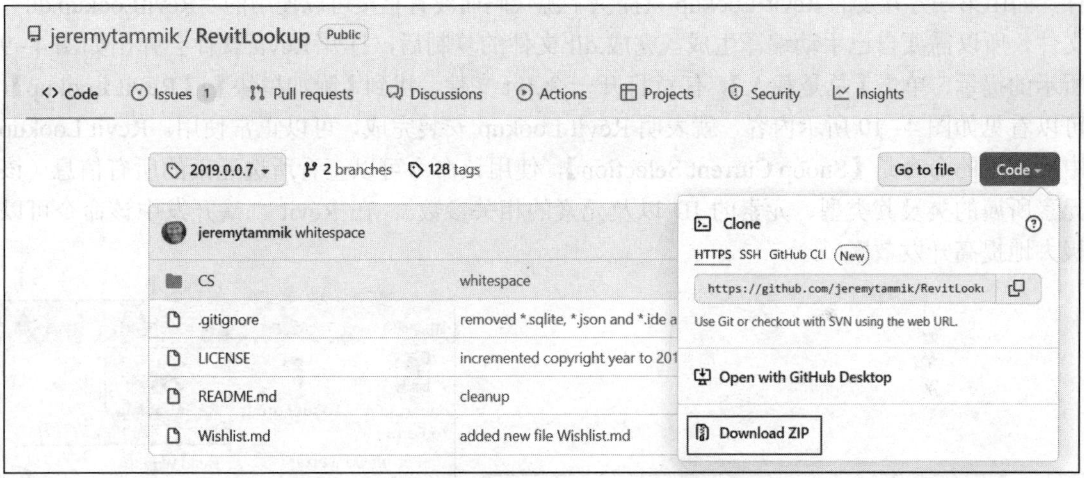

图 4-7　Revit Lookup 下载界面

解压下载得到的压缩包 RevitLookup-2019.0.0.7，并将解压后的文件夹复制到“Revit 2019.1 SDK”安装目录下，在“RevitLookup-2019.0.0.3\CS”文件夹下找到“RevitLookup.sln”文件，并使用 VS 打开该文件添加未引用的库文件（这些库文件未重新引用前会带有如图 4-8 所示的三角标记，引用完成后这些库文件上面的三角标记就会消失）。这些库文件均位于 Revit 软件的安装路径下，右键选择【引用】|【添加引用】，选择【引用管理器】|【浏览】，索引到 Revit 安装路径，在搜索框中输入需要添加的.dll 文件，系统便可自动检索到这些文件，然后单击【添加】结束引用。最后使用快捷键 Shift+Ctrl+B 在“RevitLookup-2019.0.0.3\CS\bin\Debug”文件夹下生成“RevitLookup.dll”编译文件，这里需要注意的是，在生成.dll 文件之前需要在【解决方案管理器】中，右击项目名称，选择【属性】|【生成】，将项目的平台目标由默认的“Any CPU”更改为“x64”，否则写完代码生成.dll 文件时会产生 MSB3270 警告，后续再生成.dll 文件时也得注意修改项目平台目标。

图 4-8　未引用状态

Revit Lookup 的配置方法和 AddInManager 大致相同，也需要将“RevitLookup.addin”文件和“RevitLookup.dll”编译文件放入“C:\ProgramData\Autodesk\Revit\Addins\2019”；但不同的是，Autodesk 官方提供的插件 AddInManager 中有可以直接利用的“AddInManager.dll”文件，而由第三方开发的 Revit Lookup 只提供了源代码而没有直接可以使用的“RevitLookup.dll”文件，所以需要自己手动编译生成。完成.dll 文件的复制后，打开 Revit 软件会弹出如图 4-9 所示的提示，单击【总是载入】，任意打开一个.rvt 文件，找到【附加模块】|【Revit Lookup】，可以看见如图 4-10 所示内容，就表明 Revit Lookup 安装完成，可以正常使用。Revit Lookup 中最常用的命令是【Snoop Current Selection】，使用该命令可以查看所选元素的所有信息（该元素所属的类及其类型、元素的 ID 以及元素的相关参数），在 Revit 二次开发中该命令可以极大地提高开发效率。

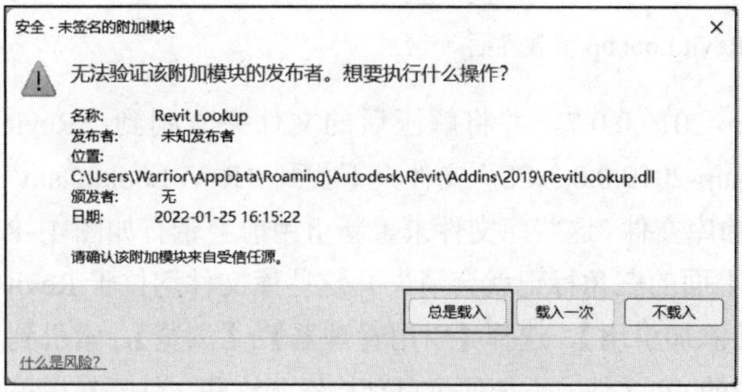

图 4-9　Revit Lookup 载入提示

图 4-10　Revit Lookup 模块

如果已经完成了以上的所有内容，那么恭喜你已经搭建好了 Revit 二次开发环境，下面就可以基于 API 对 Revit 进行二次开发。在正式进行二次开发之前，还要了解以下开发的基础。

4.2.2　Revit 二次开发的基础

1. 重要的程序集

1）RevitAPI.dll

该程序集包括访问 Revit 中 DB 级别的 Application、Document、Element 以及 Parameter 方法，也包括 IExternalDBApplication 等接口，所以在操作应用和修改文件、图元时需要引用 RevitAPI.dll。

2）RevitAPIUI.dll

该程序集包括所有操作和定制 Revit UI 的接口：IExternalCommand 相关接口、IExternalApplication 相关接口、Selection 选择、菜单类 RibbomPanel、Ribbonltem 以及其子类、TaskDialogs 任务对话框和 IExternalEventHandler 相关接口，所以在开发制作外部命令、外部应用、选择图元、制作界面上的菜单及按钮、使用对话框之前需要加载 RevitAPIUI.dll。

2. Revit 事务

1）Transaction

在 Revit 中改变模型（创建、修改、删除 Revit 模型）时，需要使用 Transaction 事务来进行处理，否则 Revit 会出现异常。Revit API 中对于 Revit 事务没有默认值，编写代码时必须指定标签值，指定事务标签值的写法如下：

```
[Autodesk.Revit.Attributes.Transaction(Autodesk.Revit.Attributes.TransactionMode.Manual)]
```

或者简写成：

```
[Transaction(TransactionMode.Manual)]  //通常使用该模式
```

TransactionMode 中有两个枚举值：Manual 和 ReadOnly。Manual 模式表示 Revit 不会自动创建一个 Transaction，如果需要修改 Revit 模型，就需要自行创建 Transaction，并且自行管理自建 Transaction 提交还是回滚。ReadOnly 模式中外部命令不能有任何事务，否则在创建事务或者修改 Revit 文档时都会出现异常。Transaction 的实现语法如下：

```
//开头要引用空间
using Autodesk.Revit.Attributes;
//进行事务之前，先获取要处理的文档
Document doc = commandData.Application.ActiveUIDocument.Document;
//定义事务：事务变量名trans(自定)
//      事务名为字符串（自定）
using(Transaction trans = new Transaction(doc, "事务名"))
{
 //开始
  trans.Start();
  //==================
  //此处写入自己的模型修改处理语句
  //==================
  //完成事务进行提交并结束本次事务处理
```

```
trans.Commit();
//若事务取消，本事务的操作回滚，也结束本次事务
//trans.RollBack();
}
```

2）其他事务

SubTransaction（子事务）：一个子事务可以用来提交一组操作，可以将一个复杂任务分解成许多小任务来提交。

TransactionGroup（事务分组）用来将几个独立的事务分组，使得一组可以同时处理许多事物。

RegenerationAttribute（模型更新模式）用来控制 Revit Journal 文件在执行外部命令过程中的行为，只有 RegenerationOption.Manual 一种模式，用法如下：

```
[Regeneration(RegenerationOption.Manual)]
```

JournalingAttribute（日志模式）有 JournalingMode.UsingCommandData 和 JournalingMode.NoCommandData 两种模式，用法如下：

```
[Journaling(JournalingMode.UsingCommandData)]
```

3. Application/Document/Element

1）Application 应用类

该类表示一个 Revit 应用，提供对文档、选项以及其他应用范围的数据的访问和设置。

函数：NewProjectDocument、NewFamilyDocument、OpenDocumentFile（String）、GetLibraryPaths。

属性：Documents、Cites、Version*、UserName、Language。

2）Document 文档类

该类用于表示打开的 Autodesk Revit 工程。

函数：Export/Import、LoadFamily、Save/Saves、Delete、GetElement、GetUnits。

属性：Create、Settings、Tittle/PathName、IsFamilyDocument。

3）Element 元素

元素在 Revit 中非常重要，Revit 中的大多数类都是继承自元素，在 Revit 中可以看见的大多数对象都属于元素，如墙、族、族类型、标高、轴网等，一些常用模型元素的类如图 4-11 所示。

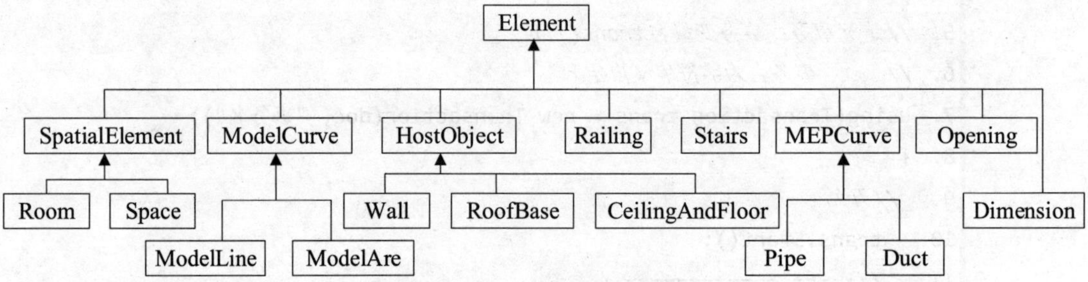

图 4-11　常用模型元素的类

4. Revit 文档的获取

（1）commandData：Revit 后台数据的集合及相关的属性信息。

（2）UIApplication：后台数据的集合，只能通过 Application 方法引用，commandData 和两种 Document 都包含 UIApplication。

（3）UIDocument：可交互的文档中包含信息的集合，提供了通过不同 UI 交互过程提取信息的方法，如 Selection 交互获取文档，只能通过 UIApplication 进行引用。

（4）ActiveDocument：当前活动文档，只能通过 UIDocument 进行引用，是 UIDocument 的一部分。

（5）Document：一个独立的项目文件。

获取 Revit 的过程中，commandData、UIApplication、Application、DocumentSet、Documents、Document、ActiveDocument 之间的关系如图 4－12 所示。

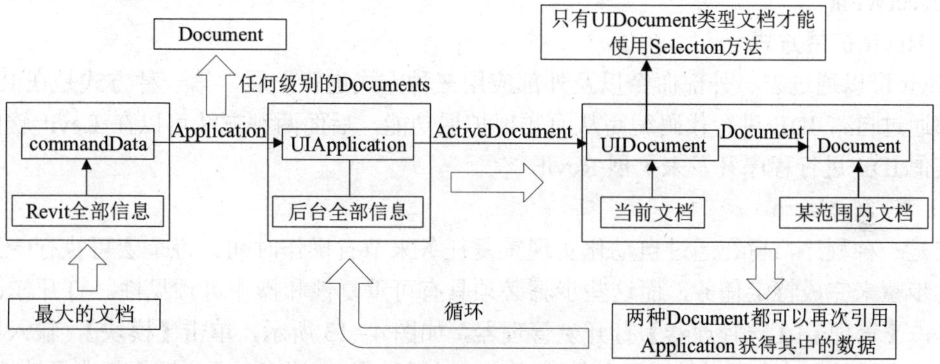

图 4－12　Revit 文档的获取过程

5. 过滤器

1）选择过滤器

Revit 中经常需要通过鼠标点选或框选构件，API 提供的方法如下：

```
//选择一个或多个构件
uidoc.Selection.PickObject(ObjectType.Element, "选择一个构件");
//选择多个或框选
uidoc.Selection.PickObjects(ObjectType.Element, "选择多个");
```

此外，若是只选择某种类型的构件，API 提供了选择过滤器 ISelectionFilter，创建过滤器的方法如下：

```
public class SelectionFilter : ISelectionFilter
{
    public bool AllowElement(Element elem)
    {
        //添加过滤的条件，允许被选中，返回True，反之，不被选中
        return true;
    }
    public bool AllowReference(Reference reference, XYZ position)
    {
        //添加过滤的条件，允许被选中，返回True，反之，不被选中
```

```
            return true;
        }
}
```

2）元素过滤收集器

Revit API 中提供了元素过滤收集器——FilteredElementCollector，其构造方法如下：

```
FilteredElementCollector collector = new FilteredElementCollector(document);
```

FilterElementCollector 用于设置查询和过滤得到特定的元素的方法有：①通用方法 WherePasses()；②快捷方法，如 OfClass()、OfCategory()等；③并集、交集等运算方法，如 UnionWith() 和 IntersectWith()。

6. Revit 扩展方式

Revit 可以通过宏、外部命令以及外部应用三种方式进行扩展，第一种方式是在 Revit 软件内部通过自带 IDE 进行代码编写从而实现扩展功能，后面两种方法可以在 Revit 软件外部使用其他 IDE 进行程序开发来扩展 Revit。

1）宏——Macro

宏是一种程序，旨在通过自动化实现重复任务来节省操作时间。每个宏可执行一系列预定义的步骤来完成特定任务，而这些步骤必须具有可重复性和操作可预见性。打开 Revit 软件，单击【管理】|【宏管理器】打开宏管理器，如图 4-13 所示，单击【模块】，输入模块名称，选择编程语言（这里提供了四种编程语言，一般使用 C#居多），【说明】可选择性地提交，之后即可启动 Revit 宏 IDE 创建新模块。在该 IDE 中可以添加、编辑、构建和调试宏，也可以运行先前创建的宏。

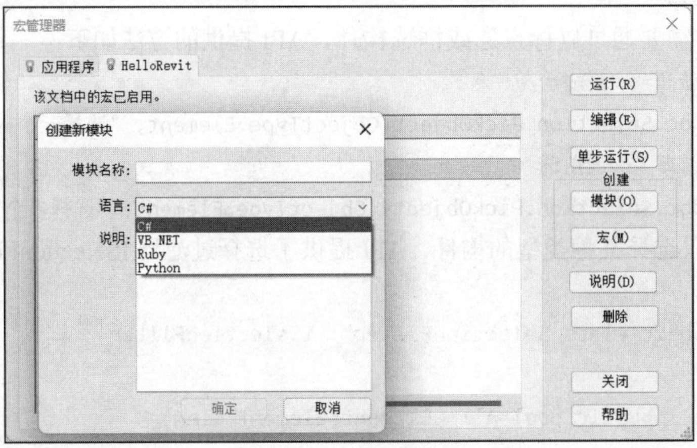

图 4-13　宏管理器

与外部应用类似，宏管理器中的【模块】包含 Module_Startup 方法和 Module_Shutdown 方法，前者是在【模块】加载时执行，后者是在【模块】卸载时执行，且【宏】的功能在单击【运行】时才能执行相应的功能。

2）外部命令——IExternalCommand

外部命令与菜单项一一对应，每个外部命令的实现都需要 IEternalCommand 接口，其接口只有一个抽象函数Excute，用于添加自己的命令，一旦实现后，可以通过单击按钮来启动命令。

```
public interface IExternalCommand
{
public Result Execute(ExternalCommandData commandData, ref string message, ElementSet elements)
}
```

Namespace（命名空间）：Autodesk.Revit.UI。

Execute函数有三个参数：输入参数commandData（ExternalCommandData类型）、输出参数message（string类型）、输出参数elements（ElementSet类型）。

ExternalCommandData中包含外部所需的Application以及一些视图的引用。在外部命令中，所有的Revit数据都可以通过这个参数直接或间接地被提取。

外部命令可以通过message这个参数来返回执行过程中的错误信息，当外部命令的Execute函数返回Autodesk.Revit.UI.Result.Failed或者Autodesk.Revit.UI.Result.Canceled，这个错误信息就会出现在UI上。当外部命令返回Autodesk.Revit.UI.Result.Failed或者Autodesk.Revit.UI.Result.Cancel并且message参数部位空时，就会弹出错误或者警告交互框，单击【显示】，elements参数中的元素就会被高亮。

Execute的返回值用于表示外部命令的执行状态（结果），有三种情况：Autodesk.Revit.UI.Result.Failed、Autodesk.Revit.UI.Result.Succeeded或者Autodesk.Revit.UI.Result.Canceled。如果返回值为Succeeded，则所有外部命令的操作成功，对应的修改被应用；如果返回值不为Succeeded，则Revit会把外部命令所作的所有操作和修改撤销。

一般使用外部命令为Revit创建一个插件的步骤如下：

（1）在visual studio中创建C#新建项目；

（2）引入命名空间，实现IEternalCommand接口，编写实现所需功能的代码；

（3）加载该命令。

下面以一个简单的实例——Hello Revit来说明外部命令是如何扩展Revit的。

首先创建一个C#新建项目（前面章节讲过，这里不再赘述），然后添加.dll文件引用RevitAPI.dll和RevitAPIUI.dll，并引入相应的命名空间Autodesk.Revit.UI、Autodesk.Revit.Attributes和Autodesk.Revit.DB。添加两个.dll引用后需要选中这两个引用，如图4-14将【属性】|【复制本地】改为“False”，这样生成项目的时候这两个.dll文件就不会复制到生成目录中。

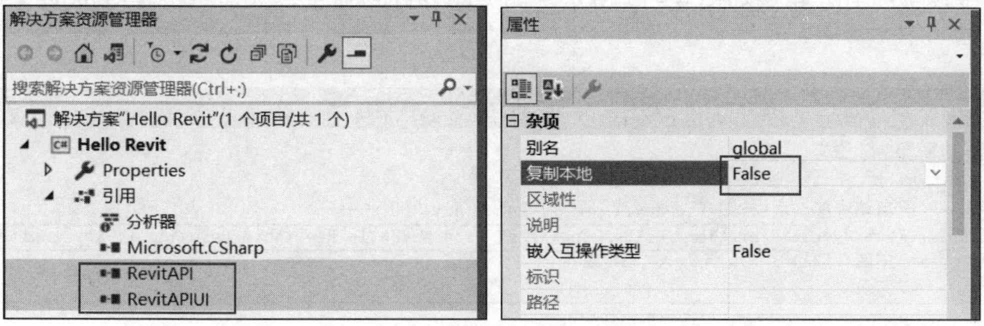

图4-14　更改文件属性

下面给出实现 Hello Revit 的全部代码：

```
using System;
using System.Collections.Generic;
using System.Linq;
using System.Text;
using System.Threading.Tasks;
using Autodesk.Revit.DB;
using Autodesk.Revit.UI;
using Autodesk.Revit.Attributes;

namespace Hello_Revit
{
    [TransactionAttribute(TransactionMode.Manual)]
    [RegenerationAttribute(RegenerationOption.Manual)]
    public class Hello_Revit : IExternalCommand //接口实现
    {
        public Result Execute(ExternalCommandData commandData,
  ref string message, ElementSet elements)
        {
            TaskDialog.Show("First Program", "Hello Revit!");
            return Result.Succeeded;
        }
    }
}
```

有了上面的代码，使用快捷键 Ctrl+Shift+B 就可生成.dll 文件，复制如图 4－15 矩形框中的地址，新建一个.rvt 文件，单击【附加模块】|【外部工具】|【Add-In Manager（Manual Mode)】，弹出【Add-In Manager 2014】窗口，单击【Load】打开文件资源管理器，将图 4－15 中的地址复制到搜索框内进行搜索，找到“Hello Revit.dll”文件，单击【打开】返回图 4－16 界面，这时“Hello Revit.dll”文件就加载到 Revit 中，选中“Hello_Revit”单击【Run】，该命令就被执行，结果如图 4－17 所示。如果想移除该命令，只需单击【Remove】即可移除。

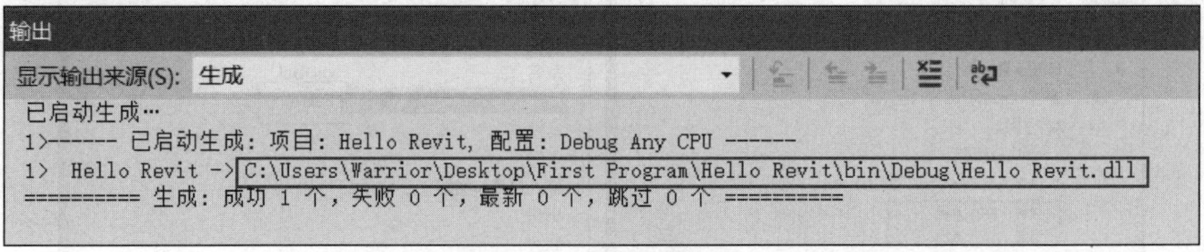

图 4－15　生成文件地址

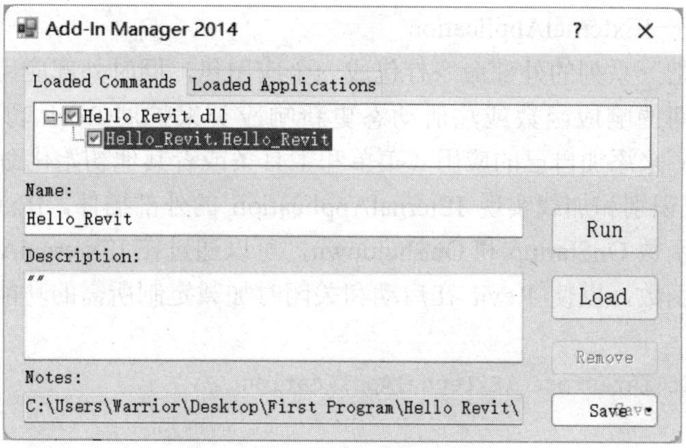

图 4-16　Add-In Manager 界面

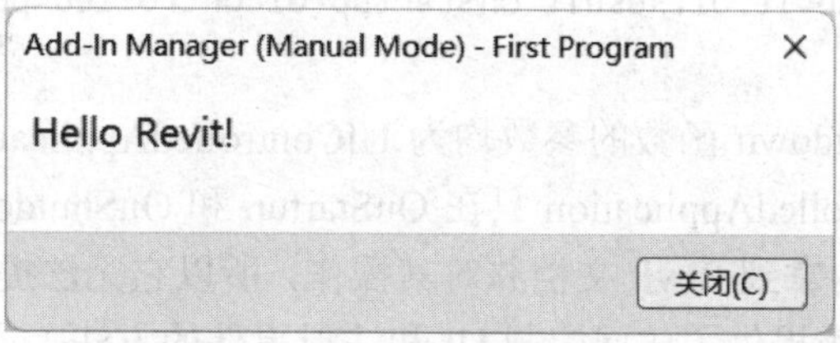

图 4-17　Hell Revit 执行结果

此外，如果想将该命令添加到外部工具中，就需要单击图 4-16 中【Add-In Manager 2014】窗口内的【Save】|【Save checked items to Local.addin file】，即可在“Hello Revit.dll”位置处生成如图 4-18 所示的“Hello Revit.addin”文件，之后将“Hello Revit.dll”和“Hello Revit.addin”文件移动到“C:\ProgramData\Autodesk\Revit\Addins\2019”处，如图 4-19 所示，此时该命令就被插入【外部工具】下。

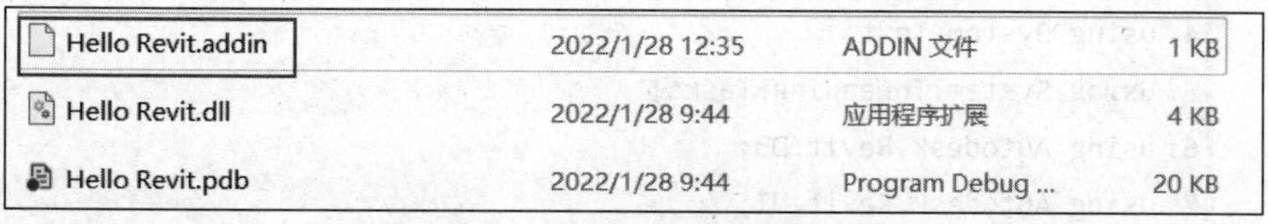

图 4-18　生成 Hello Revit.addin 文件

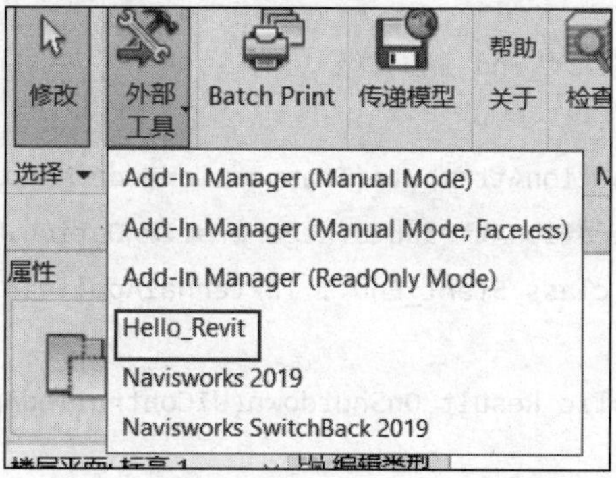

图 4-19　插入 Hello_Revit

3）外部应用——IExternalApplication

外部应用就是把一系列的外部命令打包成一个应用包，同时外部应用还可以通过启动时注册 Revit 内部时间的响应函数或注册动态更新响应类来扩展 Revit 功能。可以通过实现 IExternalApplication 来添加自己的应用（菜单和工具条或者其他初始化命令），Revit 同样通过“.addin”文件来识别和加载实现 IEternalApplication 的外部插件。IExternalApplication 接口要实现两个抽象函数 OnStartup 和 OnShutdown，可以通过在 IExternalApplication 外部应用中实现重载这两个函数，以使 Revit 在启动和关闭时加载定制所需的功能。这两个函数的定义如下：

```
public interface IExternalApplication
{
Autodesk.Revit.UI.Result OnShutdown(UIControlledApplication application);
Autodesk.Revit.UI.Result OnStartup(UIControlledApplication application);
}
```

OnStartup 和 OnShutdown 函数的参数均为 UIControlledApplication 类型，这是一种特殊的应用类，因为 UIControlledApplication 只在 OnStartup 和 OnShutdown 函数范围内起作用，无法在这个作用域区间内拿到 Revit 文档并对其操作，所以它无法提供访问 Revit 的功能，但 UIControlledApplication 类提供了访问定制 UI 和注册事件的方法。

创建外部应用步骤与创建外部命令大体相同，不同的是创建外部命令需要实现的接口不同、注册文件有所区别，所以下面只提供一个简单的实例代码来说明 IExternalApplication 的工作机制。该程序可实现打开 Revit 软件时 UI 自动提示“Welcome to use Revit!”和关闭软件时自动提示“See you again!”的功能，执行结果如图 4-20 所示。

```
using System;
using System.Collections.Generic;
using System.Linq;
using System.Text;
using System.Threading.Tasks;
using Autodesk.Revit.DB;
using Autodesk.Revit.UI;
using Autodesk.Revit.Attributes;

namespace Start_End
{
    [TransactionAttribute(TransactionMode.Manual)]
    [RegenerationAttribute(RegenerationOption.Manual)]
    public class Start_End : IExternalApplication
    {
        public Result OnShutdown(UIControlledApplication application)
        {
            TaskDialog.Show("End your opearation", "See you again!");
```

```
                return Result.Succeeded;
            }
            public Result OnStartup(UIControlledApplication application)
            {
                TaskDialog.Show("Start your opearation", "Welcome to use Revit!");
                return Result.Succeeded;
            }
        }
}
```

图 4－20　Revit 打开和关闭时弹出的 UI

4.3　Revit API 创建和删除族实例

4.3.1　Revit 中族的概念

Revit 中提供了一个可自定义的元素——族，软件内的所有操作也都是围绕族进行的，所有添加到 Revit 项目中的图元都是使用族创建的。Revit 中的族可以分为四个层级：族类别（Category）>族（Family）>族类型（FamilySymbol）>族实例（FamilyInstance）。只有明白了这四个层级的意义和区别，才能更好地进行 Revit 二次开发。

1. 族类别

族类别是以建筑构件性质为基础在行业中的分类，进行归类的一类图元，如结构柱、门、窗等都属于族类别。

2. 族

族是一个包含通用属性（称作参数）集和相关图形表示的图元组，如柱的形状有矩形柱和圆形柱。

3. 族类型

族类型是族图元的变体，属于一个族的不同图元的部分或全部参数可能有不同的值，但是参数（其名称和含义）的集合是相同的，如带观察玻璃的门有三种不同尺寸。

4. 族实例

这些继承了族类型参数与数据，但本身又有独立参数，作为一个独立个体的副本称为族实例，即将一个类型插入项目后，项目中的该图元为一个实例。

图 4-21 较为直观地表现了 Revit 中的族类别、族、族类型、族实例之间的层级关系。此外，族、族类型和族实例等又都是元素（Element）的子类，其继承关系如图 4-22 所示。

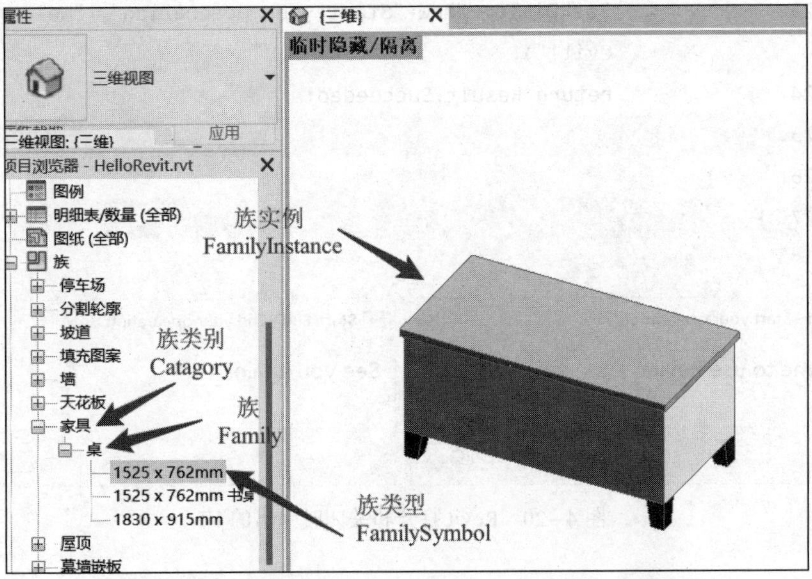

图 4-21　族类别、族、族类型、族实例之间的层级关系

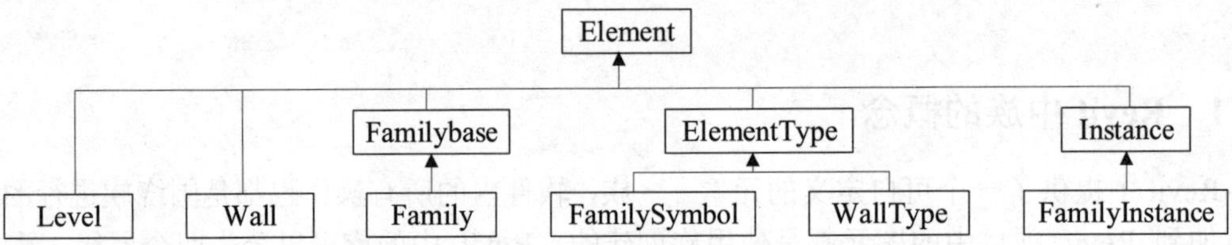

图 4-22　Element 子类的继承关系

4.3.2　族、族类型和族实例的获取

Revit 开发手册中给出了可以实现族、族类型和族实例之间相互获取的代码。

1. 由族实例获取族类型

```
//方法一：直接由族实例属性获取
FamilySymbol symbol = familyInstance. Symbol;
//方法二：先获取族类型的 ID 元素，然后转化成族类型
FamilySymbol symbol = RevitDoc. GetElement(familyInstance.GetTypeId()) as FamilySymbol;
```

2. 由族类型获取族

```
Family family = symbol. Family;
```

3. 由族获取族类型

```
//返回值是一个族下所有族类型的集合
FamilySymbolSet setOfSymbols = family. Symbols;
```

4. 由族类型获取族实例

```
//方法一：族实例过滤器直接获取
FamilylnstanceFilter familylnstanceFilter = new FamilyInstanceFilter(RevitDoc,symbol, Id);
//方法二：比方法一多了两步，主要用于族实例的遍历
FilteredElementCollector filteredElements = new FilteredElementCollector(RevitDoc);
filteredElements = filteredElements. WherePasses(familylnstanceFilter);
foreach (Familylnstance element in filteredElements)
{
//各族实例
}
```

Revit 中的族分为三类：系统族、可载入族和内建族。

系统族可以创建要在建筑现场装配的基本图元，如墙、屋顶、楼板等，标高、轴网、图纸和视口类型这些能够影响项目环境的系统设置也是系统族，这些都是在 Revit 中预定义的，无法从外部文件载入到项目中，也不能保存到项目之外的位置，只能复制和修改现有系统族。

可载入族是用于创建通常购买、提供并安装在建筑内和建筑周围的建筑构件和系统构件以及常规自定义的一些注释图元。这些族具有高度可自定义的特征，是在外部 RFA 文件中创建的，并可导入或载入到项目中。

内建族是为了创建当前项目专有的独特构件时所创建的独特图元。只能在当前项目中创建内建族，因此仅可用于该项目特定的对象。在 Revit 二次开发中，几乎不涉及该族。

4.3.3　创建族实例的方法

1. 系统族

可以使用 Element 子类的静态方法 Create 创建系统族下的族实例或者 Document 下面的相应方法，如：

```
Wall.Create//创建墙
```

2. 可载入族

可载入族的族实例创建都是使用 Document.NewFamilyInstance，参照开发手册创建 NewFamilyInstance 的方法总共有 12 种，按照依附关系可以大体分为以下几种情况。

1）独立的族实例

NewFamilyInstance（XYZ，FamilySymbol，StructuralType）方法可以创建独立的、不基于任何元素的族实例。XYZ 指的是待创建族实例的位置；FamilySymbol 指待创建族实例对应的族类型，StructuralType 指结构类型，包括 NonStructural、Beam、Brace、Column、Footing、UnknownFraming。

2）基于宿主的族实例

可以使用下列方法创建基于宿主的族实例，其中 Element 指宿主元素，Level 指待创建族实例标高。

方法一：NewFamilyInstance（XYZ，FamilySymbol，Element，StructuralType）。

方法二（需要给定标高）：NewFamilyInstance（XYZ，FamilySymbol，Element，Level，StructuralType）。

方法三（需要给定朝向）：NewFamilyInstance（XYZ，FamilySymbol，XYZ，Element，StructuralType）。

3）基于标高的族实例

可以使用下列方法创建一个基于标高的族实例。

方法一：NewFamilyInstance（XYZ，FamilySymbol，Level，StructuralType）。

方法二（需要给定线形）：NewFamilyInstance（Curve，FamilySymbol，Level，StructuralType）。

4）基于视图的族实例

可以使用下列方法创建基于视图的二维族实例，其中 View 指二维视图。

方法一：NewFamilyInstance（XYZ，FamilySymbol，View）。

方法二（需要给定线形）：NewFamilyInstance（Line，FamilySymbol，View）。

5）基于面的族实例

可以使用下列方法创建基于面的族实例。

方法一：NewFamilyInstance（Face，Line，FamilySymbol）。

方法二：NewFamilyInstance（Face，XYZ，XYZ，FamilySymbol）。

方法三：NewFamilyInstance（Reference，Line，FamilySymbol）。

方法四：NewFamilyInstance（Reference，XYZ，XYZ，FamilySymbol）。

3. 示例：族实例的创建

1）创建系统族的族实例

目标：使用.rvt 文件中的墙实例再创建一个具有相同族类型的墙实例。

这里是要建一个墙的实例，所以打开 Revit API，在索引框内输入“wall”找到“Wall Member”，从“Wall Member”下的“Methods”可以找到如图 4-23 所示的五种创建墙的方法，选择 Create（Document，Curve，ElementId，Boolean）实现默认墙体的创建。单击该方法的名称查看该方法实现所需要的基本变量，如图 4-24 所示。

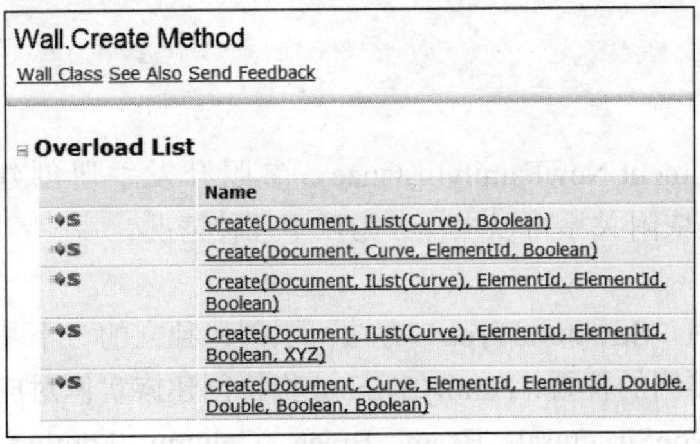

图 4-23　创建墙的方法

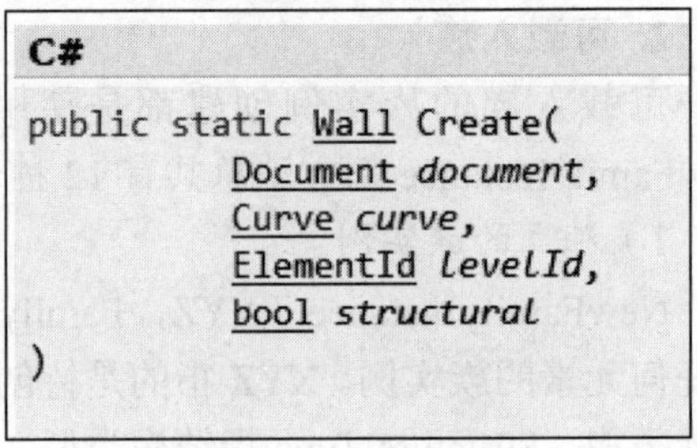

图 4-24　基本变量

从图 4-24 中可以知道该方法的实现需要 Document、Curve、ElementId 和 Boolean 这四个条件，所以需要准备这些条件。

（1）Document：模板里已经有 Document doc。

（2）Curve：两点确定一条直线，所以需要在 Revit 界面内通过点选的方式来确定起点和终点，然后将两点连接起来就形成了一条直线。

（3）ElementId：需要获取所创建墙的 LevelId。打开 Revit 软件，找到【建筑】|【墙】，任意确定两点画出一面墙，框选中该墙，单击【附加模块】|【Revit Lookup】|【Snoop Current Selection】，此时可以通过 Revit Lookup 工具获取所选中墙的所有信息，如图 4-25 所示，双击 LevelId 所对应的 value 进入图 4-26 所示界面，在该界面中找到 Id 所对应的 value 值——311，复制该值得到创建墙所需的 LevelId。这里需要注意，在 Revit 中创建的墙不同，该 Id 也就不同。

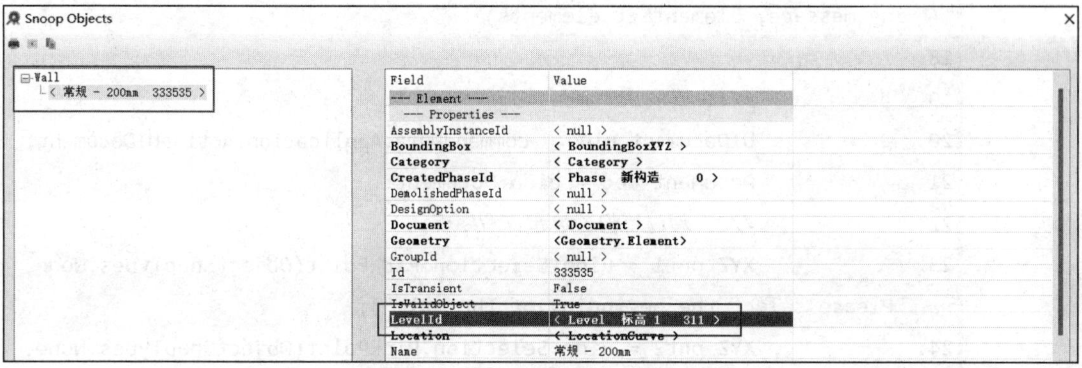

图 4-25　墙体信息查询界面

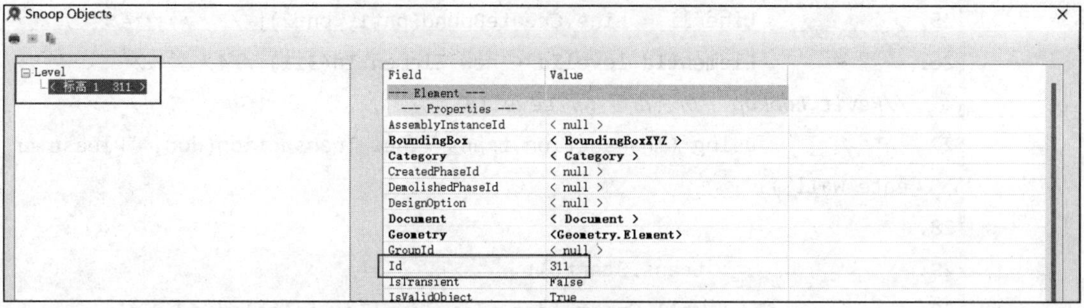

图 4-26　ElementId 的获取

（4）Boolean：墙体不是结构，为布尔值，故为 false。

至此，创建一个墙实例所需的所有条件都已经满足，可以利用这四个条件实现墙实例的创建。下面给出实现该实例的完整代码：

```
using System;
using System.Collections.Generic;
using System.Linq;
using System.Text;
using Autodesk.Revit.UI;
using Autodesk.Revit.DB;
using System.Threading.Tasks;
```

```
using Autodesk.Revit.Attributes;
using Autodesk.Revit.DB.Structure;
using Autodesk.Revit.UI.Selection;

namespace Create
{
    [Transaction(TransactionMode.Manual)]
    public class Class1 : IExternalCommand
    {
        public Result Execute(ExternalCommandData commandData, ref string message, ElementSet elements)
        {
            //1）获取Document doc
            UIDocument uido = commandData.Application.ActiveUIDocument;
            Document doc = uido.Document;
            //2）通过点选确定起点和终点
            XYZ pnt1 = uido.Selection.PickPoint(ObjectSnapTypes.None, "Please select the beginning of the wall");
            XYZ pnt2 = uido.Selection.PickPoint(ObjectSnapTypes.None, "Please select the end of the wall");
            Line li = Line.CreateBound(pnt1, pnt2);//3）两点连成一直线
            ElementId levelId = new ElementId(311);//4）输入从
//Revit Lookup 中所获得墙体的LevelId
            using (Transaction trans = new Transaction(doc, "Please create wall"))
            {
                trans.Start();
                Wall.Create(doc, li, levelId, false);//4）非结构
                trans.Commit();
            }
            return Result.Succeeded;
        }
    }
}
```

2）创建可载入族的族实例

目标：利用.rvt 文件中已有的可载入族实例（爱奥尼柱）再创建一个相同族类型的爱奥尼柱，其实现思路与系统族实例思路相同。

因为所创建的柱需要一个参考标高，所以可以使用 NewFamilyInstance（XYZ，FamilySymbol，Level，StructuralType）方法创建族实例，需要满足以下四个条件。

（1）XYZ：可以通过 Selection.PickPoint（ObjectSnapTypes，String）方法指定柱的插入位置。

（2）FamilySymbol：可以通过已知族实例获取族类型，实现方法前文已经给过，此处不再赘述。

（3）Level：在创建墙实例时使用的是 LevelId，这里要求的是 Level，故需要根据已有 LevelId 获得 Level。获取 Level 代码如下：

```
Level Level = doc.GetElement(LevelId) as Level;
```

（4）StructuralType：爱奥尼柱不是结构，故其类型为 NonStructural。

下面给出创建一个爱奥尼柱实例的完整代码：

```
using System;
using System.Collections.Generic;
using System.Linq;
using System.Text;
using System.Threading.Tasks;
using Autodesk.Revit.UI;
using Autodesk.Revit.DB;
using Autodesk.Revit.Attributes;
using Autodesk.Revit.DB.Structure;
using Autodesk.Revit.UI.Selection;

namespace Column
{
    [Transaction(TransactionMode.Manual)]
    public class Class1 : IExternalCommand
    {
        public Result Execute(ExternalCommandData commandData, ref string message, ElementSet elements)
        {
            UIDocument uido = commandData.Application.ActiveUIDocument;
            Document doc = uido.Document;
            //确定新创建族实例插入点
            XYZ pnt = uido.Selection.PickPoint(ObjectSnapTypes.None, "点击确定插入点");
            //选中已知族实例，获取族实例Id
            Reference refer = uido.Selection.PickObject(ObjectType.Element,"选中已知族实例");
            Element ele = doc.GetElement(refer);
            Element familyInstance = doc.GetElement(refer);
```

```
            FamilySymbol Symbol = doc.GetElement(familyInstance.GetTypeId()) as FamilySymbol;
            ElementId Lvid = new ElementId(311);
            Level Lv = doc.GetElement(Lvid) as Level;
            using (Transaction trans = new Transaction(doc, "Create Column"))
            {
                trans.Start();
                doc.Create.NewFamilyInstance(pnt, Symbol, Lv, StructuralType.NonStructural);
                trans.Commit();
            }
            return Result.Succeeded;
        }
    }
}
```

4.3.4 删除族实例的方法

1. 删除方法

Revit API 提供了元素删除的方法，见表 4-1，按照继承关系族实例同样适用这些方法。

表 4-1 元素删除

方法	描述
Delete（ElementId）	删除该 Id 元素
Delete（ICollectinon（ElementId））	删除该 Id 集合的元素集

2. 示例：族实例的删除

目标：删除.rvt 文件中的墙实例。

这里是为了删除一个族实例，所以选择 Delete（ElementId）。该方法需要元素的 ID，所以为了得到元素的 ID，需要选中具有该 ID 的元素，搜索“getelement”找到如图 4-27 所示的三种方法，根据三种方法的描述，应当选择 GetElement（Reference）。该方法中的 Reference 指出它将引用来自选择对象的元素，所以使用 Selection.PickObject（ObjectType）方法可以选择一个对象。基于以上方法就可以实现族实例的删除。

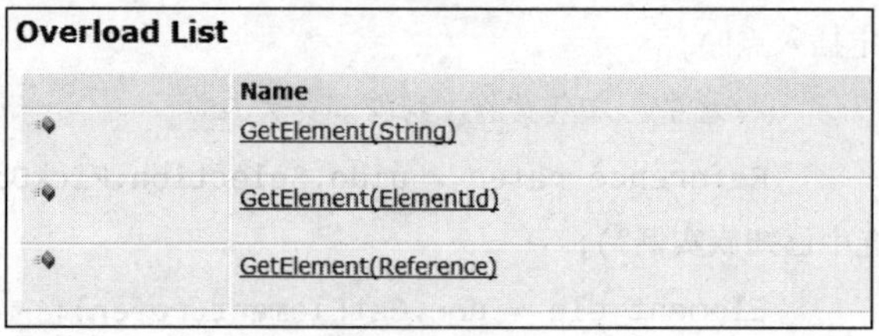

图 4-27 GetElement 方法

以下是实现族实例删除功能的完整代码：

```
using Autodesk.Revit.UI;
using Autodesk.Revit.DB;
using Autodesk.Revit.Attributes;
using Autodesk.Revit.UI.Selection;

namespace Create
{
    [Transaction(TransactionMode.Manual)]
    public class Delete : IExternalCommand
     {
         public Result Execute(ExternalCommandData commandData, ref string message, ElementSet elements)
         {
             UIDocument uido = commandData.Application.ActiveUIDocument;
             Document doc = uido.Document;
             Reference refer = uido.Selection.PickObject(ObjectType.Element);//点击选中元素
             Element ele = doc.GetElement(refer);//得到元素的ID
             using (Transaction trans = new Transaction(doc,"Delete the wall!"))
             {
                 trans.Start();
                 doc.Delete(ele.Id);//删除拥有该ID 的元素
                 trans.Commit();
             }
             return Result.Succeeded;
         }
    }
}
```

4.4　Revit API 查询和修改族实例的属性

在 Revit 二次开发中，经常需要查询并修改族实例的属性，所以需要掌握族实例属性的查询和修改方法，这将极大地提高工作效率并减少工作中的失误。

1. 重要属性及重要方法

1）重要属性

对于族实例属性的操作就是对元素的操作，元素具有类别（Category）、位置（Location）、标高（LevelId）、Document（所在文档）和 Parameter（所有参数）等重要属性。

2）重要方法

（1）GetTypeId()方法可以获取当前实例所属类型的 Id。

（2）ChangeTypeId()方法可以修改当前实例所属类型的 Id。

（3）IsValidType()方法可以检查当前实例所属类型的合法性。

（4）GetMatetialIds()方法可以获取当前实例的材质 Id。

（5）LookupParameter()方法可以查询当前实例的某一个参数。

参数属性：Definition（名字/参数组/参数类型）、Element（所在元素）、HasValue（是否有值）、Id、IsShared（是否共享参数）、IsReadOnly（是否只读）和 StorageType（储存类型）。

参数方法：AS***和 Set()。

参数类型：int（枚举/布尔/数量）、float（长度/面积）、string（字符串）和 elementid（类型/材质）。注意，浮点数的单位始终是英制。

2. 示例：族实例属性查询与修改

1）查询族实例的部分属性

目标：查询.rvt 文件中墙实例所属的族、族类型名称以及墙体面积。

为了得到实例所属族及族类型的名称，首先使用 GetElementIds()方法获得所选实例的 Id 集，然后使用 GetTypeId()方法获取当前实例所属类型的 Id，得到族类型的 Id，那么族和族类型的名称也就可以获得。对于墙体面积这一参数的获取，需要建立 wall 过滤器将“面积”作为参数，使用 LookupParameter()方法遍历整个过滤后的结果，就可以得到对应的墙体面积，最后将这些面积相加就得到总面积。

下面给出实现查询族实例属性的完整代码（运行结果如图 4–28 所示）：

```
using System;
using System.Collections.Generic;
using System.Linq;
using System.Text;
using System.Threading.Tasks;
using Autodesk.Revit.DB;
using Autodesk.Revit.UI;
using Autodesk.Revit.UI.Selection;
using Autodesk.Revit.DB.Structure;
using Autodesk.Revit.Attributes;

namespace Search
{
    [TransactionAttribute(TransactionMode.Manual)]
    public class Search : IExternalCommand
    {
```

```
        public Result Execute(ExternalCommandData commandData, ref string message, ElementSet elements)
        {
            UIDocument uido = commandData.Application.ActiveUIDocument;
            Document doc = uido.Document;
            //获取选中元素的 ID 集并储存到列表中
            var elemList = uido.Selection.GetElementIds().ToList();
            Element ele = uido.Document.GetElement(elemList[0]);//创建元素
            ElementType type = doc.GetElement(ele.GetTypeId()) as ElementType;//获取族类型
            FilteredElementCollector wallCollector = new FilteredElementCollector(doc);
            wallCollector.WherePasses(new ElementCategoryFilter(BuiltInCategory.OST_Walls)).
                WhereElementIsNotElementType();
            double wallArea = 0;
            double wallsArea = 0;
            string parametername = "面积";
            //计算墙的所有面积
            foreach (Wall wall in wallCollector)
            {
                Parameter parameter = wall.LookupParameter(parametername);
                wallArea = parameter.AsDouble();
                wallsArea = wallsArea + wallArea;
            }
            //进行单位换算，将英制还算成公制
            double FinwallsArea = wallsArea * 0.3048*0.3048;
           string str = "族：" + type.FamilyName + "\n" + "族类型：" + type.Name+
                "\n" + "面积：" + FinwallsArea;
            TaskDialog.Show("实例参数", str);
            return Result.Succeeded;
        }
    }
}
```

图 4-28　族实例属性查询代码运行结果

2）修改族实例中的属性

通常来讲，族实例中的大部分属性都是不可修改的，如面积或者体积等（计算得到的），这些属性在 Revit 属性栏中是处于灰色的、不可操作的状态，而像顶部约束和底部约束等属性在 Revit 属性栏中是可以进行编辑修改的。这里，我们以墙实例来演示如何修改实例属性。

目标：将.rvt 文件中已有墙的底部向上偏移 1m。

为了修改墙底部的偏移量，可以通过 Lookup 插件查询到墙参数中底部偏移的定义代码是 BuiltInParameter 枚举项中的“Wall_BASE_OFFSET”。下面给出实现该任务的代码：

```
using System;
using System.Collections.Generic;
using System.Linq;
using System.Text;
using System.Threading.Tasks;
using Autodesk.Revit.Attributes;
using Autodesk.Revit.DB;
using Autodesk.Revit.UI;
using Autodesk.Revit.UI.Selection;
using Autodesk.Revit.DB.Structure;

namespace correct
{
    [TransactionAttribute(TransactionMode.Manual)]
    class class1 : IExternalCommand
    {
```

```
        public Result Execute(ExternalCommandData commandData, ref string message, ElementSet elements)
        {
            UIDocument uidoc = commandData.Application.ActiveUIDocument;
            Document doc = uidoc.Document;
            Reference refer = uidoc.Selection.PickObject(ObjectType.Element, "请选择墙");
            Wall awall = doc.GetElement(refer) as Wall;
            //使用BuiltInParameter访问参数
            Parameter parameter = awall.get_Parameter(BuiltInParameter.WALL_BASE_OFFSET);
            using (Transaction trans = new Transaction(doc, "修改墙的底部偏移"))
            {
                trans.Start();
                parameter.Set(1000 / 304.8);//将英制换算成公制，向上偏移//1000mm
                trans.Commit();
            }
            return Result.Succeeded;
        }
    }
}
```

4.5　Revit API开发一个实际应用案例

在 Revit 建筑建模中，经常需要给已创建好的房间生成楼板面层，房间数目较少时手动生成还算容易；一旦房屋数量众多，而且每个房间所需的楼板面层类型不同，那么手动生成楼板面层的过程就极为痛苦枯燥，而且也容易产生错误。为此，以Revit API生成一个插件，可帮助简化这个过程，省去手动生成楼板面层的过程，而且该插件不仅适用于一个项目，对于同种类型的项目模型均可适用，具有一定的通用性。生成插件代码的大致思路为：①使用过滤器过滤项目中的模型得到所有房间；②使用过滤器过滤项目中的模型得到所有楼板类型；③获取所有用于生成楼板面层的房间轮廓；④基于所获得的房间轮廓生成楼板面层；⑤创建一个交互窗体用于点选创建楼板面层。

1. 实现创建楼板面层功能

完整代码如下：

```
using System;
using System.Collections.Generic;
```

```
using System.Linq;
using System.Text;
using System.Threading.Tasks;
using Autodesk.Revit.DB;
using Autodesk.Revit.UI;
using Autodesk.Revit.Attributes;
using Autodesk.Revit.DB.Structure;
using Autodesk.Revit.UI.Selection;
using Autodesk.Revit.DB.Architecture;

namespace Example1
{
    [Transaction(TransactionMode.Manual)]
    public class CreateFoolSurface : IExternalCommand
    {
        public Result Execute(ExternalCommandData commandData, ref string message, ElementSet elements)
        {
            //初始化应用程序和文档
            UIDocument uido = commandData.Application.ActiveUIDocument;
            Document doc = uido.Document;
            //过滤房间
            List<Element> roomList = RoomList(doc);
            //如果当前项目没有房间，则高亮报错
            if (!(roomList.Count > 0))
            {
                message = "模型中没有绘制房间";
                return Result.Failed;
            }
            //过滤楼板
            List<Element> floorList = FloorList(doc);
            if (!(floorList.Count > 0))
            {
                message = "模型中没有楼板类型";
                return Result.Failed;
            }
            //弹出对话框，选择要添加楼板面层的房间和楼板面层的类型
            List<string> createSetting = ShowDialog(roomList, floorList);
            if (!(createSetting.Count > 0))
```

```
            {
                return Result.Cancelled;
            }
            //获取房间轮廓
            List<Element> roomsList = new List<Element>();
            List<CurveArray> curveArrayList = RoomBoundaryList(roomList, createSetting,out roomsList);
            //若房间没有有效轮廓，则高亮报错
            if (!(curveArrayList.Count > 0))
            {
                message = "模型中的房间没有有效轮廓";
                return Result.Failed;
            }
            //绘制楼板面层
            //FloorType ft = doc.GetElement(new ElementId(339)) as FloorType; //测试是否可以生成给定类型的楼板
            FloorType ft = floorList.Where(x =>x.Name == createSetting[2]).First() as FloorType;
            bool result = CreatSurface(doc, ft, curveArrayList, roomsList);
            if (result != true)
            {
                message = "楼板面层绘制失败";
                return Result.Failed;
            }
            return Result.Succeeded;
        }
        /// <summary>
        /// 过滤项目中所有房间
        /// </summary>
        /// <param name="doc">当前项目</param>
        /// <returns>房间列表</returns>
        public List<Element> RoomList(Document doc)
        {
            FilteredElementCollector roomCollector = new FilteredElementCollector(doc);
            //可以使用Revit Lookup 工具查找房屋类别
            roomCollector.OfCategory(BuiltInCategory.OST_Rooms).OfClass(typeof(SpatialElement));
            //TaskDialog.Show("1", roomCollector.Count().ToString()); //用于测试是否过滤成功
```

```
            List<Element> roomList = roomCollector.ToList();
            return roomList;
        }
        /// <summary>
        /// 过滤项目中所有楼板
        /// </summary>
        /// <param name="doc">当前对象</param>
        /// <returns>楼板列表</returns>
        private List<Element> FloorList(Document doc)
        {
            FilteredElementCollector floorCollector = new FilteredElementCollector(doc);
            floorCollector.OfCategory(BuiltInCategory.OST_Floors).OfClass(typeof(FloorType));
            List<Element> floorList = floorCollector.ToList();
            return floorList;
        }
        /// <summary>
        /// 创建房间楼板弹出框
        /// </summary>
        /// <param name="roomList"></param>
        /// <param name="floorTypeList"></param>
        /// <returns></returns>
        private List<string> ShowDialog(List<Element> roomList, List<Element> floorTypeList)
        {
            List<string> value = new List<string>();
            // 转换成房间
            List<Room> roomsList = roomList.ConvertAll(x => x as Room);
            List<string> parameterName = new List<string>();
            ParameterMap paraMap = roomList.First().ParametersMap;
            foreach (Parameter para in paraMap)
            {
                parameterName.Add(para.Definition.Name);
            }
            List<string> floorTypesList = floorTypeList.ConvertAll(x => x.Name);
            WpfApp1.MainWindow wpf = new WpfApp1.MainWindow(parameterName, roomsList, floorTypesList);
```

```
            if (wpf.ShowDialog() == true)
            {
                //房间属性名称、属性值名称及楼板类型名称
                value.Add(wpf.parameterNameCombo.SelectedItem.ToString());
                value.Add(wpf.parameterValueCombo.SelectedItem.ToString());
                value.Add(wpf.floorTypeCombo.SelectedItem.ToString());
                return value;
            }
            return value;
        }
        /// <summary>
        /// 获取房间边界
        /// </summary>
        /// <param name="roomList"></param>
        /// <param name="createSetting"></param>
        /// <param name="roomToCreate"></param>
        /// <returns>边界列表</returns>
        private List<CurveArray> RoomBoundaryList(List<Element> roomList, List<string> createSetting,
            out List<Element> roomToCreate)
        {
            //获取指定房间
            List<Element> roomsList = new List<Element>();
            string paraName = createSetting[0];
            string paraValue = createSetting[1];
            if (paraValue != "全部生成")
            {
                foreach (Element ele in roomList)
                {
                    ParameterMap paraMap = ele.ParametersMap;
                    foreach (Parameter para in paraMap)
                    {
                        if (para.Definition.Name == paraName)
                        {
                            if (para.HasValue)
                            {
                                string value;
                                if (para.StorageType == StorageType.String)
```

```
                    {
                        value = para.AsString();
                    }
                    else
                    {
                        value = para.AsValueString();
                    }
                    if (value == paraValue)
                    {
                        roomsList.Add(ele);
                    }
                }
            }
        }
    }
}
else
{
    roomsList = roomList;
}
List<CurveArray> curveArrayList = new List<CurveArray>();
roomToCreate = new List<Element>();
foreach(Element element in roomsList)
{
    Room room = element as Room;
    //存储房间最大轮廓
    CurveArray ca = new CurveArray();
    //用于判断房间最大轮廓
    List<CurveLoop> curveLoopList = new List<CurveLoop>();
    //获得房间边界
    IList<IList<BoundarySegment>> roomBoundaryListList = room.GetBoundarySegments(new SpatialElementBoundaryOptions());
    //获取房间的所有边界
    if (roomBoundaryListList != null|| roomBoundaryListList.Count >0)
    {
        foreach(IList<BoundarySegment> roomBoundaryList in roomBoundaryListList)
        {
```

```
                    CurveLoop curveLoop = new CurveLoop();
                    foreach(BoundarySegment roomBoundary in roomBoundaryList)
                    {
                        curveLoop.Append(roomBoundary.GetCurve());
                    }
                    curveLoopList.Add(curveLoop);
                }
            }
            else
            {
                continue;
            }
            //获取房间边界形成的拉伸体体积
            List<double> volumn = new List<double>();
            try
            {
                foreach (CurveLoop curveLoop in curveLoopList)
                {
                    IList<CurveLoop> clList = new List<CurveLoop>();
                    clList.Add(curveLoop);
                    Solid solid = GeometryCreationUtilities.CreateExtrusionGeometry(clList, XYZ.BasisZ, 1);
                    volumn.Add(solid.Volume);
                }
            }
            catch
            {
                continue;
            }
            //拉伸体体积最大者作为创建楼板面层时的边界
            CurveLoop LargeLoop = curveLoopList.ElementAt(volumn.IndexOf(volumn.Max()));
            foreach(Curve curve in LargeLoop)
            {
                ca.Append(curve);
            }
            curveArrayList.Add(ca);
            roomToCreate.Add(element);
```

```
            }
            return curveArrayList;
        }
        /// <summary>
        /// 创建楼板面层
        /// </summary>
        /// <param name="doc"></param>
        /// <param name="floorType"></param>
        /// <param name="roomBoundaryList"></param>
        /// <param name="roomsList"></param>
        /// <returns></returns>
        private bool CreatSurface(Document doc,FloorType floorType,
            List<CurveArray> roomBoundaryList, List<Element> roomsList)
        {
            double thickness = floorType.get_Parameter(BuiltInParameter.FLOOR_ATTR_DEFAULT_THICKNESS_PARAM).
                AsDouble();
            using (Transaction trans = new Transaction(doc, "生成楼板面层"))
            {
                trans.Start();
                for(int i=0;i<roomBoundaryList.Count;i++)
                {
                    Floor floor = doc.Create.NewFloor(roomBoundaryList[i],floorType,doc.GetElement(roomsList[i].LevelId) as Level, false);
                    //修改楼板底部偏移量
                    floor.get_Parameter(BuiltInParameter.FLOOR_HEIGHTABOVELEVEL_PARAM).Set(thickness);
                    //修改标记
                    floor.get_Parameter(BuiltInParameter.ALL_MODEL_MARK).Set(roomsList[i].get_Parameter(BuiltInParameter.ROOM_NUMBER).AsString());
                    roomsList[i].get_Parameter(BuiltInParameter.ROOM_FINISH_FLOOR).Set(floorType.Name);
                }
                trans.Commit();
            }
            return true;
        }
    }
}
```

2. 创建操作窗体

为了生成一个对话框设置要添加楼板面层的房间和楼板的类型，可使用以下代码生成如图 4-29 所示的窗体：

```
<Window x:Class="WpfApp1.MainWindow"
        xmlns="http://schemas.microsoft.com/winfx/2006/xaml/presentation"
        xmlns:x="http://schemas.microsoft.com/winfx/2006/xaml"
        xmlns:d="http://schemas.microsoft.com/expression/blend/2008"
        xmlns:mc="http://schemas.openxmlformats.org/markup-compatibility/2006"
        xmlns:local="clr-namespace:WpfApp1"
        mc:Ignorable="d"
        Title="楼板面层生成设置" Height="520" Width="360" Loaded="Window_Loaded">
    <Grid ShowGridLines="True">
        <Grid.RowDefinitions>
            <RowDefinition Height="1*"/>
            <RowDefinition Height="1*"/>
            <RowDefinition Height="1*"/>
        </Grid.RowDefinitions>
        <Grid Grid.Row="0">
            <Grid.RowDefinitions>
                <RowDefinition Height="1*"/>
                <RowDefinition Height="1*"/>
                <RowDefinition Height="1*"/>
            </Grid.RowDefinitions>
            <TextBlock Text="房间过滤条件" FontSize="18" Grid.Row="0" HorizontalAlignment="Center"
                       VerticalAlignment="Center"/>
            <Grid Grid.Row="1">
                <Grid.ColumnDefinitions>
                    <ColumnDefinition Width="1*"/>
                    <ColumnDefinition Width="2*"/>
                </Grid.ColumnDefinitions>
                <TextBlock Grid.Column="0" Text="属性名称：" HorizontalAlignment="Right"
                           VerticalAlignment="Center" FontSize="16"/>
                <ComboBox Grid.Column="1" Name="parameterNameCombo" HorizontalAlignment="Left" Width="120" Height="40"
```

```
                            VerticalAlignment="Center" ItemsSource="{Binding}"
                            SelectionChanged="parameterNameCombo_SelectionChanged"/>
            </Grid>
            <Grid Grid.Row="2">
                <Grid.ColumnDefinitions>
                    <ColumnDefinition Width="1*"/>
                    <ColumnDefinition Width="2*"/>
                </Grid.ColumnDefinitions>
                <TextBlock Grid.Column="0" Text="属性值：" HorizontalAlignment="Right"
                            VerticalAlignment="Center" FontSize="16"/>
                <ComboBox Grid.Column="1" Name="parameterValueCombo" HorizontalAlignment="Left" Width="120" Height="40"
                            VerticalAlignment="Center" ItemsSource="{Binding}" />
            </Grid>
        </Grid>
        <Grid Grid.Row="1">
            <Grid.RowDefinitions>
                <RowDefinition Height="3*"/>
                <RowDefinition Height="2*"/>
                <RowDefinition Height="2*"/>
            </Grid.RowDefinitions>
            <TextBlock Text="楼板类型" FontSize="18" Grid.Row="0" HorizontalAlignment="Center"
                            VerticalAlignment="Center"/>
            <Grid Grid.Row="1">
                <Grid.ColumnDefinitions>
                    <ColumnDefinition Width="1*"/>
                    <ColumnDefinition Width="2*"/>
                </Grid.ColumnDefinitions>
                <TextBlock Grid.Column="0" Text="楼板类型：" HorizontalAlignment="Right"
                            VerticalAlignment="Center" FontSize="16"/>
                <ComboBox Grid.Column="1" Name="floorTypeCombo" HorizontalAlignment="Left" Width="120" Height="40"
```

```
                              VerticalAlignment="Center" ItemsSource="{Binding}"/>
                    </Grid>
                </Grid>
                <Button Content="确定" Name="enter" Grid.Row="2" HorizontalAlignment="Center" VerticalAlignment="Center"
                        Width="120" Height="30" FontSize="16" Click="enter_Click"/>

    </Grid>
</Window>
```

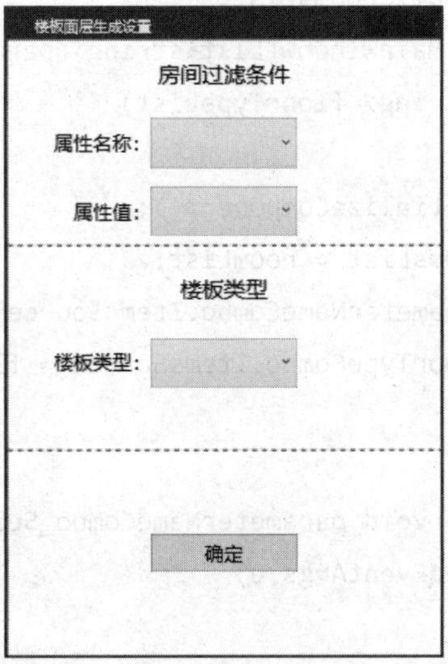

图 4-29 设置楼板类型的对话框界面

完成设置楼板类型的对话框界面之后，需要将项目中相关参数传入其中，实现代码如下：

```
using System;
using System.Collections.Generic;
using System.Linq;
using System.Text;
using System.Threading.Tasks;
using System.Windows;
using System.Windows.Controls;
using System.Windows.Data;
using System.Windows.Documents;
using System.Windows.Input;
using System.Windows.Media;
using System.Windows.Media.Imaging;
using System.Windows.Navigation;
```

```
using System.Windows.Shapes;
using Autodesk.Revit.DB.Architecture;
using Autodesk.Revit.DB;
namespace WpfApp1
{
    /// <summary>
    /// Interaction logic for MainWindow.xaml
    /// </summary>
    public partial class MainWindow : Window
    {
        List<Room> roomsList;
        public MainWindow(List<string> parameterNameList,List<Room> roomList, List<string> floorTypeList)
        {
            InitializeComponent();
            roomsList = roomList;
            parameterNameCombo.ItemsSource = parameterNameList;
            floorTypeCombo.ItemsSource = floorTypeList;
        }

        private void parameterNameCombo_SelectionChanged(object sender, SelectionChangedEventArgs e)
        {
            string paraName = parameterNameCombo.SelectedItem.ToString();
            List<string> parameterValueList = new List<string>();
            parameterValueList.Add("全部生成");
            foreach(Room room in roomsList)
            {
                ParameterMap paraMap = room.ParametersMap;
                foreach(Parameter para in paraMap)
                {
                    if(para.Definition.Name == paraName)
                    {
                        if (para.HasValue)
                        {
                            string value;
                            if(para.StorageType == StorageType.String)
                            {
                                value = para.AsString();
```

```
                            }
                            else
                            {
                                value = para.AsValueString();
                            }
                            if (!parameterValueList.Contains(value))
                            {
                                parameterValueList.Add(value);
                            }
                        }
                    }
                }
            }
            parameterValueCombo.ItemsSource = parameterValueList;
        }
        private void enter_Click(object sender, RoutedEventArgs e)
        {
            if(parameterNameCombo.SelectedItem != null
                &&parameterValueCombo.SelectedItem != null
                && floorTypeCombo.SelectedItem != null)
            {
                this.DialogResult = true;
                this.Close();
            }
        }
        private void Window_Loaded(object sender, RoutedEventArgs e)
        {
            //给定一个缺省值
            parameterNameCombo.SelectedIndex = 0;
            parameterValueCombo.SelectedIndex = 0;
            floorTypeCombo.SelectedIndex = 0;
        }
    }
}
```

至此，一个完整的 Revit 二次开发实例结束。本应用案例参考了《小火车 Revit 二次开发教程》中的实例。

习　题

1. 没有指定事务标签值的 Revit 插件能否导入 AddInManager 中？如果不能导入，请给出解决办法。

2. 外部应用的实现接口是什么？可以实现哪些函数以及其作用分别是什么？

3. 通过编写代码实现墙体总长度的统计，并将统计结果输出到屏幕。

4. 通过编写代码实现墙体顶部约束的改变。

5. 通过编写代码为墙体创建一个 915 mm × 2 134 mm 的单扇门，要求门必须处于该堵墙的中心位置。

第5章

BIM 模型的可视化交底和应用技术

5.1 Navisworks 的使用

5.1.1 Navisworks 概述

Navisworks 是 3D 模型漫游和设计审核市场的领导者，目前在施工、总包、设计领域被广泛接受。在规划和工厂制造领域，Navisworks 被广泛应用于投标、设计、施工和运营过程中，其独有的 3D 漫游和检视技术，为设计者和施工单位提供了极大的方便。

Navisworks 也是 Autodesk 公司研发的一款软件，相较于 Revit 而言，Navisworks 是一个更轻量化的平台，它不具备建模能力，但是拥有强大的集成管理能力，集成管理的主要对象就是模型。管理的主要方面包括浏览审阅、碰撞检查、虚拟施工以及场景动画，它当初开发的目的在于能浏览各种 3D 文件格式和 3D 模型。Revit 的数据更加丰富，而 Navisworks 更加侧重于施工管理以及模型展示，达到一定程度的可视化交底。另外，在 Revit 中更改模型可以很方便地在 Navisworks 中更新。一般来说，两者联合应用可以使得建设项目条理清晰，通俗易懂。Navisworks 支持的文件格式有 DWG、FBX、RVT、SKB、XLS 等，这就为 Navisworks 的文件管理提供了基础，Navisworks 可以同时导入不同文件格式的模型，在该软件中进行整合。

5.1.2 Navisworks 的基本操作

Navisworks 的操作主界面和 Revit 基本相同，都包括工具栏、功能栏、可固定窗口、主视图以及状态栏几个部分。鼠标滚动操作可以控制视图的大小，右侧的立方体和其他图标可以用来控制视图的角度，因而可以得到想要的任意视角。此外，该软件相对于 Revit 来说增加了选择树的选择方式。该软件的固定窗口数目与其载入空间有关，Navisworks 的工作空间包括安全模式、最小模式、扩展模式以及标准模式，一般来说标准模式即可以满足大部分的工作要求。Navisworks 操作窗口如图 5-1 所示。

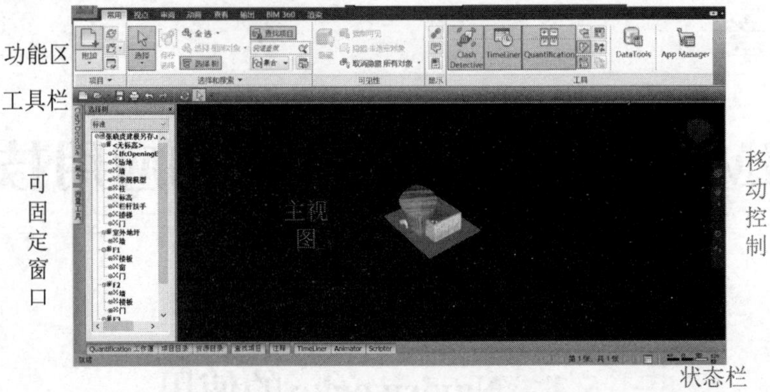

图 5-1　Navisworks 操作窗口

5.1.3　Navisworks 的碰撞检查

Navisworks 中常用选项卡下的【Clash Detective】可以用来检查两个模型之间是否发生碰撞，一般会检查同一个项目内的两种不同模型比如建筑模型和机电模型，还可以查看碰撞位置并导出碰撞的检查结果以供修改模型参考。

（1）单击菜单栏中【常用】选项卡下的【Clash Detective】按钮。碰撞检查菜单栏如图 5-2 所示。

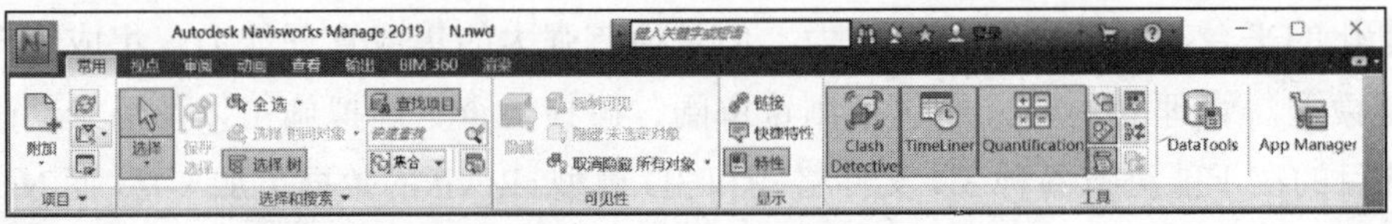

图 5-2　碰撞检查菜单栏

窗口图的上方为添加的碰撞检查项目，下方用于设置碰撞检查的类型。对话框中的“选择 A”和“选择 B”用于选择两个模型进行比对，一般是选择同一个项目进行比对。此处还可以设置碰撞筛选的类型、碰撞的公差以及碰撞中是否包括线、曲面等。碰撞检查项目选择对话框如图 5-3 所示，碰撞检查设置对话框如图 5-4 所示。

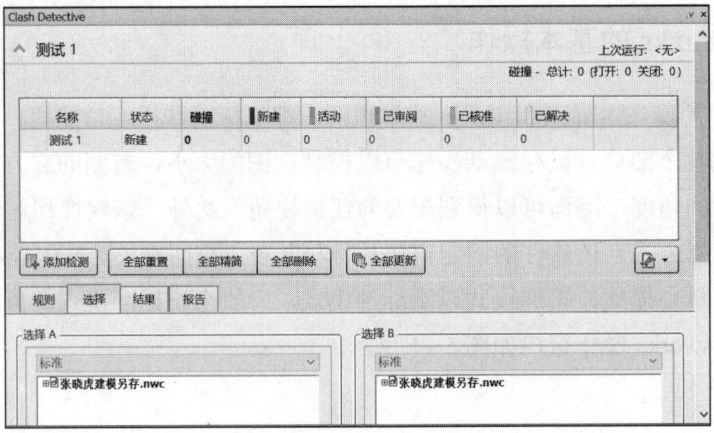

图 5-3　碰撞检查项目选择对话框

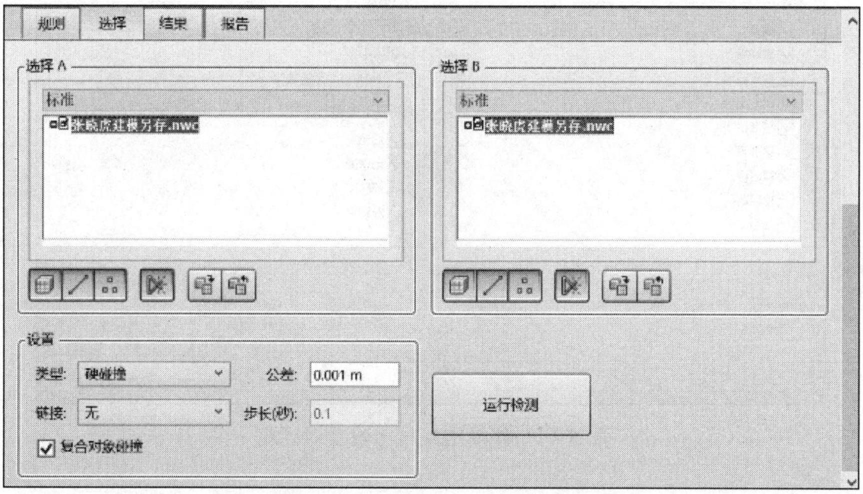

图 5-4　碰撞检查设置对话框

（2）设置完成后单击【运行检测】按钮，得到碰撞检查的结果。

碰撞检查结果对话框如图 5-5 所示。

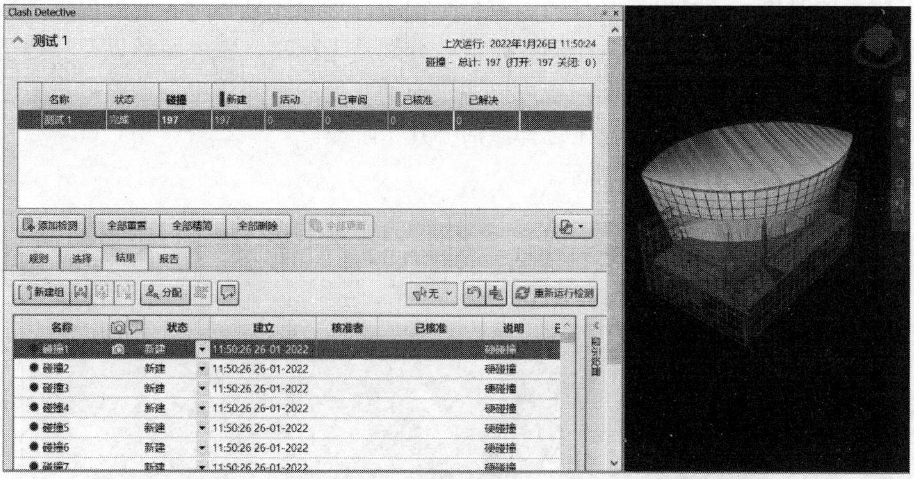

图 5-5　碰撞检查结果对话框

碰撞检查结果中可以清晰地看到该模型中碰撞的数目，碰撞检查的类型和公差设置不同的话，结果也会有所差别。

（3）运行完成后单击【报告】可以导出碰撞检查的结果文件。

此处可以设置导出结果文件的内容。其中，项目 ID 可以帮助我们在建模软件中找到模型中碰撞点的位置，以进行下一步的修改。

碰撞结果导出设置对话框如图 5-6 所示。

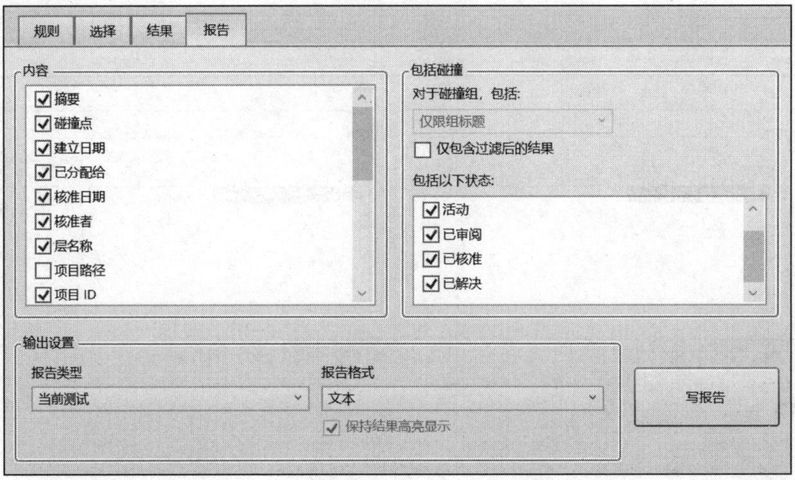

图 5-6　碰撞结果导出设置对话框

5.1.4　Navisworks 虚拟施工

利用 Navisworks 中的【TimeLiner】和【选择树】的功能可以划分施工阶段、定义施工进度，达到可视化施工的目的，有利于集成管理。

（1）单击【添加任务】，可以设置每一阶段任务的计划开始、结束时间、实际开始、结束时间以及附着的对象，还可以选择任务的类型是构造、拆除还是临时。此处根据带玻璃幕墙的别墅模型将其施工过程划分为六个施工阶段，分别是无标高、室外草坪以及一楼至四楼。右侧会根据设置的时间形成甘特图，也可以通过拖动此处的时间进度条调整每一施工阶段的起始时间，还可以根据实际情况自主选择激活哪几个阶段。

虚拟施工设置窗口如图 5-7 所示。

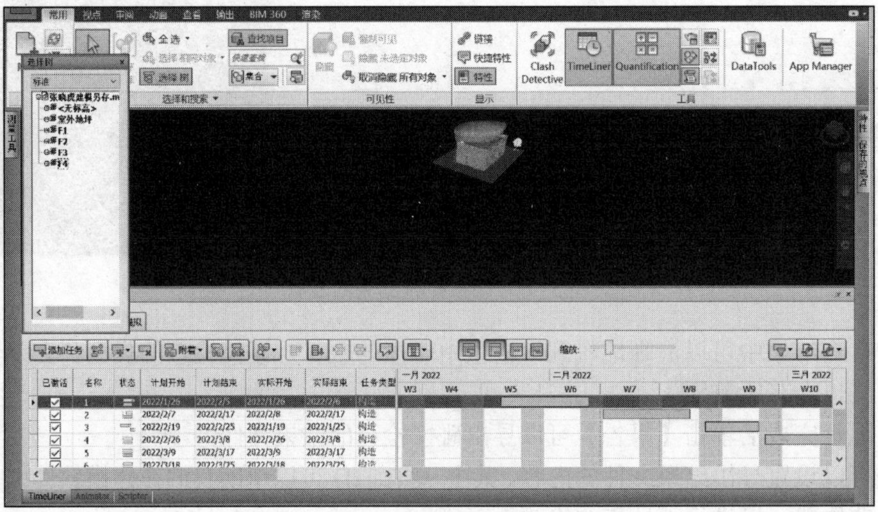

图 5-7　虚拟施工设置窗口

（2）设置完成后单击【模拟】按钮，进入下一个界面；单击【播放】按钮可以看到模拟施工的过程，实现可视化管理。

虚拟施工运行窗口如图 5-8 所示。

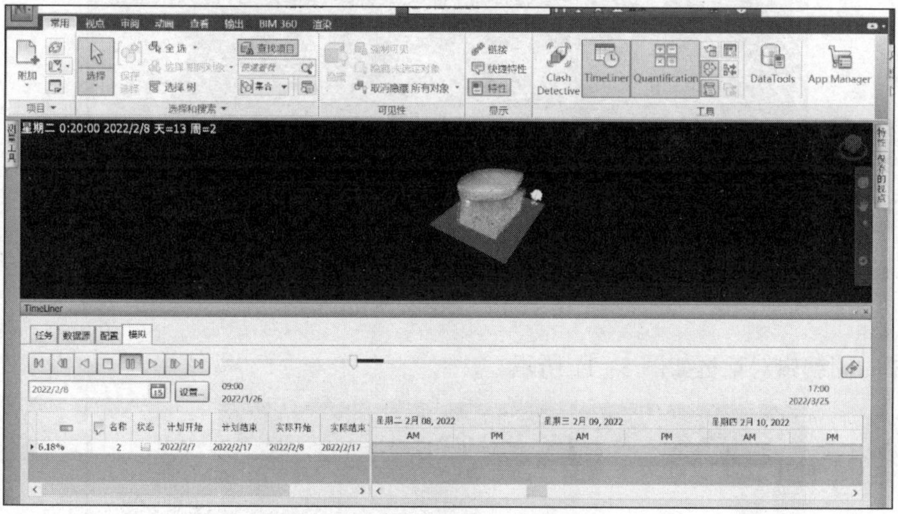

图 5-8　虚拟施工运行窗口

5.1.5　Navisworks 动画制作

5.1.5.1　生长动画

动画制作的基础是帧，此处以视点的形式出现。

（1）单击【视点】进入视点的保存界面，找到合适的角度单击保存视点，这极大地方便了展示时的视图确定，节省了时间，提高了展示效率。掌握这一操作后单击选中【三维视图】，然后右击【添加动画】，选中新建动画后寻找不同的视图方向分别保存视点可以得到别墅模型的围绕观察动画。视点 1 如图 5-9 所示。

图 5-9　视点 1

（2）单击保存视点下的【动画】进入下一个界面，单击【播放】键可以播放刚刚保存的几个视点组成的动画，也可以选中动画右击【编辑】对该动画的播放时间进行修改。

动画设置窗口如图 5-10 所示。

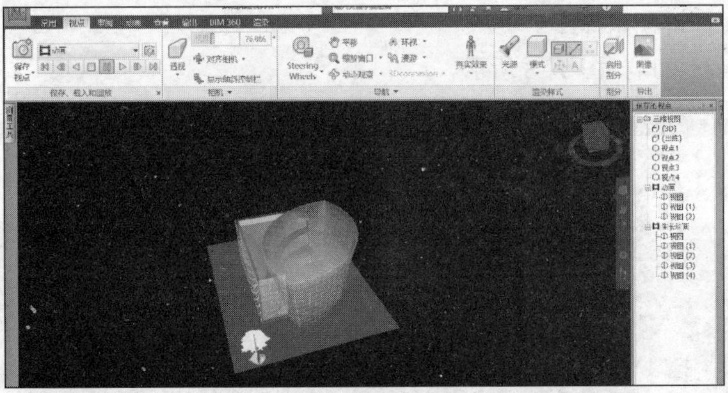

图 5-10　动画设置窗口

动画时间编辑对话框如图 5-11 所示。

图 5-11　动画时间编辑对话框

如果想要制作生长动画，必须借助视点下的剖分功能。剖分是借助长方体或者平面对模型进行剖分，将不同剖分程度下的模型的视点保存，连接成一个完整的生长动画。首先在三维模型下新建一个生长动画，然后在该动画下采用【启用部分】，在【对齐】一栏可以设置该平面对齐的高度，此处选择对齐顶部的平面。通过移动三维箭头得到该模型在生长过程中的不同视图，对每一个视图单击【保存视点】进行保存。

剖分视图窗口如图 5-12 所示。

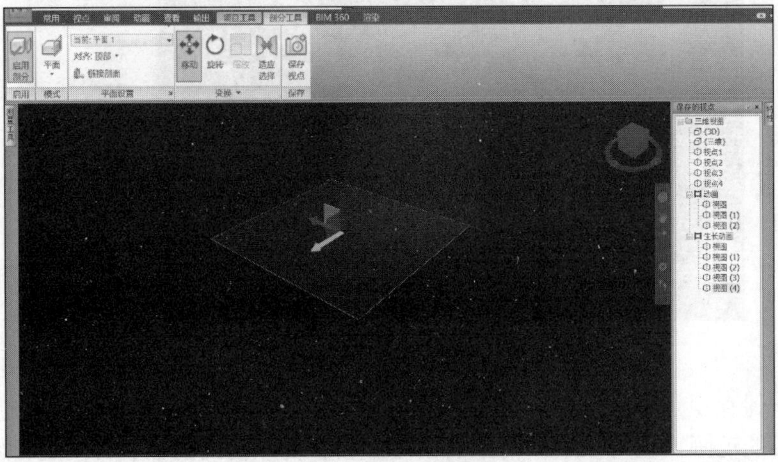

图 5-12　剖分视图窗口

第一个视图窗口如图 5-13 所示。

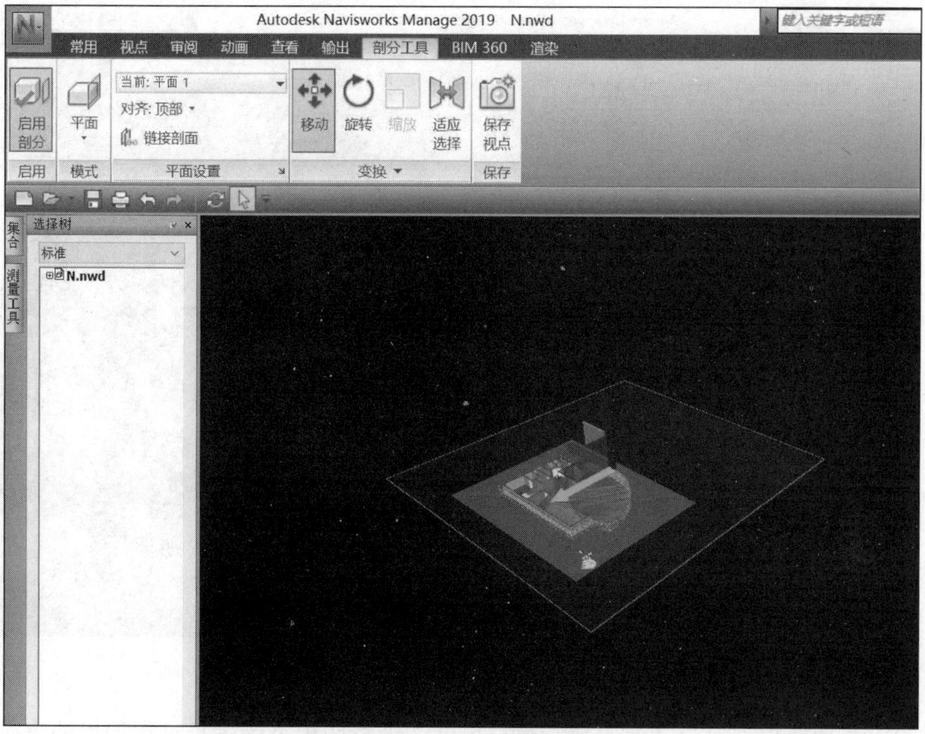

图 5-13　第一个视图窗口

第二个视图窗口如图 5-14 所示。

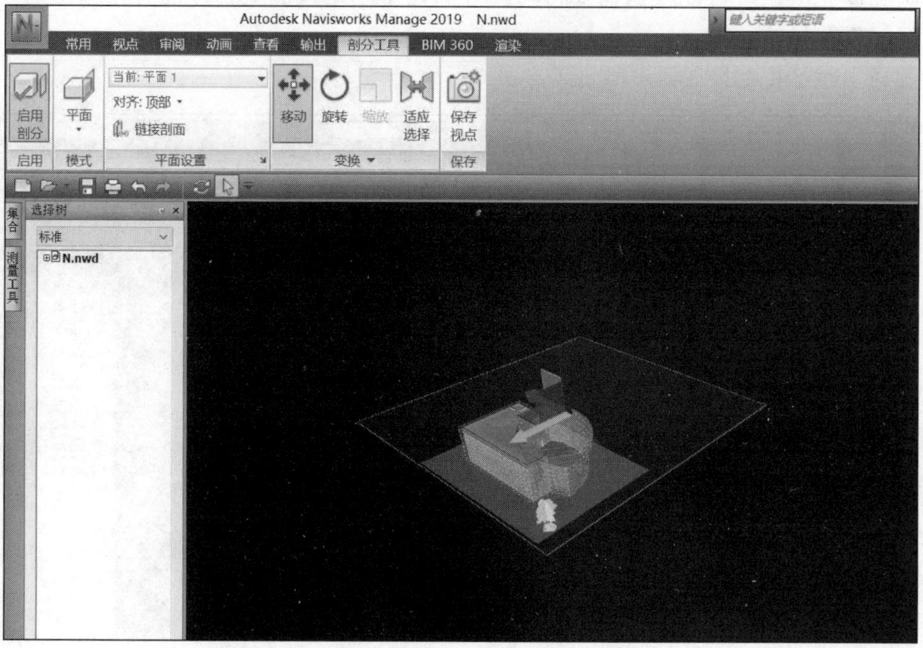

图 5-14　第二个视图窗口

第三个视图窗口如图 5-15 所示。

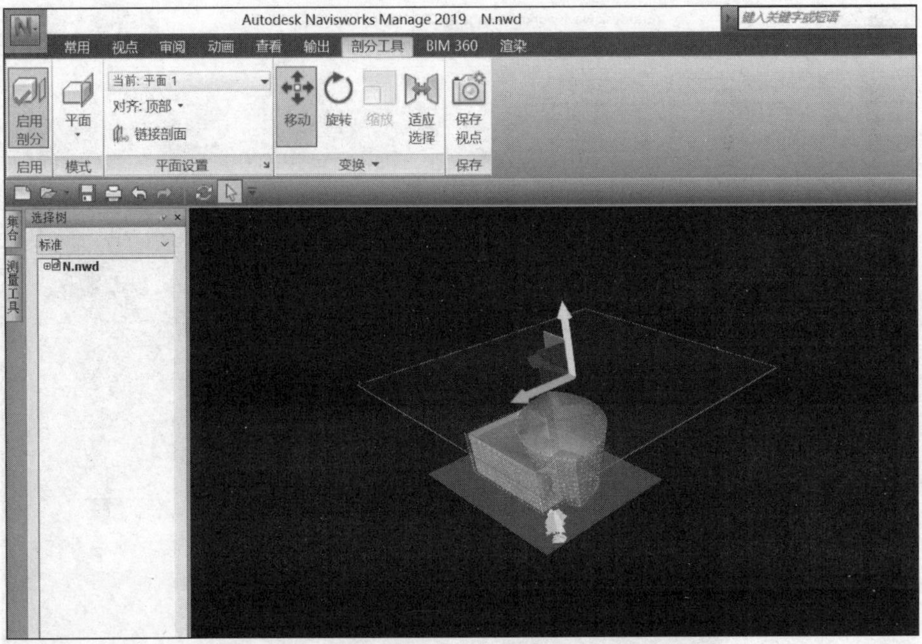

图 5-15　第三个视图窗口

视图的选择要根据自身情况确定，数目以能清晰表明模型的生长过程为目的来确定。

（3）视点保存完成后，单击【生长动画】进入动画播放界面，单击【播放】按钮可以看到该模型的生长动画。

动画制作完成后，可以根据需要将动画导出为不同格式的文件，而且在导出的动画中是不会包括剖分符号的。

动画导出对话框如图 5-16 所示。

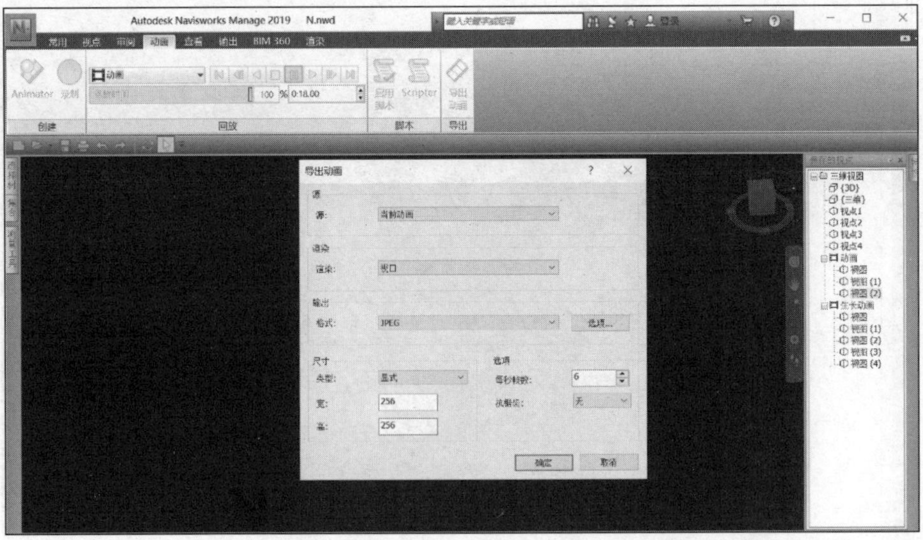

图 5-16　动画导出对话框

5.1.5.2 汽车行驶动画

为了充分展示 Navisworks 的动画制作能力，在别墅场地放置小汽车，制作小车绕别墅行驶一周的动画。

（1）单击【动画】下的【Animator】。

汽车行驶动画制作窗口如图 5-17 所示。

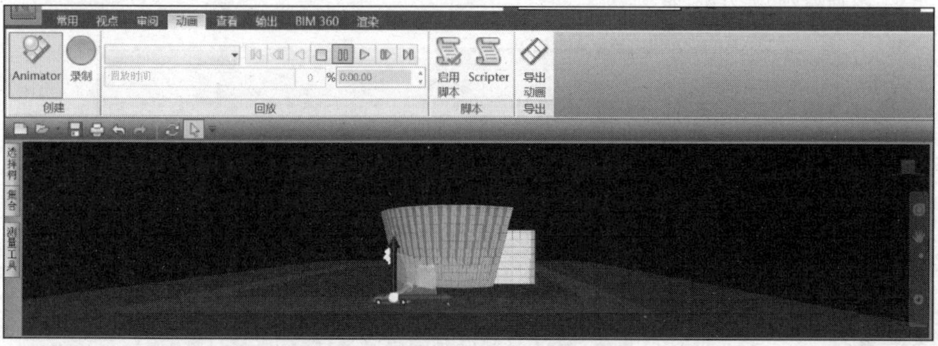

图 5-17 汽车行驶动画制作窗口

（2）单击【+】添加场景，右击场景，单击【添加动画集】|【从当前选择】。

动画场景添加对话框如图 5-18 所示。

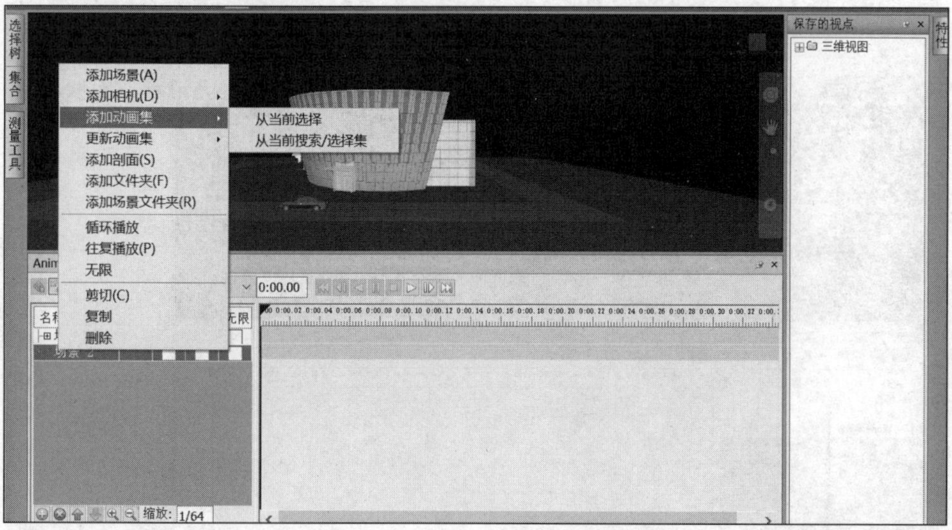

图 5-18 动画场景添加对话框

（3）单击【捕捉关键帧】将汽车所在的初始位置捕捉为初始的画面，然后改变时间栏中的时间，利用工具栏中的【平移动画集】和【旋转动画集】的命令对汽车位置进行移动，将汽车移动至下一个位置，将该画面作为下一个关键帧进行捕捉。

场景动画编辑对话框如图 5-19 所示。

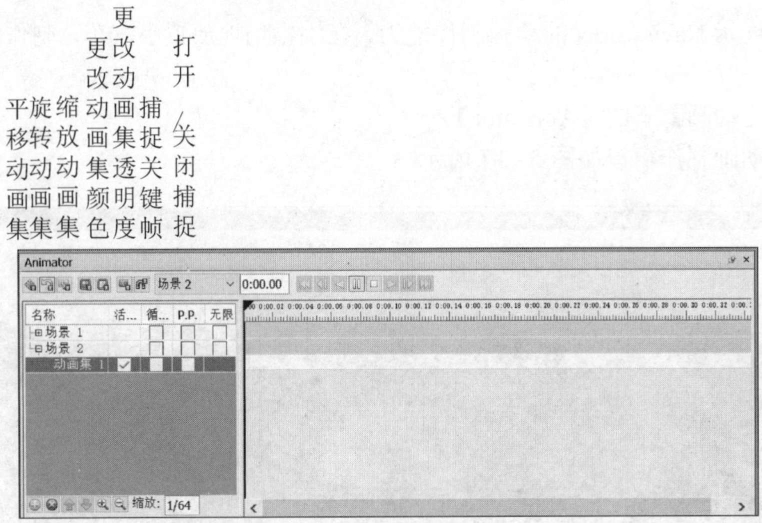

图 5-19　场景动画编辑对话框

汽车初始关键帧编辑窗口如图 5-20 所示，将时间改为零时刻就可以捕捉关键帧。

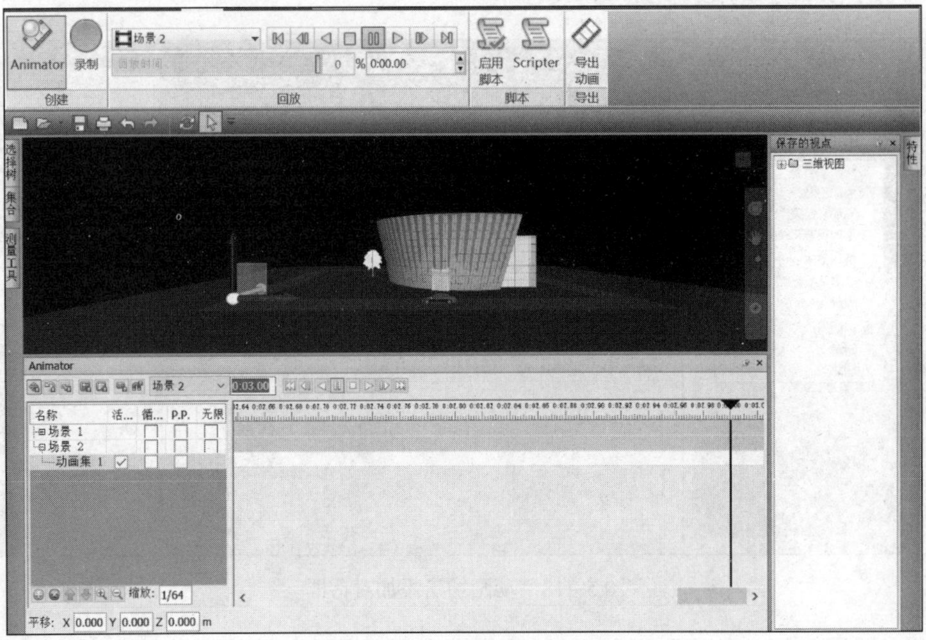

图 5-20　汽车初始关键帧编辑窗口

汽车第二个关键帧捕捉窗口如图 5-21 所示。

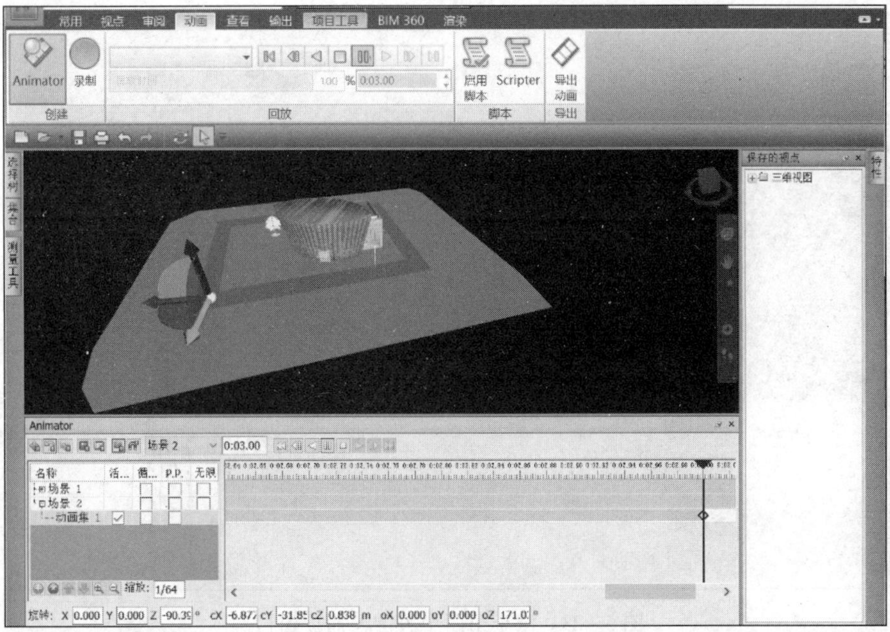

图 5-21　汽车第二个关键帧捕捉窗口

汽车第三个关键帧捕捉窗口如图 5-22 所示。

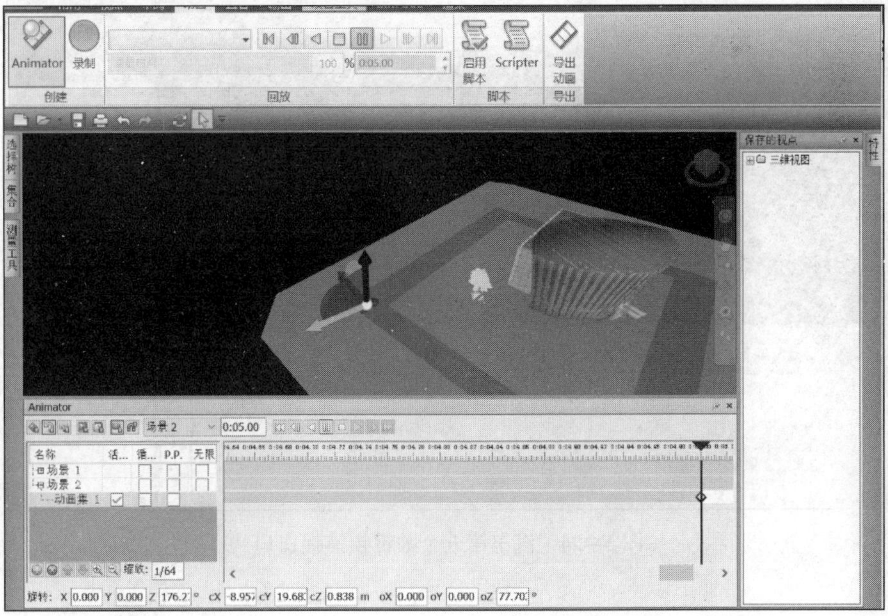

图 5-22　汽车第三个关键帧捕捉窗口

汽车第四个关键帧捕捉窗口如图 5-23 所示。

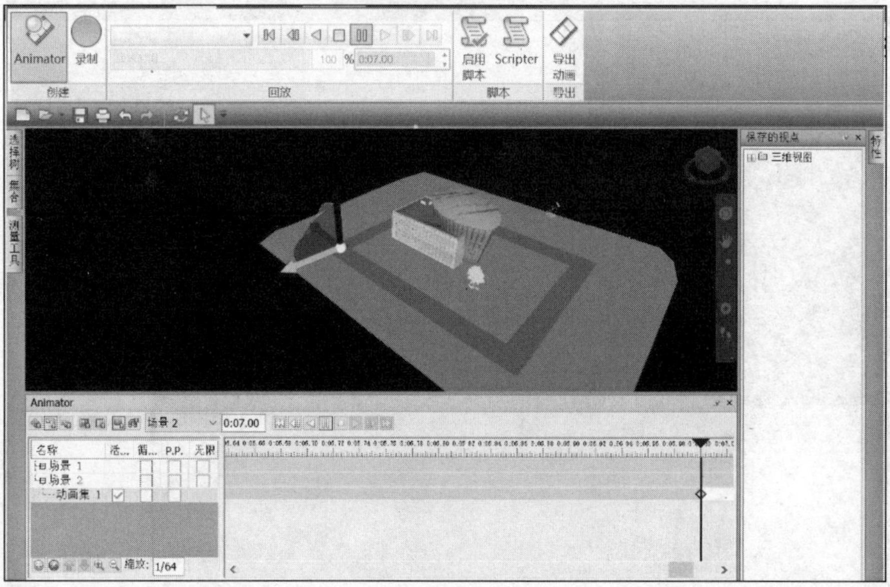

图 5-23　汽车第四个关键帧捕捉窗口

汽车第五个关键帧捕捉窗口如图 5-24 所示。

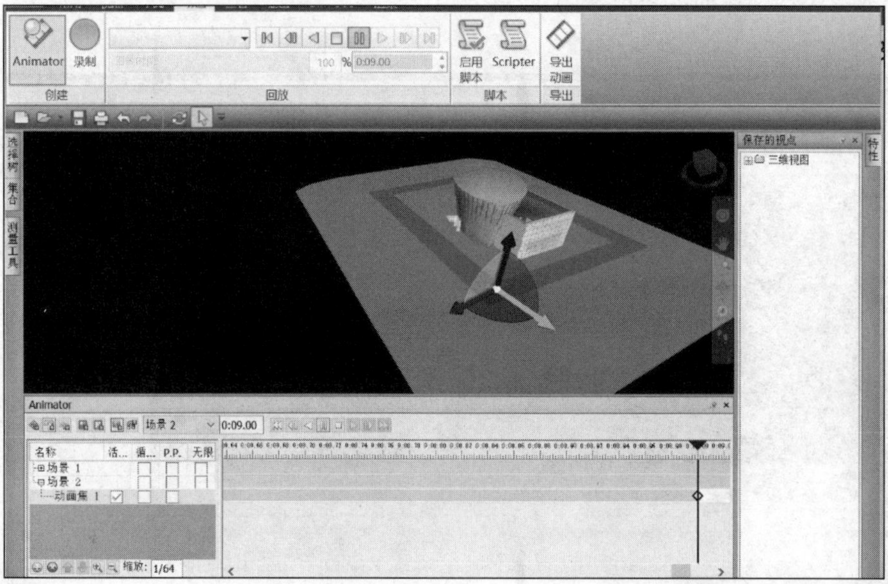

图 5-24　汽车第五个关键帧捕捉窗口

汽车第六个关键帧捕捉窗口如图 5-25 所示。

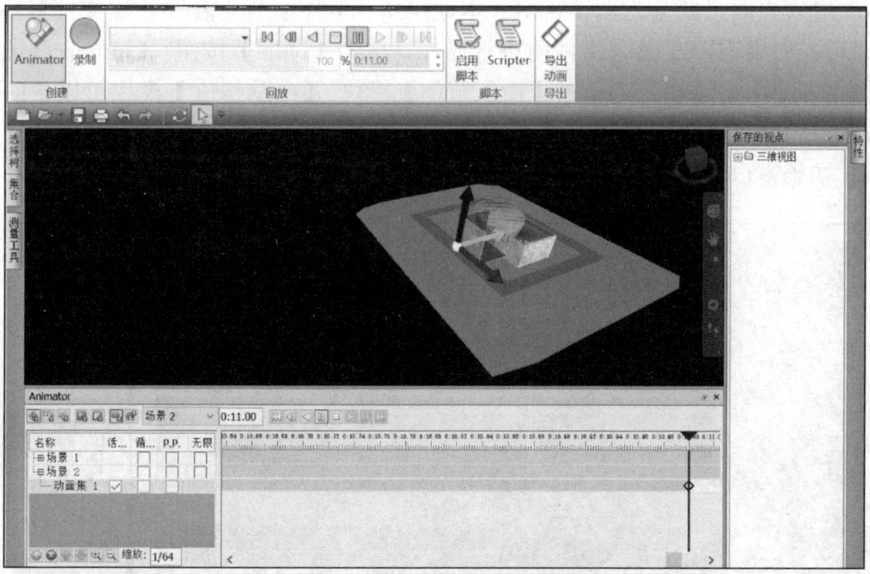

图 5-25　汽车第六个关键帧捕捉窗口

至此，汽车围绕别墅行驶的动画中的所有关键帧均捕捉完成。

（4）单击时间进度条中的【回放】按钮使时间回到零时刻，单击【播放】按钮，可以看到汽车围绕别墅行驶的动画。

5.2　Lumion 的使用

5.2.1　Lumion 概述

Lumion 是一个实时的 3D 可视化工具，用来制作电影和静帧作品，涉及的领域包括建筑、规划和设计。它也可以传递现场演示。Lumion 的强大就在于它能够提供优秀的图像，并将快速和高效工作流程结合在一起，节省时间、精力和金钱，能够直接在计算机上创建虚拟现实，渲染高清视频比以前更快。该软件可大幅度缩短制作时间，可以在很短时间内创造惊人的建筑可视化效果。

Lumion 是一个侧重于后期处理的模型软件，可以对模型各部分的材质、所处的场景进行设置，除此之外还可以设置动画，实现可视化。该软件本身含有丰富而庞大的内容库，里面有建筑、汽车、人物、草木等。该软件支持的格式有 SKP、DAE、FBX、MAX、3DS、OBJ、DXF，可以导出 TGA、DDS、PSD、JPG、BMP、HDR 和 PNG 图像。使用者可以在建模完成后保存为该软件支持的格式，将模型导入 Lumion 进行后期的模型场景设置以及动画制作。

5.2.2 Lumion 基本操作

Lumion 进入界面主要分为两个部分：本地操作和联网教程。若要新建文件直接单击【新的】按钮即可；如果需要在已有文件内进行操作，单击【读取】按钮。Lumion 自带一些场景和动画，如果需要应用这些，则单击【输入范例】模块。【电脑速度】模块可以帮助我们了解本计算机在 Lumion 下的工作状态。界面最上方的按钮可以调整软件语言类别。

Lumion 初始窗口如图 5-26 所示。

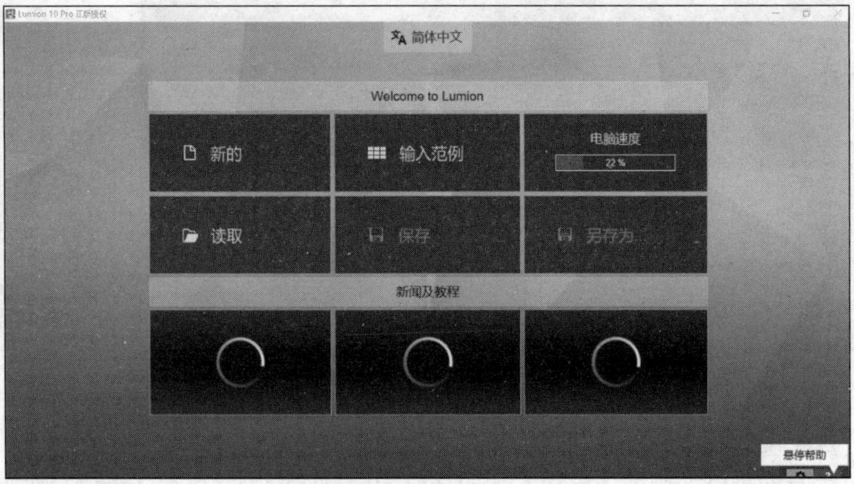

图 5-26　Lumion 初始窗口

Lumion 语言设置对话框如图 5-27 所示。

图 5-27　Lumion 语言设置对话框

进入新文件以后的操作界面如图 5-28 所示，分为两个部分，下方六个板块为不同的场景模式，从上至下、从左至右依次为平原环境、森林环境、热带环境、山脉、郊区环境以及空白环境，可根据具体情况自行选用。上方【选择模型】按钮是用来导入已经建好的模型，可以先导入需要的模型再选择模型的场景类型，也可以先选择场景类型进入软件主界面以后单击左下角按钮【IMPORT】导入已有模型。一般来说，需要导入较复杂的模型或者较复杂的场景时可以采用后者所述顺序，避免导入时间过长；计算机卡机，是因为第一种导入顺序是模型和场景同时导入。此处以导入一座桥梁选用第一种平原场景为例来进行说明。

Lumion 场景和模型导入窗口如图 5-28 所示。

图 5-28　Lumion 场景和模型导入窗口

Lumion 主操作窗口如图 5-29 所示。

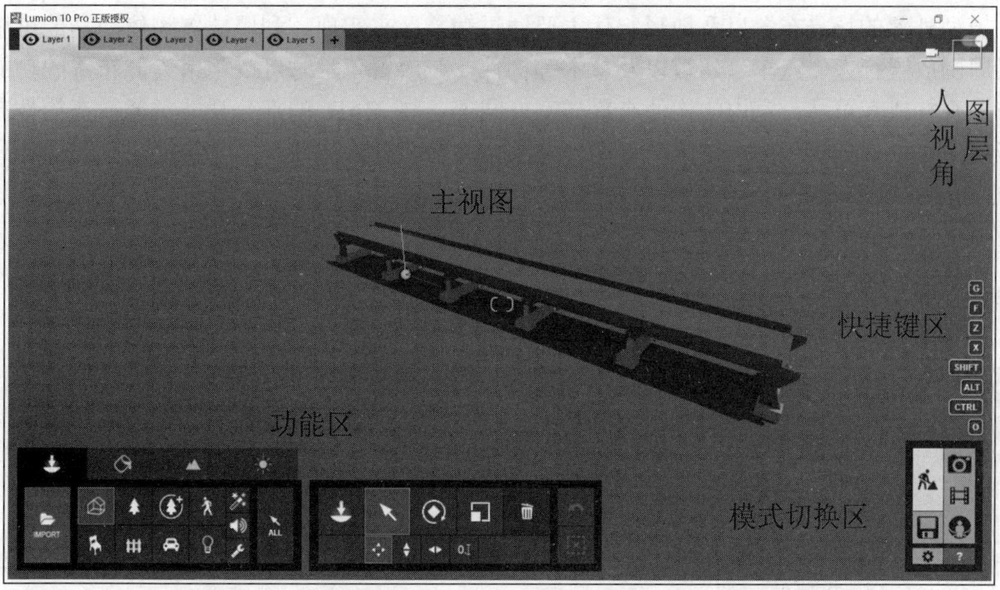

图 5-29　Lumion 主操作窗口

视图角度的调整要综合运用键盘和鼠标来进行。若要放大或缩小视图，通过鼠标滚动操作可实现。键盘的使用与某些游戏软件类似，通过 W、S、A、D 键将视角进行前后左右的移动；使用快捷键 Q、E 来使摄像头上下移动。在移动时同时按 Shift 键或者空格键可以加快或者减慢移动速度。右击并进行上下左右的拖动可以移动视口的位置。通过上述操作可以得到想要的任意视角。

Lumion 模式选择对话框如图 5-30 所示。

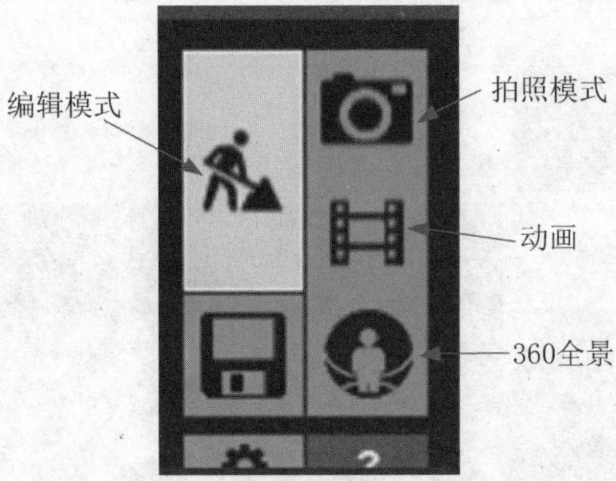

图 5-30　Lumion 模式选择对话框

右下角为不同模式转换区，在【编辑】模式下可以放置构件、设置地形地貌、改变材质、设置太阳光高度等，即可以对模型进行编辑操作；而【拍照】、【动画】和【360 全景】都是对编辑完成的模型进行静态的捕捉或者动态的演示。

5.2.3　Lumion 场景布置

模型外部的场景布置以及地形起伏主要通过功能区来实现，利用放置物体的功能可以在桥梁周围放置行人、汽车、建筑以及草木等构件，在放置草木时可以利用集群布置的功能快速布置森林或者草丛。室内的构件布置与室外同理。与 CAD 的部分功能类似，在构件布置完毕后，可以根据模型的具体情况移动、缩放、旋转、删除构件。

Lumion 场景布置主操作菜单栏如图 5-31 所示。

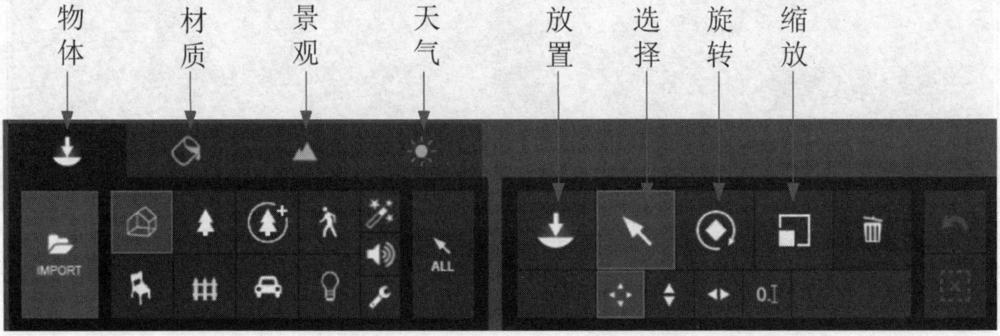

图 5-31　Lumion 场景布置主操作菜单栏

Lumion 物体放置窗口如图 5-32 所示。

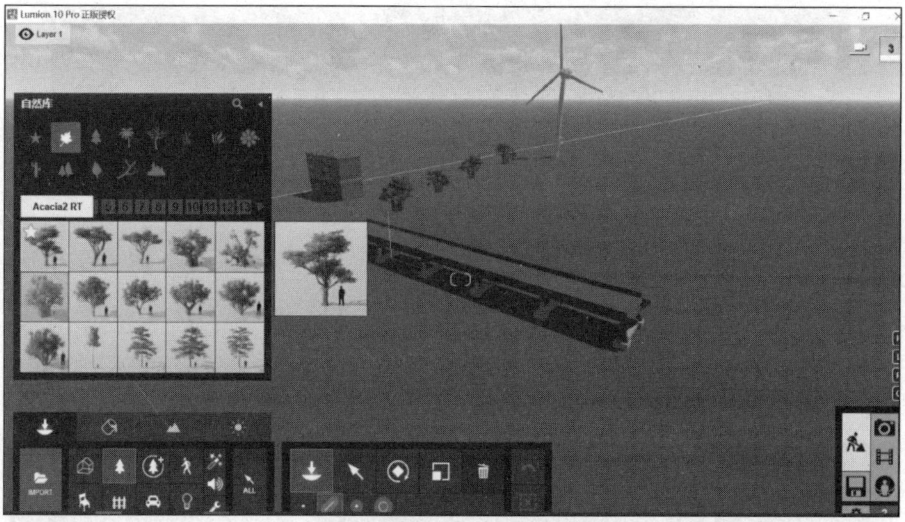

图 5－32　Lumion 物体放置窗口

导入模型的材质也可以在 Lumion 软件中进行更改，选择模型中需要更改的部件可以对其材质进行编辑，单击具体的材质球以后还可以具体设置颜色、透明度以及材质比例。软件自带的材质可以直接使用，软件没有的材质要进行加载保存以后才可以使用。

Lumion 材质设置窗口如图 5－33 所示。

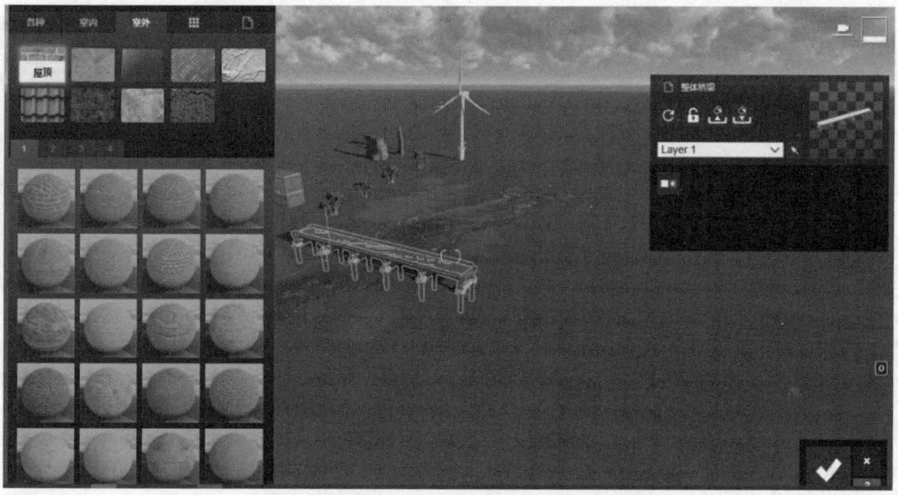

图 5－33　Lumion 材质设置窗口

地形起伏的设置利用景观模块来实现。单击鼠标拖动光标可以控制桥梁所在地面的高低起伏，还可以结合画笔大小和画笔速度来控制地面改变的范围和快慢。另外，还可以设置此处的水位高度（由于地形起伏，水位会影响该桥梁是否为跨海桥）。开关可以控制所设置的草地或者海洋是否显示。

Lumion 地形设置菜单如图 5－34 所示。

图 5-34　Lumion 地形设置菜单

Lumion 水位设置菜单如图 5-35 所示。

图 5-35　Lumion 水位设置菜单

整体桥梁水位示意图如图 5-36 所示。

图 5-36　整体桥梁水位示意图

天气功能模块可以通过拖动太阳图标设置太阳的高度和位置，拖动进度条可以控制天空云朵的数量。

Lumion 天气设置菜单如图 5-37 所示。

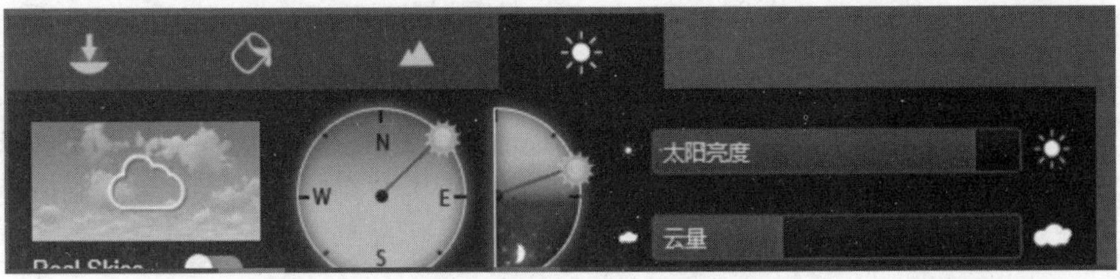

图 5-37　Lumion 天气设置菜单

5.2.4　Lumion 动画制作

利用 Lumion 可以制作动画，此处利用桥面上的汽车行驶来制作。

（1）放置小车至合适位置。

利用物体放置命令在桥梁上放置一个汽车构件。若初次放置汽车时车头方向不正确，可以单击汽车构件，单击【旋转】命令，通过调整旋转角度调整车头方向直至达到要求。此外，单击汽车构件后还可以通过单击【移动】命令或者位置坐标的控制调整至合适位置。

汽车放置示意图如图 5-38 所示。

图 5-38　汽车放置示意图

汽车位置设置菜单如图 5-39 所示。

图 5-39　汽车位置设置菜单

（2）进入动画模式。

要制作动画，首先要从编辑模式转换到动画模式，进入动画模式后根据需要选择不同的方式。此处单击【录制方式】，单击【加号】捕捉动画开始的画面，然后单击【√】进入电影模式。

动画制作类型选择窗口如图 5-40 所示。

图 5-40　动画制作类型选择窗口

动画操作窗口如图 5-41 所示。

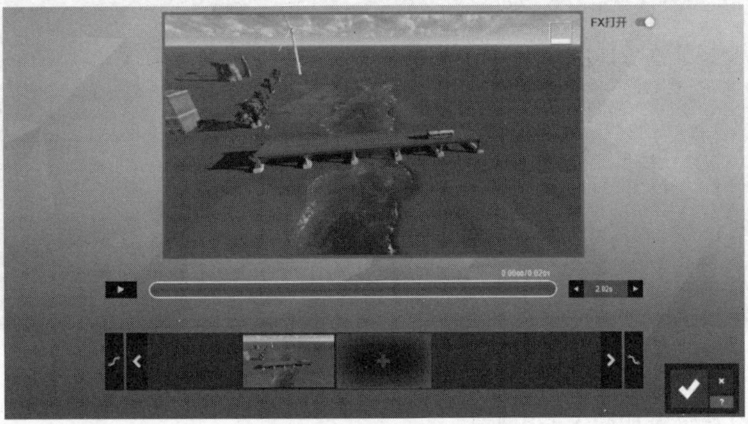

图 5-41　动画操作窗口

（3）单击【特效】进入下一个界面，单击【移动】。

动画特效进入窗口如图 5-42 所示。

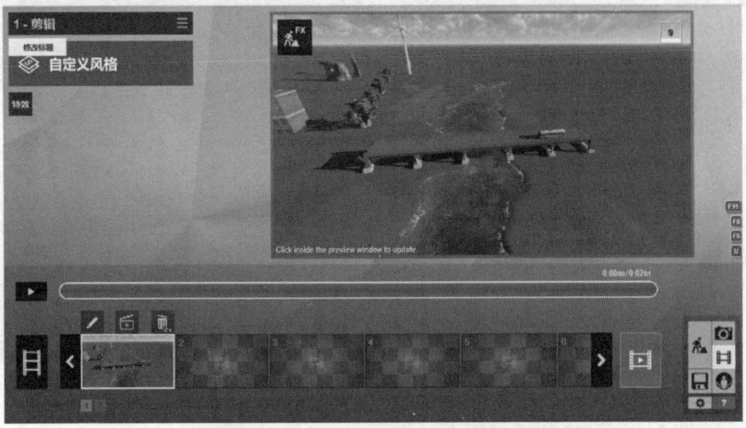

图 5-42　动画特效进入窗口

动画特效选择窗口如图 5-43 所示。

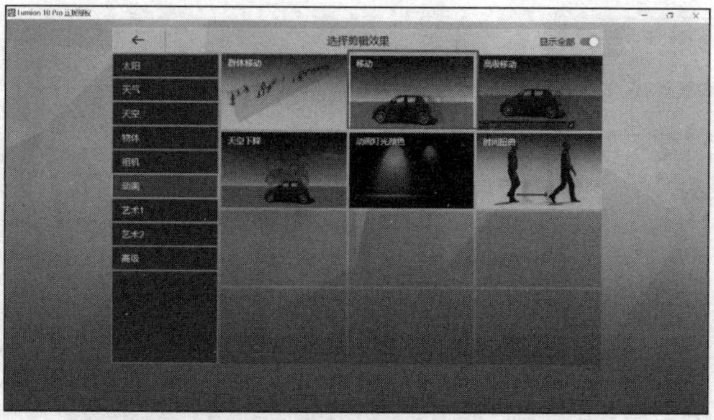

图 5-43　动画特效选择窗口

（4）单击【编辑】进入捕捉画面的界面，移动小车位置，捕捉下一个画面，单击【√】。看到动画已经制作完成，单击【播放】动画可以正常播放。至此，动画制作就完成了。单击【编辑片段】可以编辑动画的持续时间，即控制小车的行驶速度。

动画关键帧编辑进入窗口如图 5-44 所示。

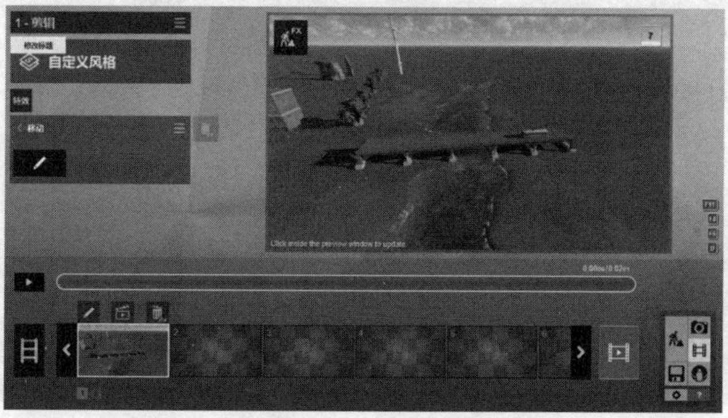

图 5-44　动画关键帧编辑进入窗口

汽车起止位置编辑窗口如图 5-45 所示。

图 5-45　汽车起止位置编辑窗口

动画播放窗口如图 5-46 所示。

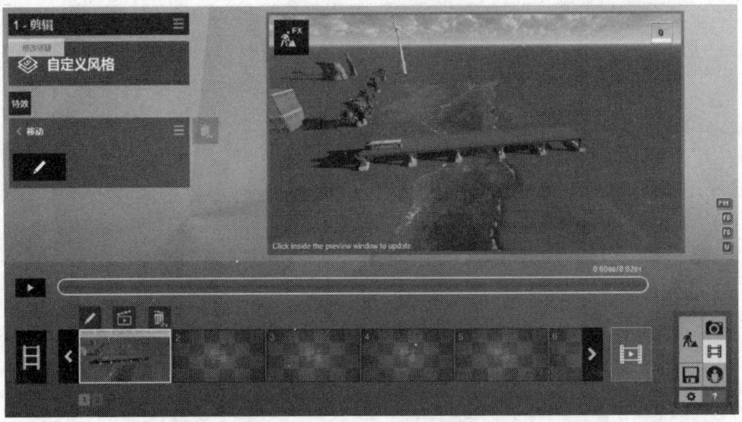

图 5-46　动画播放窗口

动画时间编辑窗口如图 5-47 所示。

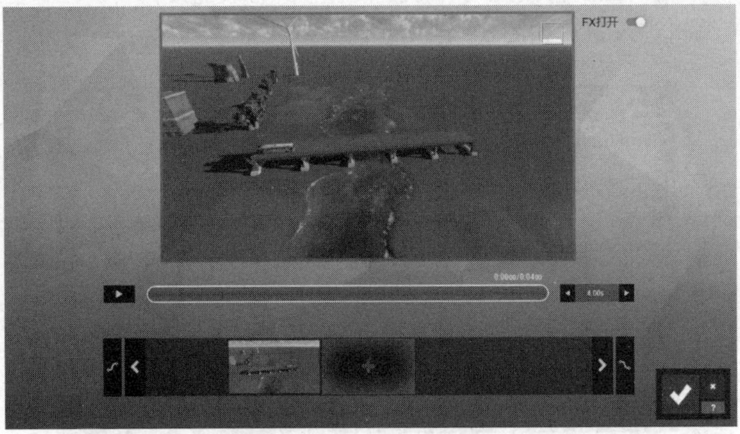

图 5-47　动画时间编辑窗口

本章对于两个软件的使用操作的介绍比较基础，并且操作的方法并不唯一，多练习能够帮助大家快速掌握操作技能。

习　题

1. 什么是可视化？举例说明常见的可视化技术。
2. BIM 模型技术交底的优点是什么？
3. 在 Navisworks 中利用 Animator 新建别墅的相机动画。
4. 在 Navisworks 中利用 Animator 新建别墅的剖面动画。
5. 在 Lumion 中将汽车动画中的一辆汽车改为对向行驶的两辆汽车。

第6章

BIM 轻量化技术

6.1 BIM 轻量化技术概述

BIM 模型格式繁多，目前国内主流 BIM 建模软件有 Revit、Bentley、PDMS 和 Tekla 等。不同建模产品发布的 BIM 模型格式不同，使软件使用成本上升，对计算机性能要求变高，动辄上百兆的模型、上万份的图纸文件，使 BIM 技术在工程项目中的推广遭遇瓶颈，严重影响 BIM 发挥其作用与价值，导致 BIM 使用效率不高。为了整合多专业、多格式的 BIM 资源，以便更好地发挥 BIM 的作用，研究基于 BIM 轻量化的协同应用平台是必然趋势。

BIM 轻量化是指在不损失模型真实性的前提下，通过先进算法对模型重构，并进行更轻便、更灵活的显示。BIM 模型通过轻量化引擎处理后，在 Web 和移动端显示需要经过图形数据转换和浏览器渲染处理两个过程，这两个过程也正是 BIM 轻量化的关键环节。其中模型数据转换是指将三维模型数据转换为可被图形引擎识别和处理的数据格式，并且在转换中进行数据压缩，简化后的数据格式用于优化存储和网络传输过程；浏览器渲染处理是指转换后的模型被图形引擎解析和显示过程中通过提升渲染处理速度，达到流畅实时显示。

BIM 模型属性主要由几何信息与非几何信息组成。非几何信息是指构件属性等相关数据，其轻量化方法比较简单，只要将其剥离于几何信息存储和压缩为 DB 文件或者 JSON 文件即可。

图形数据格式转换是轻量化的源头和核心。几何信息的轻量化方法可以分为参数化几何描述、减面优化处理、实例化图元描述和数据压缩四种方法[19]。

6.2 BIM 轻量化技术之 BIMFACE 介绍

本节基于 BIMFACE Model Viewer 编写。

BIMFACE 是一款具有完全自主知识产权的 BIM 轻量化引擎，建筑行业的软件开发者可在 BIMFACE 所提供的基础功能上进行二次开发，为终端用户提供更加丰富、更有价值的 BIM 应用。其业务起点发生在建模完成后，聚焦于模型的浏览与管理，旨在帮助用户最大化地发挥模型的应用价值。

如图 6-1 所示，BIMFACE 软件开发流程如同“滴滴出行”在“百度地图”的基础上进行功能开发一样，BIMFACE 用户也可以用“图纸或模型”打底，基于 BIMFACE 进行功能扩展，开发自己的 BIM 应用；BIMFACE 解决了“文件格式解析”、“模型图纸浏览”和“BIM

数据存储”等问题，开发者只需要专注于业务功能的开发。BIMFACE 提供的基础功能，使得开发者只需要简单的步骤就能开发 BIM 应用，大大降低了技术门槛，提升了研发效率。

BIMFACE 支持 Revit、NavisWorks、3DS MAX、SketchUp、AutoCAD、天正建筑、Rhino、PDMS 等软件，支持超过 50 种二维及三维格式，覆盖建筑、化工、机械、能源等行业。

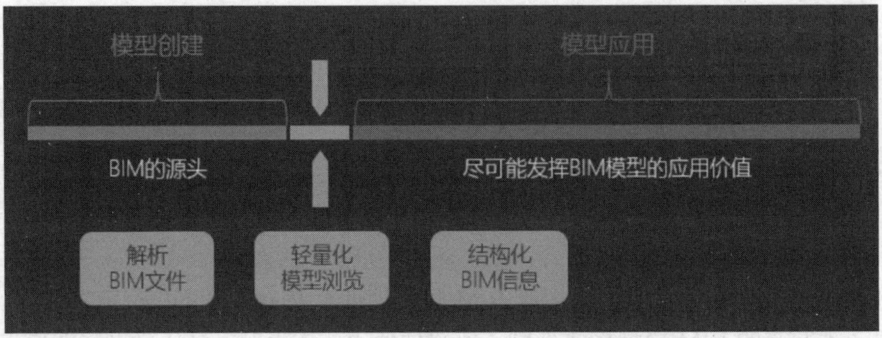

图 6-1　BIMFACE 软件开发流程

6.2.1　BIMFACE 的前期准备工作

6.2.1.1　注册账号

登录 BIMFACE 官网，单击【免费注册】，按页面提示完成必要信息的填写，注册账号，如图 6-2 所示。

图 6-2　注册账号

6.2.1.2　进行文件上传

1. 进入控制台界面

登录 BIMFACE，通过页面右上角进入控制台界面，如图 6-3 所示。

图 6-3　进入控制台界面

2. 上传文件

进入控制台界面后，选择对应项目。需要注意的是，项目内的模型资源仅在当前项目内可用，不支持跨项目使用资源。在【文件管理】页面中，选中文件夹后单击顶部【上传文件】按钮，将弹出上传文件的模态窗口。

单击【添加文件】，选择系统提供的示例模型或图纸后，即自动开始上传文件，如图 6-4 所示。

图 6-4　上传文件

3. 完成上传

上传完成后，文件的上传状态会刷新为【上传成功】，至此，文件上传完成，如图 6-5 所示。

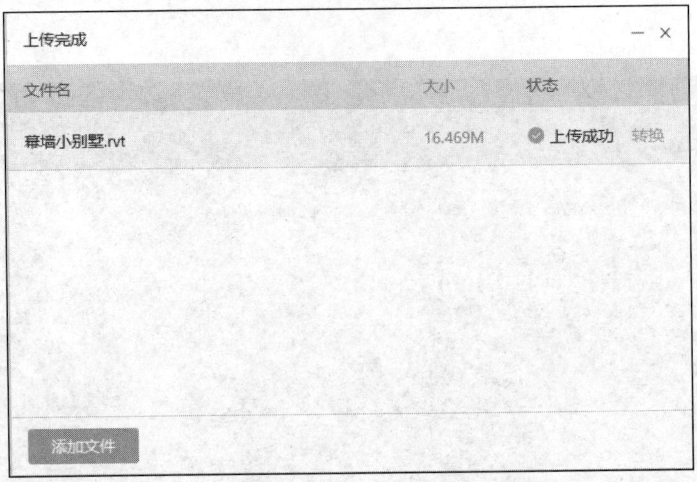

图 6-5　上传完成

6.2.1.3　发起文件转换

1. 发起转换

在控制台的【上传转换】页面中，选择已上传的文件，并单击【发起转换】按钮，在弹出的【文件转换】窗口中，选择【着色】后发起文件转换，如图 6-6 所示。

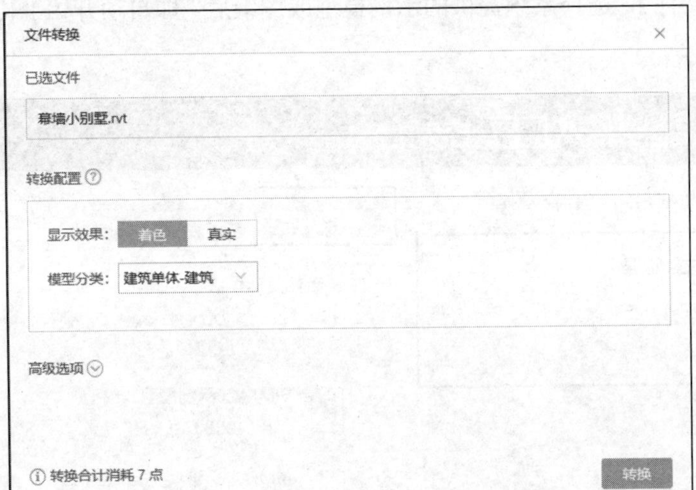

图 6-6　文件转换

2. 完成转换

开发者需要等待文件模型状态变为转换成功后方可查看及应用模型。

转换时间主要由文件大小和类型的差异决定，此外同一时间内文件转换的请求较多时，会存在排队现象，请耐心等待。转换成功后，页面并不会自动刷新，需要手动刷新模型状态。

6.2.1.4　获取 viewToken

从控制台进入项目后，在【文件管理】页面中将光标移动至已完成转换的模型上单击

【viewToken】，即可显示该文件的 viewToken 信息，进而获取 viewToken，如图 6-7 所示。

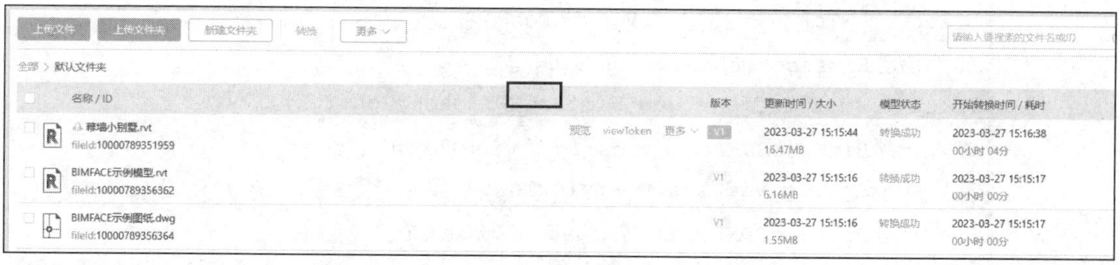

图 6-7　获取 viewToken

6.2.2 BIMFACE 的模型操作

6.2.2.1 加载显示模型

1. 引用 BIMFACE 的 JavaScript 显示组件库

在使用 BIMFACE JSSDK 之前，我们需要新建一个 HTML 文件，并在浏览器中打开，代码如下：

```
<!DOCTYPE html>
<html>
    <head>
        <meta charset="utf-8">
        <title>My first BIMFACE app</title>
    </head>
<body>
    <script src="https://static.bimface.com/api/BimfaceSDKLoader/BimfaceSDKLoader@latest-release.js" charset="utf-8"></script>
    <script>
        //在这里输入 BIMFACE JavaScript SDK 提供的方法
     </script>
</body>
</html>
```

2. 新建 DOM 元素

在网页中新建 DOM 元素，用于显示模型或图纸，代码如下：

```
<div id="domId" style="width:800px; height:600px"></div>
```

3. 新建 viewer3D 和 app 对象

代码如下：

```
let viewer3D;
let app;
```

4. 根据 viewToken 指定待显示的模型或图纸

为了在网页中显示指定的模型或图纸，需要其 viewToken 作为标识，代码如下：

```
let viewToken = '<yourViewToken>';
//创建 BimfaceSDKLoaderConfig
let loaderConfig = new BimfaceSDKLoaderConfig();
//设置 BimfaceSDKLoaderConfig 的 viewToken
loaderConfig.viewToken = viewToken;
//调用 BimfaceSDKLoader 的 load 方法加载模型
BimfaceSDKLoader.load(loaderConfig, successCallback, failureCallback);
```

5. 设置加载模型后的回调函数

代码如下：

```
//加载成功回调函数
function successCallback(viewMetaData) {
    //获取 DOM 元素
    let domShow = document.getElementById('domId');
    //创建 WebApplication3DConfig
    let webAppConfig = new Glodon.Bimface.Application.WebApplication3DConfig();
    //设置创建 WebApplication3DConfig 的 dom 元素值
        webAppConfig.domElement = domShow;
    //创建 WebApplication3D
    app = new Glodon.Bimface.Application.WebApplication3D(webAppConfig);
    //添加待显示的模型
        app.addView(viewToken);
    //获取 viewer3D 对象
    viewer3D = app.getViewer();
};

//加载失败回调函数
function failureCallback(error) {
    console.log(error);
};
```

6. 运行结果

输入以上代码后，浏览器便可以加载模型了，进而让模型显示，如图 6-8 所示。

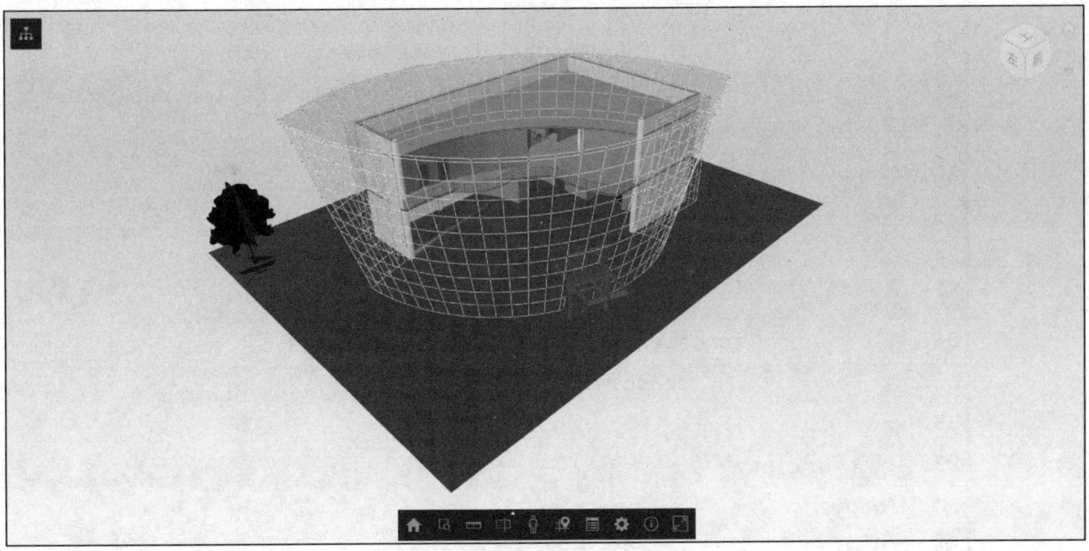

图 6-8　模型显示

7. 完整代码

完整代码如下：

```
<!DOCTYPE html>
<html>
    <head>
        <meta charset="utf-8">
        <title>My first BIMFACE app</title>
    </head>
<body>
    <div id="domId" style="width:800px; height:600px"></div>
    <script src="https://static.bimface.com/api/BimfaceSDKLoader/BimfaceSDKLoader@latest-release.js" charset="utf-8"></script>
     <script>
         let viewer3D;
         let app;
         let viewToken = '<yourViewToken>';
         let loaderConfig = new BimfaceSDKLoaderConfig();
             loaderConfig.viewToken = viewToken;
         BimfaceSDKLoader.load(loaderConfig, successCallback, failureCallback);
             function successCallback(viewMetaData) {
                 let domShow = document.getElementById('domId');
```

```
                let webAppConfig = new Glodon.Bimface.Application.WebApplication3DConfig();
                    webAppConfig.domElement = domShow;
                app = new Glodon.Bimface.Application.WebApplication3D(webAppConfig);
                app.addView(viewToken);
                viewer3D = app.getViewer();
            };

            function failureCallback(error) {
                console.log(error);
            };
    </script>
</body>
</html>
```

6.2.2.2 构件状态编辑

1. 构件隔离

为了更清晰地显示别墅二楼的构件，我们需要对构件进行隔离操作。

在 BIMFACE 中，对构件进行隔离后，其余构件可以有以下两种显示模式。

隐藏：其余构件被隐藏。

隔离：其余构件被半透明处理，此时半透明构件无法被选中。

首先我们要在页面中添加一个按钮，用来控制构件的隔离和取消隔离。在 class 为 buttons 的 div 下输入以下内容：

```
<button class="button" id="btnIsolation" onclick="isolateComponents()">构件隔离</button>
```

然后我们对按钮的样式进行定义，在之后的教程中我们还会创建更多的按钮，但样式都与下面操作中的 css 代码保持一致，代码如下：

```
.button {
  margin: 5px 0 5px 5px;
  width: 90px;
  height: 30px;
  border-radius: 3px;
  border: none;
  background: #11DAB7;
  color: #FFFFFF;
}
```

接下来，我们开始调用 BIMFACE JSAPI 来自定义构件隔离的功能。在 script 标签内构造一个函数，代码如下：

```
// ***************************** 隔离 *****************************
function isolateComponents() {
  // 设置隔离选项，指定其他构件为半透明状态
  let makeOthersTranslucent = Glodon.Bimface.Viewer.IsolateOption.MakeOthersTranslucent;
  // 调用viewer3D.method，隔离楼层为"F2"的构件
  viewer3D.getModel().isolateComponentsByObjectData([{"levelName":"F2"}], makeOthersTranslucent);
  // 渲染三维模型
  viewer3D.render();
}
```

加载页面并单击【构件隔离】按钮，我们已经能看到归属于别墅二楼的构件已经被隔离显示了。但这似乎还并没有完全达到我们的要求，我们需要一个额外的功能将构件恢复到之前未被隔离的状态，所以我们要对刚才写的代码进行一些小改造：

```
// ***************************** 隔离 *****************************
let isIsolationActivated = false;
function isolateComponents() {
  if (!isIsolationActivated) {
    // 设置隔离选项，指定其他构件为半透明状态
    let makeOthersTranslucent = Glodon.Bimface.Viewer.IsolateOption.MakeOthersTranslucent;
    // 调用viewer3D.method，隔离楼层为"F2"的构件
    viewer3D.getModel().isolateComponentsByObjectData([{"levelName":"F2"}], makeOthersTranslucent);
    // 渲染三维模型
    viewer3D.render();
    // 修改按钮的文字内容
    setButtonText("btnIsolation", "取消隔离");
  } else {
    // 清除隔离
    viewer3D.getModel().clearIsolation();
    // 渲染三维模型
    viewer3D.render();
    // 修改按钮的文字内容
    setButtonText("btnIsolation", "构件隔离");
  }
  isIsolationActivated = !isIsolationActivated;
}
```

另外，我们要有一个控制按钮文字内容的函数，代码如下：

```
// *************************** 按钮文字 ***************************
function setButtonText(btnId, text) {
  let dom = document.getElementById(btnId);
  if (dom != null && dom.nodeName == "BUTTON") {
    dom.innerText = text;
  }
}
```

再次加载页面，我们便可以对构件进行隔离和取消隔离的操作，从而实现构件隔离，如图 6-9 所示。

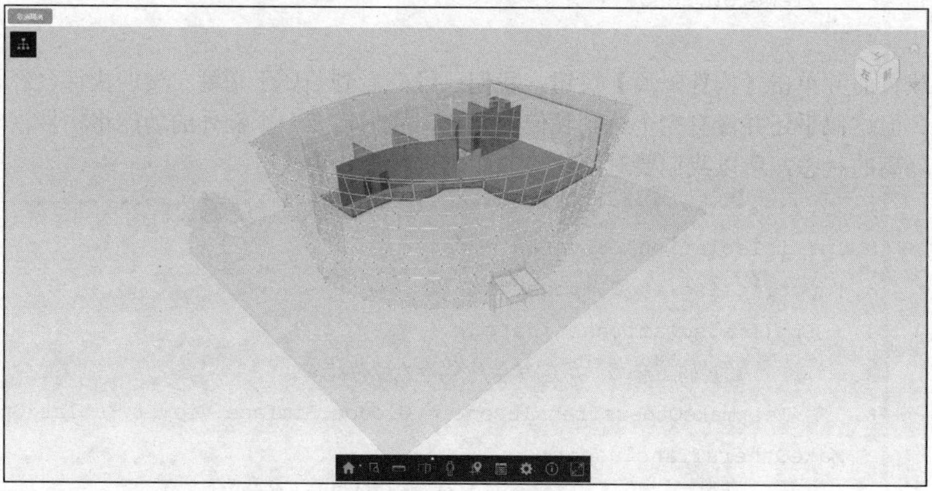

图 6-9　构件隔离

2. 构件定位

在定位之前，需要获得指定构件的 id。教程中我们选择别墅周围的树作为被关注的构件，其 id 为“439298”。

与构件隔离相似，我们先添加一个按钮，代码如下：

```
<button class="button" id="btnZoomToSelection" onclick="zoomToSelectedComponents()">构件定位</button>
```

然后在 script 标签内构造函数，代码如下：

```
// ************************** 定位 ***************************
let isZoomToSelectionActivated = false;
function zoomToSelectedComponents(){
  if (!isZoomToSelectionActivated) {
    // 选中 id 为"439298"的构件
    viewer3D.getModel().addSelectedComponentsById(["439298"]);
    // 定位到选中的构件
    viewer3D.zoomToSelectedComponents();
    // 清除构件选中状态
```

```
        viewer3D.getModel().clearSelectedComponents();
        setButtonText("btnZoomToSelection", "回到主视角");
    } else {
        // 切换至主视角
        viewer3D.setView(Glodon.Bimface.Viewer.ViewOption.Home);
        setButtonText("btnZoomToSelection", "构件定位");
    }
    isZoomToSelectionActivated = !isZoomToSelectionActivated;
}
```

再次加载页面，便可以对构件进行定位操作，从而得到构件定位前图和构件定位后图，如图 6-10 和图 6-11 所示。

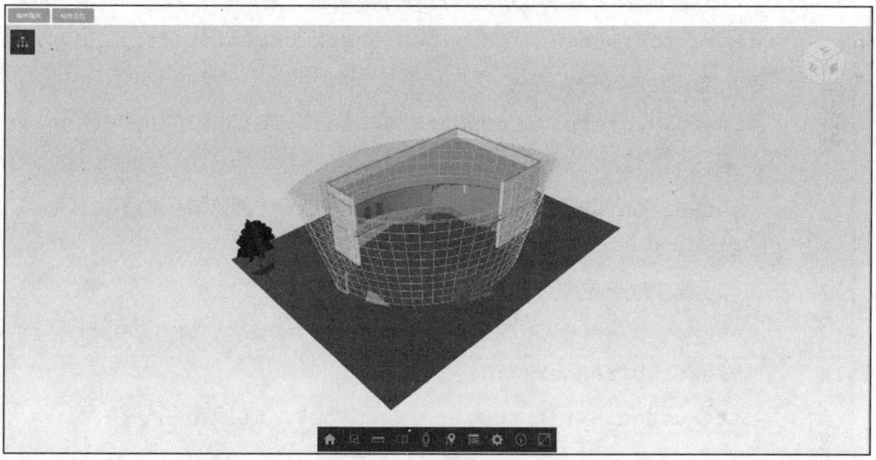

图 6-10　构件定位前图

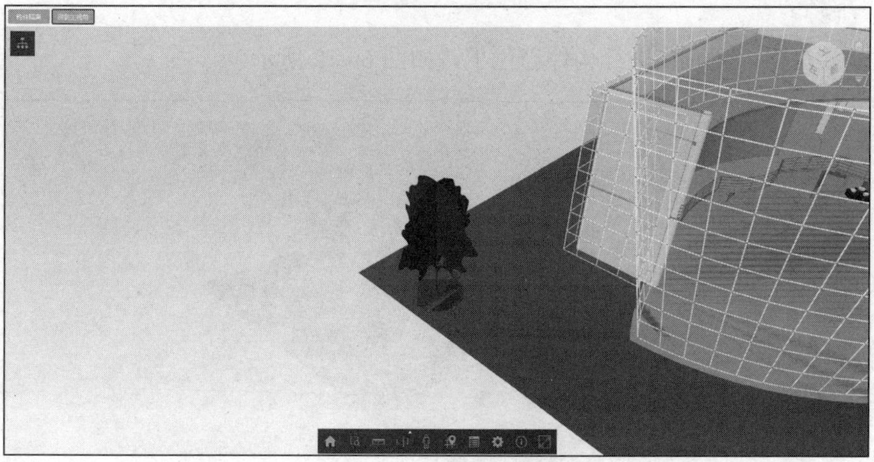

图 6-11　构件定位后图

3. 构件着色

为了让被关注的构件在模型中更加明显，我们可以对其进行着色操作，这里我们对别墅的门进行着色处理。在 BIMFACE 中，有以下两种方式定义颜色。

RGB：Red、Green、Blue，取值均为 0～255。

16 进制：16 进制的颜色表达方式，如“#11DAB7”。

首先添加一个按钮，代码如下：

```
<button class="button" id="btnOverrideColor" onclick="overrideComponents()">构件着色</button>
```

然后在 script 标签内构造函数，代码如下：

```
// ************************** 着色 **************************
let isOverrideActivated = false;
function overrideComponents(){
  if (!isOverrideActivated) {
    // 新建 color 对象，指定关注构件被染色的数值
    let color = new Glodon.Web.Graphics.Color("#11DAB7", 0.5);
    // 对关注构件进行着色
    viewer3D.overrideComponentsColorById(["438769"], color);
    viewer3D.render();
     setButtonText("btnOverrideColor", "清除着色");
  } else {
     // 清除构件着色
     viewer3D.getModel().clearOverrideColorComponents();
     viewer3D.render();
     setButtonText("btnOverrideColor", "构件着色");
  }
  isOverrideActivated = !isOverrideActivated;
}
```

再次加载页面，便可以进行构件着色了，如图 6-12 所示。

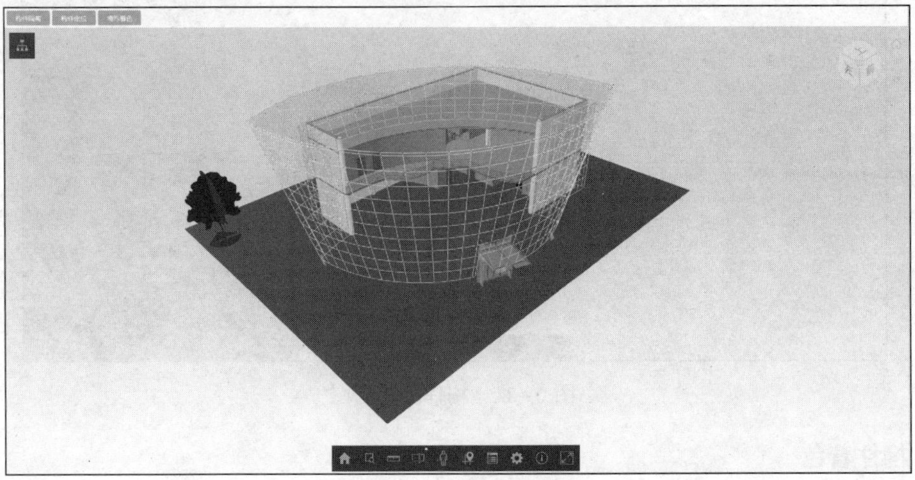

图 6-12　构件着色

6.2.2.3 构件强调与场景管理

1. 构件强调

在为指定的构件添加强调状态前需要了解，在 BIMFACE 中，处于强调状态的构件会间隔性地闪烁，其闪烁的颜色、间隔时间均可设置。需要注意以下两点。

① 在对构件进行强调设置前，先要启用构件强调功能。

② 为避免构件强调对性能造成影响，建议控制被强调构件的数量。

首先添加一个按钮，代码如下：

```
<button class="button" id="btnBlinkComponent" onclick="blinkComponents()">构件强调</button>
```

然后在 script 标签内构造函数，代码如下：

```
// ************************** 构件闪烁 **************************
let isBlinkActivated = false;
function blinkComponents() {
  if (!isBlinkActivated) {
    let blinkColor = new Glodon.Web.Graphics.Color("#B22222", 0.8);
    // 打开构件强调开关
    viewer3D.enableBlinkComponents(true);
    // 给需要报警的构件添加强调状态
    viewer3D.getModel().addBlinkComponentsById(["389617"]);
     // 设置强调状态下的颜色
     viewer3D.getModel().setBlinkColor(blinkColor);
     // 设置强调状态下的频率
     viewer3D.getModel().setBlinkIntervalTime(500);
     viewer3D.render();
     setButtonText("btnBlinkComponent", "清除强调");
  } else {
     // 清除构件强调
     viewer3D.getModel().clearAllBlinkComponents();
     viewer3D.render();
     setButtonText("btnBlinkComponent", "构件强调");
  }
  isBlinkActivated = !isBlinkActivated;
}
```

加载页面，便可以进行构件强调了，如图 6-13 所示。

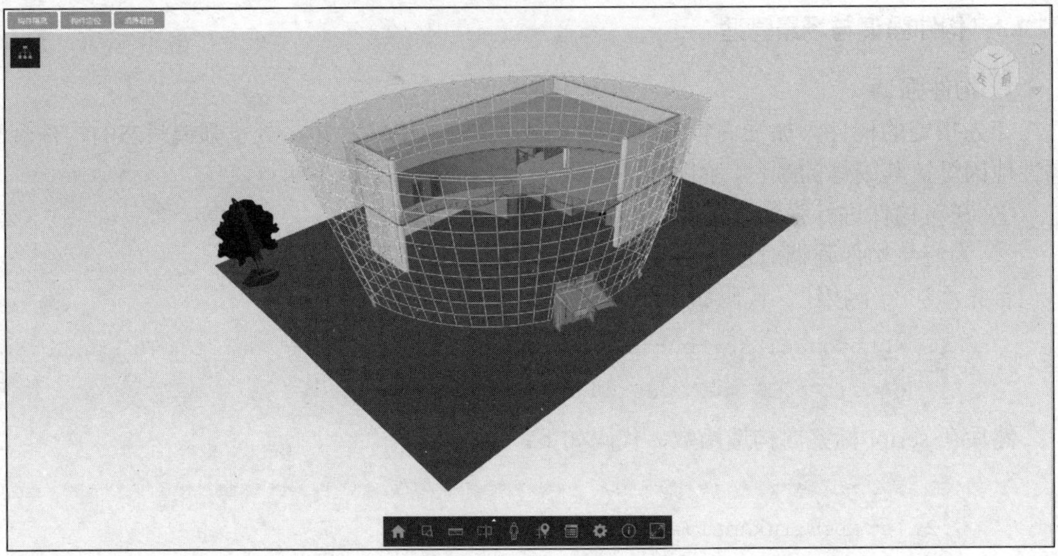

图 6-13　构件强调

2. 模型状态管理

我们可以将某些视角保存下来，便于后期在进行模型浏览时，可以快速地切换到该视角进行查看。

在这里我们需要新建两个按钮，代码如下：

```
<button class="button" id="btnSaveState" onclick="getCurrentState()">
保存状态</button>
<button class="button" id="btnRestoreState" onclick="setState()">
恢复状态</button>
```

然后在 script 标签内构造保存状态的函数，代码如下：

```
// ************************** 状态 **************************
let state;
function getCurrentState(){
  // 保存当前模型浏览状态
  state = viewer3D.getCurrentState();
}
```

构造恢复状态的函数，代码如下：

```
function setState(){
  if (state != null) {
    // 恢复模型浏览状态
    viewer3D.setState(state);
    viewer3D.render();
  } else {
    window.alert("请先保存一个模型浏览状态！");
```

```
  }
}
```

再次加载页面，便可以进行模型状态管理操作了，如图 6-14 所示。

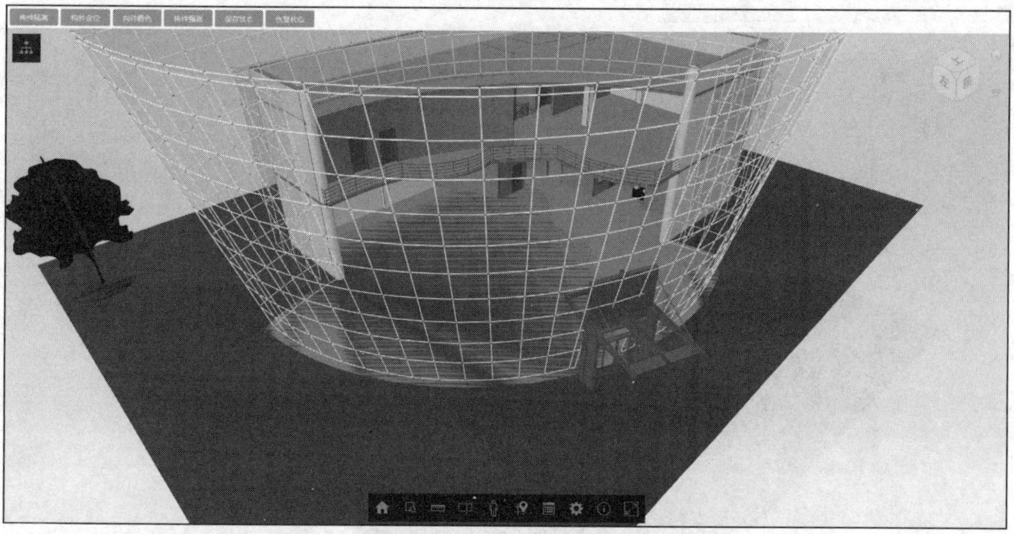

图 6-14　模型状态管理

3. 场景旋转

最后，我们将整个场景缓慢旋转起来，提升整体的展示效果。

同样先添加一个按钮，代码如下：

```
<button class="button" id="btnStartAutoRotate" onclick="startAutoRotate()">开始旋转场景</button>
```

然后在 script 标签内构造函数，代码如下：

```
// *************************** 旋转场景 ***************************
let isAutoRotateActivated = false;
function startAutoRotate() {
  if (!isAutoRotateActivated) {
    // 开始场景旋转
    viewer3D.startAutoRotate(5);
    setButtonText("btnStartAutoRotate", "结束旋转场景");
  } else {
    // 结束场景旋转
     viewer3D.stopAutoRotate();
     setButtonText("btnStartAutoRotate", "开始旋转场景");
  }
  isAutoRotateActivated = !isAutoRotateActivated;
}
```

这里需要说明的是，startAutoRotate 中的参数类型为 Number，正负号代表方向，绝对值大小代表旋转的速率。

再次加载页面，便可以进行场景旋转了，如图 6-15 所示。

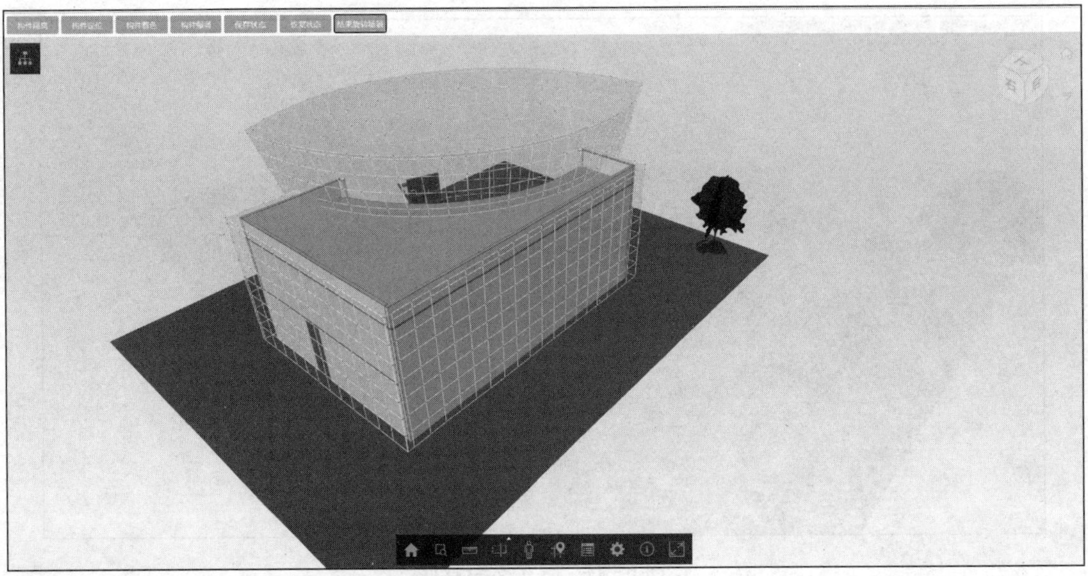

图 6-15　场景旋转

6.2.3　BIMFACE 的图纸操作

6.2.3.1　加载显示图纸

1. 引用 BIMFACE 的 JavaScript 显示组件库

在使用 BIMFACE JSSDK 之前，需要新建一个 HTML 文件，并在浏览器中打开，代码如下：

```
<!DOCTYPE html>
<html>
    <head>
        <meta charset="utf-8">
        <title>My first BIMFACE app</title>
    </head>
<body>
    <script src="https://static.bimface.com/api/BimfaceSDKLoader/BimfaceSDKLoader@latest-release.js" charset="utf-8"></script>
    <script>
        //在这里输入 BIMFACE JavaScript SDK 提供的方法
     </script>
</body>
</html>
```

2. 新建 DOM 元素

在网页中新建 DOM 元素，用于显示模型或图纸，代码如下：

```
<div id="domId" style="width:800px; height:600px"></div>
```

3. 新建 viewer2D 和 app 对象

代码如下：

```
let viewer2D;
let app;
```

4. 根据 viewToken 指定待显示的模型或图纸

为了在网页中显示指定的模型或图纸，需要其 viewToken 作为标识，代码如下：

```
let viewToken = '<yourViewToken>';
let modelId = '0';
//创建 BimfaceSDKLoaderConfig
let loaderConfig = new BimfaceSDKLoaderConfig();
//设置 BimfaceSDKLoaderConfig 的 viewToken
loaderConfig.viewToken = viewToken;
//调用 BimfaceSDKLoader 的 load 方法加载模型
BimfaceSDKLoader.load(loaderConfig, successCallback, failureCallback);
```

5. 设置加载模型后的回调函数

代码如下：

```
//加载成功回调函数
function successCallback(viewMetaData) {
    //获取 dom 元素
    let domShow = document.getElementById('domId');
    //新建 WebApplicationDrawingConfig
    let WebAppConfig = new Glodon.Bimface.Application.WebApplicationDrawingConfig();
    //设置 WebApplicationDrawingConfig 的 dom 元素
     WebAppConfig.domElement = domShow;
    //创建 WebApplicationDrawing
    app = new Glodon.Bimface.Application.WebApplicationDrawing(WebAppConfig);
    //获取二维图纸对象
    viewer2D = app.getViewer();
    //加载图纸
    viewer2D.loadDrawing({
      viewToken: viewToken,
      modelId: modelId
    })
};
```

```
//加载失败回调函数
function failureCallback(error) {
    console.log(error);
};
```

6. 运行结果

输入以上代码，浏览器便可以加载模型，从而得到显示模型，如图 6-16 所示。

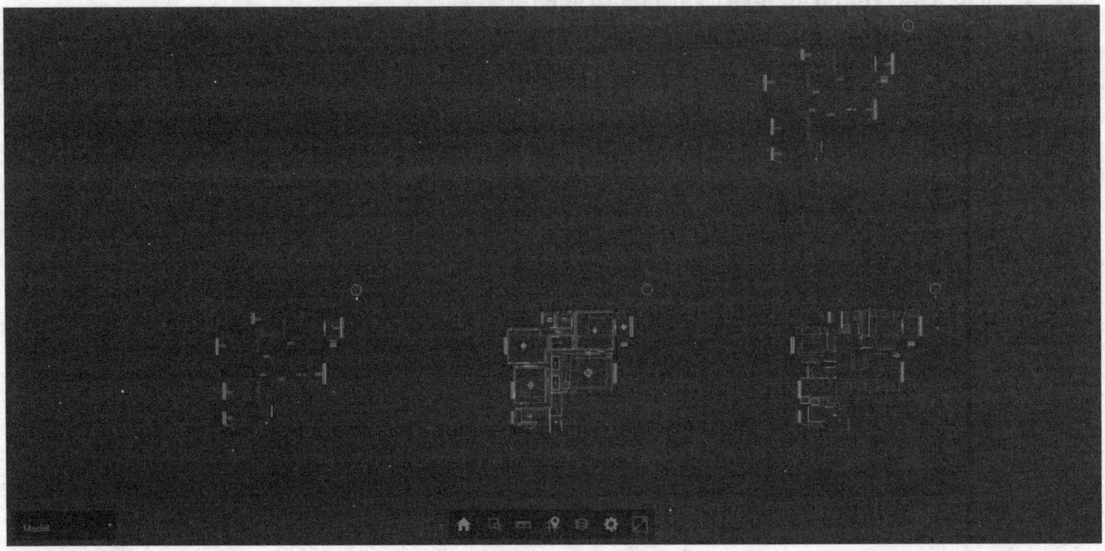

图 6-16　显示模型

7. 完整代码

完整代码如下：

```
<!DOCTYPE html>
<html>

<head>
  <meta charset="utf-8">
  <title>My first BIMFACE app</title>
</head>

<body>
   <div id="domId" style="width:800px; height:600px"></div>
   <script src="https://static.bimface.com/api/BimfaceSDKLoader/BimfaceSDKLoader@latest-release.js"
      charset="utf-8"></script>
   <script>
```

```
    let viewer2D;
    let app;
    let viewToken = '<yourViewToken>';
    let loaderConfig = new BimfaceSDKLoaderConfig();
    loaderConfig.viewToken = viewToken;
    BimfaceSDKLoader.load(loaderConfig, successCallback, failureCallback);
    function successCallback(viewMetaData) {
      let domShow = document.getElementById('domId');
      let WebAppConfig = new Glodon.Bimface.Application.WebApplicationDrawingConfig();
      WebAppConfig.domElement = domShow;
      app = new Glodon.Bimface.Application.WebApplicationDrawing(WebAppConfig);
      viewer2D = app.getViewer();
      viewer2D.loadDrawing({
        viewToken: viewToken,
        modelId: modelId
      })
    };

    function failureCallback(error) {
      console.log(error);
    };
  </script>
</body>

</html>
```

6.2.3.2　切换显示模式及视图

1. 切换图纸的显示模式为黑白模式

BIMFACE 具有以下几种图纸显示模式。

普通模式：图元颜色与 dwg 源文件一致，背景颜色为黑色。

白底模式：图元颜色与 dwg 源文件一致，背景颜色为白色。

黑白模式：图元颜色皆为黑色，背景颜色为白色。

自定义模式：图元颜色和背景颜色都可以自定义设置。

首先要在页面中添加一个按钮，用来切换图纸模式为黑白模式。在 class 为 buttons 的 div 下输入以下内容：

```
<button class="button" id="btnBlack_and_white" onclick="black_and_white()">黑白模式</button>
```

然后对按钮的样式进行定义，样式都与下面操作中的css代码保持一致，代码如下：

```
.button {
  margin: 5px 0 5px 5px;
  width: 90px;
  height: 30px;
  border-radius: 3px;
  border: none;
  background: #11DAB7;
  color: #FFFFFF;
}
```

接下来，我们开始调用BIMFACE JSAPI来切换图纸显示模式为黑白模式。在script标签内构造一个函数，代码如下：

```
function black_and_white(){
    viewer2D.setDisplayMode(2);
}
```

加载页面并单击黑白模式的按钮，图纸呈现为黑白模式，如图6-17所示。

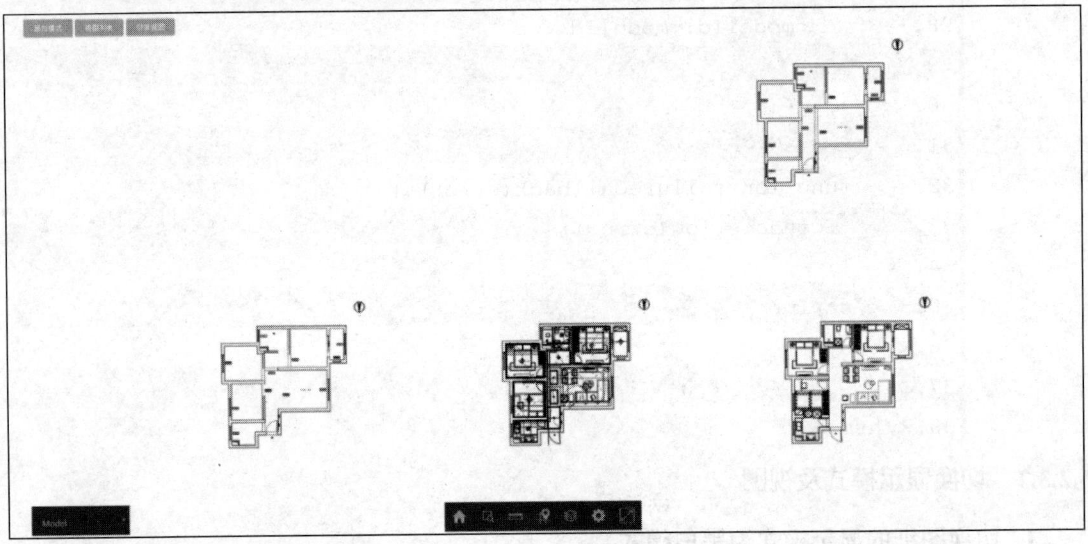

图6-17　黑白模式

2. 获取图纸中所有视图的id

dwg图纸中有以下两种视图。

model视图：有且仅有1个。

layout视图：可以没有，也可以有多个。

该图纸的model视图的图纸貌似比较乱，我们去看看它的layout视图。首先获取所有视图的信息。与切换为黑白模式相似，我们先添加一个按钮，代码如下：

```
<button class="button" id="btnViewslist" onclick="viewsList()">视图列表</button>
```

然后在 script 标签内构造函数，代码如下：

```
function viewsList(){
    let viewsList = viewer2D.getDrawing(modelId).getViews();
    console.log(viewsList);
}
```

此时可以在控制台获得每个视图的 name 和 id 信息。可以发现 layout 视图的 id 为 2629559，如图 6-18 所示。

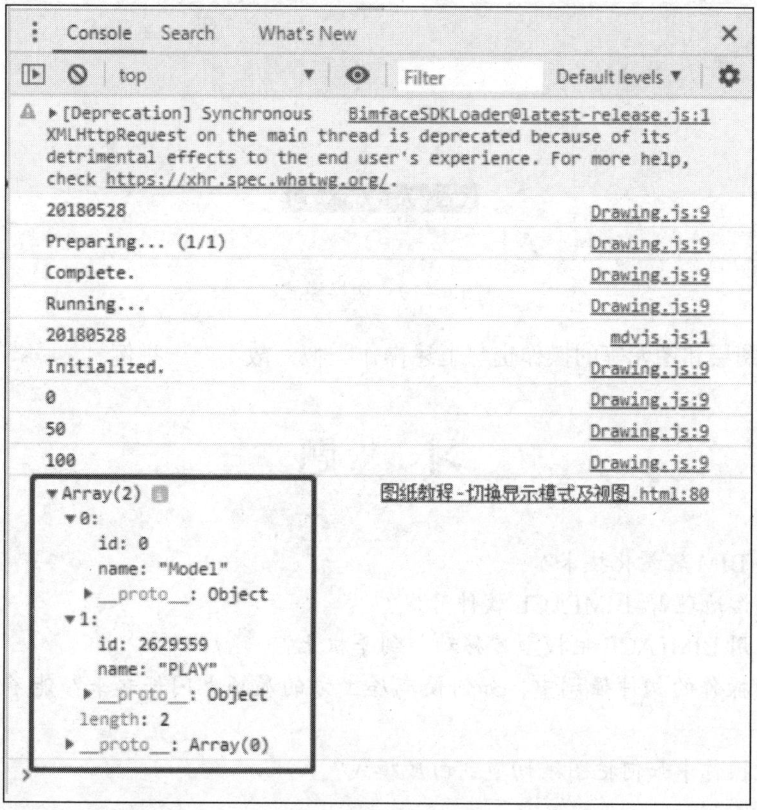

图 6-18　id 信息

3. 切换模式

切换到指定的视图，找到目标 layout 视图的 id 后，就可以切换到该张图纸上来了。

我们首先添加一个按钮，代码如下：

```
<button class="button" id="btnLayout" onclick="layout()">切换视图
</button>
```

然后在 script 标签内构造函数，代码如下：

```
function layout(){
    viewer2D.showViewById(2629559);
}
```

加载页面并单击切换视图的按钮，图纸呈现切换模式，如图 6-19 所示。

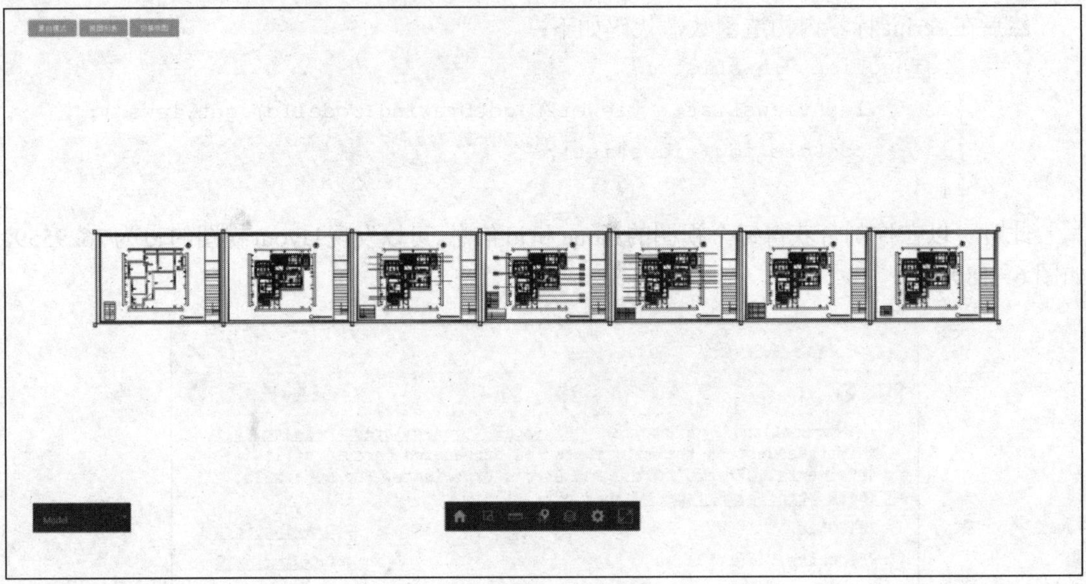

图 6-19　切换模式

对于管理图层和图元等的操作也与上述操作类似，故不一一举例。

习　题

1. 什么是 BIM 轻量化技术？

2. 如何通俗地理解 BIMFACE 软件开发？

3. 如何利用 BIMFACE 把模型“移动”到手机上？

4. 在模型操作的构件强调中，如何使车库上方的屋顶也闪烁起来？能不能让它更快地闪烁？

5. 在图纸操作中如何把图纸切换到白底模式？

第 7 章

基于 BIMFACE 的 BIM 项目管理平台开发

7.1 BIM 项目管理平台概述

BIM 项目管理平台是以 BIM 为核心，互联网为载体，集可视化、模型化、智能化维护等功能于一体的 BIM 项目综合管理平台。管理人员通过管理平台实现数据整合，将独立的 BIM 模型、图纸文件等形成一套完整的系统，用以分析、整合、维护工程项目，实现项目的全生命周期可视化管理。

BIMFACE 是广联达科技股份有限公司旗下的一款 BIM 轻量化引擎。其提供了文件格式解析、模型图纸浏览和 BIM 数据存储等功能，并提供了多个 RESTful API 接口，用于支持文件服务、轻量化、数据服务、文档存储服务等二次开发功能。利用 BIMFACE 平台，地产开发商可以进行项目管理，设计单位可以搭建构件库和模型库，施工单位可以进行施工进度模拟和管理。本章基于 BIMFACE 提供的 API 接口，搭建 BIM 项目管理平台。

ASP.NET 是一个使用 HTML、CSS、JavaScript 和服务器脚本创建网页和网站的开发框架。该框架支持三种不同的开发模式：Web Pages（Web 页面）、MVC（模型–视图–控制器）、Web Forms（Web 窗体）。其中，Web Pages 模式使用 C#语言中的 Razor 服务器标记语法将前端代码和服务器代码相结合构建网页，是 ASP.NET 中最简单的一种开发模式；MVC 是一种使用模型–视图–控制器方法设计创建应用程序的模式，通过把项目的前后端分离，使得复杂项目更加容易维护；Web Forms 是传统的基于事件驱动的开发模式。本章采用 ASP.NET MVC 开发模式对 BIM 管理平台进行开发。

7.2 BIMFACE 访问凭证的获取和管理

本节基于.NET Framework 4.7.2 版本和 Visual Studio 2019 版本编写。

MVC 是三种 ASP.NET 编程模式中的一种，是一种使用 MVC（model view controller，模型–视图–控制器）设计创建 Web 应用程序的模式，其中包括：

（1）model（模型），应用程序核心（如数据库记录列表）；

（2）view（视图），显示数据（如数据库记录）；

（3）controller（控制器），处理输入（如写入数据库记录）。

同时，MVC 模式提供了对 HTML、CSS 和 JavaScript 的完全控制。基于上述三个组成部分，MVC 构成了三个逻辑层：业务层（模型逻辑）、显示层（视图逻辑）、输入控制层（控制器逻辑）。model（模型）是应用程序中用于处理应用程序数据逻辑的部分，通常模型对象负责在数据库中存取数据；view（视图）是应用程序中处理数据显示的部分，通常视图是依据模型数据创建的；controller（控制器）是应用程序中处理用户交互的部分，通常控制器负责从视图读取数据，控制用户输入，并向模型发送数据。

MVC 的分层模式有助于管理复杂的 BIM 项目，因为可以在一个时间内专门关注一个方面。同时，MVC 分层也简化了分组开发。不同的开发人员可同时开发模型逻辑、视图逻辑和控制器逻辑。

本节将采用 ASP.NET MVC 开发 BIMFACE 访问凭证的获取界面和管理界面。

7.2.1　环境配置与基本使用方法

7.2.1.1　ASP.NET MVC 项目基本配置

本节采用 Visual Studio 2019 作为集成开发环境搭建 ASP.NET MVC 项目。首先打开 Visual Studio 2019，并选择创建新项目。在创建新项目时，在右侧下拉框中依次选中“C#”“Windows”“Web”，表示筛选使用 C#语言开发的、可部署于 Windows 系统中的 Web 应用程序。从筛选结果中选择“ASP.NET Web 应用程序（.NET Framework）”，单击【下一步】，如图 7-1 所示。

图 7-1　创建 ASP.NET MVC 新项目

进入新项目的配置界面，可设置项目名称、位置、解决方案名称等信息，并选择“.NET Framework 4.7.2”作为本项目的框架，如图 7-2 所示。其中，.NET Framework 是用于 Windows 的新托管代码编程模型。它将强大的功能与新技术结合起来，用于构建让用户具有超凡视觉体验的应用程序，实现跨技术边界的无缝通信，并且能支持各种业务流程。

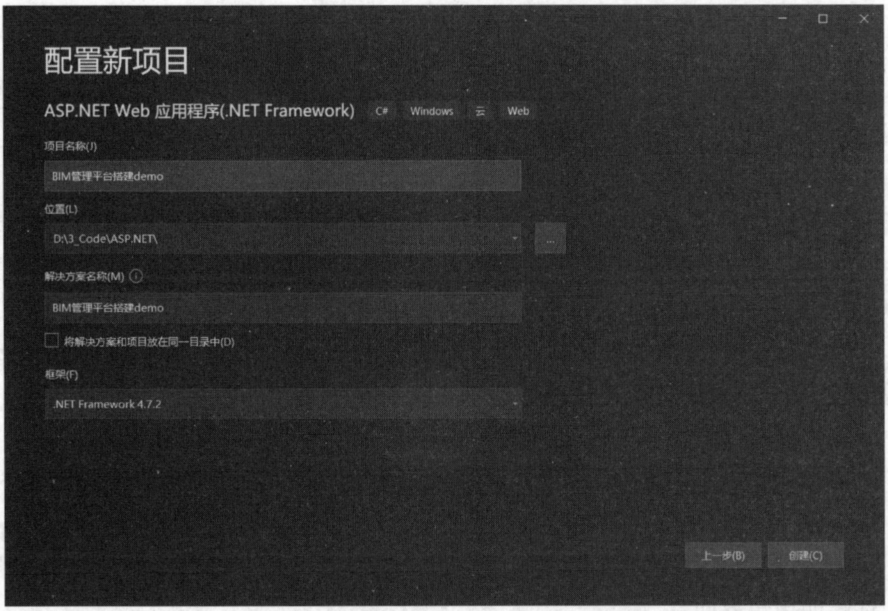

图 7-2　配置 ASP.NET MVC 新项目

设置完成后单击【创建】，对 ASP.NET Web 应用程序进行功能设置，选择左侧菜单中的“MVC”；身份验证方式选择“个人用户账户”，即可实现管理平台的用户注册、登录、权限管理等功能；在“添加文件夹和核心引用”中勾选“Web API”启用项目的 API 开发功能，如图 7-3 所示。

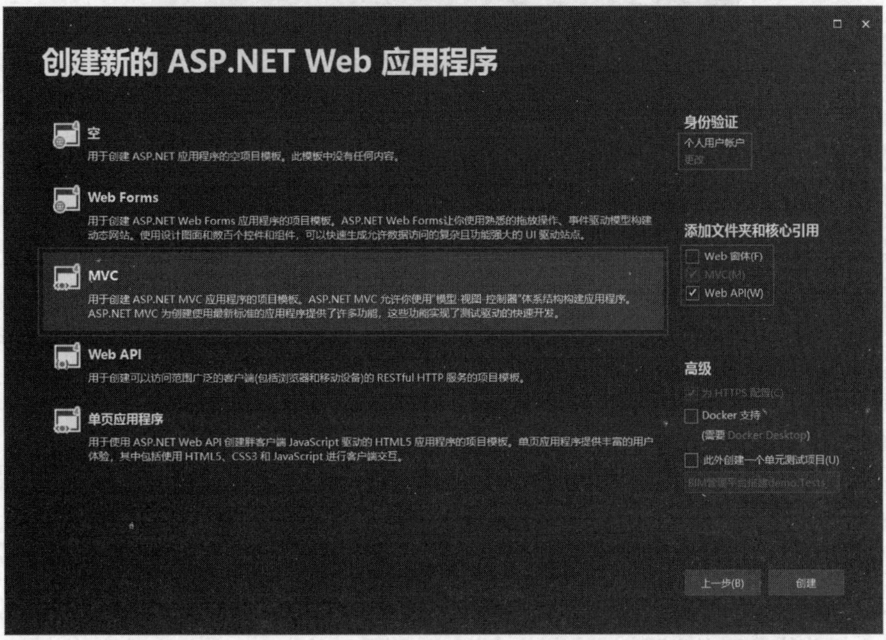

图 7-3　ASP.NET Web 应用程序功能设置

7.2.1.2 ASP.NET MVC 项目基本目录结构

进入项目后，位于开发界面右侧的解决方案资源管理器中显示了项目文件目录结构，如图 7-4 所示。目录结构中各文件夹功能如下。

（1）App_Data：用于存储应用程序数据。

（2）App_Start：启动文件的配置信息，包括很重要的 RouteConfig 路由注册信息。

（3）Content：用于存放静态文件，如样式表、图表和图像。Visual Studio 会自动向该文件夹中添加一个 Themes 文件夹，用于存放 jQuery 样式和图片。

（4）Controllers：用来放置控制器，该文件夹包含负责处理用户输入和响应的控制器类。MVC 开发模式要求所有控制器文件的名称以“Controller”结尾。

（5）fonts：该文件夹包含项目使用的字体类型。

（6）Models：该文件夹包含表示应用程序模型的类，模型存有并且操作应用程序的数据。

（7）Scripts：系统自动创建了 jQuery 文件.Scripts 文件夹存储应用程序的 JavaScripts 文件。

（8）Views：放置控制器的视图文件，Views 文件夹存有与应用程序的显示视图相关的 HTML 文件，即用户界面。

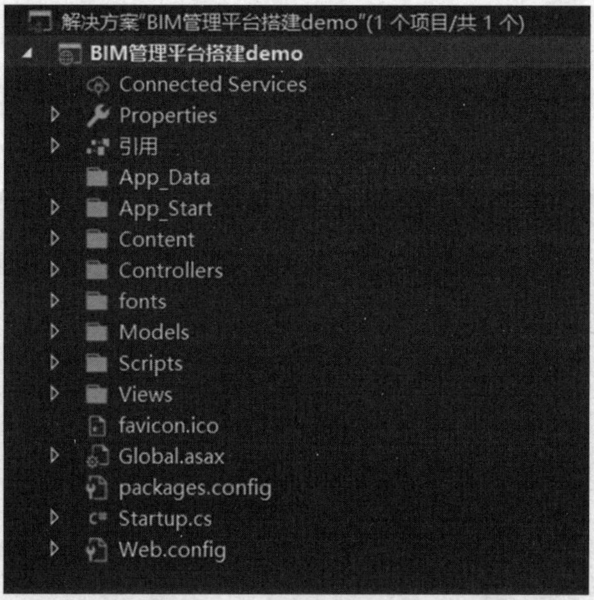

图 7-4 项目文件目录结构

7.2.1.3 ASP.NET MVC 项目基本使用方法

Visual Studio 生成的 ASP.NET MVC 项目中包含可直接运行的示例文件，其中包括首页、联系方式、相关信息等多个示例页面，如图 7-5 所示。其中，Views 文件夹中为视图页面，Home 文件夹表示该文件夹下的视图页面对应于控制器 HomeController，其中 Index.cshtml 页面表示该页面为 HomeController 控制器所对应的初始页面。

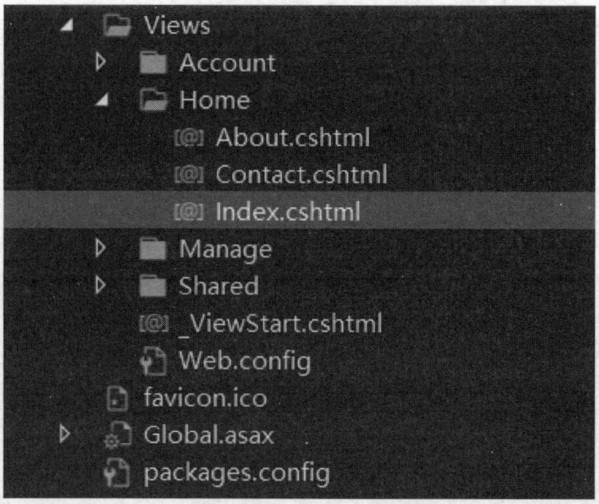

图 7-5　项目示例文件

双击进入 Index.cshtml 文件，单击 Visual Studio 界面上方的 IIS Express 按钮，或者使用快捷键 Ctrl+F5 编译该项目。随后，浏览器自动弹出并设定网址为“https://localhost:端口号/Home/Index”，浏览器界面中展示了项目主页，如图 7-6 所示。网址中的“/Home”代表控制器 HomeController，“/Index”代表动作 Index，该网址格式由 App_Start 文件夹下的路由配置文件 RouteConfig.cs 所定义。

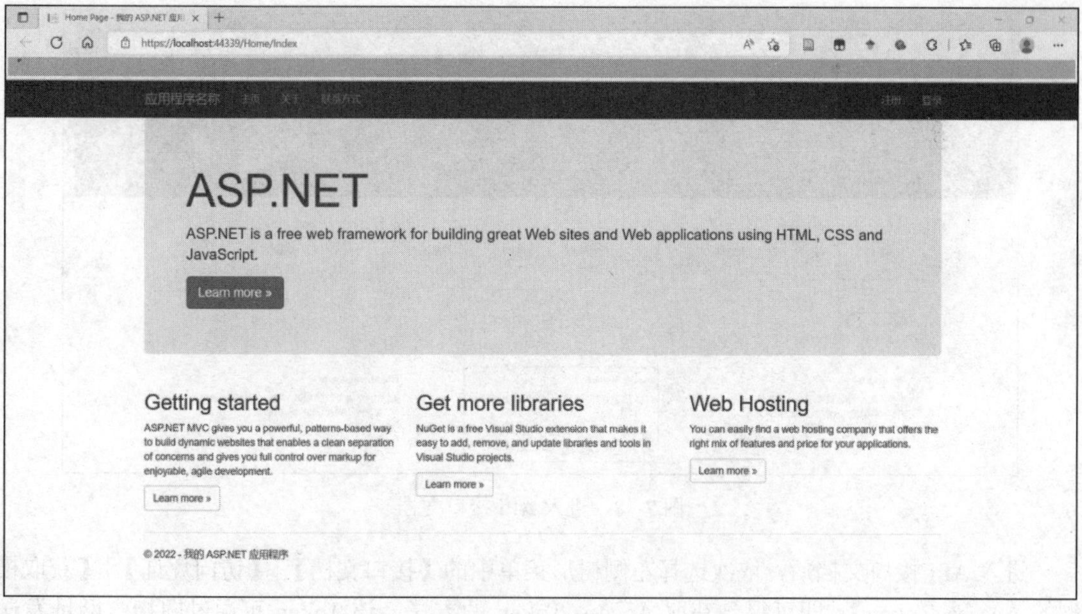

图 7-6　项目主页

7.2.2　BIMFACE 访问凭证及其使用方法

这里选择使用 BIMFACE 平台提供的 API 接口实现 BIM 文件功能。在使用 API 接口时，需要提供 Access Token，因此，用户需要先获取 Access Token。

进入 BIMFACE 官网（https://bimface.com/），官网主页如图 7-7 所示。单击主页上方导航栏中的【文档中心】，进入 BIMFACE 文档中心。选择【开发文档】中的【Model Service】服务，该服务能提供与文件服务、轻量化、数据服务接口相关的能力。单击【Model Service】服务下的【接口文档】，查看接口的使用方法。以上操作如图 7-8 所示。

图 7-7　BIMFACE 官网主页

图 7-8　进入 API 接口文档

进入 API 接口文档后，依次选择左侧树形菜单中的【接口文档】|【访问凭证】|【获取模型的 Access Token】，即可得到获取 Access Token 的方法。该 Token 可通过向指定网址发送 POST 请求实现，其中，请求头中包括一项必填字段，字段名称为 Authorization，值为将字符串 appKey:appSecret 拼接后（中间用冒号连接），对其进行 BASE64 编码，然后在编码后的字符串前添加字符串 Basic 和一个空格构成的字符串，即："Basic" + " " + Base64Encode（appKey + ":" + appSecret）。以上操作如图 7-9 所示。

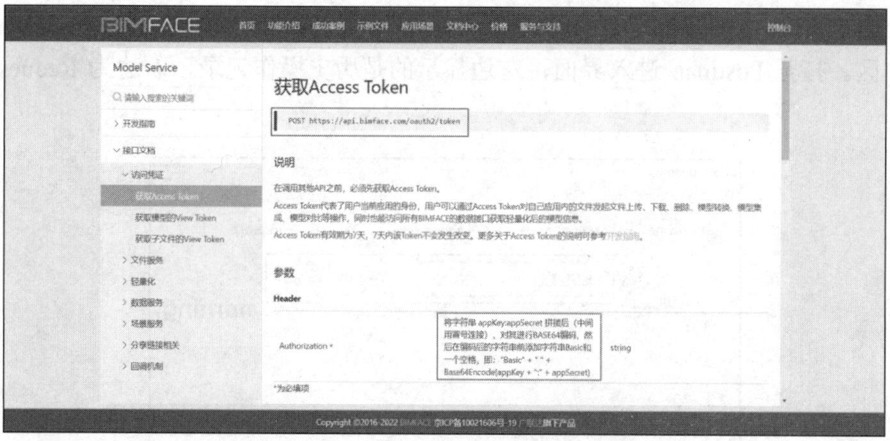

图 7－9　获取 Access Token 的方法

AppKey 和 AppSecret 需从 BIMFACE 的个人账户中获取。用户在完成账户注册并登录后，进入控制台，单击【应用详情】，即可在弹窗中查看属于该账户的 AppKey 和 AppSecret，进而使用这些数据进行各项操作，如图 7－10 所示。

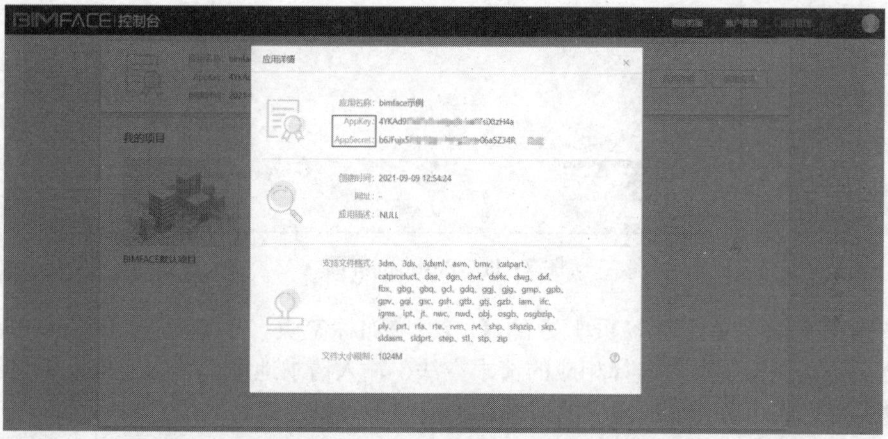

图 7－10　获取 AppKey 和 AppSecret

Postman 是一个常用的接口测试工具，在做接口测试的时候，Postman 相当于一个客户端，它可以模拟用户发起的各类 HTTP 请求，将请求数据发送至服务端，获取对应的响应结果，从而验证响应中的结果数据是否和预期值相匹配。

利用 Postman 软件，开发人员能够及时处理 API 接口中的故障，进而保证产品的稳定性和安全性。本节使用该软件模拟各种 HTTP 请求（如 GET/POST/DELETE/PUT 等），该软件与浏览器的区别在于部分浏览器不能输出 Json 格式数据，而 Postman 能更直观地展示接口返回的结果。

在使用该 API 接口前，需要测试该接口，用以验证接口的有效性和使用方法的正确性。目前，用于 API 接口测试的软件有 eolinker、jmeter、Postman 等，本节采用 Postman 软件对该接口进行测试。

从官网（https://www.postman.com/）下载 Postman 软件安装包并安装软件，打开软件后界面如图 7-11 所示。单击导航栏中的【Workspaces】，输入工作区名称，单击【Create Workspace】创建工作区。打开 Postman 进入界面，左边显示的是历史操作记录，右边为 Request 请求主界面。

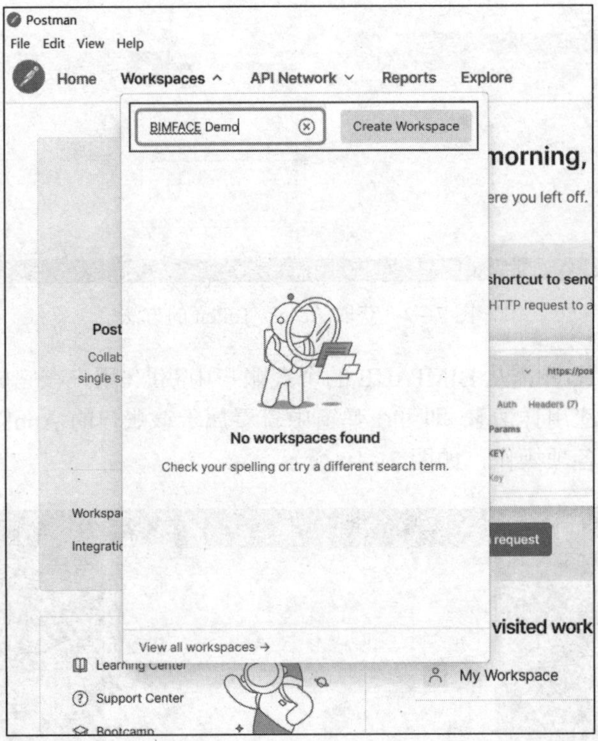

图 7-11　Postman 界面

在请求主界面中单击标签页上方的【+】，增加标签页，创建新的 Request 请求，如图 7-12 所示。在标签页内选择相应的请求方法、输入请求地址、单击【Send】按钮进行请求的发送。发送成功后会出现相应的请求、响应结果码以及耗时等信息。

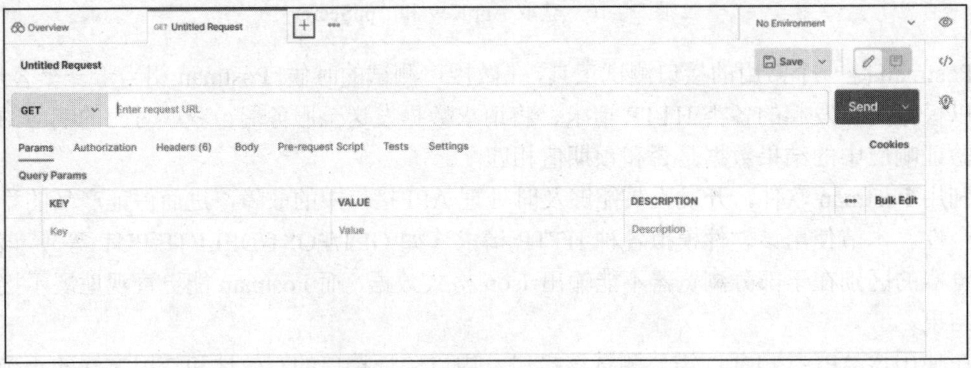

图 7-12　创建新的 Request 请求

API 接口文档提供了获取 Access Token 时发送请求的示例，内容包括：① 请求方法为 POST 方法；② 路径为 https://api.bimface.com/oauth2/token；③ 请求头示例，如图 7-13 所示。参照该文档，可利用 Postman 软件测试 BIMFACE 提供的接口。

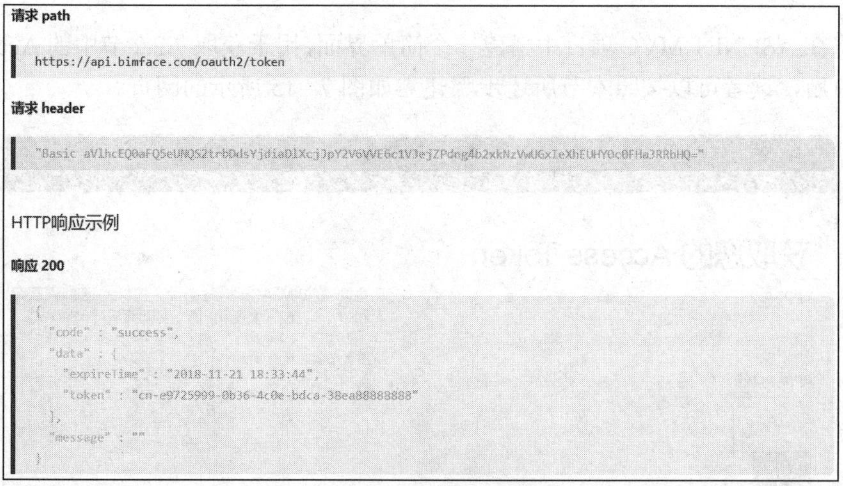
请求 path
https://api.bimface.com/oauth2/token
请求 header
HTTP响应示例
响应 200
"code" : "success",
"data" : {
"expireTime" : "2018-11-21 18:33:44",
"token" : "cn-e9725999-0b36-4c0e-bdca-38ea88888888"
"message" : ""

图 7-13　API 接口文档发送请求的示例

在 Request 请求主界面中的下拉框中选择 POST 请求；请求路径输入框中填入 API 接口的路径；在请求配置的 Headers 标签页中输入请求头，包括“Content-Type”，其值为“application/json”，以及“Authorization”，其值为经过 BASE64 编码的 appKey 和 appSecret 字符串，字符串的 BASE64 编码可通过在线编码平台（如 https://base64.us/）实现。

填入相关信息后，单击【Send】按钮，发送 HTTP 请求。发送成功后，结果框中会出现相应的响应体、响应结果码以及耗时等信息。对于 Access Token 的 API 接口，成功发送请求时的响应结果码为 200，响应体中包含 code、data、message。其中 code 表示请求是否成功，data 字段中包含了 Token 的到期时间以及 Token 值。使用 Postman 发送请求并测试接口如图 7-14 所示。

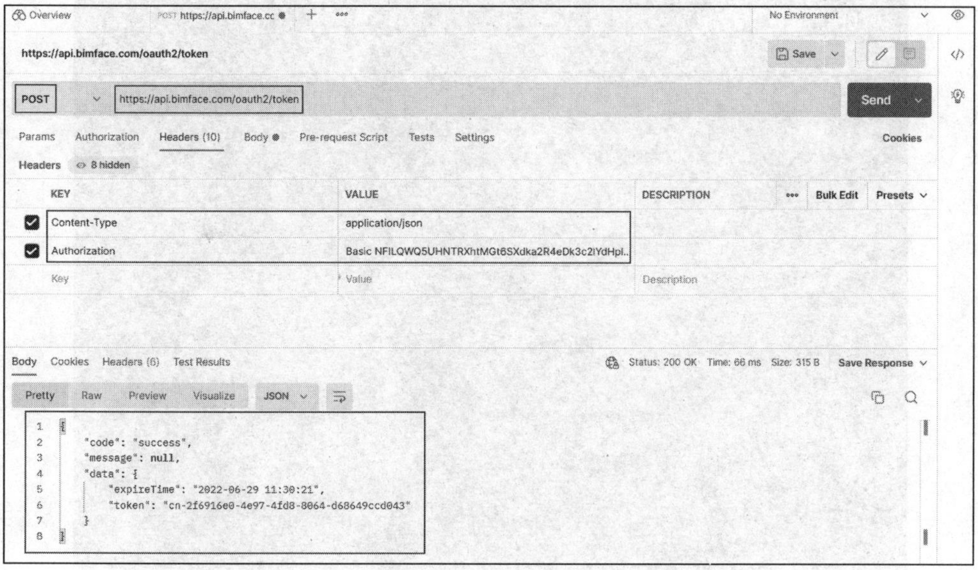

图 7-14　使用 Postman 发送请求并测试接口

7.2.3 访问凭证获取界面的搭建

本节将在 ASP.NET MVC 项目中搭建一个简单界面，用于获取 7.2.2 节中的 Access Token。在本节结束后，读者可以按照本节所述步骤建立如图 7–15 所示的网页。

图 7–15　访问凭证获取界面示例

根据 BIMFACE 接口文档的介绍，获取访问凭证前需要查询用户的 appKey 和 appSecret。因此图 7–15 中设置了两个文本框用于输入两项信息，同时，文本框下方设置了一个【获取】按钮用于提交信息，发起 HTTP 请求。

控制器是 MVC 项目中的重要组成部分，它用于实现前后端交互，完成数据操作。为实现获取访问凭证，本节在"Controllers"文件夹下添加了一个控制器，并命名为"TokenController"，该控制器的类型为"MVC5 控制器–空"，如图 7–16 所示。

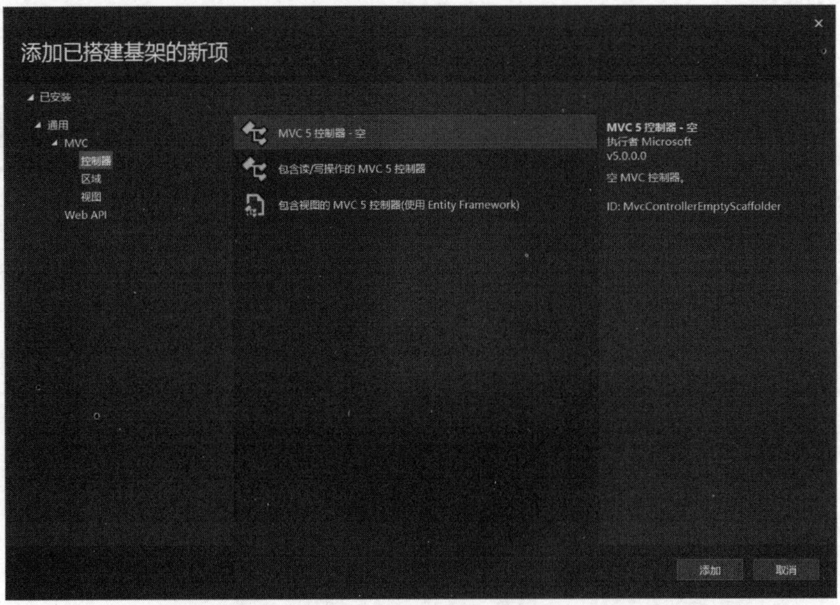

图 7–16　添加控制器

本节在 Views 文件夹下的 Token 文件夹中添加了一个视图。Views 文件夹代表存放视图的文件夹，而 Token 文件夹与 TokenController 文件相对应，表示 Token 控制器可操作 Token 文件夹下的视图。在【添加视图】的对话框中定义视图名称为“AddNewToken”，如图 7－17 所示。其中，视图的命名采用了帕斯卡命名法，即文件名中每一个单词的首字母都采用大写字母。

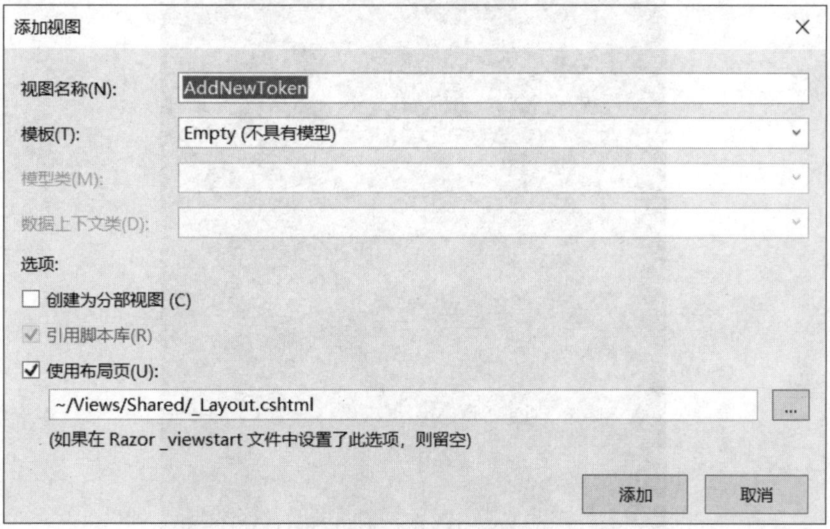

图 7－17　添加视图

在添加视图时，需要选择布局页。本例采用“Shared”文件夹下的“_Layout.cshtml”文件作为布局页，如图 7－18 所示。布局页可表示应用程序中每个页面的布局，使 ASP.NET MVC 中的 Views 保持一致的外观，与 ASP.NET WebForms 的 Master Pages 功能相似。

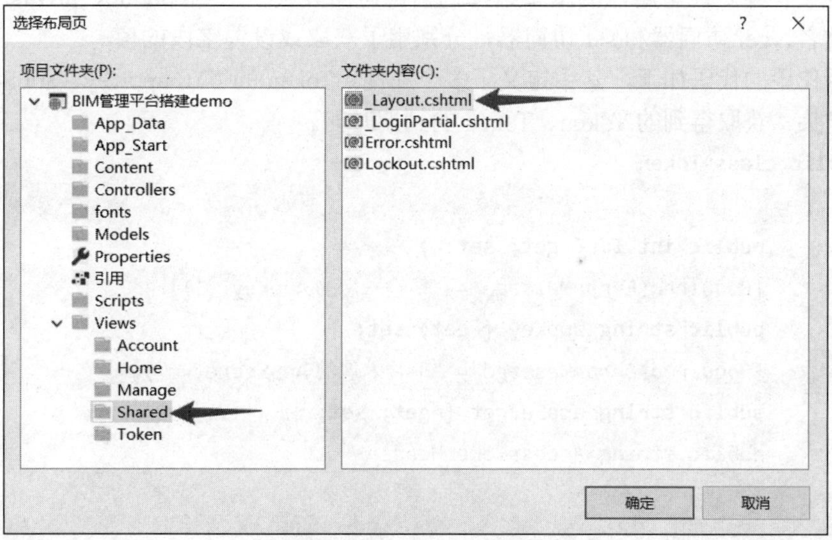

图 7－18　选择布局页

在项目中的 Models 文件夹下新增模型文件 Token.cs，文件类型为“类”，用于向 Token

控制器和 Token 文件夹下的视图页面提供模型。

本节新增的模型文件、控制器文件、视图文件如图 7–19 所示。本节将利用这三个文件，创建获取 Access Token 的前端页面和后端资源，并以此为例介绍 MVC 模型的基本使用方法。

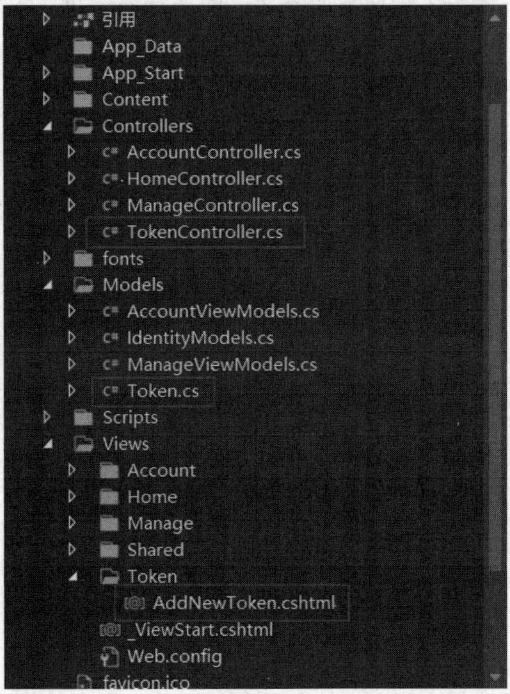

图 7–19　新增的文件

打开模型文件 Token.cs，文件中包含一个空的类“Token”，该类由项目自动创建，用户可在其中定义各种属性。属性的基本结构包括可访问关键字（如 public、private 等）、class 关键字、类名、get 访问器和 set 访问器，分别用于获取或设置字段的值。

本节所使用的代码如下，其中定义了多个属性：Token 的 ID、appKey、appSecret、发送请求的请求头、获取得到的 Token、Token 的到期时间。

```
public class Token
    {
        public int Id { get; set; }
        [Required(ErrorMessage = "请输入您的 AppKey。")]
        public string appKey { get; set; }
        [Required(ErrorMessage = "请输入您的 AppSecret。")]
        public string appSecret { get; set; }
        public string accessTokenHeader
        {
            get
            {
                return "Basic" + " " +
```

```
Convert.ToBase64String(Encoding.ASCII.GetBytes(appKey + ":" + appSecret));
        }
    }
    public string accessToken { get; set; }
    public DateTime expireTime { get; set; }
```

其中，属性 accessTokenHeader 设置了 get 访问器中的返回值，应用了 Convert.ToBase64String 方法将原始字符串进行 BASE64 编码。

项目在 TokenController 中自动生成了 Index()方法，其中返回值的类型为 ActionResult。在 C#中，ActionResult 类型是一个常用的父类型，其中包括多个子类型变量，如表 7–1 所示。其中 ViewResult 类型的返回值最常见，该返回值使用 View()方法提供，表示该控制器对应的视图界面。

表 7–1　ActionResult 类型及对应的方法

类型	Helper 方法
ViewResult	View()
PartialViewResult	PartialView()
ContentResult	Content()
RedirectResult	Redirect()
RedirectToRouteResult	RedirectToAction()
JsonResult	Json()
FileResult	File()
HttpNotFoundResult	HttpNotFount()
EmptyResult	

在本节的控制器中，Index()方法的返回值为“View(“AddNewToken”)”，表示执行该方法后，项目将返回名为“AddNewToken”的视图界面，代码如下：

```
public ActionResult Index()
    {
        return View("AddNewToken");
    }
```

在名为“AddNewToken”的视图界面中，用户可通过前端编程语言设计页面的样式。本节采用了 Razor 语法将前端页面和后端模型相关联。Razor 是一种标记语法，可以将基于服务器的代码（Visual Basic 和 C#）嵌入到网页中。基于服务器的代码可以在网页传送给浏览器时，创建动态 Web 内容。当一个网页被请求时，服务器在返回页面给浏览器之前先执行页面中的基于服务器的代码。通过服务器的运行，代码能执行复杂的任务，如进入数据库。

本节定义的代码如下：

```
@using Microsoft.Ajax.Utilities
@model BIM管理平台搭建demo.Models.Token
@{
```

```
    ViewBag.Title = "获取您的 Access Token";
    Layout = "~/Views/Shared/_Layout.cshtml";
}
<p>
    <h2>获取您的 Access Token</h2>
</p>
<div class="row">
    <div class="col-md-4">
        @using (Html.BeginForm("GetAccessToken", "Token"))
        {
            <div class="form-group">
                @Html.LabelFor(m => m.appKey)
                @Html.TextBoxFor(m => m.appKey,
                                 new { @class = "form-control" })
                @Html.ValidationMessageFor(m => m.appKey)
            </div>
            <div class="form-group">
                @Html.LabelFor(m => m.appSecret)
                @Html.TextBoxFor(m => m.appSecret,
                                 new { @class = "form-control" })
                @Html.ValidationMessageFor(m => m.appSecret)
            </div>
            <button type="submit" class="btn btn-primary js-gettoken">获取
</button>
        }
    </div>
    <div class="col-md-4">
        <p>
      请登录您的 BIMFACE 账号，在个人控制台顶部即可获得 AppKey，单击右侧“应用详情”，
即可查看 AppSecret
        </p>
        <p><a class="btn btn-default" href="https://bimface.com/">
进入 BIMFACE »</a></p>
    </div>
</div>
```

其中，@model 关键字定义了 Index()动作里所对应的模型，即“BIM 管理平台搭建 demo”项目中“Models”文件夹下的“Token”类文件。

ViewBag.Title 属性是一个字符串对象，它用于在视图中定义页面的 Title 属性，该字段会在标签页的标签中显示。

“@using(Html.BeginForm(“GetAccessToken”, “Token”)){}”表示生成一个表单，表单的内容位于{}之内，当该表单提交时，数据将采用 POST 请求表单的形式提交至 Token 控制器的 GetAccessToken 动作中。

@Html.LabelFor()、@Html.TextBoxFor()、@Html.ValidationMessageFor()为用 Razor 语法表示的 HTML 帮助器方法，分别用于返回一个 Label 元素、生成一个文本输入框、定义控件的验证信息。除以上三个方法外，常用的 HTML 帮助器方法还有很多，如表 7-2 所示。

表 7-2　常用的 HTML 帮助器方法及其功能

HTML 帮助器方法	功能
@Html.ActionLink()	用于在 HTML 页面中创建超链接
@Html.TextBox()	用于创建文本框
@Html.CheckBox()	用于创建复选框
@Html.RadioButton()	用于创建 Radio 按钮
@Html.BeginFrom()	用于开始创建表格
@Html.EndFrom()	用于结束表格内容
@Html.DropDownList()	用于创建下拉框
@Html.Hidden()	用于创建隐藏区域
@Html.label()	用于创建标签
@Html.TextArea()	用于创建文本输入区域
@Html.Password()	用于创建密码输入框
@Html.ListBox()	用于创建列表

前述代码第 26 行中的 button 控件具有“submit”的类型，表示一旦该按钮被按下，该按钮所属的表单数据将被提交。该控件还具有“btn btn-primary js-gettoken”的 class 类型，这一类型属于 Bootstrap 定义的类。

Bootstrap 是美国 Twitter 公司基于 HTML、CSS、JavaScript 开发的简洁、直观、强悍的前端开发框架，使得 Web 开发更加快捷。Bootstrap 提供了优雅的 HTML 和 CSS 规范，可供用户直接使用。

为在本项目中使用 Bootstrap，使按钮控件的“btn btn-primary js-gettoken”的 class 类型生效，读者可使用 Nuget 在 Visual Studio 中安装 bootstrap 工具包。Nuget 是一个.NET 平台下的开源的项目，是 Visual Studio 的一个扩展，Nuget 能把在项目中添加、移除和更新引用的工作变得更加快捷方便。

单击 Visual Studio 上方导航栏中的【工具】，在下拉菜单中选择“NuGet 包管理器”，并在下一级菜单中选择“管理解决方案的 NuGet 程序包”，进入 NuGet 程序包管理器，如图 7-20 所示。

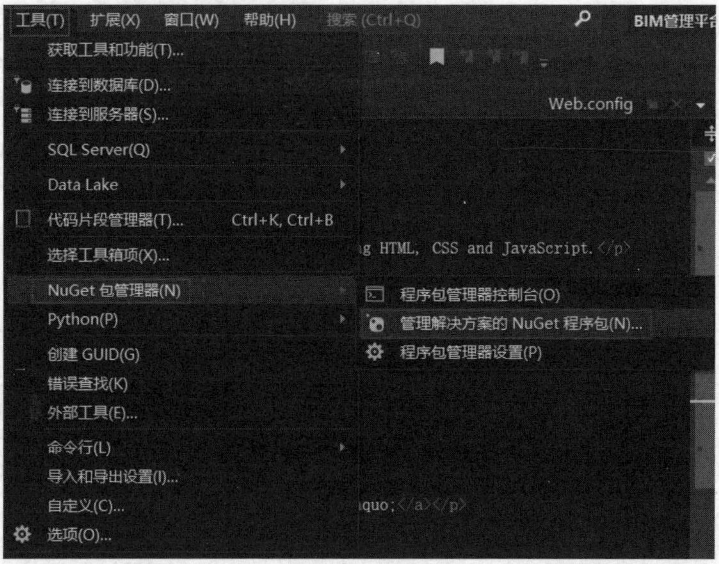

图 7－20　使用 Visual Studio 中的 NuGet 插件

在 NuGet 程序包管理器中的【浏览】标签页的搜索框中输入“bootstrap”，单击搜索结果中的【bootstrap】，界面右侧弹出 bootstrap 工具包在本项目中的安装情况，默认情况下 Visual Studio 自动安装 bootstrap3，如用户需使用最新版本的 bootstrap，则可选择所需工具包的版本，单击【安装】按钮，项目中的工具包即可更新，如图 7－21 所示。

图 7－21　安装 bootstrap

完成 bootstrap 的安装以后，还需将 bootstrap 的格式文件路径填入对应的配置文件中。在创建 ASP.NET MVC 项目时，系统默认在 App_Start 文件夹中创建了 BudleConfig.cs 配置文件。在这个配置文件中，Bundles.Add 是在向网站的 BundleTable 中添加 Bundle 项，这里主要有 ScriptBundle 和 StyleBundle，分别用来压缩脚本和样式表。

在 BundleConfig.cs 文件中，读者可以采用以下代码将 bootstrap 中的脚本文件压缩至 Bundle 中：

```
bundles.Add(new ScriptBundle("~/bundles/bootstrap").Include(
                    "~/Scripts/bootstrap.js"));
```

为了解 bootstrap 工具箱中的各项参数所代表的含义，读者可访问如图 7-22 所示的官网（https://getbootstrap.com/docs/3.4/），单击页面上方导航栏中的【CSS】，了解全局 CSS 样式。HTML 的基本元素均可以通过页面控件的 Class 进行样式设置并得到增强效果。

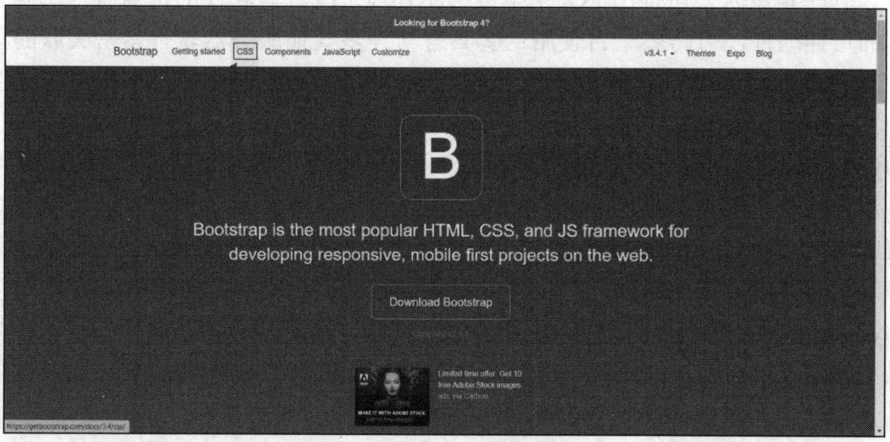

图 7-22　官网

在 bootstrap 提供的参考文档中单击右侧菜单中“Buttons”下的“Options”，查看按钮控件的各种选项，左侧页面中展示了各种 Class 类型对于按钮外观的影响，bootstrap 提供的参考文档中的按钮样式如图 7-23 所示。

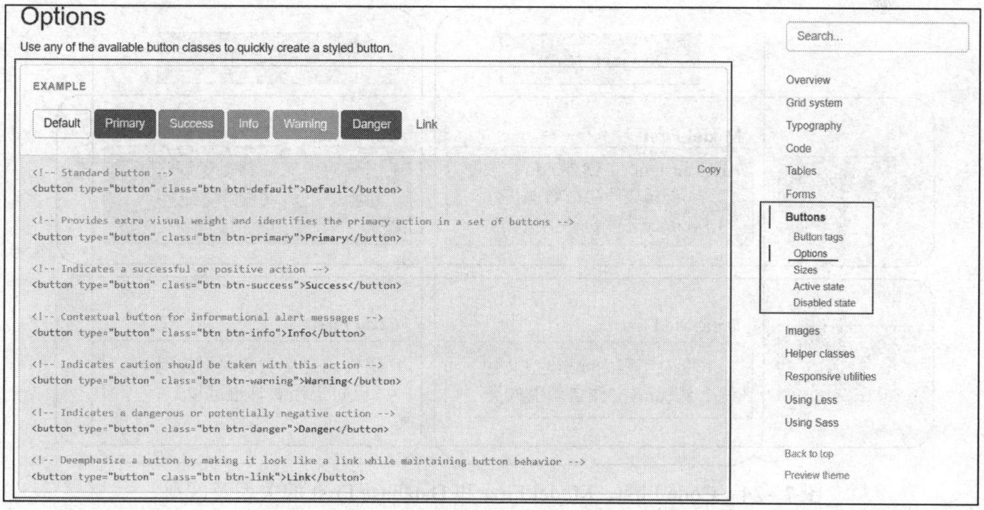

图 7-23　bootstrap 提供的参考文档中的按钮样式

读者将在下一节中实现如何将页面与 BIMFACE 平台实现交互，获取 Token 并存储到数据库中。

7.2.4 访问凭证的管理和使用

7.2.4.1 Entity Framework 与 Code First

当用户使用 7.2.3 节的界面获取初始信息，并单击【获取】按钮时，需要将前端的表单提交给后台，并在 API 接口返回 Token 值时将返回值存入数据库中。本节将使用 SQL Server 作为数据库引擎，并采用 Entity Framework 将项目中的模型映射至数据库。

SQL Server 是微软公司推出的关系型数据库管理系统。该软件的优点有：①具有适合分布式组织的可伸缩性，可跨多平台使用；②具有与许多其他服务器软件紧密关联的集成性；③图形化用户界面，系统管理和数据库管理更加直观、简单易用；④开发成本低且具有高效性。

Entity Framework 同样是微软公司开发的一款平台，是一款对象关系映射器，亦即 ORM，它可以让用户将关系型数据作为业务模型来使用，也消除了开发者为数据访问编写绝大多数管道代码的需要。Entity Framework 提供了一个综合的、基于模型的系统，通过摆脱为所有的领域模型编写相似的数据访问代码，使得开发者创建数据访问层的难度大幅度降低。

Entity Framework 通过开启数据访问和将数据表示为概念化模型（即一系列的实体类和关系）减轻了创建数据访问层的任务。应用程序可以执行基本的 CRUD 操作，以及轻松地管理实体间的一对一、一对多和多对多关系。

Code First 是 Entity Framework 的一种技术手段，从字面上理解就是代码先行，因为传统编程方式都是先建立数据库，然后根据数据库模型为应用程序建模，最后进行开发；而 Code First 手段采用不同的方法，先在程序中建立要映射到数据库的实体结构，然后使用 Entity Framework 根据实体结构生成所对应的数据库。Code First、Model First 和 Database First 的关系及区别如图 7-24 所示。

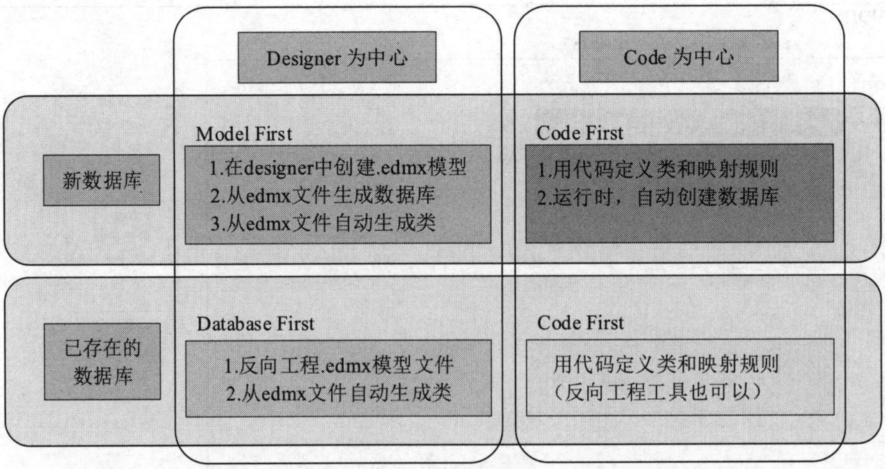

图 7-24 Code First、Model First 和 Database First 的关系及区别

在开发项目时，用户需要经常对项目的模型进行更改，因此其对应的数据库也需要进行相应更改，如增加修改表字段等。Entity Framework 为用户提供了一项便于操作数据库的功能——Migrations。Migrations 的作用是跟踪数据库的改变。本节将使用 Migrations 构建数据

库文件，并对该文件内容进行更新。

在进行数据库迁移操作前，需要打开项目 Model 文件夹中的 IdentityModels.cs 文件，并在该文件中的 ApplicationDbContext 类中加入如下属性：

```
public class ApplicationDbContext : IdentityDbContext<ApplicationUser>
    {
        public DbSet<Token> Tokens { get; set; }
    }
```

其中，ApplicationDbContext 类指的是数据库上下文模型，用于建立项目对应的数据库。属性的类型为 DbSet<Token>，其中 Token 为在 Models 文件夹下 Token.cs 文件中的 Token 类。

完成属性设定后即可进行数据库迁移操作。首先单击导航栏中的【工具】，在下拉菜单中选择“NuGet 包管理器”，并选择“程序包管理器控制台”，如图 7–25 所示。

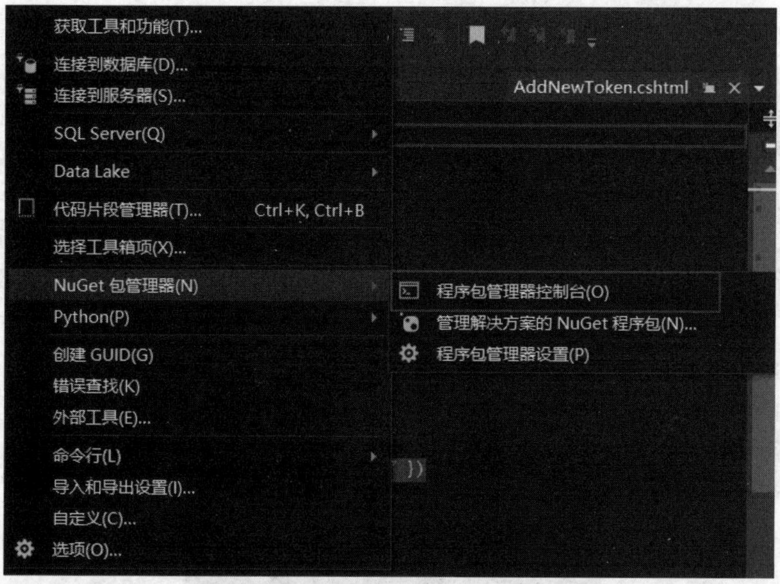

图 7–25　打开程序包管理器控制台

打开后的程序包管理器控制台位于 Visual Studio 软件操作页面的下方，该控制台需要采用脚本语言对 Nuget 工具进行操作，使用命令行操作的优点是操作灵活度很高，操作更加便捷。首先，在控制台中输入命令“enable-migrations”启用迁移操作，如图 7–26 所示。

图 7–26　程序包管理器控制台及其基本操作

随后，在该控制台中执行 Code First Migrations 操作。该操作需要使用两个命令：用于创建基于上一次迁移以来的更改的迁移节点文件命令“Add-Migration”，以及将挂起的迁移应用到数据库的命令“Update-Database”。

在使用“add-migration”时，该命令后需要加入迁移节点的名称。为便于阐明迁移节点的内容，方便后续编辑过程中将数据模型返回到特定节点，读者可将迁移节点的名称设置为具体的修改内容。例如，如果读者在该项目中首次使用该迁移方式，可以将节点名称设置为“InitialModel”，如图 7-27 所示。

图 7-27　使用控制台进行迁移操作

在完成数据迁移节点文件的创建后，读者可在项目的“Migrations”文件夹下找到创建的节点文件，如图 7-28 所示。节点文件的内容如图 7-29 所示，包括 Up 和 Down 两个方法，这两个方法中记载了对数据库表格结构的修改过程，一般情况下这个文件的内容无需修改，如果用户需要向数据库中加入特定的数据，或对数据库进行特殊调整，可向上述两个方法内加入自定义的 SQL 语句。

完成节点文件创建后，用户可在控制台中输入“Update-Database”开始执行迁移操作，并把数据库更新到最新的迁移文件对应的版本。该命令有几个常用的参数，此处列举以下两条记录。

（1）Update-Database -Verbose：查看迁移在数据库中执行的详细操作。

（2）Update-Database -TargetMigration ChangeSet1：指定目标迁移版本，可应用于需要退回到指定版本的情况。

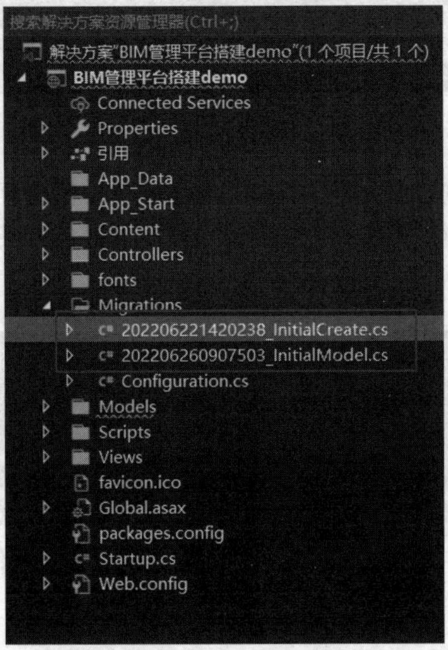

图 7-28　创建的节点文件

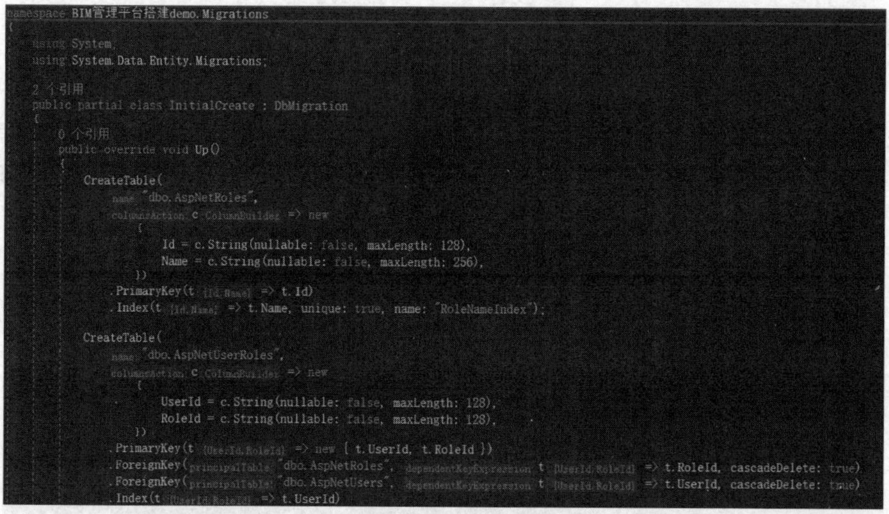

图 7－29　节点文件的内容

单击【解决方案资源管理器】上方的【显示所有文件】图标，如图 7－30 所示。“App_Data”文件夹下方会出现一个文件，该文件即为项目对应的数据库文件，打开该文件后界面弹出“服务器资源管理器”。

在管理器中，用户可以了解 Entity Framework 生成的表格结构，Token 表格的结构如图 7－31 所示，表格包括“Id”“appKey”“appSecret”“accessToken”“expireTime”五个字段，与 Token 模型文件中定义的属性相对应。其中，“Id”字段为主键。

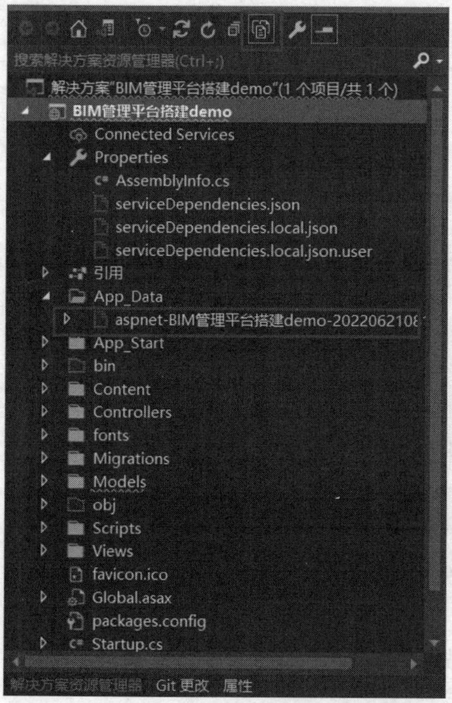

图 7－30　数据库文件

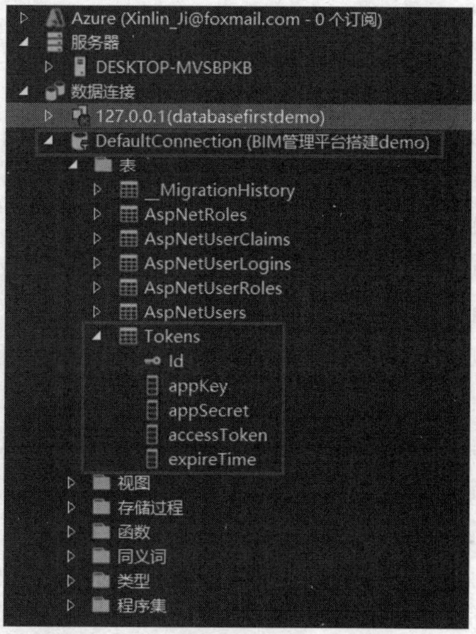

图 7－31　数据库 Token 表格结构

7.2.4.2 获取访问凭证

在上一节中，表单将被提交至控制器的 GetAccessToken 方法中，该方法的输入值为 Token 类型的变量，返回值为 ActionResult。该方法分为四个步骤：判断输入值是否符合要求——发送 POST 请求——向数据库中存入 Token——显示 Token 值。表单提交后执行的方法如图 7–32 所示。

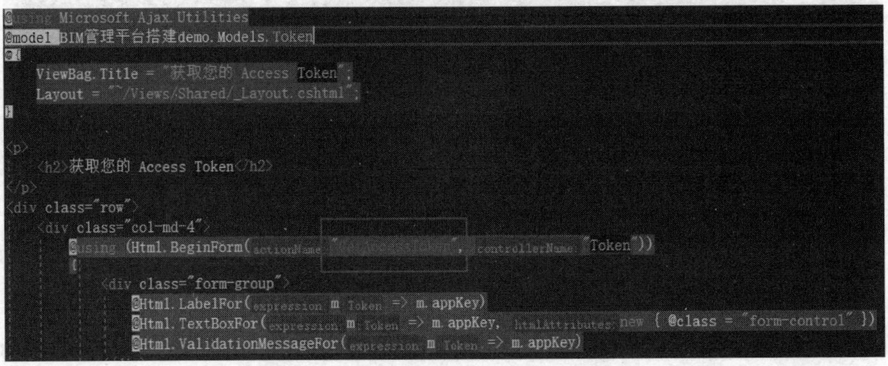
Microsoft.Ajax.Utilities
@model BIM管理平台搭建demo.Models.Token
ViewBag.Title = "获取您的 Access Token";
Layout = "~/Views/Shared/_Layout.cshtml";
<p>
<h2>获取您的 Access Token</h2>
</p>
<div class="row">
<div class="col-md-4">
(Html.BeginForm(, "Token"))
<div class="form-group">
@Html.LabelFor(m => m.appKey)
@Html.TextBoxFor(m => m.appKey, new { @class = "form-control" })
@Html.ValidationMessageFor(m => m.appKey)

图 7–32　表单提交后执行的方法

该方法的实现过程代码如下：

```
public ActionResult GetAccessToken(VisitToken visitToken)
        {
            if (!ModelState.IsValid)
            {
                return View("AddNewToken",visitToken);
            }
            var http = WebRequest.
CreateHttp("https://api.bimface.com/oauth2/token");
            http.Method = "POST";
             http.Headers.Add("Authorization",
visitToken.accessTokenHeader);
             WebResponse PostResponse = http.GetResponse();
             StreamReader reader =
new StreamReader(PostResponse.GetResponseStream());
             String PostResult = reader.ReadToEnd();
             string[] resultArray = Regex.Split(PostResult,
"code\":\"|\"expireTime\":\"|\",\"|token\":\"|\"}}",
RegexOptions.IgnoreCase);
             if (resultArray[1] != "success")
             {
                 return View("BadToken");
```

```
22.             }
23.             visitToken.expireTime = Convert.ToDateTime(resultArray[3]);
24.             visitToken.accessToken = resultArray[5];
25.             _context.VisitTokens.Add(visitToken);
26.             _context.SaveChanges();
27.             return View("SuccessToken", visitToken);
```

上述代码第 3～6 行用于判断输入值是否符合要求。如果输入的变量符合模型要求，!ModelState. IsValid 值为 False，反之则为 True。若输入值不符合要求，则页面继续显示为表单的输入页面。

第 7～18 行用于发送 POST 请求。其中，WebRequest.CreateHttp 用于指定请求地址；http.Method 用于指定请求方法；http.Headers.Add 用于添加请求头中的各项参数；http.GetResponse 用于发送请求。发送请求后，使用 StreamReader 读取请求对应的响应。

第 19～22 行用于判断请求结果是否成功，如果成功则进行下一步操作，如果不成功，则将页面跳转至 BadToken 页面，显示获取 Token 发生错误，如图 7-33 所示。

图 7-33　获取 Token 发生错误的信息提示

第 23～24 行用于提取响应结果，并将响应结果存储至 visitToken 模型中。

第 25～26 行将 Token 值及到期时间存储至数据库中。

最后，第 27 行代码将页面跳转至 SuccessToken 页面，并显示信息，如图 7-34 所示。

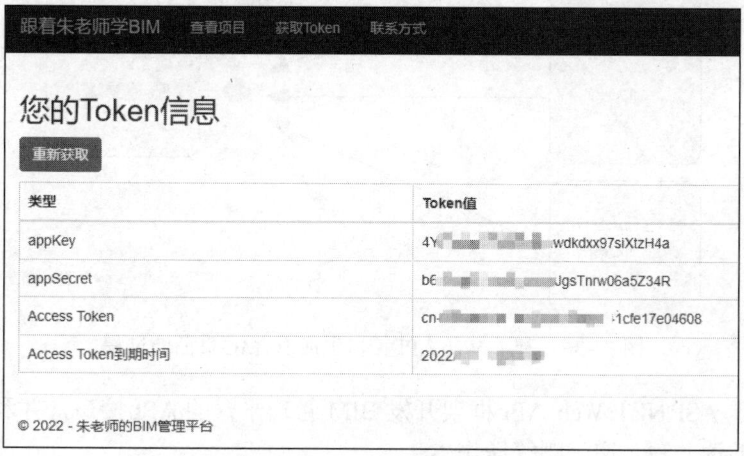

图 7-34　Token 信息显示页面

7.3 平台API接口搭建

当客户向服务器发送请求时，MVC框架将使用一个控制器处理该请求，在大部分情况下，这个控制器中的方法会返回一个受Razor引擎操控的View视图界面，该视图界面会以HTML页面的形式返回给客户，如图7-35所示。在这个过程中，一种生成HTML页面的方法是在服务器端生成，返回给客户。

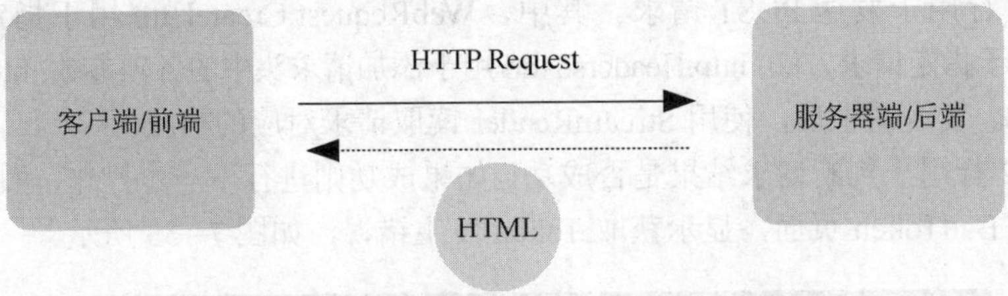

图7-35 传统方式生成HTML页面的过程

另一种生成HTML页面的方法是将该页面在客户端生成，服务器端仅提供原始数据，这种生成方式可以为各类平台的页面提供数据，如图7-36所示。采用这种方法生成的页面具有多个优点：① 节省服务器资源；② 节省带宽，提高平台使用性能；③ 为大量用户及多个平台提供资源和数据。采用这种方法时，服务器提供的数据服务被称为Web Application Programming Interface，简称为Web API。用户基于Web API，可以从服务器端获取多种数据，并基于这些数据开发不同的页面及功能。

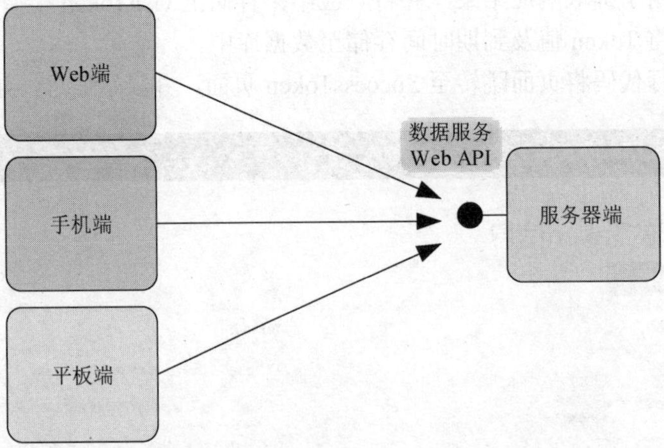

图7-36 基于Web API接口生成HTML页面的过程

本节将基于ASP.NET Web API框架开发BIM管理平台的API接口，并利用该接口实现服务器端数据的读、写、增、删等操作。

7.3.1　前期准备

与 MVC 的工作逻辑一致，在使用 ASP.NET Web API 框架时，用户需要创建控制器。在项目中的 Controllers 文件夹下新增文件夹 Api，用于存放 API 接口控制器。在创建控制器时，用户应选择类型为“Web API 2 控制器 － 空”的控制器，如图 7－37 所示。Visual Studio 将自动为该控制器创建 API 接口所需的代码。

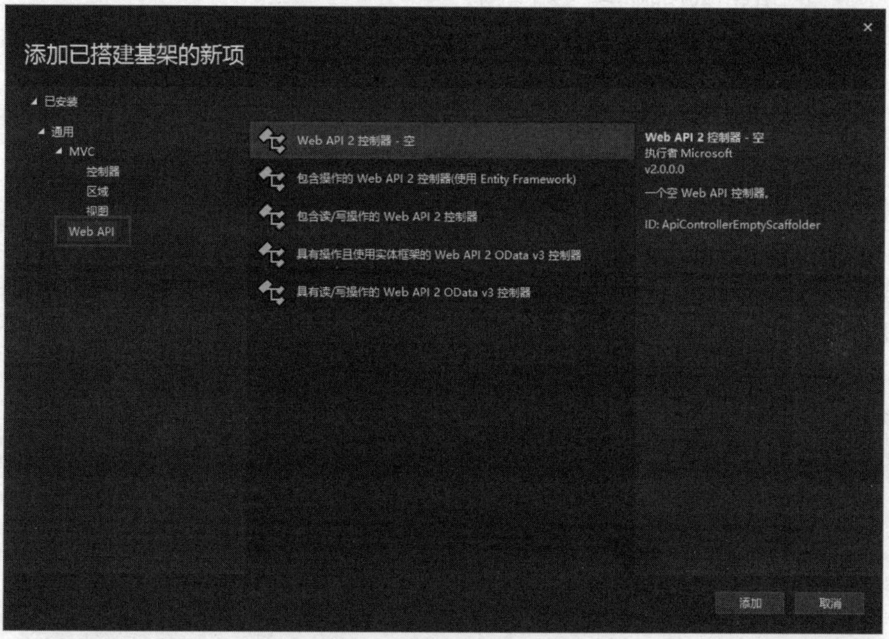

图 7－37　创建 API 控制器

使用 API 控制器前，用户需要在项目的 Global.asax 文件中的 Application_Start 方法中加入语句“GlobalConfiguration.Configure（WebApiConfig.Register）”，对 API 配置文件进行注册。接下来，用户即可利用创建的 API 控制器开发创建 API 接口。

7.3.2　创建数据模型

创建 API 接口前，需要创建对应的数据模型，并利用 Entity Framework 将模型迁移至对应的数据库。本节共创建 BimFile 和 StructuralType 两个数据模型。

BimFile 模型对应的代码如下：

```
public class BimFile
{
    public int Id { get; set; }
    [Required]
    [Display(Name = "模型名称")]
    public string Name { get; set; }
    [Required]
```

```
        [Display(Name = "模型的结构类型")]
        public int StructuralTypeId { get; set; }
        public StructuralType StructuralType { get; set; }
        public DateTime CreateDate { get; set; }
        public string Status { get; set; }
        [Required]
        [Display(Name = "设计者")]
        public string Designer { get; set; }
        public string fieldId { get; set; }
        public string viewToken { get; set; }
    }
```

该模型包括条目序号、模型名称、结构类型的序号、结构类型、文件创建日期、文件状态、设计者、fieldId 和 viewToken 等多个项目。其中，模型名称、结构类型、设计者三个项目的上方采用“[Required]”标注，用以表示该字段为必需字段，用户在添加该项目时必须填写该字段。

StructuralType 模型对应的代码如下：

```
public class StructuralType
    {
        public int Id { get; set; }
        public string Name { get; set; }
        public string ConstructionOrganization { get; set; }
    }
```

该模型包括条目序号、结构类型名称、建设单位三个项目。

经过 Entity Framework 对模型进行迁移，在得到的数据库中，BimFile 对应的表格中 StructuralTypeId 为索引，StructuralType 为外键，用以和 StructuralType 模型对应的表格形成联系。

7.3.3 AutoMapper

在创建 API 接口时，需要使用 AutoMapper 建立客户端数据和服务器端数据的交互。本节将介绍 AutoMapper 的使用方式，为后续 API 接口的开发做准备。

AutoMapper 是一个轻量级的类库，主要功能是把一个对象转换成另一个对象，而避免用户每次手工转换客户端数据对象和服务器端数据对象。该类库有几种常见的使用场景：① 开发对外服务接口，把逻辑层的实体转换成客户需要的字段；② UI 展现层，把业务对象转换成 UI 需要展现的字段；③ 用户的输入和输出，把 DTO（data transfer object，数据传递对象）与领域模型互转。

读者可以参考以下范例，熟悉 AutoMapper 的使用方法。首先，创建新项目，项目类型为“控制台应用 (.NET Framework)”，如图 7−38 所示。

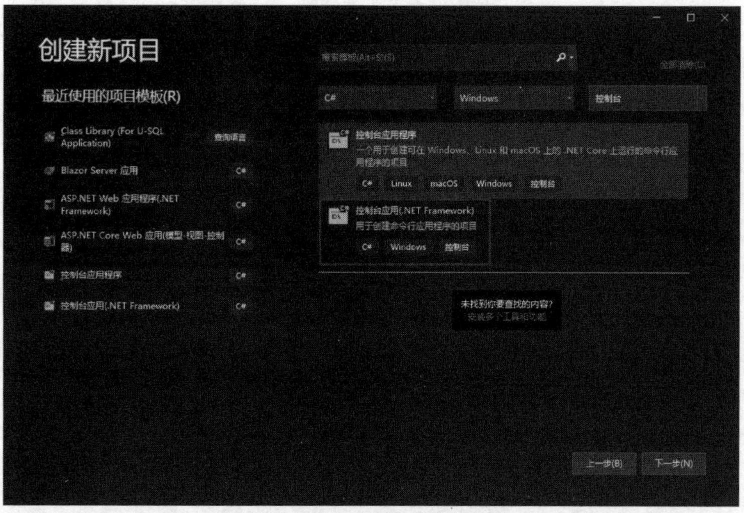

图 7－38　新建控制台应用 (.NET Framework)

然后，在 NuGet 解决方案管理器中安装 AutoMapper 类库，如图 7－39 所示。在该项目中创建如图 7－40 所示的文件结构。

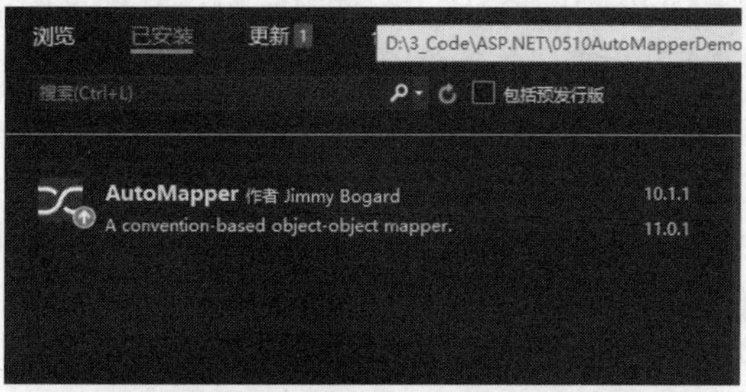

图 7－39　安装 AutoMapper 类库

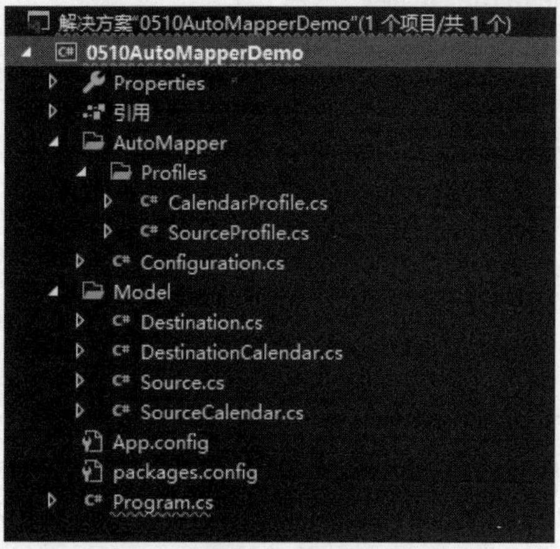

图 7－40　AutoMapper 示例项目文件结构

其中，“AutoMapper”文件夹用于存放配置文件。“Model”文件夹用于存放数据模型，“Program.cs”文件用于控制项目、使用 AutoMapper、使用数据模型等功能。

本节将介绍 AutoMapper 建立数据对象间映射关系的两种方法。首先，在配置文件 Configuration.cs 中创建一个 Configration 类，用来配置 Mapper，代码如下：

```
1. class Configuration
2.   {
3.        public static IMapper Mapper;
4.        public static void Configure()
5.        {
6.            var config = new MapperConfiguration(c =>
7.            {
8.                c.AddProfile<SourceProfile>();
9.                c.AddProfile<CalendarProfile>();
10.            });
11.           Mapper = config.CreateMapper();
12.         }
13.    }
```

上述第 6 行代码使用了 MapperConfiguration 类，并在其中添加了两个 Profile 文件。代码中第 8 行、第 9 行中的“c.AddProfile<>()”用于将 Profiles 文件夹中的各项文件注册于配置文件中。通常情况下，用户可以把一个数据模型转换成另一个数据模型的映射都写成一个 Profiles 文件，并添加到 MapperConfiguration 中，最后利用 CreateMapper 实例化 Mapper，完成配置。

在各 Profiles 文件中，SourceProfile.cs 文件用于 Source.cs 模型和 Destination.cs 模型之间的转换。Source.cs 模型代码如下：

```
class Source
{
    public int SomeValue { get; set; }
    public string AnotherValue { get; set; }
}
```

Destination.cs 模型代码如下：

```
class Destination
{
    public int SomeValue { get; set; }
}
```

以上两个模型均具有相同的字段“SomeValue”，而 Source 类中的字段“AnotherValue”为其特有字段。利用 AutoMapper 即可将两个模型中的共有字段“SomeValue”进行连接，SourceProfile.cs 文件代码如下所示。“CreateMap<>()”用于关联两个模型。

```
class SourceProfile : Profile
{
    public SourceProfile()
    {
```

```
        CreateMap<Source, Destination>();
    }
}
```

CalendarProfile.cs 文件用于 SourceCalendar.cs 模型和 DestinationCalendar.cs 模型之间的转换。其中，SourceCalendar.cs 模型代码如下：

```
class SourceCalendar
{
    public DateTime Date { get; set; }
    public string Title { get; set; }
}
```

DestinationCalendar.cs 模型代码如下：

```
class DestinationCalendar
{
    public DateTime EventDate { get; set; }
    public int EventHour { get; set; }
    public int EventMinute { get; set; }
    public string DisplayTitle { get; set; }
}
```

以上两个模型无相同的字段。在利用 AutoMapper 将两个模型中的字段进行连接时，需要使用 ForMember 方法，指定两个数据模型中的特定字段，并将两个不同名称的字段进行连接。该方法用于两个实体的属性名不一致时的情况，CalendarProfile.cs 文件代码如下：

```
class CalendarProfile : Profile
  {
      public CalendarProfile()
      {
          CreateMap<SourceCalendar, DestinationCalendar>()
         .ForMember(d => d.DisplayTitle, o => o.MapFrom(s => s.Title))
         .ForMember(d => d.EventHour, o => o.MapFrom(s => s.Date.Hour))
         .ForMember(d => d.EventMinute, o => o.MapFrom(s => s.Date.Minute))
         .ForMember(d => d.EventDate, o => o.MapFrom(s => s.Date));
      }
  }
```

完成上述配置后，即可对 AutoMapper 进行测试。测试代码写于 Program.cs 文件中，代码如下：

```
static void Main(string[] args)
        {
            Configuration.Configure();
            var source = new Source()
            {
```

```
6.                  SomeValue = 100,
7.                  AnotherValue = "Another"
8.              };
9.              var target = Configuration.Mapper.Map<Destination>(source);
10.             Console.WriteLine(target.SomeValue);
11.             var sourceCalendar = new SourceCalendar()
12.             {
13.                 Title = "This is a title.",
14.                 Date = DateTime.Now
15.             };
16.             var destCalendar =
17.         Configuration.Mapper.Map<DestinationCalendar>(sourceCalendar);
18.             Console.WriteLine(destCalendar.EventDate);
19.             Console.WriteLine(destCalendar.DisplayTitle);
20.         }
```

上述第 3 行代码用于配置 AutoMapper，需事先在文件中引入 AutoMapper 命名空间。第 4～10 行实例化了一个 Source 对象，并将两个字段分别指定为“100”和“Another”，并利用 Mapper 将该实例映射于 Destination，输出 Destination 中的“SomeValue”字段即为“100”。第 11～20 行实例化了一个 SourceCalendar 对象，并将两个字段分别指定为“This is a title.”和当前日期及时间，并利用 Mapper 将该实例映射于 DestinationCalendar，输出 DestinationCalendar 模型当中的“EventDate”字段即为当前时间，“DisplayTitle”字段即为“This is a title.”。运行项目后，软件的输出结果代码如下：

```
100
2022/7/1 14:00:00
This is a title.
```

7.3.4 搭建 BIM 文件查询 API 接口

本节将搭建用于查询 BIM 文件的 API 接口，用户通过访问该接口即可获得 BIM 文件的信息，该信息以 JSON 格式返回。

对于 Web 项目，查询信息的操作常以 GET 请求的形式发送。读者可在 API 控制文件 BimfilesController.cs 中增加方法，实现 GET 请求接口，接口代码如下：

```
public IHttpActionResult GetBimFiles()
{
    AutoMapper.Configuration.Configure();
    return Ok(_context.BimFiles
        .Include(f => f.StructuralType)
        .ToList()
        .Select(AutoMapper.Configuration.Mapper.Map<BimFile, BimFileDto>));
}
```

其中，第 3 行使用了 AutoMapper，将 BimFile 类型和 StructuralType 类型的数据模型与数据传递对象相对应。此处使用的数据传递对象可命名为“BimFileDto”和“StructuralTypeDto”。其中 BimFileDto 的内容除 StructuralType 字段以外与 BimFile 模型一致，本节使用 Bimfile Profile.cs 将两者相对应，代码如下：

```
1. public BimfileProfile()
2.         {
3.             CreateMap<BimFile, BimFileDto>();
4.             CreateMap<BimFileDto, BimFile>();
5.             CreateMap<StructuralType, StructuralTypeDto>();
6.         }
```

API 接口的返回值类型为 IHttpActionResult。IHttpActionResult 是 Web API 2 中引入的一个接口，该类型数据是 HttpResponseMessage 的一个工厂类。也是 Web API 中推荐的标准返回值，ApiController 类中也提供了不少标准的工厂函数，如 Json、Ok、NotFound、BadRequest 等。

本节使用的返回值为 Ok()，如果该返回值返回的响应代码为 200，则表示网络响应成功。返回内容为数据库上下文（_context）中的 BimFiles 表格中的内容，同时，启用即时加载（Include），将 StructuralType 与 BimFile 中的数据共同加载，最后，使用 AutoMapper 将数据映射于数据传递对象 BimFileDto。

使用 Postman 测试 BIM 文件查询 API 接口，测试过程如图 7－41 所示。设置请求方法为 GET，请求地址为主机地址加“/api/bimfiles”。发送请求后，接口即可返回响应代码，如果代码为 200，则表示请求成功。如果用户已经在数据库的 Bimfile 表格中手动添加数据，则接口将返回 JSON 形式的数据。由于采用了即时加载方法，数据对应的 StructuralType 数据也会被一道返回。

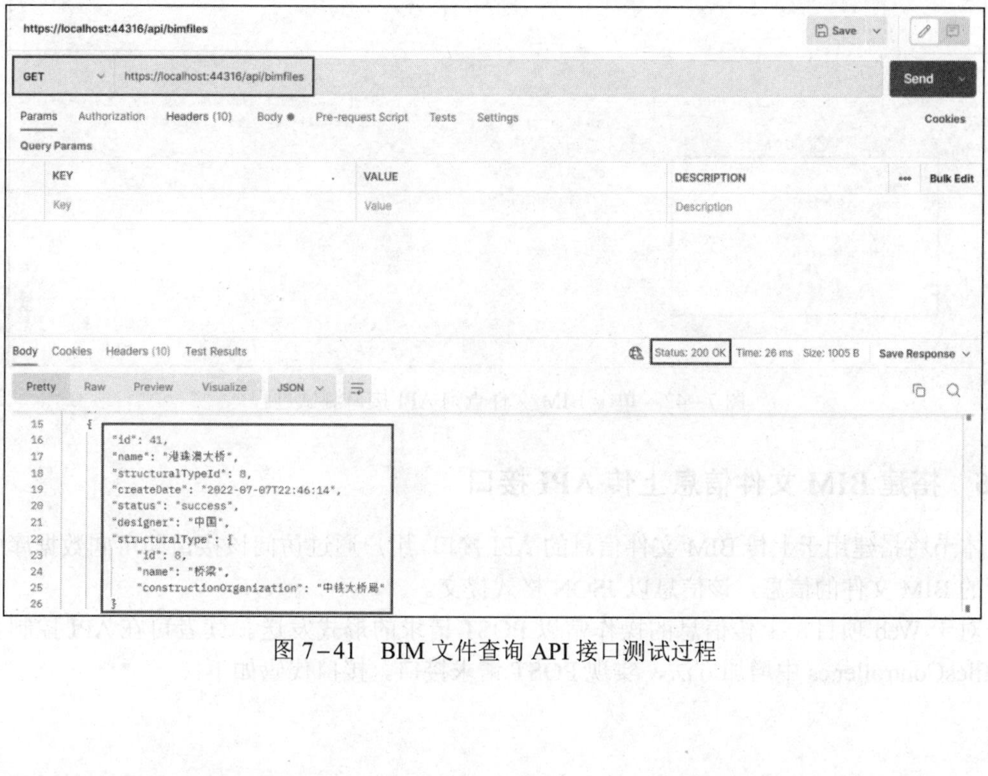

图 7－41　BIM 文件查询 API 接口测试过程

此接口将表格内的所有数据返回给用户，如果用户需要选择特定序号的数据，则可修改 API 接口，增加输入字段 Id，用以指定数据序号，代码如下：

```
public IHttpActionResult GetBimFile(int id)
    {
        var bimfile = _context.BimFiles.SingleOrDefault(f => f.Id == id);
        if (bimfile == null)
        {
            return NotFound();
        }
        AutoMapper.Configuration.Configure();
        return Ok(AutoMapper.Configuration.Mapper.Map<BimFileDto>(bimfile));
    }
```

该接口的输入值为一个整数，利用 SingleOrDefault 从数据库中读取 Id 为输入值的数据条目。如果数据库中没有对应的数据，则值等于 null，如果满足条件的数据数量大于 1，则返回异常。如果该接口未找到对应的数据，则返回 NotFound；反之，则返回所需的数据。单个 BIM 文件查询 API 接口测试过程如图 7−42 所示，输入值可直接添加在请求地址中。

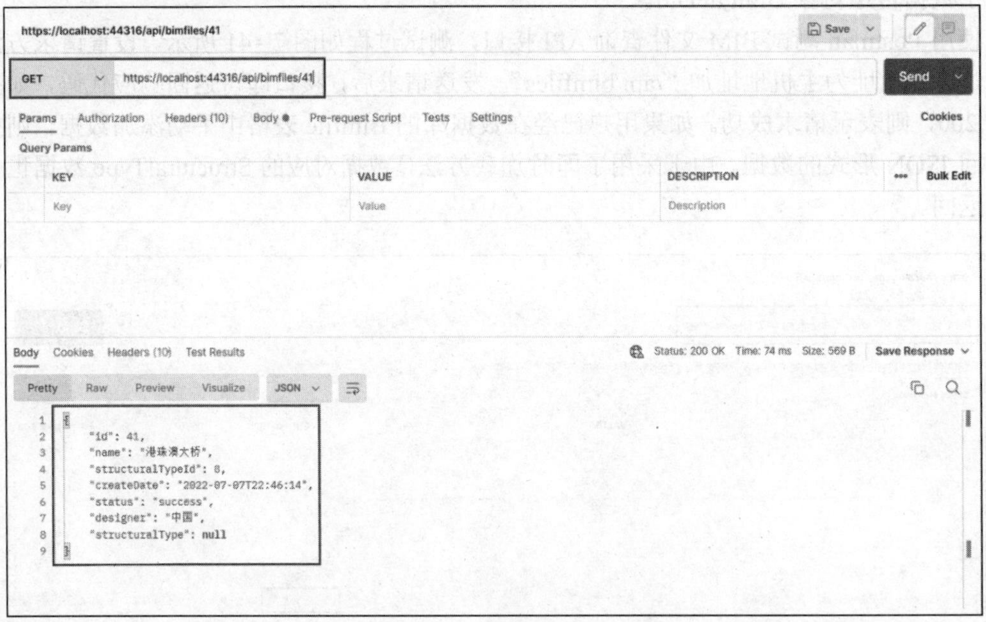

图 7−42　单个 BIM 文件查询 API 接口测试过程

7.3.5　搭建 BIM 文件信息上传 API 接口

本节将搭建用于上传 BIM 文件信息的 API 接口，用户通过访问该接口即可向数据库中上传新的 BIM 文件的信息，该信息以 JSON 格式提交。

对于 Web 项目，上传信息的操作常以 POST 请求的形式发送。读者可在 API 控制文件 BimfilesController.cs 中增加方法，实现 POST 请求接口。接口代码如下：

```
[HttpPost]
public IHttpActionResult CreateBimFile(BimFileDto bimfileDto)
{
    if (!ModelState.IsValid)
    {
        return BadRequest();
    }
    AutoMapper.Configuration.Configure();
    var bimfile = AutoMapper.Configuration.Mapper.Map<BimFile>(bimfileDto);
     _context.BimFiles.Add(bimfile);
     _context.SaveChanges();
     bimfileDto.Id = bimfile.Id;
     return Created(new Uri(Request.RequestUri + "/" + bimfile.Id),
bimfileDto);
}
```

该接口的输入值为与 BimFile 模型相关的数据传递模型。使用 IsValid 方法判断数据传递模型是否符合数据模型的要求。如果输入的数据传递模型 BimFileDto 满足数据模型的要求，则利用 AutoMapper 将数据模型映射至数据库中，并使用 Add 方法对数据进行添加。由于接口的请求方式为 POST 方法，需要在定义上方加入标识“[HttpPost]”。

BIM 文件信息上传 API 接口测试过程如图 7-43 所示。设置请求方法为 POST，请求地址为主机地址加“/api/bimfiles”。在请求体中，输入需要上传的数据条目的信息，该信息以 JSON 形式传入，内容如图 7-44 所示。

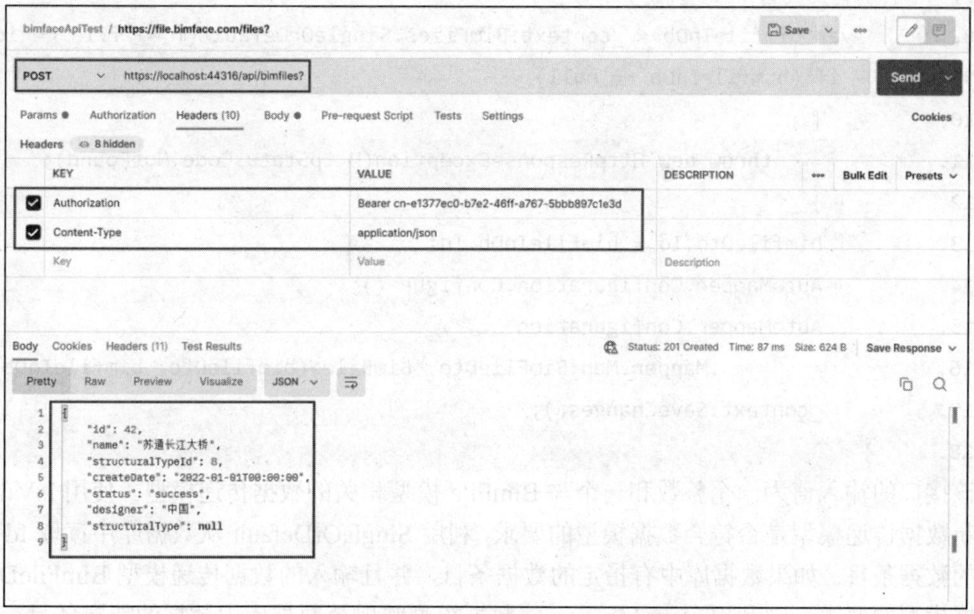

图 7-43　BIM 文件信息上传 API 接口测试过程

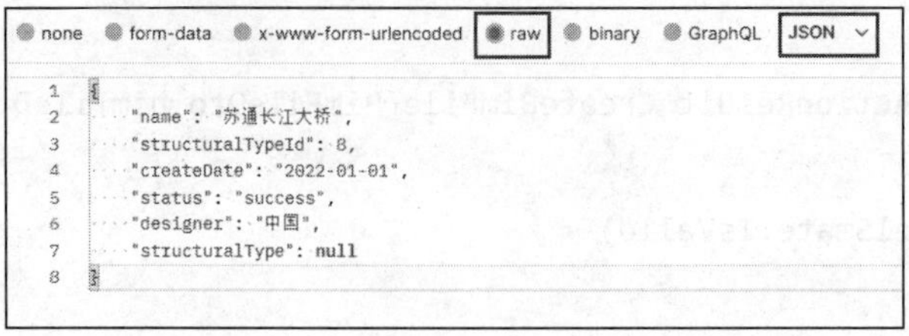
none
form-data
x-www-form-urlencoded
raw
binary
GraphQL
JSON
{
"name": "苏通长江大桥",
"structuralTypeId": 8,
"createDate": "2022-01-01",
"status": "success",
"designer": "中国",
"structuralType": null
}

图 7-44　BIM 文件信息上传 API 接口测试请求体内容

发送请求后，接口即可返回响应代码，如果代码为 201，则表示请求成功。接口返回新增加的文件信息，其中包含接口为新信息创建的 Id 字段。用户前往数据库查看，即可发现数据已经被创建。

7.3.6　搭建 BIM 文件信息修改 API 接口

本节将搭建用于 BIM 文件信息修改的 API 接口，用户通过访问该接口即可修改数据库中已有的 BIM 文件的信息，该信息由 Id 字段指定，并以 JSON 格式提交。

对于 Web 项目，修改信息的操作常以 PUT 请求的形式发送。读者可在 API 控制文件 BimfilesController.cs 中增加方法，实现 PUT 请求接口。接口代码如下：

```
[HttpPut]
public void UpdateBimfile(int id, BimFileDto bimfileDto)
    {
        if (!ModelState.IsValid)
        {
            throw new HttpResponseException(HttpStatusCode.BadRequest);
        }
        var bimfileInDb = _context.BimFiles.SingleOrDefault(f => f.Id == id);
         if (bimfileInDb == null)
          {
              throw new HttpResponseException(HttpStatusCode.NotFound);
          }
          bimfileDto.Id = bimfileInDb.Id;
          AutoMapper.Configuration.Configure();
          AutoMapper.Configuration
                 .Mapper.Map<BimFileDto, BimFile>(bimfileDto, bimfileInDb);
          _context.SaveChanges();
    }
```

该接口的输入值为一个整数和一个与 BimFile 模型相关的数据传递模型。使用 IsValid 方法判断数据传递模型是否符合数据模型的要求，利用 SingleOrDefault 从数据库中读取 Id 为输入值的数据条目。如果数据库中有指定的数据条目，并且输入的数据传递模型 BimFileDto 满足数据模型的要求，则利用 AutoMapper 将数据模型映射至数据库中数据的特定条目，对数据进行修改。由于接口的请求方式为 PUT 方法，需要在定义上方加入标识“[HttpPut]”。

BIM 文件信息修改 API 接口测试过程如图 7-45 所示。设置请求方法为 PUT，请求地址为主机地址加“/api/bimfiles”，并加入输入的 Id 字段。在请求体中，输入需要修改的数据条目的信息，该信息以 JSON 形式传入。发送请求后，接口即可返回响应代码，如果代码为 204，则表示请求成功。接口不返回相关信息，显示为“No Content”。用户前往数据库查看，即可发现对应的数据已经被修改。

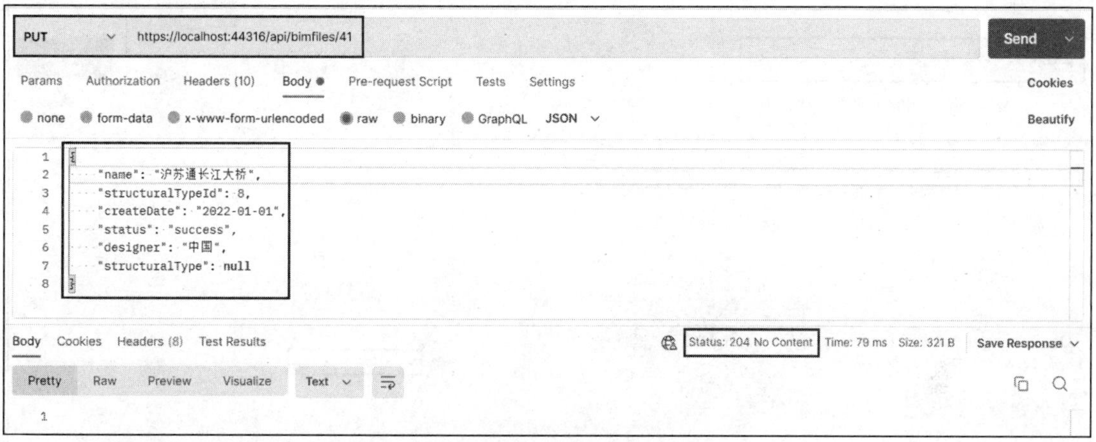

图 7-45　BIM 文件信息修改 API 接口测试过程

7.3.7　搭建 BIM 文件信息删除 API 接口

本节将搭建用于删除 BIM 文件信息的 API 接口，用户通过访问该接口即可删除数据库中已有的 BIM 文件信息，该信息以 Id 字段的形式进行指定。

对于 Web 项目，删除信息的操作常以 DELETE 请求的形式发送。读者可在 API 控制文件 BimfilesController.cs 中增加方法，实现 DELETE 请求接口。接口代码如下：

```
[HttpDelete]
public void DeleteBimfile(int id)
    {
        var bimfileInDb = _context.BimFiles.SingleOrDefault(f => f.Id == id);
        if (bimfileInDb == null)
        {
            throw new HttpResponseException(HttpStatusCode.NotFound);
        }
        _context.BimFiles.Remove(bimfileInDb);
         _context.SaveChanges();
    }
```

该接口的输入值为一个整数，用以表示输入的 Id。利用 SingleOrDefault 从数据库中读取 Id 为输入值的数据条目。如果数据库中有指定的数据条目，则使用 Remove 方法将对应数据从数据库中删除。由于接口的请求方式为 DELETE 方法，需要在定义上方加入标识“[HttpDelete]”。

BIM 文件信息删除 API 接口测试过程如图 7–46 所示。设置请求方法为 DELETE，请求地址为主机地址加“/api/bimfiles”，并加入输入的 Id 字段。在请求体中，无需输入任何信息。发送请求后，接口即可返回响应代码，如果代码为 204，则表示请求成功。接口不返回相关信息，显示为“No Content”。用户前往数据库查看，即可发现对应的数据已经被删除。

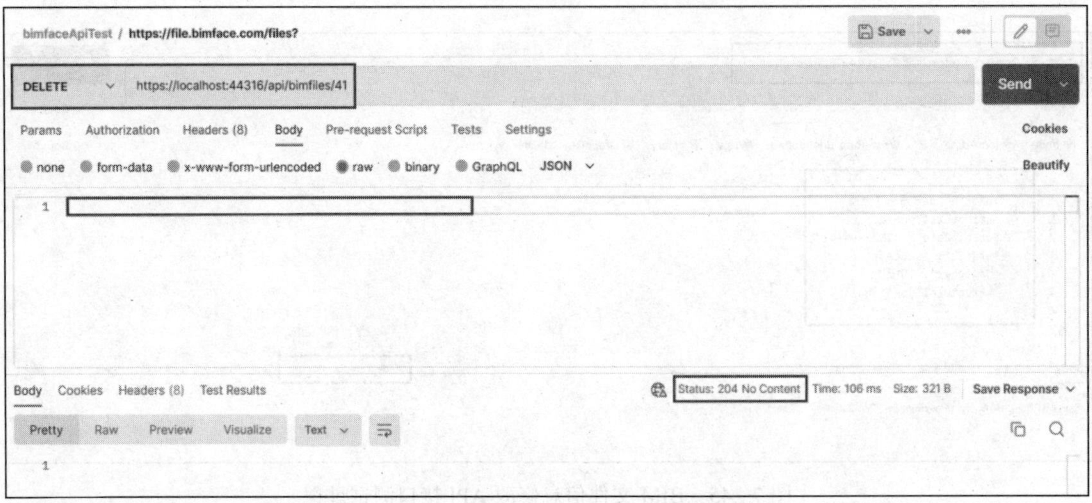

图 7–46　BIM 文件信息删除 API 接口测试过程

7.4　BIM 文件管理界面开发

经过前三节的准备，读者可以在本节中正式开始实现基于 BIMFACE 的文件存储、管理功能。本节所涉及的文件管理功能由以下几个页面构成。

（1）创建新模型的页面，用户可以在页面内输入模型的相关信息，并上传 BIM 模型文件，同时可以将页面内输入的内容保存于数据库中，如果输入的数据不符合数据模型的要求，则页面无法提交且显示警告信息提醒用户修改。

（2）显示 BIM 文件的列表，包括 BIM 模型的名称、结构类型、承建单位等基本信息，同时可在页面内完成模型详情查看、删除项目等操作。

（3）显示 BIM 文件详细信息的页面，其中包括 BIM 文件的基本信息、上传状态、上传时间等。

读者需在项目中的 Controllers 文件夹下创建 BimFileController.cs 作为新的控制器文件（注意区分 Api 文件夹下的 BimFileController.cs 的 API 控制器文件），在 Views 文件夹下创建 BimFile 文件夹用于存放视图文件。

7.4.1　BIM 文件信息的创建页面

本节需要创建一个页面，该页面包括用于输入模型名称、设计人员的输入框，用于选择模型结构类型的下拉框，用于上传文件的按钮以及用于保存数据的按钮。用户利用这些控件可以在页面内输入模型的相关信息，上传 BIM 模型文件，并将内容保存于数据库。BIM 文件信息的创建页面如图 7−47 所示。

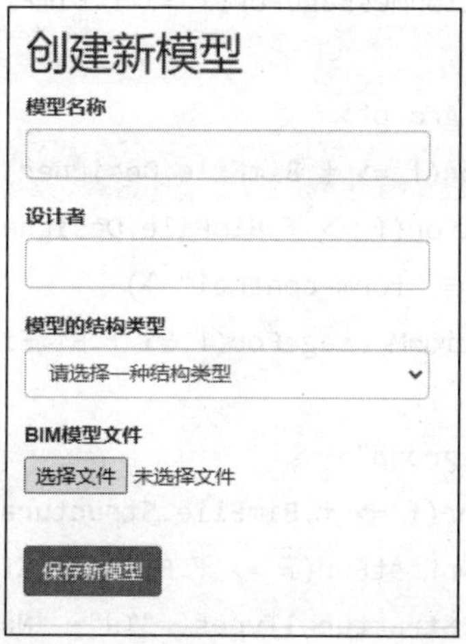

图 7−47　BIM 文件信息的创建页面

7.4.1.1　将页面设为返回值

按照 ASP.NET MVC 的要求，访问特定页面时，用户需要通过在控制器内设置 Action，并将该 Action 的返回值设置为该页面。用户需在 BimFileController.cs 控制器中新增 New 方法，代码如下：

```
public ActionResult New()
        {
            return View();
        }
```

随后，用户在 BimFile 文件夹中新增 New.cshtml 视图文件，该视图文件代码结构如下：

```
@using System.Web.UI.HtmlControls
@model BimManagePlatform.ViewModel.NewBimFileViewModel
@{
    ViewBag.Title = "添加新模型";
    Layout = "~/Views/Shared/_Layout.cshtml";
}
<p>
    <h2>创建新模型</h2>
</p>
@using (@Html.BeginForm("Create", "BimFile", FormMethod.Post,
        new { enctype = "multipart/form-data"}))
{
    <div class="form-group">
        @Html.LabelFor(f => f.BimFile.Name)
```

```
15.         @Html.TextBoxFor(f => f.BimFile.Name,
16.         new { @class = "form-control" })
17.         @Html.ValidationMessageFor(f => f.BimFile.Name)
18.     </div>
19.     <div class="form-group">
20.         @Html.LabelFor(f => f.BimFile.Designer)
21.         @Html.TextBoxFor(f => f.BimFile.Designer,
22.         new { @class = "form-control" })
23.         @Html.ValidationMessageFor(f => f.BimFile.Designer)
24.     </div>
25.     <div class="form-group">
26.         @Html.LabelFor(f => f.BimFile.StructuralTypeId)
27.         @Html.DropDownListFor(f => f.BimFile.StructuralTypeId,
28. new SelectList(Model.StructuralTypes, "Id", "Name"),
29. "请选择一种结构类型", new { @class = "form-control"})
30.         @Html.ValidationMessageFor(f => f.BimFile.StructuralTypeId)
31.     </div>
32.     <div class="form-group">
33.         <label>BIM 模型文件</label>
34.         <input type="file" name="file" id="file">
35.         <label style="color: red; font-weight: normal">
36.         @ViewBag.ErrorMessage</label>
37.     </div>
38.     @Html.HiddenFor(f => f.BimFile.CreateDate, new { @Value = DateTime.Now})
39.     <button type="submit" class="btn btn-primary">保存新模型</button>
40. }
```

该页面分为以下三个部分。

1. Razor 标记

这一部分由第 1～6 行代码构成。该部分代码使用了 Razor 标记语法。用于将 System.Web.UI.HtmlControls 命名空间引入页面，在执行页面中的基于服务器的代码时使用。同时，向页面内引入了数据模型，设置页面标题为“添加新模型”，设置页面布局。

在该前端页面与后台进行数据交互时，此处使用了 ViewModel 模型。ViewModel 即为视图模型，与后台的数据模型类似，主要用来组合来自其他层的数据并显示到 UI 层。简单的数据可以直接把 DTO 交给界面显示，一些需要从后端提交到前端的数据可以重新转换为 ViewModel 对象。

例如，本页面中涉及的数据模型包括 BimFile 和 StructuralType 两种模型，因此需要将两种模型组合成一种新的数据模型，并传到前端页面使用。两者组合生成供前端页面使用的新模型即 ViewModel，命名为“NewBimFileViewModel”。定义该模型的代码如下：

```
public class NewBimFileViewModel
    {
        public IEnumerable<StructuralType> StructuralTypes { get; set; }
        public BimFile BimFile { get; set; }
    }
```

这个 ViewModel 包含两个属性，其中，第一个属性为一个可用于循环访问集合的 IEnumerator 对象 StructuralTypes，该对象中各个元素的类型为 StructuralType；第二个属性为类型为 BimFile 的数据。在前端页面中，使用@model 语法即可将该 ViewModel 引入页面，并利用 Razor 语法进行调用。

使用 ViewBag.Title 指定网页标题，使用 Layout 指定网页布局，指定的布局文件 _Layout.cshtml 属于 Partial View，用户可以在 Views 文件夹下的 Shared 文件夹中找到对应的文件。

2. 页面标题

这一部分由第 7～9 行代码构成。该部分代码用于创建页面标题。其中使用了<p>标签和<h2>标签包裹标题文字“创建新模型”。

<p>标签用于在前端页面中定义段落。<p>元素会自动在其前后创建一些空白，浏览器会自动将这些空间添加至页面中进行段落的区分。<h2>标签属于 HTML 标题，HTML 标题可以通过<h1>～<h6>六种标签进行定义，此部分代码选择<h2>作为标签修饰标题。

3. 页面表单

这一部分由第 10～40 行代码构成。该部分代码用于创建表单，表单中包括文本框、下拉框、上传文件控件和提交按钮等多个前端控件，这些控件将被用于收集数据，将前端数据以 POST 请求形式提交给后端。表单主要框架的代码如下：

```
@using (@Html.BeginForm("Create", "BimFile", FormMethod.Post,
        new { enctype = "multipart/form-data"}))
{
}
```

其中，@Html.BeginForm 用于构建一个 Form 表单的起始标签<form>，其中的各项参数分别为提交表单时执行的 Action、Action 所属的控制器、表单的提交方式、提交数据的编码方式。在本节中，表单将被提交给 BimFile 控制器中的 Create 动作，数据提交方式为 POST 请求，编码方式采用 multipart/form-data，表示该表单数据由多部分构成，既有文本数据，又有文件等二进制数据。

由于@Html.BeginForm 仅创建 Form 表单的起始标签<form>，无法创建结束标签</form>，所以，使用@using 语法创建完整的表单框架。

在表单框架下，用户可以使用<div class="form-group"><div>创建分隔区块，每个分隔区块中包含一组控件，这些控件采用 HTML 帮助器的形式生成。

7.4.1.2　HTML 帮助器

在 ASP.NET MVC 项目中，HTML 帮助器是类似于传统的 ASP.NET Web Form 控件。可用于修改 HTML。但是 HTML 帮助器是更轻量级的，与 Web Form 控件不同，HTML 帮助器没有事件模型和视图状态。在大多数情况下，HTML 帮助器仅仅是一个返回字符串的方法，但能够快速建立 HTML 页面中的控件和字段。本节使用了多个 HTML 帮助器用于生成 Input 控件。下面逐一介绍这些 HTML 帮助器的使用方法。

1. TextBoxFor

TextBoxFor 用来生成 HTML 中的<input type="text">标签，常用代码如下：

```
@Html.TextBoxFor("NameId")
@Html.TextBoxFor("NameId","Value")
```

生成的标签如下：

```
<input id="NameId" name="NameId" type="text" value="" />
<input id="NameId" name="NameId" type="text" value="Value" />
```

TextBoxFor 的第一个参数被赋值给 input 标签的 id 和 name 属性，如果没有 value 参数则 value 为空，如果有则赋值给 value 属性。

2. HiddenFor

HiddenFor 用来在页面中写入<input type= " hidden " >标签，其用法和 TextBoxFor 类似，代码如下：

```
@Html.HiddenFor("NameId")
@Html.HiddenFor("NameId", "Value")
```

生成的标签如下：

```
<input id="NameId" name="NameId" type="hidden" value="" />
<input id="NameId" name="NameId" type="hidden" value="Value" />
```

3. LabelFor

LabelFor 用于在页面中写入<label> </label>标签，代码如下：

```
@Html.LabelFor(f => f.BimFile.Name)
@Html.LabelFor(f => f.BimFile.Designer)
@Html.LabelFor(f => f.BimFile.StructuralTypeId)
```

生成的标签如下：

```
<label for="BimFile_Name">模型名称</label>
<label for="BimFile_Designer">设计者</label>
<label for="BimFile_StructuralTypeId">模型的结构类型</label>
```

4. ValidationMessageFor

ValidationMessageFor 用于在页面中显示验证消息，并生成<span></span>标签，代码如下：

```
@Html.ValidationMessageFor(f => f.BimFile.Name)
@Html.ValidationMessageFor(f => f.BimFile.Designer)
@Html.ValidationMessageFor(f => f.BimFile.StructuralTypeId)
```

生成的标签如下：

```
<span class="field-validation-valid"
data-valmsg-for="BimFile.Name" data-valmsg-replace="true"></span>
<span class="field-validation-valid"
data-valmsg-for="BimFile.Designer" data-valmsg-replace="true"></span>
```

```
<span class="field-validation-valid"
data-valmsg-for="BimFile.StructuralTypeId"
data-valmsg-replace="true"></span>
```

5. DropDownListFor

DropDownListFor 函数可以创建<select>标签表示的下拉菜单。在创建下拉菜单之前用户需要创建用<option>标签表示的菜单选项列表，创建方法及代码如下：

```
@{
        SelectListItem item;
        List<SelectListItem> list = new List<SelectListItem>();
        for(int i=1;i<5;i++)
        {
            item = new SelectListItem();
            item.Text = "Text" + i;
            item.Value = "Value" + i;
            item.Selected = (i==2);
             list.Add(item);
        }
}
```

SelectListItem 类会生成一个菜单项，其 Text 属性表示其显示的文字，Value 属性表示其对应的值，Selected 属性表示其是否被选中。上面代码生成了若干个<option>标签，并且确定当 i 为 2 时，标签被选中。

通过下面的代码可以生成包含上面选项列表的下拉菜单：

```
@Html.DropDownListFor("Id", list)
```

生成的结果如下：

```
<select id="NameId" name="NameId">
    <option value="Value1">Text1</option>
    <option selected="selected" value="Value2">Text2</option>
    <option value="Value3">Text3</option>
    <option value="Value4">Text4</option>
</select>
```

DropDownListFor 函数的第一个参数是其 id 和 name，第二个参数就是由四个选项组成的 List。每一个选项都有各自的 Text、Value，并且第二个选项被选中。

6. 向 HTML 帮助器中添加属性

给一个标签添加 class 和 style 的代码如下：

```
@Html.TextBox("NameId", "Value",
new { @class = "classText",@style="width:200px" })
```

得到的结果如下：

```
<input class="classText" id="NameId" name="NameId"
style="width:200px" type="text" value="Value" />
```

高亮标注部分即添加的属性。

7.4.1.3 页面功能实现

为实现该页面的功能，需要在控制器中增加 ViewModel，并将 ViewModel 传入前端视图，因此需对控制器中 New 方法的代码进行修改：

```
public ActionResult New()
        {
            var structuralTypes = _context.StructuralTypes.ToList();
            var viewModel = new NewBimFileViewModel()
            {
                StructuralTypes = structuralTypes
            };
            return View(viewModel);
        }
```

此时，用户可对项目进行编译，在浏览器的地址栏中输入“https://localhost:端口号/BimFile/New”进入 BIM 文件信息的创建页面，用户可在其中输入模型名称、设计者，在下拉框中选择结构类型，单击【选择文件】按钮选择 BIM 模型文件进行上传，单击【保存新模型】保存数据，如图 7-48 所示。由于本页面设置了验证功能，如果用户输入的数据不满足要求，页面将弹出提示消息，提醒用户修改输入的内容。由于每个控件中的数据都是必需的，如果用户不填写有关内容，页面将停止提交并提醒用户填写。

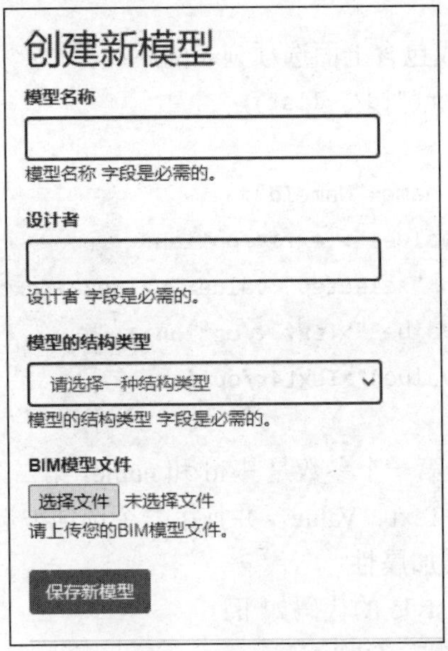

图 7-48 BIM 文件信息的创建页面（数据验证）

当用户按要求填写所有内容并上传文件后，单击【保存新模型】，前端页面将向后端发起 POST 请求，用户可使用快捷键 F12 进入浏览器的“开发人员模式”，选择【网络】|【标头】查看请求内容，如图 7-49 所示。

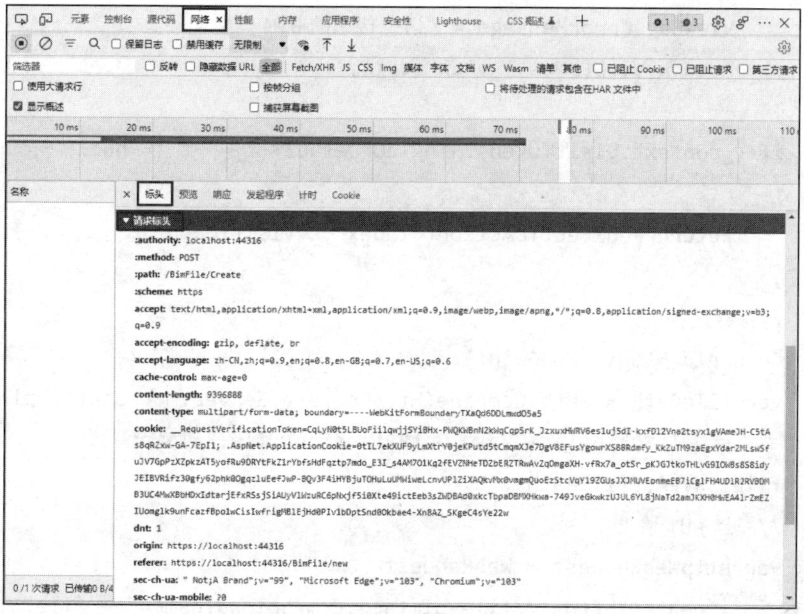

图 7-49　请求内容

但是，由于用户并未在控制器中定义 Create 方法，服务器端无法处理提交的表单数据，浏览器将会报错，错误代码为“404”，提示“无法找到资源。”如图 7-50 所示。

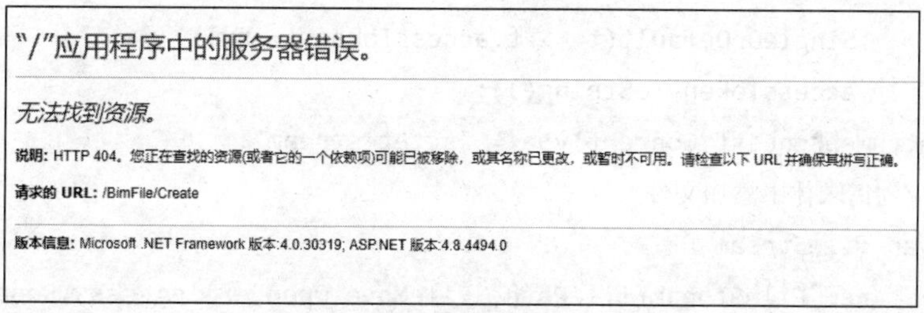

图 7-50　“无法找到资源。”错误提示

为使得前端数据能够顺利传至后端，并在后端完成数据验证、分析、存储等操作，用户需要在控制器文件 BimFileController.cs 中定义 Create 方法，该方法的代码如下：

```
[HttpPost]
public ActionResult Create(BimFile bimFile, HttpPostedFileBase file)
{
    if (ModelState.IsValid == false || file == null)
    {
        var viewModel = new NewBimFileViewModel()
        {
            BimFile = bimFile,
            StructuralTypes = _context.StructuralTypes.ToList()
         };
```

```
        ViewBag.ErrorMessage = "请上传您的 BIM 模型文件。";
        return View("New", viewModel);
    }
    if (_context.VisitTokens.SingleOrDefault(t => t != null) == null)
    {
        return RedirectToAction("Index", "VisitToken");
    }
    //保存文件
    Guid gid = Guid.NewGuid();
    var filePath = Path.Combine(HttpContext.Server.MapPath("/Uploads/"),
        gid.ToString() + Path.GetExtension(file.FileName));
    file.SaveAs(filePath);
    //发送 PUT 请求
    var httpWebRequest = WebRequest
        .Create("https://file.bimface.com/upload?name=" + file.FileName)
        as HttpWebRequest;
    httpWebRequest.Method = "PUT";
    httpWebRequest.Headers.Add("Authorization",
        "Bearer " + _context.VisitTokens
        .SingleOrDefault(t => t.accessToken != null)
        .accessToken.ToString());
    httpWebRequest.ContentType = "actet-stream";
    //向请求体中添加文件
    var fileStream =
        new FileStream(filePath, FileMode.Open, FileAccess.Read);
    var ms = new MemoryStream();
    fileStream.CopyTo(ms);
    byte[] fileBytes = ms.ToArray();
    Stream requestStream = httpWebRequest.GetRequestStream();
    requestStream.Write(fileBytes, 0, fileBytes.Length);
    requestStream.Flush();
    //发送请求
    HttpWebResponse putResponse =
        httpWebRequest.GetResponse() as HttpWebResponse;
    //读取返回结果
    StreamReader reader =
        new StreamReader(putResponse.GetResponseStream());
    String putResult = reader.ReadToEnd();
    string[] resultArray = Regex.Split(putResult,
```

```
50.         "{\"code\":\"|\",\"|\":\"|\"status\":\"}", RegexOptions.IgnoreCase);
51.     if (resultArray[1] != "success")
52.     {
53.         return View("BadUpload");
54.     }
55.     //将数据写入数据库
56.     bimFile.Status = resultArray[5];
57.     _context.BimFiles.Add(bimFile);
58.     _context.SaveChanges();
59.     //文件转换
60.     //生成 viewToken
61.     return RedirectToAction("Index", "BimFile");
62. }
```

该部分代码分为以下九个部分。

（1）第 1 行：声明 HTTP 请求方式为“POST”。

（2）第 4～13 行：判断数据模型是否满足要求，用户是否上传文件。如果两项要求中有一项无法满足，则将传至后端的数据重新传回前端。由于受到前端验证功能的限制，传回前端页面后，控件处会出现红色提示信息。例如，如果用户未上传文件，根据第 11 行代码的设置，【选择文件】按钮下方将提示用户上传文件，如图 7－51 所示。

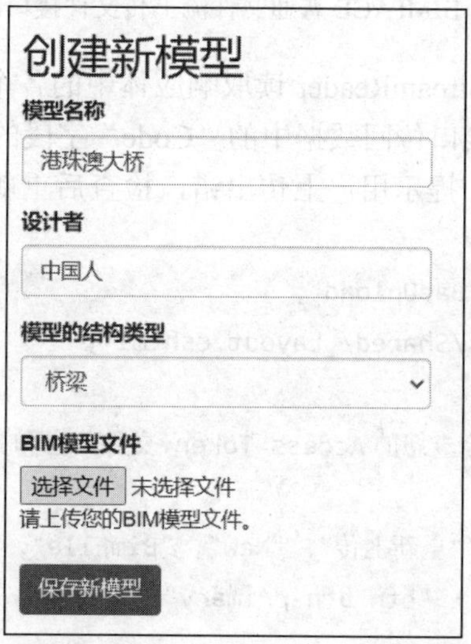

图 7－51　判断数据模型或 BIM 文件是否满足要求

（3）第 14～17 行：判断数据库中是否存有 ViewToken，如果没有，则将页面重定向至图 7－15 所示的访问凭证获取界面。此处使用了 SingleOrDefault 判断数据库中是否有数据（如有数据，则不为 Null），同时使用了 RedirectToAction 方法进行重定向操作。

（4）第 19～22 行：将前端上传的 BIM 文件缓存至服务器文件夹中。为保证缓存文件的名称不与库中已有文件名称重复，需要对文件进行重命名。利用 Guid 类的 Guid.NewGuid()

方法即可生成文件的唯一标识符作为文件名，文件的拓展名则可利用 Path.GetExtension()从原文件名中提取，使用 Path.Combine()方法合并各个字段生成新文件名。最后，利用 SaveAs()方法将文件缓存至服务器。

（5）第 23～44 行：将各项信息及文件存储至 BIMFACE 云端。此处使用的 BIMFACE API 接口的接口文档参见：https://bimface.com/docs/model-service/v1/api-reference/file/uploadUsingPUT.html。接口请求地址为：https://file.bimface.com/upload。请求方式为 PUT，请求标头中的参数有 Authorization、Content-Type、Content-Length 三个字段，请求体中需设置文件名。使用 Postman 测试该接口，测试结果如图 7－52 所示。

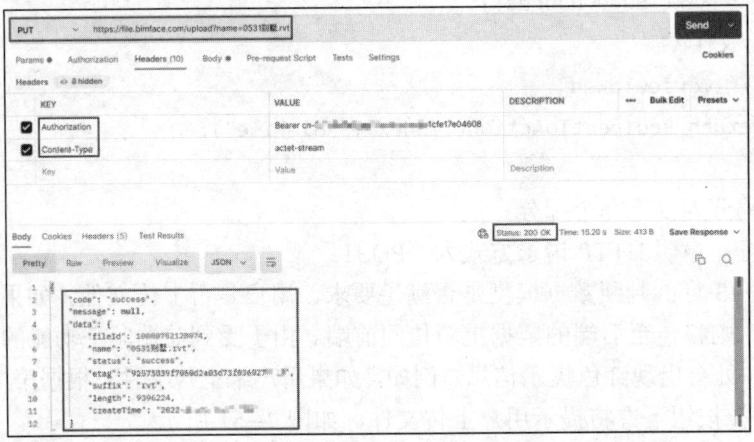

图 7－52　BIMFACE 普通文件流上传文件接口测试结果

（6）第 45～50 行：利用 StreamReader 读取响应体中的各个字段。

（7）第 51～54 行：判断接口传回数据中的“Code”字段的值是否为“Success”，如果不是，则返回页面“BadUpload”提示用户上传出错，检查后重新上传文件。该页面的代码为：

```
@{
    ViewBag.Title = "BadUpload";
    Layout = "~/Views/Shared/_Layout.cshtml";
}
<h2>无法上传文件,请您检查您的 Access Token、文件信息和 BIM 文件,请您检查后上传</h2>
<p>
    @Html.ActionLink("重新上传", "New", "BimFile",
        new { @class = "btn btn-primary" })
</p>
```

该页面如图 7－53 所示。

图 7－53　“BadUpload”页面

（8）第 55～58 行：将 BIM 文件信息写入服务器数据库。

（9）第 61 行：重定向至 BimFile 控制器的 Index 页面。由于此时暂未定义该页面，读者在使用时会报错。

7.4.2　BIM 文件管理列表页面

本节需要创建一个页面，该页面如图 7－54 所示，页面中包含以下内容。

（1）用户上传的 BIM 文件的列表，列表中有模型名称、结构类型、承建单位。

（2）项目操作控件。用户可以对项目数据进行新增和删除操作。

（3）列表操作控件。用户可以使用排序按钮对列表中的各列数据进行排序，可以选择列表页面包含的数据数量，可以搜索项目，可以翻页。

（4）用户通过单击模型名称可以查看模型详情。

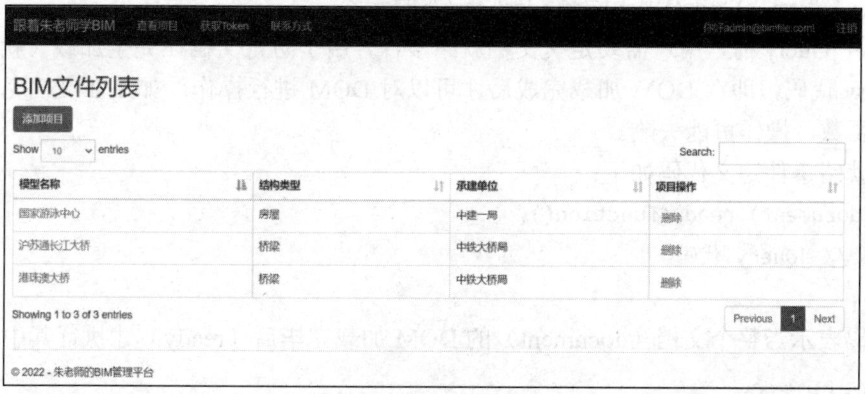

图 7－54　BIM 文件列表页面

7.4.2.1　jQuery 简介

在本节中，读者可使用 7.2 节创建的 API 接口获取数据，并利用 jQuery 将数据传递至前端页面。jQuery 是一个快速、简洁的 JavaScript 框架，是一个优秀的 JavaScript 代码库（框架）。它于 2006 年 1 月由 John Resig 发布。jQuery 设计的宗旨是倡导写更少的代码，做更多的事情。它封装 JavaScript 常用的功能代码，提供一种简便的 JavaScript 设计模式，优化 HTML 文档操作、事件处理、动画设计和 Ajax 交互。

jQuery 的核心特性可以总结为：具有独特的链式语法和短小清晰的多功能接口；具有高效灵活的 CSS 选择器，并且可对 CSS 选择器进行扩展；拥有便捷的插件扩展机制和丰富的插件。jQuery 兼容各种主流浏览器。

在使用 jQuery 时，用户可在视图页面中输入以下代码：

```
@section scripts
{
    <script>
        // jQuery 代码
    </script>
}
```

Javascripts 代码被放于以上的 Razor 语法标记的代码块中。在视图执行时，Razor 引擎会将 Javascripts 代码抽调出来，然后执行相关代码。

jQuery 是通过选取 HTML 元素，并对选取的元素执行某些操作。它具有特定的语法规则。其基础语法为$(selector).action()，该代码分为以下三个部分。

（1）美元符号定义 jQuery；

（2）选择符（selector）用于查询和查找 HTML 元素；

（3）jQuery 的 action()执行对元素的操作。

例如：

（1）$(this).hide()用于隐藏当前元素；

（2）$(" p ").hide()用于隐藏所有<p>元素；

（3）$(" p.test ").hide()用于隐藏所有 class= " test " 的<p>元素；

（4）$(" #test ").hide()用于隐藏 id= " test " 的元素。

在使用 jQuery 前，用户需要定义文档就绪事件，用于防止文档在完全加载（就绪）之前运行 jQuery 代码，即在 DOM 加载完成后才可以对 DOM 进行操作。如果在文档完全加载之前就运行函数，操作可能失败。

文档就绪事件定义代码如下：

```
$(document).ready(function(){
    // jQuery 代码
});
```

该代码表示当整个文档（document）的 DOM 加载完毕后（ready）才执行其中的代码。

7.4.2.2 AJAX 简介

AJAX（Asynchronous JavaScript and XML）的全名为异步 JavaScript 和 XML，它是与服务器交换数据的技术，它在不重载全部页面的情况下，实现了对部分页面的更新。

jQuery 提供了多个与 AJAX 有关的方法。通过 jQuery AJAX 方法，用户能够使用 HTTP Get 和 HTTP Post 从远程服务器上请求文本、HTML、XML 或 JSON 等格式的数据，同时能够把这些外部数据直接载入页面的被选元素中。

$.ajax 是 jQuery 对 AJAX 封装的最基础方法，通过使用这个函数可以完成异步通信的所有功能，亦即任意情况下用户都可以通过此方法进行异步刷新的操作。尽管该方法具有普适性，但这一函数的参数较多，主要包括以下几项：

```
$.ajax({
        method   //数据的提交方式：get 和 post
        url   //数据的提交路径
        async   //是否支持异步刷新，默认是 true
        data     //需要提交的数据
        dataType   //服务器返回数据的类型，例如 xml,String,Json 等
        success     //请求成功后的回调函数
        error   //请求失败后的回调函数
});
```

例如，使用 jQuery AJAX 调用 7.2.4 节搭建的 API 接口，代码如下：

```
<h2>jQuery AJAX 示例</h2>

<div id="ajaxdemo"></div>

@section scripts
{
    <script>
        $(document).ready(function () {
            $.ajax({
                url: "/api/bimfiles",
                method: "GET",
                success: function(result) {
                    $("#ajaxdemo").text(result);
                }
            });
        });
    </script>
}
```

该页面包括一个由<h2>标签设置的标题、一个 Id 为“ajaxdemo”的<div>区域和一个 Razor 代码块。Razor 代码块中使用了$.ajax 方法访问 API 接口，并且在请求成功后将请求结果放置于<div>区域中。jQuery AJAX 示例页面如图 7−55 所示。

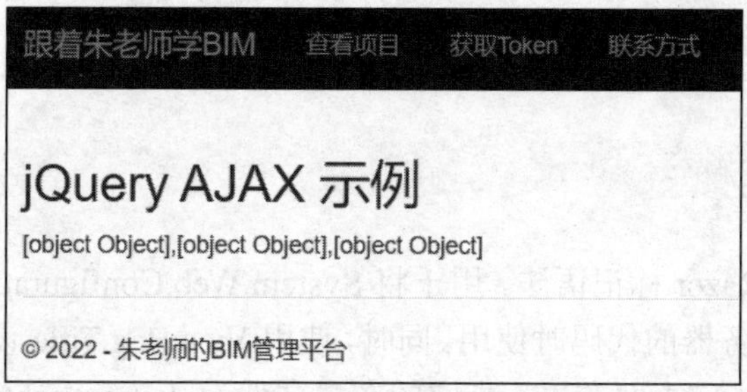

图 7−55　jQuery AJAX 示例页面

页面中显示的 API 接口返回值为三个“[object Object]”，表示接口的返回结果包含三条数据，由于每条数据均采用 JSON 格式，因此以 Object 的形式显示。如果用户对 JSON 数据进行解码，则可在页面中以文本的形式显示所有返回的数据。

7.4.2.3　页面主要框架

这一页面中的元素主要分为以下四个部分。

（1）Razor 语法块。

（2）页面标题。

（3）BIM 文件列表。

（4）jQuery 代码块。

其中，前三个部分代码如下：

```
1. @using System.Web.Configuration
2. @{
3.     ViewBag.Title = "文件列表";
4.     Layout = "~/Views/Shared/_Layout.cshtml";
5. }
6. <p>
7.     <h2>BIM 文件列表</h2>
8. </p>
9. <p>
10.     @Html.ActionLink("添加项目", "New", "BimFile",
11.             new { @class = "btn btn-primary" })
12. </p>
13. <table id="bimfilelist" class="table table-bordered table-hover">
14.     <thead>
15.     <tr>
16.         <th>模型名称</th>
17.         <th>结构类型</th>
18.         <th>承建单位</th>
19.         <th>项目操作</th>
20.     </tr>
21.     </thead>
22.     <tbody>
23.     </tbody>
24. </table>
```

第 1～5 行使用了 Razor 标记语法。用于将 System.Web.Configuration 命名空间引入页面，在执行页面中的基于服务器的代码时使用。同时，使用 ViewBag.Title 设置标签页的标题为“文件列表”，使用 Layout 指定页面布局，指定的布局文件为_Layout.cshtml。

第 6～8 行用于创建页面标题。其中使用了<p>标签和<h2>标签包裹标题文字“文件列表”。<p>标签用于在前端页面中定义段落。<p>元素会自动在其前后创建一些空白，浏览器会自动将这些空间添加至页面中进行段落的区分。<h2>标签属于 HTML 标题，HTML 标题可以通过<h1>～<h6>六种标签进行定义，此部分代码选择<h2>作为标签修饰标题。

第 9～12 行用于创建添加新项目的按钮。该按钮采用超链接形式创建，并采用 bootstrap 进行美化。创建超链接时采用 HTML 帮助器@Html.ActionLink()进行创建，其中共有四个参数，分别代表超链接名称、方法名称、控制器名称和前端样式设置。

本例采用“添加项目”作为超链接的名称，该超链接定向执行至 BimFile 控制器的 New 方法，该超链接的前端样式采用了 bootstrap 中的 btn 和 btn-primary 样式，从而展现出按钮的外观，如图 7－56 所示。

图 7－56　超链接在设置 bootstrap 样式前后的前端样式对比（左：使用前；右：使用后）

第 13～24 行定义了文件列表。在 HTML 页面中，表格由<table>标签来定义。每个表格均有若干行（由<tr>标签定义），每行被分割为若干单元格（由<td>标签定义）。字母“td”指表格数据（table data），即数据单元格的内容。数据单元格可以包含文本、图片、列表、段落、表单、水平线、表格等。表格的表头使用<th>标签进行定义，前端页面会把表头显示为粗体居中的文本。

本例的表格分为四列，各列的表头分别为模型名称、结构类型、承建单位和项目操作。读者从页面代码中可以看出，<tbody></tbody>标签中并无文本，表格中各列无数据。如此设置的原因是：表中数据并不是固定的，随着用户对数据的添加、删除、修改、排序，表中数据会发生变化，表格属于动态表格。因此，表格中的数据需要采用 AJAX 交互方式进行添加和更新。

本节使用 jQuery 开展 AJAX 数据交互，使用的代码如下：

```
@section scripts
{
    <script>
        $(document).ready(function() {
            var table = $("#bimfilelist").DataTable({
                ajax: {
                    url: "/api/bimfiles",
                    dataSrc: "",
                },
                 columns: [
                    {
                        data: "name",
                        render: function(data, type, bimfile) {
                            return "<a href = '/bimfile/Detail/"
                                 + bimfile.id + "'>" + data + "</a>";
                        }
                    }, {
                        data: "structuralType.name"
                    }, {
                        data: "structuralType.constructionOrganization"
                    }, {
                        data: "id",
```

```
23.                 render: function(data) {
24.                     return
25.                 "<button class='btn-link js-delete' data-bimfile-id=" +
26.                         data +
27.                         ">删除</button>";
28.                 }
29.             }
30.         ]
31.     });
32.   });
33.   </script>
34. }
```

上述代码第 5～31 行使用了插件 DataTables 创建表格。Datatables 是一款 jQuery 表格插件，是一个高度灵活的工具，可以将任何 HTML 表格添加高级的交互功能。它支持分页、即时搜索和排序，几乎支持任何数据源，如 DOM、Javascript、Ajax 和服务器处理。

用户首先在 NuGet 解决方案管理器中搜索 jquery.datatables 插件，并在项目中安装该插件，如图 7－57 所示。为使用该插件，读者需要在 App_Start 文件夹下的 BundleConfig.cs 文件中添加 DataTables 插件中的 js 文件和 css 文件。

DataTables 的使用方法参见：https://datatables.net/manual/。在本例中，读者可以在表格中加入 ajax 和 columns 两个字段，分别用于获取数据和向表格中分配数据。

其中，ajax 字段的使用方法参见：https://datatables.net/manual/ajax。此处请求的 url 为“/api/bimfiles”，数据源为“”。此处对数据源的内容进行说明：dataSrc（即数据源）选项用于告诉 DataTables 数据数组在 JSON 结构中的位置。在 Javascript 对象表示法中，dataSrc 通常以字符串的形式给出，表明位置。

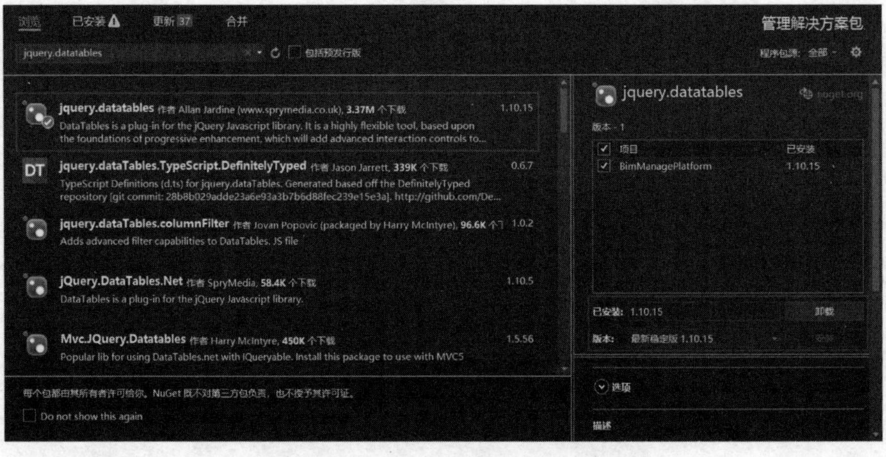

图 7－57　安装 jquery.datatables 插件

dataSrc 使用空字符串是一种特殊情况，用以表示 DataTables 的数据源为一个数组。如果 API 接口返回的数据如下所示，则 dataSrc 字段为空字符串：

```
[
    {
        "id": 43,
        "name": "沪苏通长江大桥",
        "structuralTypeId": 8,
        "createDate": "2022-01-01T00:00:00",
        "status": "success",
        "designer": "中国人",
        "structuralType": {
            "id": 8,
            "name": "桥梁",
            "constructionOrganization": "中铁大桥局"
         }
     }
]
```

如果 API 接口返回的数据如下所示，则 dataSrc 字段为 data 的属性名，在下例中为“biminfo”：

```
"biminfo": [
    {
        "id": 43,
        "name": "沪苏通长江大桥",
        "structuralTypeId": 8,
        "createDate": "2022-01-01T00:00:00",
        "status": "success",
        "designer": "中国人",
        "structuralType": {
            "id": 8,
            "name": "桥梁",
            "constructionOrganization": "中铁大桥局"
        }
    }
]
```

columns 字段的使用方法参见：https://datatables.net/reference/option/columns。其中第一列数据为 API 接口返回的“name”字段，第二列数据为“structuralType.id”字段，第三列数据为“constructionOrganization”字段，第四列数据为对数据库中数据的操作，由于使用 API 对数据库进行操作时需要使用数据条目的 id 字段，因此第四列数据为数据的 id，并利用 render 方法将 id 渲染为【删除】操作按钮，用于对数据进行删除操作。

设置完成以上 jQuery 代码后，读者即可实现表格的排序、条目的筛选、表格翻页等操作。但是，对于表格第四列的数据，用户需要继续使用 jQuery 代码定义数据的删除操作。定义数据删除操作的代码如下：

```
@section scripts
{
    <script>
        $(document).ready(function() {
            $("#bimfilelist").on("click",
                ".js-delete",
                function() {
                    var button = $(this);
                    bootbox.confirm("您确定要删除该项目信息及其文件吗？",
                        function(result) {
                            if (result) {
                                $.ajax({
                                    url: "/api/bimfiles/"
                                        + button.attr("data-bimfile-id"),
                                    method: "DELETE",
                                    success: function() {
                                        table.row(button.parents("tr"))
                                            .remove().draw();
                                    }
                                });
                            }
                        });
                });
    </script>
}
```

此处 jQuery 的选择器为“#bimfilelist”，表示选择 id 为“bimfilelist”的 HTML 控件。同时，jQuery 的事件为“on”，在这一事件中，操作的对象被进一步过滤为 class 为“js-delete”的控件。

在定义删除操作时，需要使用弹窗向用户确认是否删除数据。此处使用了 BootBox 插件。Bootbox.js 是一个小型 JavaScript 库，可以让用户使用 Bootstrap modals 创建对话框，而不必担心创建、管理或删除任何必需的 DOM 元素或 JavaScript 事件处理程序。

用户首先在 NuGet 解决方案管理器中搜索 Bootbox 插件，并在项目中安装该插件。为使用该插件，读者需要在 App_Start 文件夹下的 BundleConfig.cs 文件中添加 DataTables 插件中的 js 文件和 css 文件。

随后，读者可以使用 bootbox.confirm()定义弹窗。该方法的第一个元素为弹窗内容，第二个元素则为单击弹窗按钮后所需执行的函数。弹窗如图 7-58 所示。如果用户单击【OK】，则弹窗返回值为“True”，反之则为“False”。当用户选择【OK】时，jQuery 代码则向 7.3.7 节创建的 API 接口发送 DELETE 请求，删除对应的数据。

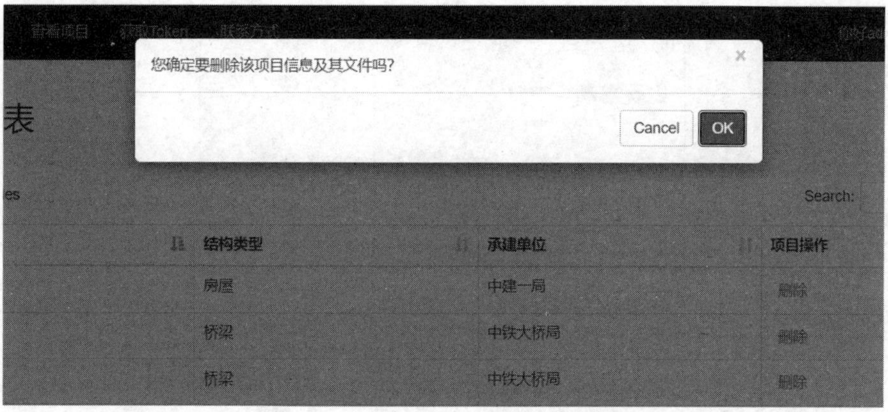

图 7-58　使用 BootBox 插件制作的弹窗

后台数据删除后，前端页面中对应的数据并不会立刻消失，用户需要通过刷新页面更新表格内容。为使得表格数据即时删除，读者可以使用 table.row().remove().draw()方法进行设置。

7.5　BIM 管理平台部署

完成管理平台搭建后，读者需要将平台项目进行发布并部署于服务器上，用户才能访问并使用我们先前搭建的 BIM 管理平台。本节将向读者简单介绍平台的部署方式。

由于本章使用的框架为 ASP.NET MVC 框架，由该框架搭建的项目仅支持部署于 Windows 平台，故读者需准备一台安装有 Windows Server 系统的服务器作为部署服务器。如果服务器有公网 IP，则需获取其公网 IP；如果服务器通过路由器或者交换机与读者的计算机相连，则需获取其内网 IP。进行部署前，读者需将本地数据库文件复制迁移至服务器，服务器应配备 SQL Server。

首先，读者可以在项目上右击选择发布，开始进行项目发布设置，如图 7-59 所示。在发布设置中的“连接”选项卡中，发布方法设置为“Web 部署”，输入服务器 IP 地址、网站名、用户名、密码等信息，如图 7-60 所示。

图 7-59　开始进行项目发布设置

图 7-60　IISProfile 设置

在【设置】选项卡中，配置方法设置为“Release”,【数据库】连接设置如图 7-61 所示。单击数据库连接字符串输入框右侧的按钮，进入【目标连接字符串】对话框。在【目标连接字符串】对话框中，设置数据源为“Microsoft SQL Server (SqlClient)”，服务器名为服务器 IP 地址，身份验证选择“SQL Server 身份验证”，用户名和密码为服务器中 SQL Server 软件的登录密码，勾选“选择或输入数据库名称”，选择迁移至服务器的数据库文件名称。最后，单击【测试连接】按钮，测试数据库连接是否成功。【目标连接字符串】设置如图 7-62 所示。

图 7-61　【数据库】连接设置

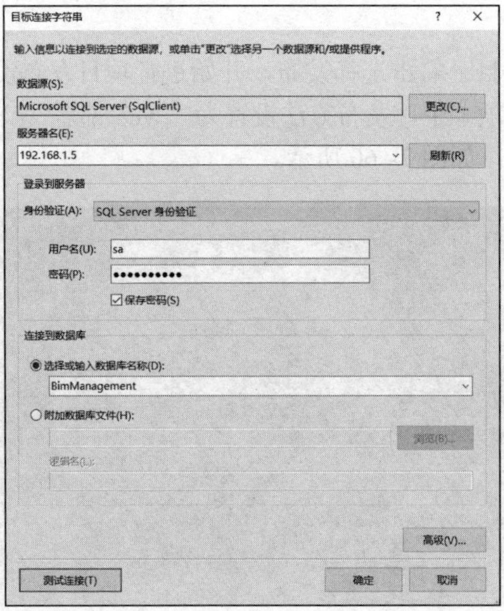

图 7-62　【目标连接字符串】设置

设置完成后，单击图 7－63 中的【发布】按钮，平台即可部署至服务器。此时，用户在浏览器中输入服务器的 IP 地址，就能访问我们搭建的 BIM 文件管理平台。如果用户需要在外网访问在内网搭建的服务器，还需要再对服务器进行内网穿透。

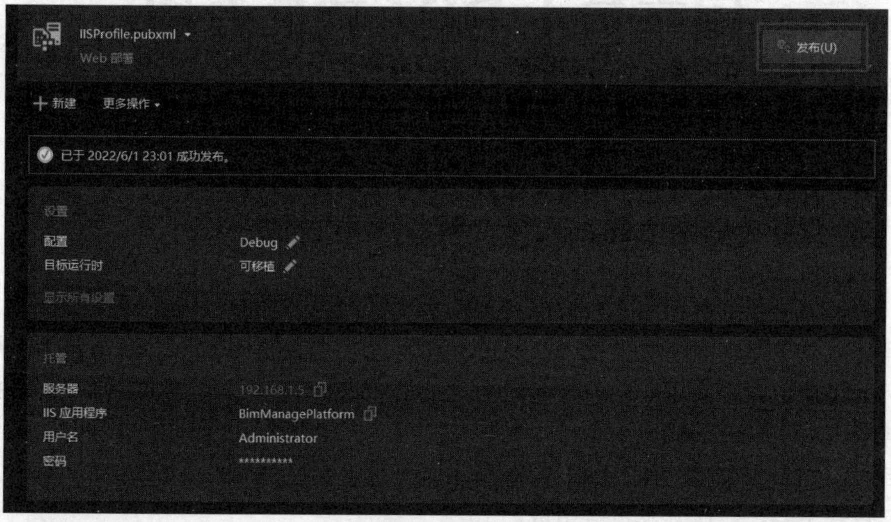

图 7－63　ASP.NET MVC BIM 文件管理平台发布

习　题

1. 简述 BIM 项目管理平台的概念。
2. 简述 ASP.NET MVC 中 “M” “V” “C” 各自的含义。
3. 什么是接口测试？
4. 简述传统方式生成 HTML 页面的过程。
5. 基于 Web API 接口生成 HTML 页面的优点是什么？

第 8 章

国产自主 BIM 软件介绍

8.1 BIMBase 参数化建库软件

本节基于《BIMBase 参数化组件 2.0 使用与教学手册》和 BIMBase parametric R1.2 版本编写。

BIMBase 平台是完全自主知识产权的国产 BIM 基础平台，基于自主三维图形内核 P3D，致力于解决行业信息化领域“卡脖子”问题，实现核心技术自主可控。平台重点实现图形处理、数据管理和协同工作，由三维图形引擎、BIM 专业模块、BIM 资源库、多专业协同管理、多源数据转换工具、二次开发包等组成。

BIMBase 参数化建库软件是一款由北京构力科技有限公司自主研发的建模建库软件，应用该软件可以让模型开发人员更加快捷、方便地建立并丰富企业自身的参数化模型库，便于进行场景建模等工作，解决了 BIM 扩展难的问题，使企业 BIM 部门实现 BIM 跨专业结合，同时方便企业管理模型，加强模型库的安全性，保护模型数据资产。

8.1.1 环境配置

在软件安装目录下，内置了 python3.7.9，安装完成需要下载并安装最新版本的 VS CODE（或其他 IDE，建议使用 VS CODE）。

（1）VS CODE 安装完成后，安装中文扩展和 Python 等扩展，配置环境，如图 8-1 所示。其中，中文插件安装完成后需要重启 VS CODE 方可生效。

图 8-1　配置环境

（2）插件安装完成后，需要设置 python 解释器路径。首先打开含有.py 文件的文件夹，安装包中提供了样例文件，样例文件默认路径，如图 8-2 所示，采用默认路径时，其位置位于：

X:\Program Files(x86)\BIMBase Parametric\PythonScript\BFAComponentLib

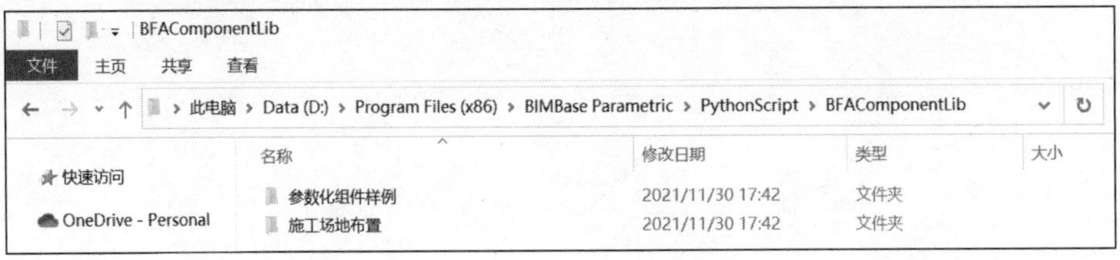

图 8-2　样例文件默认路径

在 VS CODE 中，单击【文件】|【打开文件夹】，单击【BFACOMPONENTLIB】文件夹，

如图 8－3 和图 8－4 所示。

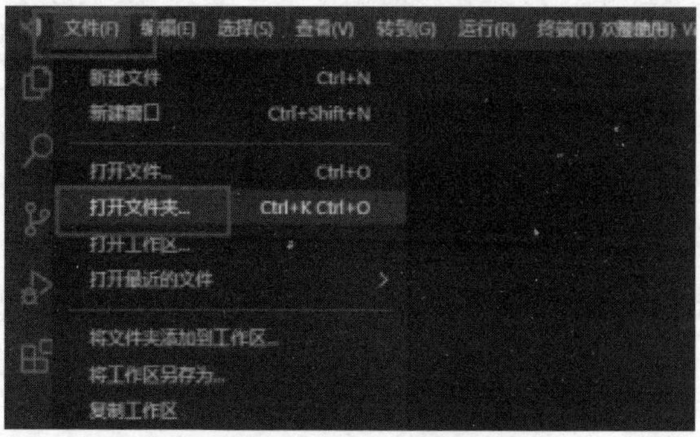

图 8－3　打开文件夹示例

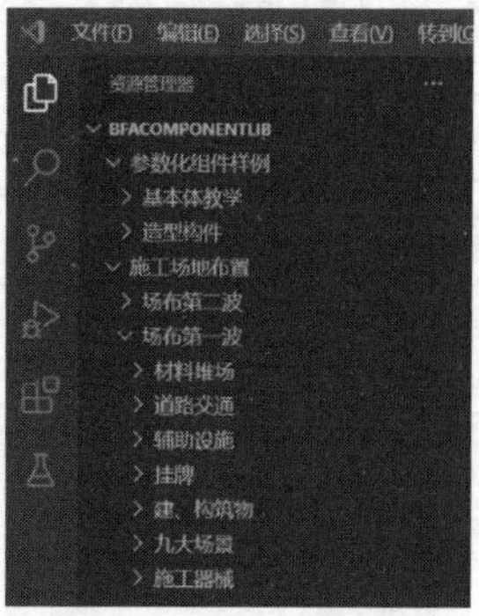

图 8－4　样例文件界面

（3）设置 VS CODE 解释器，如图 8－5 所示，首先单击任意一个脚本文件，然后单击左下角解释器，最后单击【输入解释器路径】。

图 8－5　设置 VS CODE 解释器

（4）单击【浏览】，输入解释器路径，如图 8－6 所示。

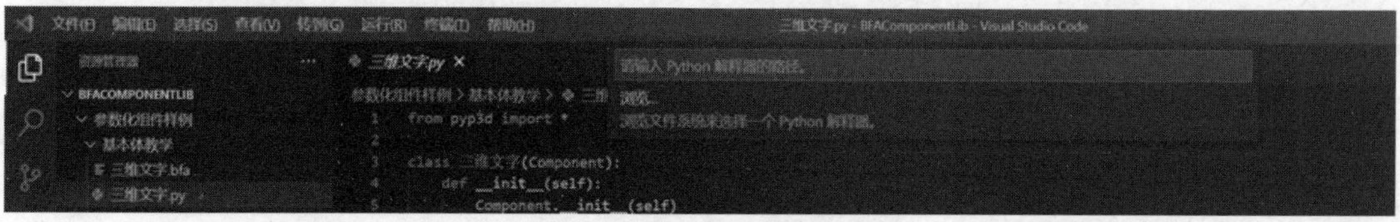

图 8－6　输入解释器路径

（5）选择目录下的 python.exe，然后单击右下方的【选择解释器】即可。解释器路径如图 8－7 所示。

D:\Program Files(x86)\BIMBase Parametric\PythonScript\python-3.7.9-embed-amd64 下，选择 python.exe。

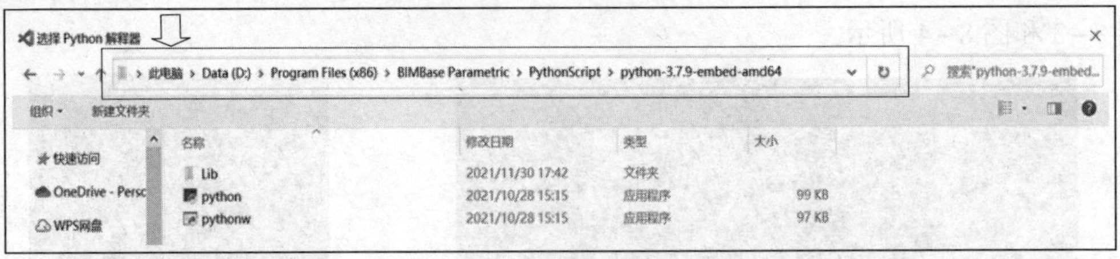

图 8-7　解释器路径

（6）VS CODE 可能记不住解释器路径，因此在每次启动时必须确认解释器路径是否正确。

8.1.2　软件界面介绍

BIMBase parametric 软件整体界面如图 8-8 所示，软件的整体界面比较整洁，包含快速访问工具栏、功能栏、视图浏览器、属性栏和绘图区。

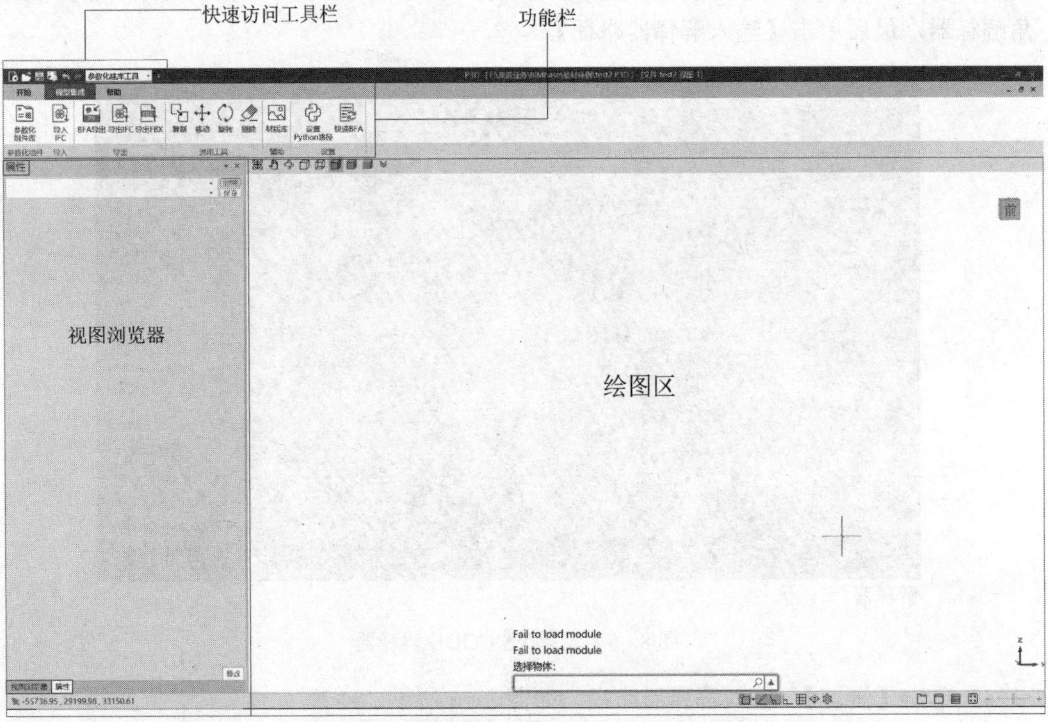

图 8-8　BIMBase parametric 软件整体界面

1. 快速访问工具栏

快速访问工具栏如图 8-9 所示，通过快速访问工具栏可以快速打开和保存文件、撤销及重做命令。

图 8-9　快速访问工具栏

2. 功能栏

功能栏如图 8-10 所示，包含参数化组件库，如图 8-11 所示，内含现有的参数化族库，用户也可以创建自己的参数化族库。支持导入和导出各种模型文件，以及创建模型时需要用到的一些基本的操作。材质库可以对选中模型赋予材质贴图。

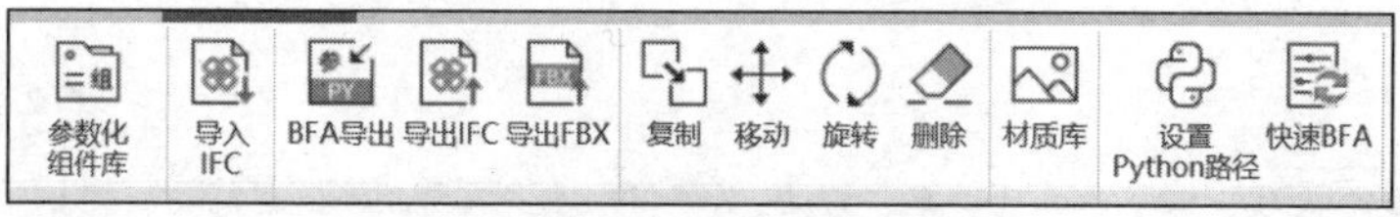

图 8-10　功能栏

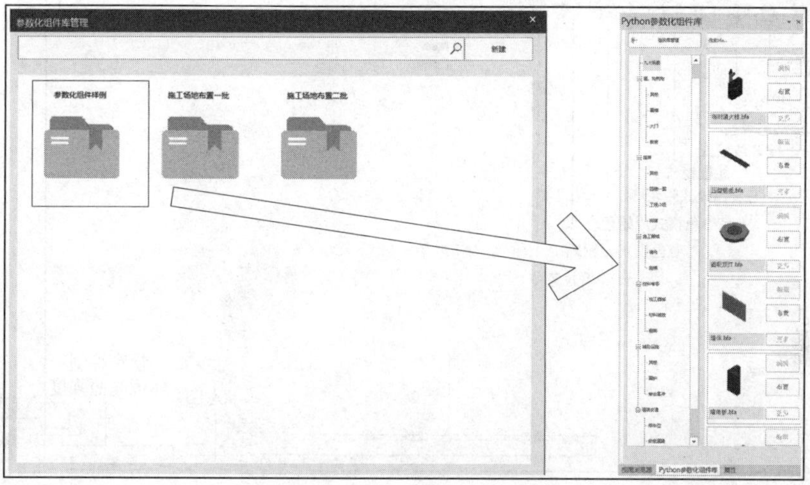

图 8-11　参数化组件库

3. 视图浏览器

视图浏览器用于显示当前项目中工程场景的明细、层次和逻辑关系。

4. 属性栏

属性栏如图 8-12 所示，可以查看和修改选中参数化模型的各项参数信息。

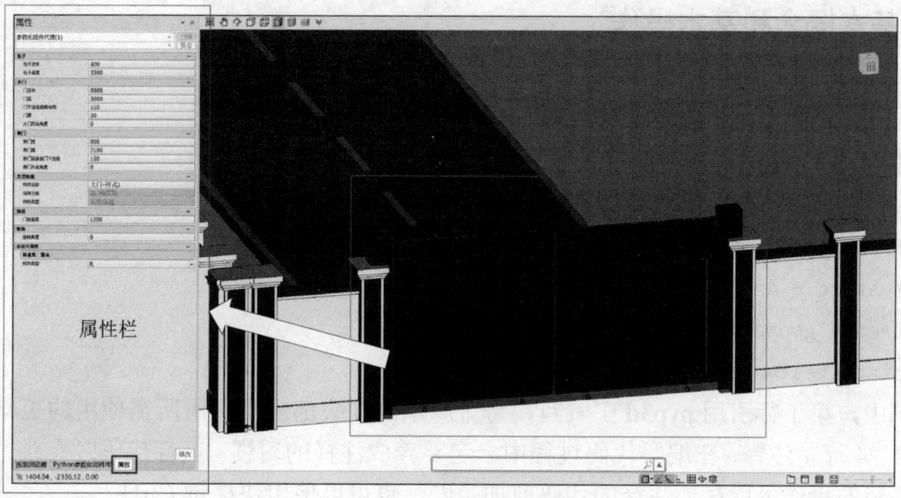

图 8-12　属性栏

5. 绘图区

绘图区如图 8-13 所示，是绘制模型的主要区域，中间部分为模型创建、修改、预览等部分。左上方为显示控制，右上方为视图盒，右下方为全局坐标系显示，正下方为命令输入栏，命令输入栏下方为状态栏，状态栏包括捕捉状态控制及捕捉设置工具、视窗控制、环境光照强度。

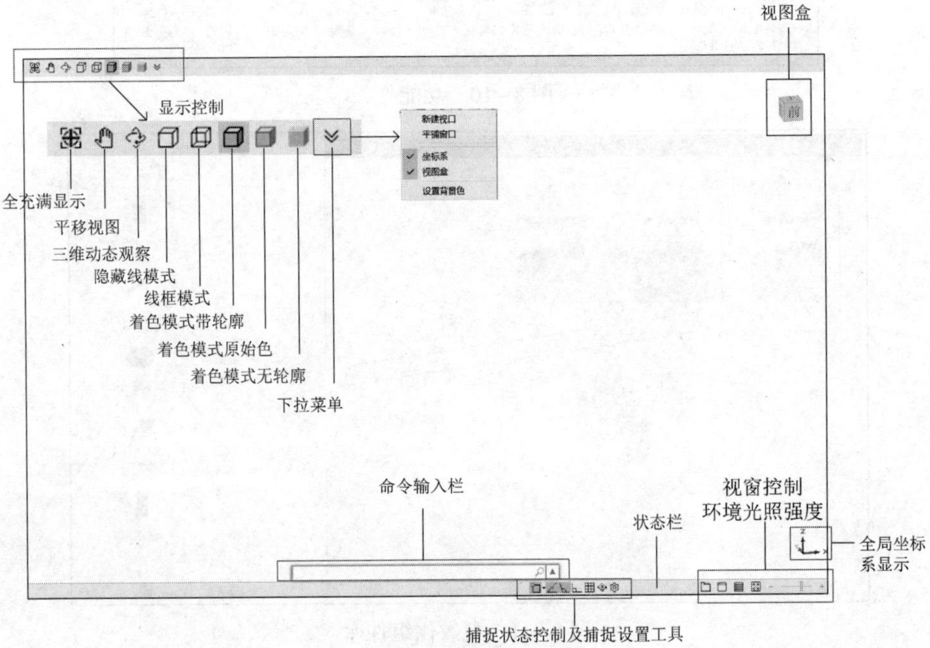

图 8－13　绘图区

利用视图盒可以更改观察方向，单击箭头或者蓝色区域切换视角方向，在视图中按住 Ctrl 键后再按住鼠标滚轮进行移动，可以对视图模型进行旋转。在使用命令输入栏搜索指令时，命令输入栏会自动联想出相关命令，单击即可快速启动命令。

8.1.3　基本概念和基本操作

8.1.3.1　基本概念

1. 圆弧线：Arc

示例代码如下：

```
1. from pyp3d import *
2. testArc = Arc(pi*1.5).color(1,0,0,1)
3. create_geometry(testArc)
4. place(testArc)
```

示例中，第 1 行引用 pyp3d 工具包，每个脚本的开头都应当引用所需使用的工具包。

第 2～4 行是注释，在编写代码过程中一定要养成注释的习惯。运行代码时会跳过注释的代码。注释的操作可以在要注释的代码前加“#”，也可以使用快捷键 Ctrl+？。

testArc 是变量名，等号表示赋值。Arc 创建的是单位圆弧（半径为单位 1 的圆弧）。Arc 只需要填写角度，即可创建一个单位圆弧。如 Arc（pi*2），即为创建一个单位圆。示例中填写的角度值为 1.5π，则会创建一个半径为 1 的四分之三圆弧。

Arc 的默认绘制起点为 X 轴上，即圆心为（0，0，0），起点为（1，0，0），绘制方向为逆时针绘制，遵循右手定则。

2. 右手定则

右手食指到小指四指握拳，大拇指垂直于其余四指平面伸出。大拇指指向为旋转轴指向，四指握拳方向为旋转的正方向。

3. color 函数

color 函数包括颜色和不透明度。color 中的四组数字分别代表 R（红）、G（绿）、B（蓝）和 A（不透明度）。其中 R、G、B 的取值范围是 0～1（对应 0～255），使用 255 作为分母，颜色的 RGB 值 X 作为分子（X/255）。A 的取值是 0～1 的小数，数字越大，不透明度越高（透明度越低），当 A 为 0 时，构件会在 P3D 的光照下呈白色和灰色。当不输入 color 函数时，默认颜色为白色不透明。

8.1.3.2　基本操作

1. 旋转

旋转（rotate）操作如图 8－14 所示，rotate 有以下两种参数装填形式（旋转遵守右手定则）。

（1）输入空间矢量 Vec3 作为旋转轴轴向，再输入角度（单位为弧度）作为旋转角。

（2）直接输入角度，默认旋转轴轴向为 Z 轴正方向，正值逆时针旋转，负值顺时针旋转。

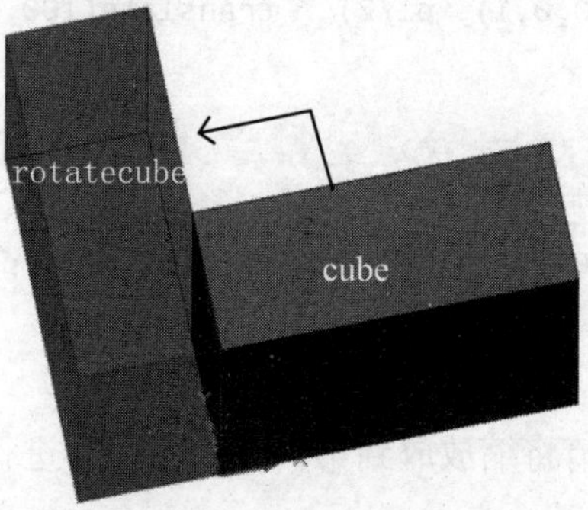

图 8－14　旋转操作

例如，俯视图下，如果旋转轴为（0，0，1），即 Z 轴正方向，则此时旋转的正方向为逆时针。此时输入一个角度的正值，则会逆时针旋转；输入负值，则会顺时针旋转。

旋转操作代码如下：

```
from pyp3d import *
cube = scale(500,200,400) * Cube()
rotatecube = rotate(pi/2) * scale(500,200,400) * Cube()
create_geometry(cube)
create_geometry(rotatecube)
```

2. 平移

平移（translate）有以下三种参数装填形式。

（1）输入空间矢量 Vec3 作为平移矢量。

（2）直接输入三维空间数值，同样可以识别为平移矢量。

（3）输入二维空间数值，可以识别为二维的平移矢量，此时被作用的几何体只会在 XY 平面上进行平移（即只会水平移动）。

平移操作代码如下：

```
from pyp3d import *
cube = translate(Vec3(100,100,100)) * scale(500,200,400) * Cube()
place(cube)
cube = translate(100,100,100) * scale(500,200,400) * Cube()
place(cube)
cube = translate(100,100) * scale(500,200,400) * Cube()
place(cube)
```

3. 就近原则

当旋转和平移同时需要作用在同一个几何体上时，它们的作用效果是有先后顺序的。写代码时，哪个离几何体近，哪个就优先生效。由于几何体放置在当前代码行最右侧，因此最右侧的旋转平移会先生效，最左侧也就是距离等号最近的旋转平移会最后生效。

示例代码如下：

```
from pyp3d import *
#先缩放，然后平移，最后旋转
cube = rotate(Vec3(0,0,1), pi/2) * translate(100,100) * scale(500,200,400) * Cube()
place(cube)
#先缩放，然后旋转，最后平移
cube = translate(100,100) * rotate(Vec3(0,0,1), pi/2) * scale(500,200,400) * Cube()
place(cube)
```

当缩放遇到旋转平移，请将缩放放到第一步，然后再进行旋转平移。

4. 布尔

布尔主要包括两种操作，分别是 Fusion（布尔并和布尔减）和 Intersection（布尔交），在布尔时，参与布尔的几何体会被抹除原有的颜色信息，需要重新设置颜色。布尔的前提是参与布尔的两个几何体有重合部分。布尔操作遵循：① 从左向右依次计算，有括号先算括号内；② 满足交换律和结合律，必须保证运算顺序。

布尔并：把两个有体重合部分的几何体合并为一个几何体。

布尔减：在第一个几何体上减去它和第二个几何体重合的部分。

布尔交：只保留两个几何体重合的部分。

布尔的并、交可以理解为集合的并集、交集，布尔减可以理解为集合中取出重合的元素。布尔并与布尔减可以用加号“+”和减号“−”来表示。

注意： 在进行布尔操作时，如果两个几何体有共面情况，布尔操作可能会异常，尤其在进行布尔减时，可能会导致破碎的三角面出现。需要将其中一个几何体稍微扩大或平移，解除共面状态。

布尔交需要使用 Intersect 函数，Intersect 函数中可以装填多个几何体，但是建议一次只放入两个几何体，这样可以实现连续的布尔并、布尔减、布尔交的运算。

示例代码如下：

```
from pyp3d import *
#融合（布尔并 布尔减 布尔交 组合）
class 布尔和组合(Component):
    def __init__(self):
        Component.__init__(self)
        self['长'] = Attr(1000.0, obvious=True)
        self['宽'] = Attr(300.0, obvious=True)
        self['高'] = Attr(500, obvious = True)
        self['布尔和组合'] = Attr(None, show=True)
        self.replace()
    @export
    def replace(self):
        L = self['长']
        W = self['宽']
        H = self['高']
        TestCube_a = translation(100,100,0) * scale(L,W,H) * Cube().color(1,0,0,1)
        TestCube_b = translation(0,0,0) * scale(L,W,H) * Cube().color(0,1,0,1)
        #self['布尔和组合'] = TestCube_a+TestCube_b
        #self['布尔和组合'] = (TestCube_b-TestCube_a).color(0,0.7,0,1)
        #self["布尔和组合"] = Intersect(TestCube_a,TestCube_b)
        #self['布尔和组合'] = Combine(TestCube_a, TestCube_b)
if __name__ == "__main__":
    FinalGeometry = 布尔和组合()
    place(FinalGeometry)
```

5. 组合

组合（combine）不同于布尔，组合时并不会将两个几何体重叠部分进行处理，颜色信息也不会被抹除。如果对组合后的模型赋予颜色，combine 中的所有几何体都会变成该颜色。

图 8－15 为布尔并、布尔减、布尔交、组合示意图。

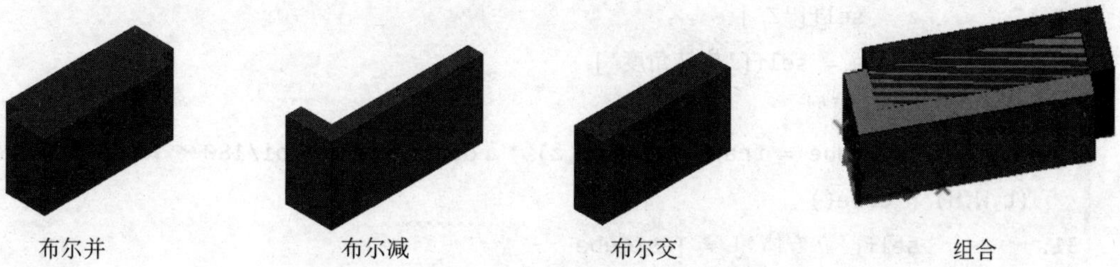

图 8－15　布尔并、布尔减、布尔交、组合示意图

8.1.4 参数化模型代码

8.1.4.1 Cube 参数化模型

示例代码如下：

```
from pyp3d import *
class 立方体(Component):
    #定义各个参数及其默认值
    def __init__(self):
        Component.__init__(self)
        self['长'] = Attr(1000.0, obvious=True,readonly=True)
        #obvious 属性的可见性 True 时可见，False 为不可见。不写为默认，默认为 False
        #readonly 属性的只读性 True 时不可调，为置灰状态，False 为可调状态。不写为默认，默认为 False
        self['宽'] = Attr(300.0, obvious=True)
        self['高'] = Attr(500, obvious = True)
        self['旋转角度'] = Attr(0,obvious = True)
        self['X'] = Attr(300.0, obvious=True)
        self['Y'] = Attr(300.0, obvious=True)
        self['Z'] = Attr(300.0, obvious=True)
        self['立方体'] = Attr(None, show=True)
        self.replace()

    @export
    #模型造型
    def replace(self):
        #设置变量，同时调用参数（简化书写过程）
        L = self['长']
        W = self['宽']
        H = self['高']
        x = self['X']
        y = self['Y']
        z = self['Z']
        Angle = self['旋转角度']
        #绘制模型
        TestCube = translate(x,y,z) * rotation(math.pi/180 * Angle) * scale(L,W,H) * Cube()
        self['立方体'] = TestCube

```

```
33. if __name__ == "__main__":
34.     FinalGeometry = 立方体()
35.     place(FinalGeometry)
```

上述示例代码所建立的Cube参数化模型及模型属性如图8－16和图8－17所示。

第1行from pyp3d import *（引用pyp3d函数库），每个脚本的开头都应当引用所需使用的工具包。代码主体由第2行开始，首先用class（类）的方式来定义参数和模型造型，在示例中，给要定义的模型（类）起个中文名“立方体”，后面的括号和component不用修改。参数化建模代码主体由两部分组成：第一部分是参数定义；第二部分是建立模型。

定义部分从def开始，def这一行及下一行不用修改，在参数化建模中，需要用户自己写的部分是从第6行开始，第7行、第8行是注释，第6～14行是自定义参数名称和参数默认值，self['']中的字符串就是参数名，Attr()中的数值就是该参数的默认数值，obvious和readonly是两个标签，分别表示该参数的显隐性和只读性，这两个标签的默认值都是false，obvious=True参数可见，obvious=False或不输入该标签时，参数不可见；readonly=True时参数只读，不可修改，readonly=False和不输入时参数可修改。

在第15行，需要把模型也作为一个“特殊参数”定义，该参数不需要修改，保持None和show=Ture不变。当show=False或不输入show这个标签时，将不显示该“特殊参数”所对应的模型。第18～20行的内容不动，从第20行def replace(self)开始是代码主体的第二部分，也就是造型模型的部分。在第31行，最终的模型必须赋值给我们定义的那个“特殊参数”。第33～35行是模型的布置，第34行的FinalGeometry必须指向第2行的class。

图8－16　Cube参数化模型

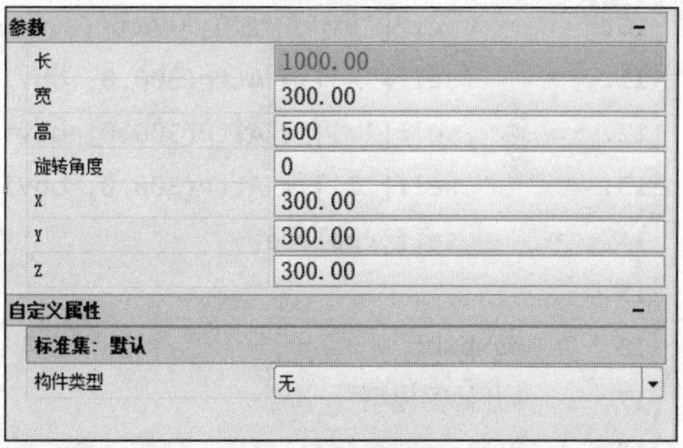

图8－17　模型属性

在python中，缩进非常重要，类似于C++中的括号作用，在实际操作过程中推荐使用tab键缩进，因为使用空格键缩进有时候会造成缩进不一致。同一级下的内容要保持同样的缩进。

立（长）方体，有长、宽、高三个参数，在代码中需要定义这三个参数（代码中的第6～10行）。第18行的@export和def这一行是统计，它的缩进与def一致。

第二部分同样需要定义def replace(self):，第20行不需要改动，对已有参数重新给一个变量名，让这些变量名指向对应的参数（这样做主要是为了建模时方便书写），L、W、H分别代表长、宽、高，变量名“Testcube”代表我们最终创建的模型，Cube()是默认创建一个棱长为1的立方体，创建参数化立方体需要用到scale()缩放函数。scale()的不同含义如下：

scale(1)：模型三轴整体放大；

scale(1,1)：只能作用于二维几何体，包括线、弧和面。会将二维几何体沿着 X、Y 方向缩放指定倍数；

scale(1,1,1)：只作用于三维几何体，可将三维几何体沿 X、Y、Z 三个方向缩放指定倍数。

在 sacle()中填入 L、W、H，分别代表 X 轴、Y 轴、Z 轴的缩放倍数，也就是长方体的长、宽、高，*的意思是作用于，scale()*Cube()表示 scale()作用于 Cube()，最终，Testcube 就变成了一个长、宽、高分别为 1000、300、500 的长方体。经过旋转、平移后，把第 15 行的“特殊参数”指向几何体 Testcube。

在布置模型部分，第 33 行和第 2 行的 class 是同一级别，然后修饰类用 place()函数布置。

8.1.4.2 Arc 参数化模型

示例代码如下：

```
from pyp3d import *
#定义参数化模型
class 弧(Component):
    #定义各个参数及其默认值
    def __init__(self):
        Component.__init__(self)
        self['a 轴长度'] = Attr(1000.0, obvious=True)
        self['b 轴长度'] = Attr(300.0, obvious=True)
        self['弧'] = Attr(None, show=True)
        self['旋转角度'] = Attr(0,obvious = True)
        self['X'] = Attr(300.0, obvious=True)
        self['Y'] = Attr(300.0, obvious=True)
        self['Z'] = Attr(300.0, obvious=True)
        self.replace()

    @export
    #开始写模型
    def replace(self):
        #设置变量，同时调用参数（简化书写过程）
        L = self['a 轴长度']
        W = self['b 轴长度']
        x = self['X']
        y = self['Y']
        z = self['Z']
        Angle = self['旋转角度']
        self['弧'] = translate(x,y,z) * rotation(math.pi/180 * Angle) * scale(L,W) * Arc(math.pi*2)
#输出模型
```

```
if __name__ == "__main__":
    FinalGeometry = 弧()
    place(FinalGeometry)
```

上述示例代码所创建的 Arc 参数化模型如图 8-18 所示。Arc 函数中可以输入角度（输入时应输入弧度制的角度），Arc 函数需要搭配 scale 函数绘制所需尺寸的几何体。Arc 函数是二维平面图形，只能绘制在 XY 平面上，所以 scale 函数中只需装填两个数值，分别是 X 和 Y 方向上的放大倍数，也就是椭圆的 a 轴、b 轴长度。

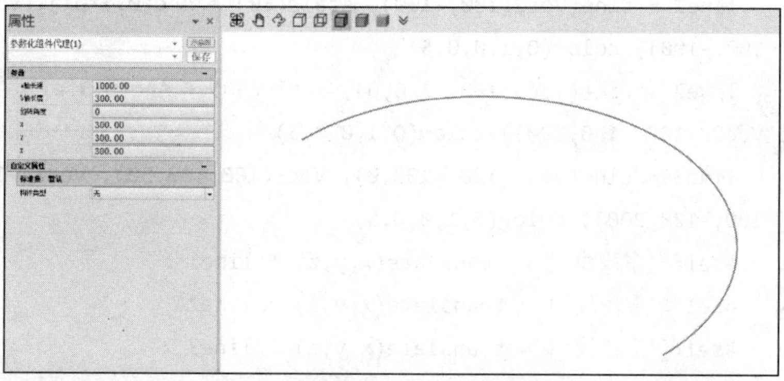

图 8-18　Arc 参数化模型

使用 Arc 函数可以造型各种弧线，在实际中使用三点画弧，三点确认一条弧线，三点分别是圆弧的起点、中间任意一点和圆弧的终点，填写时需要注意顺序。

8.1.4.3　Line 参数化模型

示例代码如下：

```
from pyp3d import *
class 多段线(Component):
    def __init__(self):
        Component.__init__(self)
        self['长'] = Attr(1000.0, obvious=True,readonly = True, Group = 'AAA', description = 'testlength')
        self['宽'] = Attr(300.0, obvious=True, Group = 'AAA', description = 'testheight')
        self['高'] = Attr(500, obvious = True)
        self['多段线'] = Attr(None, show=True)
        self['X'] = Attr(300.0, obvious=True)
        self['Y'] = Attr(300.0, obvious=True)
        self['Z'] = Attr(300.0, obvious=True)

        self.replace()
    @export
```

```
    def replace(self):
        L = self['长']
        W = self['宽']
        H = self['高']
        x = self['X']
        y = self['Y']
        z = self['Z']
        line1 = Line(Vec2(100,-100), scale(50) * Arc(0.5*pi), Vec2(-100,100), Vec2(-100,-100)).color(0,1,0,0.5)
        line2 = Line(Vec3(100,-100,0), scale(50) * Arc(0.5*pi), Vec3(-100,100,100), Vec3(-100,-100,200)).color(0,1,0,0.5)
        line3 = Line(Vec3(100,-100,0), Vec3(100,100,50), Vec3(-100,100,100), Vec3(-100,-100,200)).color(0,1,0,0.5)
        #self['多段线'] = translate(x,y,z) * line1
        #self['多段线'] = translate(x,y,z) * line2
        #self['多段线'] = translate(x,y,z) * line3

if __name__ == "__main__":
    FinalGeometry = 多段线()
    place(FinalGeometry)
```

上述示例代码所创建的 Line 参数化模型如图 8－19 所示。Line（线）可以是二维平面的线，也可以是三维空间的线。二维空间上的线需要使用 Vec2()函数，表示二维平面矢量，也表示二维坐标，在函数中按顺序输入 X 值、Y 值，Z 值固定为 0。Vec3()是三维坐标矢量，也可以表示三维坐标。Vec2()和 Vec3()不能混用。在上述示例中，创建了三条线，其中一条是二维线（Line1），两条是三维线（Line2、Line3）。Line1 中全部使用 Vec2()，Arc 函数可以装填 Arc 函数。Line2、Line3 是三维多段线，三维多段线中全部使用 Vec3()函数。

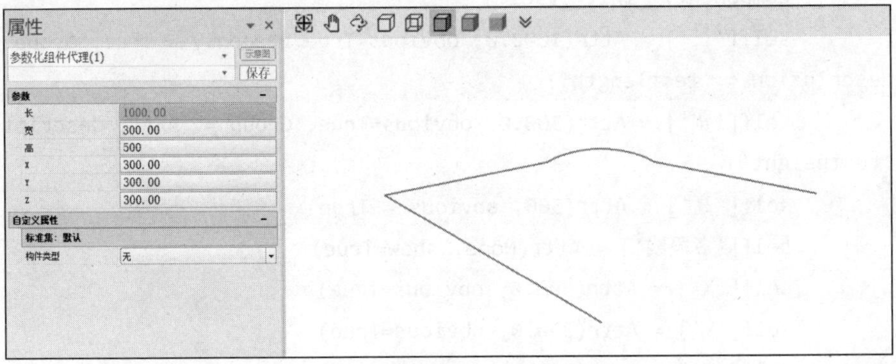

图 8－19　Line 参数化模型

8.1.4.4　Section 参数化模型

示例代码如下：

```python
from pyp3d import *
class 截面(Component):
    def __init__(self):
        Component.__init__(self)
        self['截面'] = Attr(None, show=True)
        self['X'] = Attr(300.0, obvious=True)
        self['Y'] = Attr(300.0, obvious=True)
        self['Z'] = Attr(300.0, obvious=True)

        self.replace()
    @export
    def replace(self):
        x = self['X']
        y = self['Y']
        z = self['Z']
        test_section =Section(Vec2(100,-100), scale(100) *Arc(0.5*pi), Vec2(-100,100), Vec2(-100,-100))
        self['截面'] = translate(x,y,z) * test_section

if __name__ == "__main__":
    FinalGeometry = 截面()
    place(FinalGeometry)
```

上述示例代码所创建的 Section 参数化模型如图 8-20 所示。截面用到的函数 Section()只能装填二维的点 Vec2()、线 Line()和弧 Arc()，二维的 Line 和 Arc 中也必须装填二维的点 Vec2()。

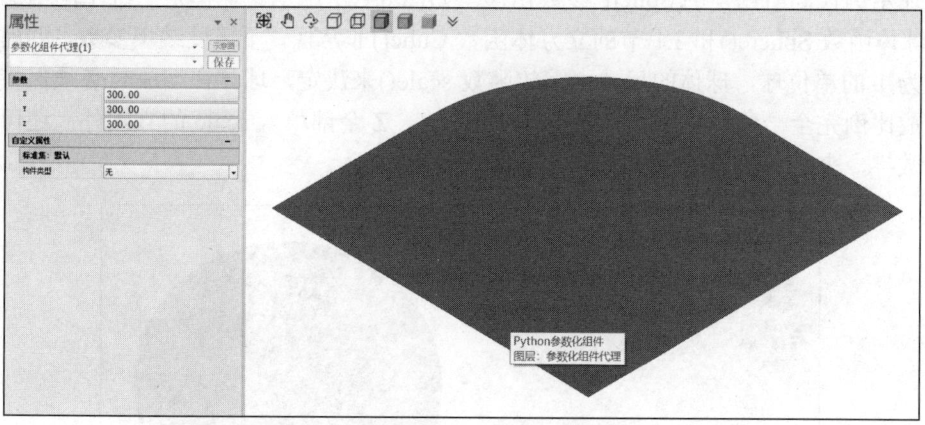

图 8-20　Section 参数化模型

示例中的 Section()函数按顺序装填了三个二维平面的点和一个四分之一圆弧。Arc 函数的默认起点在 X 轴的正方向，绘制方向符合右手定则，因此代码中使用的圆弧位于第一象限。Section()函数是按照点 Vec2()—线 Line()—弧 Arc()顺序绘制的，所以必须按照图形的绘制顺序放置函数，Section()函数会自动将未连接的点、线、弧用直线段连接，在输入点时会自动形成多边形图形。创建完成截面后，可以使用平移、旋转来对截面进行操作。此外，截面也可以实现开洞、融合（布尔操作）。为了操作简便，建议把 Section 的创建、布尔等操作都限制在 XY 平面上。

8.1.4.5 Sphere 参数化模型

示例代码如下：

```
from pyp3d import *
class 球(Component):
    def __init__(self):
        Component.__init__(self)
        self['半径'] = Attr(1000.0, obvious=True)
        self['球'] = Attr(None, show=True)

        self.replace()
    @export
    def replace(self):
        r = self['半径']
        sphere = scale(r) * Sphere()
        #sphere = scale(r, r, r) * Sphere()
        self['球'] = sphere

if __name__ == "__main__":
    place(球())
```

上述示例代码所创建的 Sphere 参数化模型如图 8−21 所示。球体是三维空间里的三维几何体。球体函数 Sphere()和 3.1 节的立方体函数 Cube()非常像，不需要装填参数，创建的是一个半径为 1 的单位球，球体的尺寸由缩放函数 scale()来决定，球体在缩放时必须保持三个方向的缩放比例完全一致。除了将完全相等的 X、Y、Z 全部填入 scale 的方式外，还可以只填入一个数字，来表示整体的缩放比例。

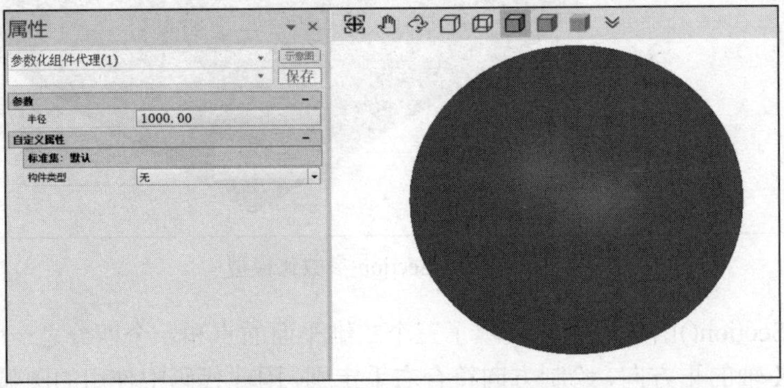

图 8−21　Sphere 参数化模型

8.1.4.6　Loft 参数化模型

示例代码如下：

```
from pyp3d import *
# 放样体
class 放样体(Component):
    def __init__(self):
        Component.__init__(self)
        self['长'] = Attr(1000.0, obvious=True)
        self['宽'] = Attr(300.0, obvious=True)
        self['高'] = Attr(500, obvious = True)
        self['放样体'] = Attr(None, show=True)

        self.replace()
    @export
    def replace(self):
        L = self['长']
        W = self['宽']
        H = self['高']
        # 描述截面
        section = Section(Vec2(100,-100), scale(100) * Arc(0.5*pi), Vec2(-100, 100), Vec2(-100,-100))
        # 放样体
        loft = Loft(section, translate(0,0,100) * section, translate(40,0,300) * section)
        self['放样体'] = loft
if __name__ == "__main__":
    place(放样体())
```

上述示例代码所创建的 Loft 参数化模型如图 8-22 所示。放样体是由多个独立的截面依

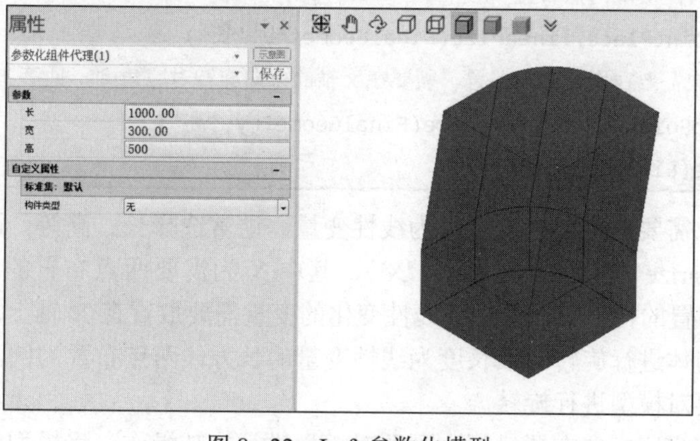

图 8-22　Loft 参数化模型

次连接扫掠形成的，Loft()函数中需要放入多个截面（至少放入两个），截面必须是相似的，截面需要保证线和弧线要在数量和位置上均保持对应关系，即拥有相同数量的点、线、弧，这些点、线、弧在各个截面中的装填位置必须相同。装填截面时，截面并不是必须在 XY 平面上或者和 XY 平面平行。使用 Loft()函数可以较为快速地创建出连续的、复杂的、带纽带效果的放样体。

8.1.5 布置方式

8.1.5.1 旋转布置

实现旋转布置的代码如下：

```
1. if __name__ == "__main__":
2.     # 第一行 对[立方体]这个 class 进行修饰
3.     FinalGeometry = 立方体()
4.     # 第二行 实现旋转布置
5.     RotationPlace.RotationFunction(FinalGeometry)
6.     place(FinalGeometry)
```

旋转布置只需要在原脚本中的末尾部分添加一行代码，即可实现旋转布置。

8.1.5.2 两点布置

实现两点布置的代码如下：

```
1.         # 绘制模型
2.         TestCube =scale(L,W,H) * Cube()
3.         # TestCube =rotate(Vec3(0,1,0),0.5*pi) * scale(L,W,H) * Cube()
4.         self['立方体'] = TestCube
5. # 输出模型
6. if __name__ == "__main__":
7.     # 第一行 对[立方体]这个 class 进行修饰
8.     FinalGeometry = 立方体()
9.     # 第二行 实现两点布置
10.     TwoPointPlace.linearize(FinalGeometry,'长')
11.     # 如果需要在别的方向布置，需要在 x 轴的方向旋转对应角度，见第 3 行
12.     # TwoPointPlace.linearize(FinalGeometry,'高')
13.     place(FinalGeometry)
```

两点布置中，需要选定一个变量作为线性变量，通常选择长、高等。两点布置的代码为 TwoPointPlace.linearize（FinalGeometry，'X'），其中 X 为需要两点布置的定义参数的 self['']里的字符。线性布置的构件中，要进行线性变化的变量需要放置在 X 轴上。放置在 Y 轴或 Z 轴时，需要对几何体进行旋转。以长度为线性变量的长方体两点布置为例，因为长度处于 X 轴上，所以不需要对模型进行旋转。

如果需要沿着高度方向布置模型，则要对模型进行旋转操作，将模型的布置轴旋转到 Z

轴，如代码第 3 行所示，将其绕着 Y 轴正方向逆时针旋转 90°，之后需要将两点布置命令中的字符改成'高'。

8.1.6　生成 BFA 文件

为了模型数据安全，需对模型进行打包，BFA 文件是加密的，使用者看不到模型的数据结构和内容信息，也看不到模型的造型信息，因此可以保护模型数据，防止脚本外泄。

第一步：运行并布置 py 脚本。

布置要点如下。

（1）布置时请开启捕捉。

（2）单点布置请捕捉到原点处进行布置。

（3）旋转布置请将第一点、第二点均放在原点处，即不发生任何角度的旋转。

（4）两点、多点布置，请将第一点布置在原点，第二点布置在 X 轴上。可以通过输入数值的方式来保证布置在 X 轴上。其中长度（距离）值和 X 轴值保持一致，其他值为 0。

第二步：单击【导出 BFA】。

第三步：在弹出的对话框中选择刚刚的 py 脚本文件。

第四步：选择 BFA 文件的保存位置。（名字会自动和 py 脚本文件名保持一致，无需修改）

第五步：删除软件中的模型。（目前不支持打包多模型文件，因此打包完成后要删除所有模型）

8.1.7　开发实例

现结合前面所述内容，开发一居民楼模型实例。

如图 8-23 所示，方形居民楼，每个单元第一层有一个单元门，每一层都有两个窗户。

图 8-23　居民楼模型

模型中居民楼的属性如表 8-1 所示，居民楼的驱动关系如表 8-2 所示。

表 8-1　居民楼的属性

分类信息	构件分类	应用场景	住宅区（固定）
		构件类型	房建（固定）
		构件名称	居民楼（可变）
构件属性	楼体尺寸	楼体长	6000mm（可变）
		楼梯宽	4000mm（可变）
		楼体高	=楼层数*层高（随变）
	楼层尺寸	单元数	1（可变）
		层高	2500mm
		层数	6 层
	单元门尺寸	门高	2100mm（可变）
		门宽	900mm（可变）
	窗户尺寸	窗户高	1500mm（可变）
		窗户宽	1800mm（可变）
材质颜色	灰色、玻璃透明		

表 8-2　居民楼的驱动关系

构件原点	单元门所在面左下角
布置方式	旋转布置
单元数	根据输入参数线性排布

8.2　BIMBase 场地布置软件

BIMBase 场地布置软件（BIMBase construction）基于 BIMBase 平台开发，为工程建设项目提供场地三维规划、建模的能力。软件内置丰富的安全文明施工参数化组件，覆盖生活办公、材料堆放、加工生产、安全围护等全部场景，可有效解决以下问题：建模效率低，学习成本高，软件入门难度大；模型创建依赖于各类库资源，但仅依靠库仍无法有效解决问题；过度依赖国外平台，信息安全难以得到保障。场地布置软件开发流程如 8-24 所示。

图 8-24　场地布置软件开发流程

8.2.1　软件界面介绍

BIMBase construction 软件整体界面如图 8-25 所示，与 BIMBase parametric 相似，包含快速访问工具栏、功能栏、视图浏览器、绘图区等几个部分。不同的是功能栏多了模型集成、协同设计、基本建模、组件建模、编辑、项目管理、模型应用、数据导出。

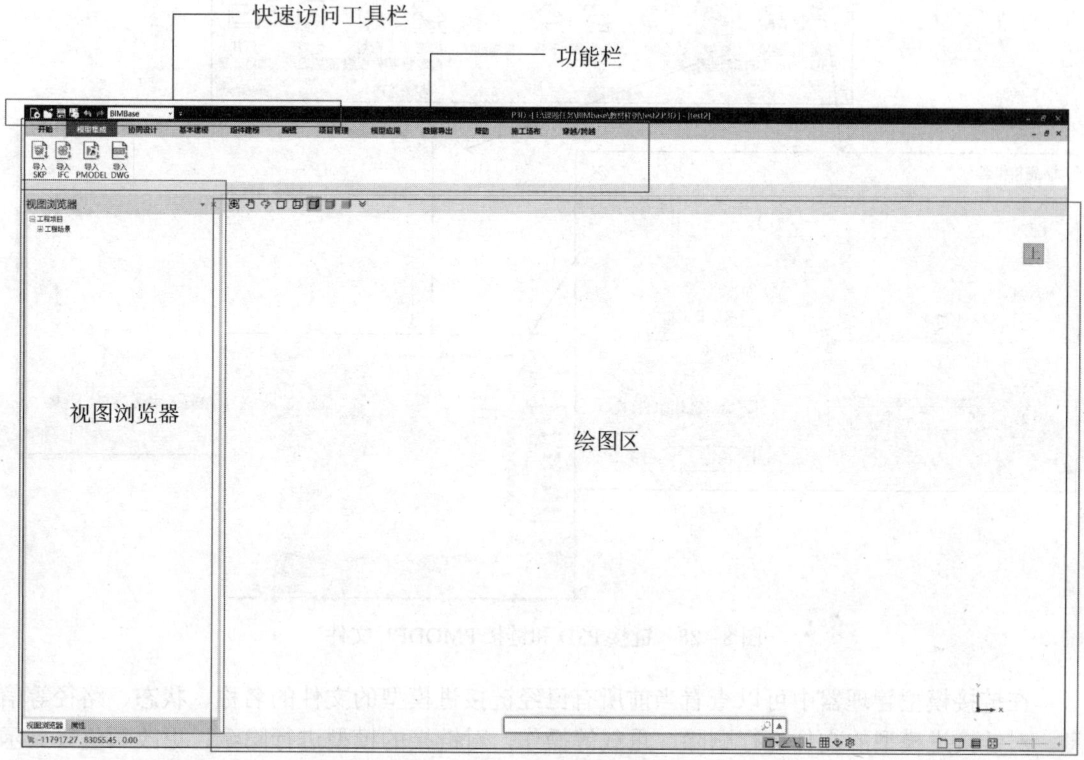

图 8-25　BIMBase construction 软件整体界面

8.2.1.1　模型集成

【模型集成】界面如图 8-26 所示，支持导入多种格式文件，如 SKP、IFC、PMODEL 和 DWG 文件。

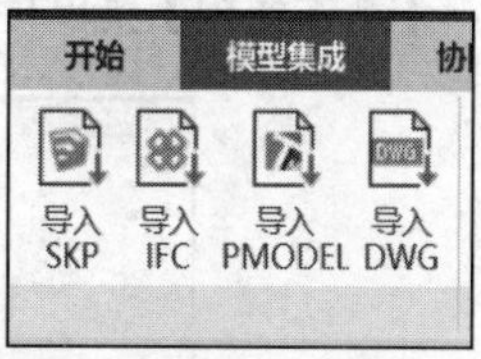

图 8-26 【模型集成】界面

8.2.1.2　协同设计

【协同设计】界面如图 8-27 所示，可以创建项目组联机协同建模，提高工作效率。

链接 P3D 和链接 PMODEL 文件如图 8-28 所示，将硬盘中的 P3D 或者 PMODEL 文件链接到当前模型中，该操作链接进来的 P3D 文件，仅可查看，不可修改。

在导入 P3D 文件后会清空当前图形信息，链接的模型仅可查看和删除，无法修改数值信息。

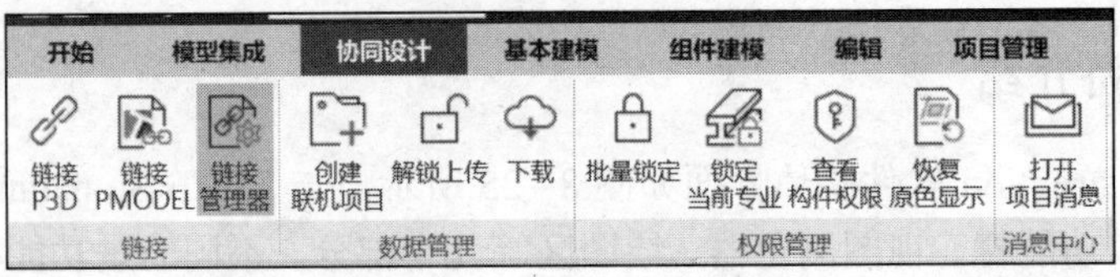

图 8-27 【协同设计】界面

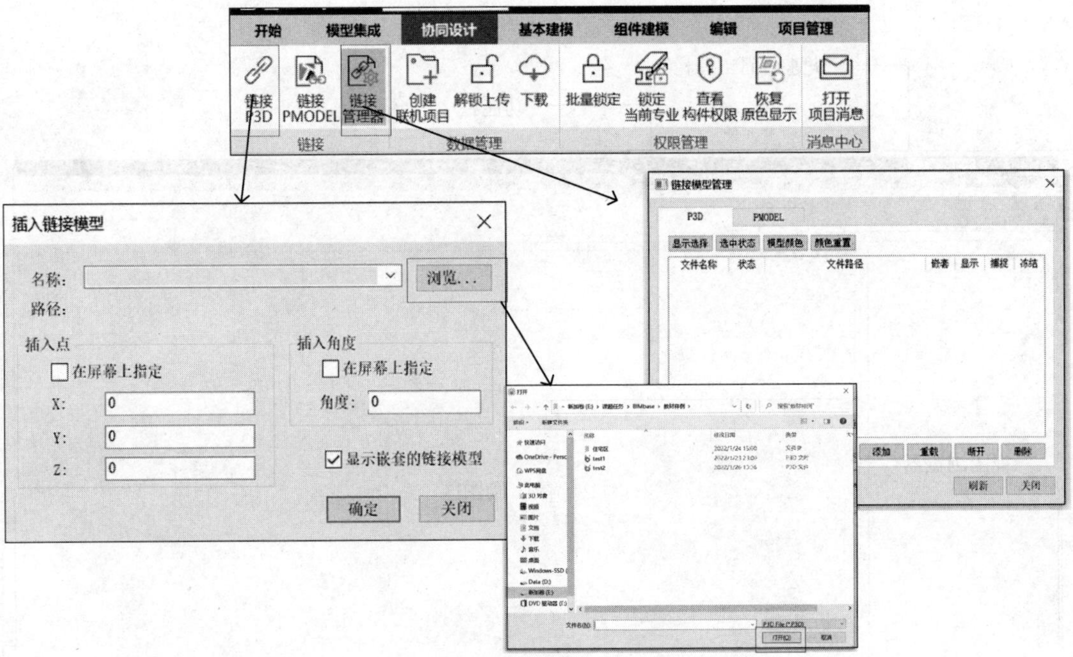

图 8-28 链接 P3D 和链接 PMODEL 文件

在链接模型管理器中可以查看当前所有已经链接进模型的文件的名称、状态、路径等信息，对链接进模型的文件进行删除、重载等操作，对链接的模型进行隐藏、更改颜色等显示效果的调整。

8.2.1.3 基本建模

【基本建模】菜单栏如图 8-29 所示，下有建模的基本命令，分别是图形、平面和实体三大类。

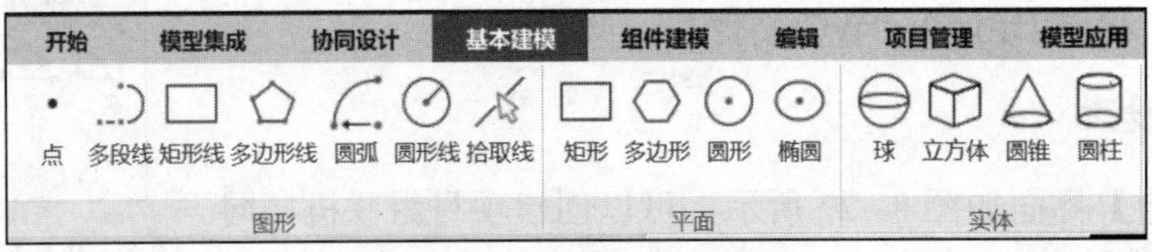

图 8-29 【基本建模】菜单栏

8.2.1.4 组件建模

【组件建模】菜单栏如图 8-30 所示，下有多种组件库和素材库，组件编辑器里的组件为可以保存在本地的.bfa 文件，通过组件编辑器功能可以创建组件，组件编辑器是对组件几何体进行编辑的唯一工具。工程组件库是组件编辑器创建好的 bfa 组件，可以使用组件管理器调入当前工程项目中。

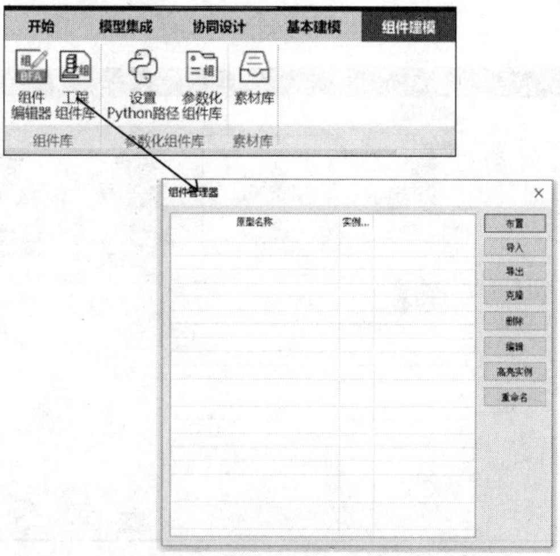

图 8-30 【组件建模】菜单栏

为了方便用户对参数化组件进行管理，BIMBase 场地布置软件提供了【参数化组件库】功能。该库仅影响本地路径下保存的文件，不影响工程环境的文件。【参数化组件库】和【素材库】操作如图 8-31 所示，单击【参数化组件库】按钮，弹出【参数化组件库管理】对话框。在【参数化组件库管理】页面中，可以存放多个组件库。用户可以新建一个组件库来存放在参数化建库软件中所创建的模型。

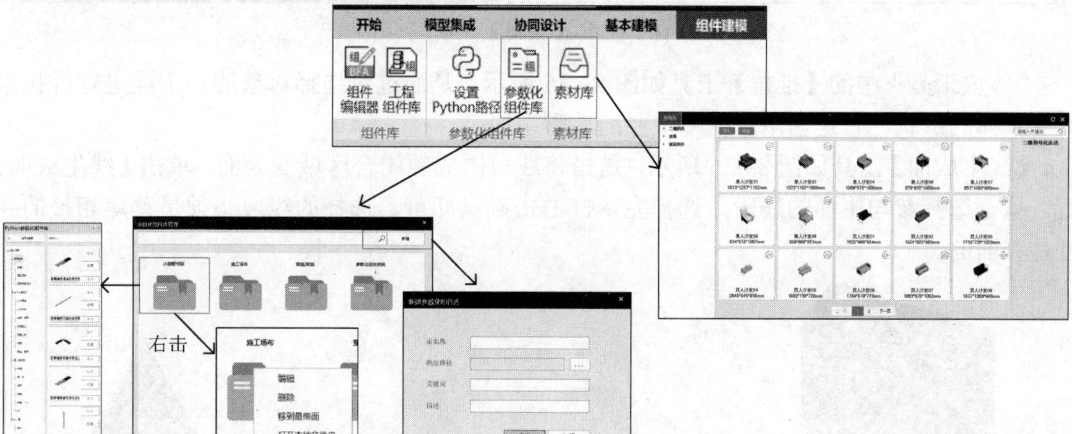

图 8-31 【参数化组件库】和【素材库】操作

右击组件库文件会出现下拉菜单。单击【删除】后，该组件库会被清除出【参数化组件库管理】，但是不会删除本地文件。

打开组件库文件夹后，会在左侧弹出组件库界面。左侧是【参数化组件库】界面，如图 8-32 所示，库与映射的本地文件夹双向联动，对本地文件夹中的文件的修改会反映在库中，对库中的文件进行修改也同时会修改本地文件夹中的文件。通过组件库我们可以预览模型效果，并对模型进行编辑等操作。

【素材库】界面如图 8-33 所示，其中包含一些第三方的二维、三维组件，用户可以按需使用。

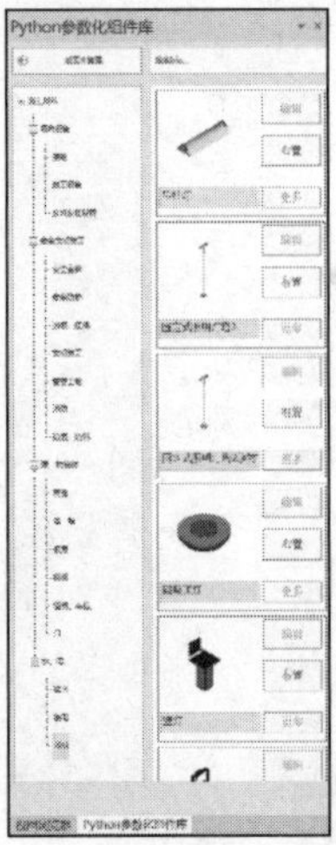

图 8-32 【参数化组件库】界面

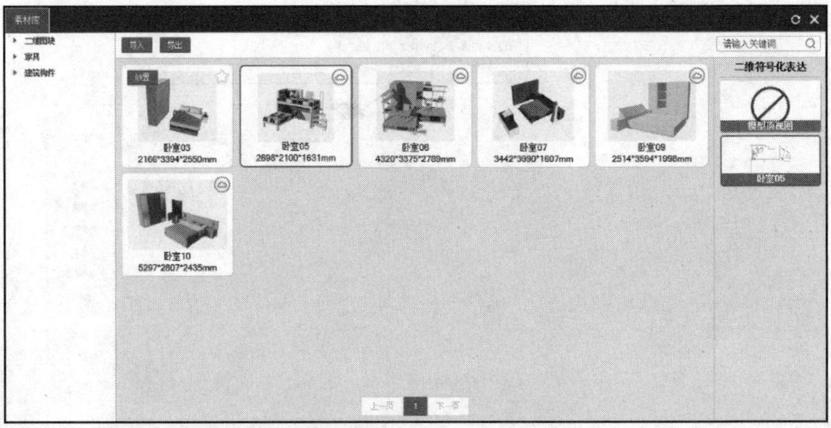

图 8-33 【素材库】界面

8.2.1.5 编辑

【编辑】菜单栏如图 8-34 所示。下有建模中我们常用到的【移动】、【复制】、【旋转】等命令。

图 8-34 【编辑】菜单栏

“体块工具”中的【推拉】工具如图 8-35 所示，是通过对选择对象的一个面进行推拉来改变实体的形状，它是通用建模中重要的造型手段。

【线生成面】工具如图 8-36 所示，是指将线段围成的闭合区域变为面。单击【线生成面】后，鼠标选择参与围面的线段，选择完毕，右击确认即可。选择的线段必须是首尾相接的并且是共面的。

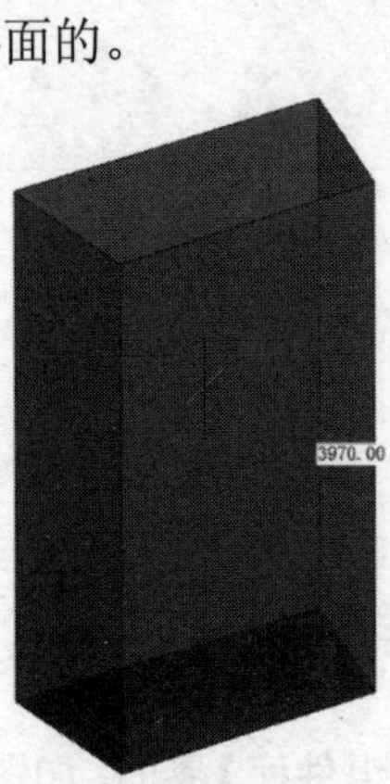

图 8-35 【推拉】工具

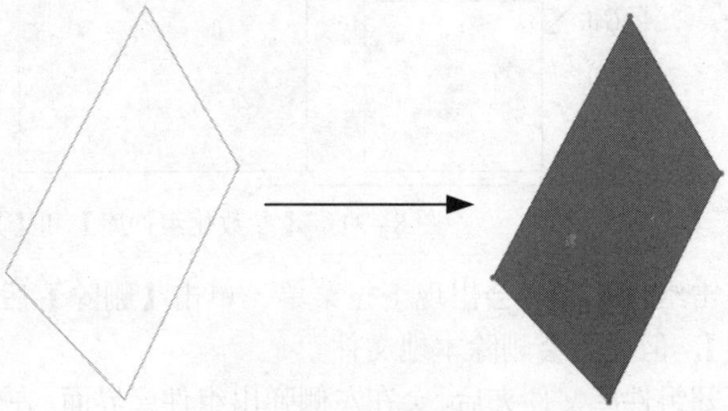

图 8-36 【线生成面】工具

【放样】工具包含等截面放样和多截面放样。等截面放样，是指将一个二维轮廓截面沿指定的路径放样形成三维几何形体。多截面放样是指将多个线性方向的二维轮廓截面进行连接放样，形成三维几何形体。

【材质库】功能可实现对材质的新建、删除、编辑，并可通过【材质库】功能对模型赋予材质。

8.2.2　应用实例

1. 新建项目

在 BIMBase 中，可以通过以下三种方式来新建项目。

（1）通过应用程序菜单新建项目。单击功能栏【开始】，跳转至初始界面，单击【新建】即可新建一个 P3D 项目文件，如图 8-37 所示。

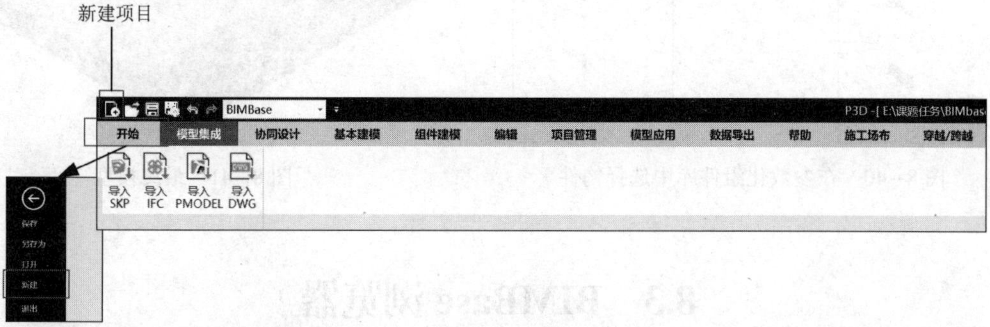

图 8-37　新建项目示意图

（2）直接在上方快速访问工具栏中新建项目。

（3）在软件的启动界面新建项目。

2. 创建项目场地

用【基本建模】的平面命令来创建项目的场地，单击平面中的【矩形】，创建场地，如图 8-38 所示。

3. 布置场地构件

使用参数化组件库中的参数化模型，从【组件建模】中选择【参数化组件库】，新建组件库，导入之前导出的 BFA 模型。在场地中布置模型，也可以使用库中原有的模型。

构件布置示例如图 8-39 所示，选择菜单栏中的【施工场布】，在这个组件库中，应用【墙、板】【门】下的围墙和大门对项目进行装饰，用户在参数化组件库中选择构件，如图 8-40 所示。最终模型如图 8-41 所示。

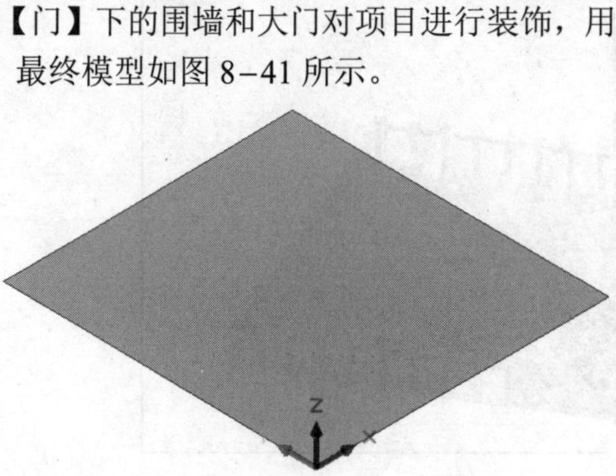

图 8-38　创建场地

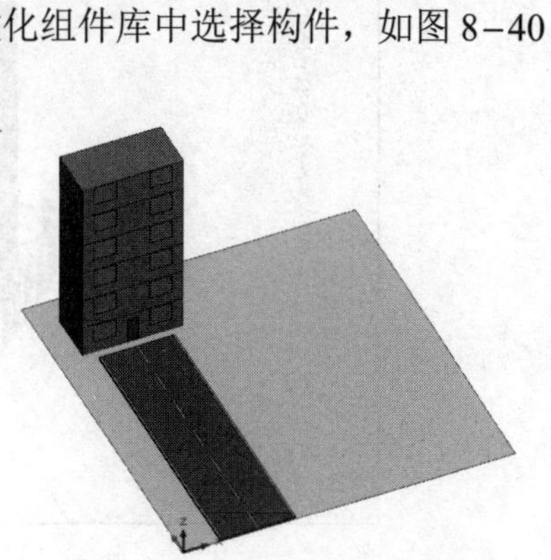

图 8-39　构件布置示例

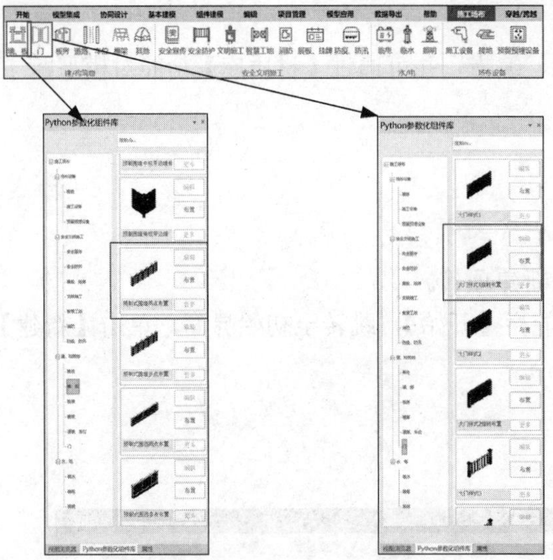

图 8－40　在参数化组件库中选择构件

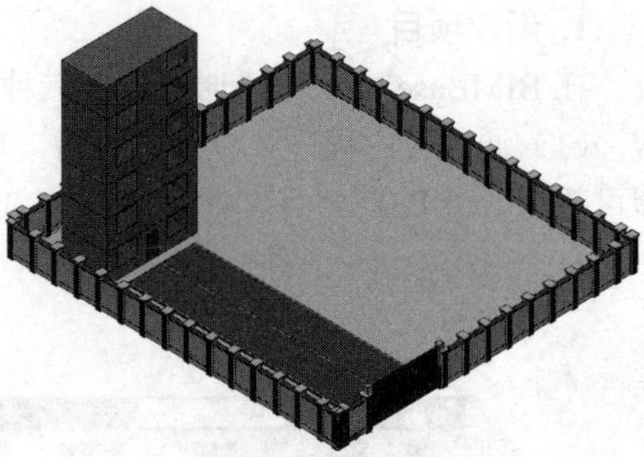

图 8－41　最终模型

8.3　BIMBase 浏览器

8.3.1　软件介绍

BIMBase 浏览器支持查看有千万构件、亿级三角面的模型，拥有出色的图形引擎处理能力，快速浏览大场景模型不卡顿。在设计师仅需查看模型不需要修改的情况下，使用 BIMBase 浏览器可以更快加载模型，减少等待时间。

BIMBase 浏览器软件整体界面如图 8－42 所示，与参数化建库软件和场地布置软件基本一致。

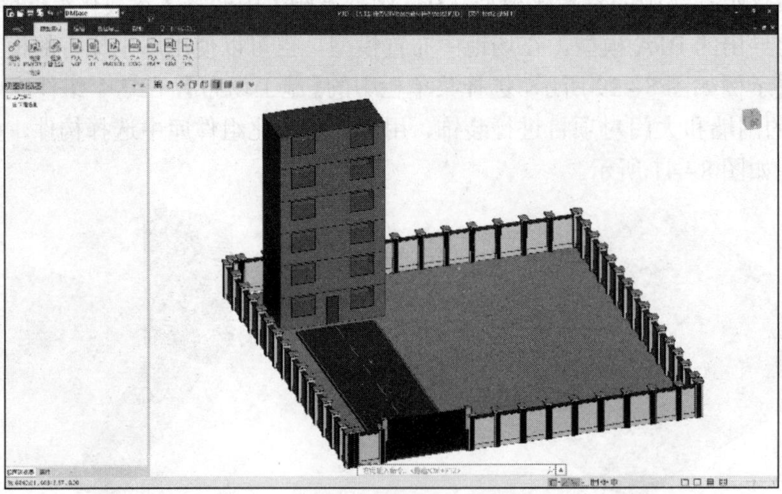

图 8－42　BIMBase 浏览器软件整体界面

8.3.2　核心功能

1. 场景整合

场景整合主要是实现场景整合与拆分，多场景灵活浏览模型。整合主要分多格式整合、多区域整合和多专业整合。多格式整合主要是三维软件中多种文件格式整合。多区域整合主要是在实际项目中会分为很多个区域，模型数量大，可以实现多区域整合。多专业整合是在设计过程中，多种专业参与设计。

2. 数据集成和导出

在界面内容上支持链接和导入的模型有七种，分别是 P3D、PMODEL、JWS、IFC、SKP、DWG、GIM。支持导出的模型有三种，分别是 PMODEL、IFC、FBX。其他的三维文件格式需要通过使用插件将文件转换成 PMODEL 格式。各种数据格式的简介及主要内容如表 8-3 所示。

表 8-3　各种数据格式的简介及主要内容

数据格式	简介	主要内容
P3D	BIMBase 和 PKPM 系列软件的直接格式	各专业设计师用 PKPM 全系列软件建立的各种专业模型
PMODEL	PKPM 系列软件互相传递数据的格式，对接轻量化平台的格式，其他软件通过插件转换的格式	各专业设计模型相互传递集成，对接 OBV 轻量化展示
JWS	PKPM 结构计算软件的格式	不具备结构计算软件，但需要查看结构计算模型
IFC	建筑行业的所有三维软件之间的共同格式	查看各种软件来源的模型，通过全行业共同认可的 IFC 格式
SKP	初步设计草图模型	建筑设计师的草图模型，对模型外观信息粗略查看

通过输入模型，我们可以对模型整合查看，查看模型的几何信息、属性信息，添加自定义属性。在右侧的【视图浏览器】中添加场景，然后创建场景，如图 8-43 所示。在各自场景下导入模型。

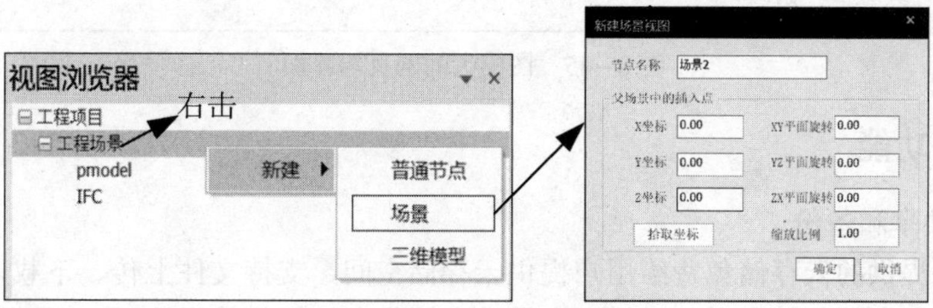

图 8-43　创建场景

在 BIMBase 浏览器中，对于专业模型如 PMODEL 格式，具备比较规则的构件类型，可以通过标准集给构件类型快速匹配属性。对于无法根据构建类型匹配属性的，需要手动添加自定义属性字段。

单击【模型】中的【构件】，在左侧【属性】栏中可以查看构件属性信息，如图 8-44 所示。将两个模型合模后，导出为 PMODEL 格式，可以用于上传图模大师。

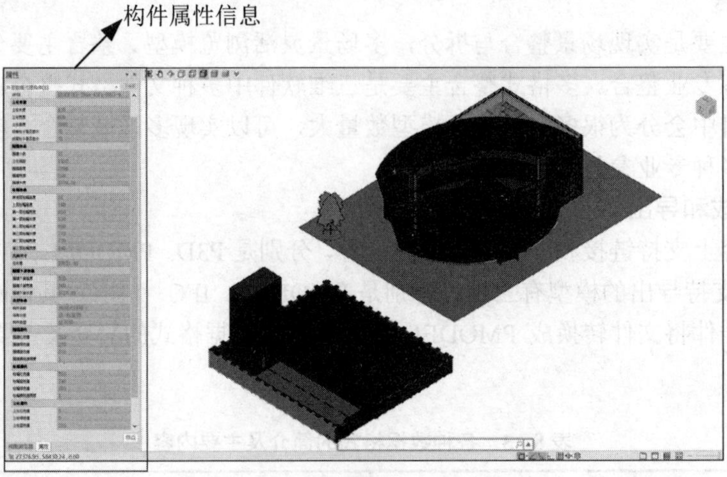

图 8-44　查看构件属性信息

8.4 图模大师

图模大师是一款基于图模的 BIM 设计协同产品，主要提供网盘存储、文档管理、BIM 图模轻量化浏览、任务流程、在线批注、合模总装等行业协同工作服务的应用，图模大师网页端界面如图 8-45 所示。

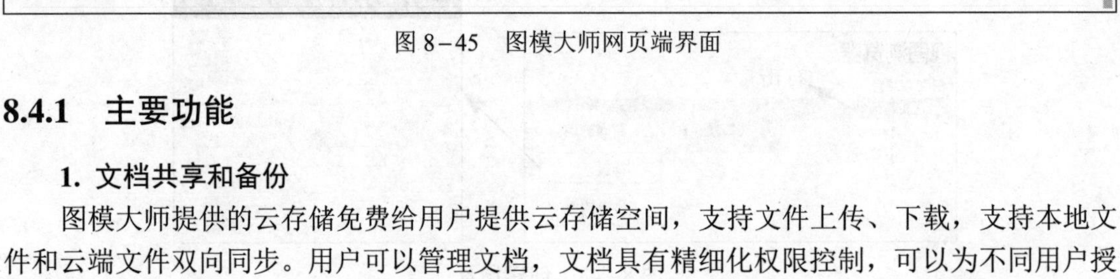

图 8-45　图模大师网页端界面

8.4.1 主要功能

1. 文档共享和备份

图模大师提供的云存储免费给用户提供云存储空间，支持文件上传、下载，支持本地文件和云端文件双向同步。用户可以管理文档，文档具有精细化权限控制，可以为不同用户授予访问、浏览、创建、编辑、下载、删除等权限，支持创建链接分享，可设置查看、下载权限，以及是否加密和分享有效期。

2. 图模轻量化浏览

支持 70 余种格式文件的在线轻量化浏览，无需下载、无需专业软件。支持透视、正交视图进行平移旋转查看；对于不同工程格式，分图层、模型树查看；支持漫游、剖切、测量、轴网、渲染设置、构件属性查看、构件属性筛选、二三维联动。

3. 共享协作

图模大师支持创建项目组，分为企业级组织架构管理和项目级团队架构管理。软件提供多种标准化项目模板，可以快速搭建项目目录，支持进行根据项目进行信息配置、人员配置和文档管理。用户在个人工作台可以查看和执行与本人相关的任务，根据权限查看项目中所有已完成、正在执行和待执行的任务。

4. 拓展应用

图模大师提供二次开发接口，用户可上传插件发布至图模大师应用商店。图模大师拥有 BIM 会议、BIM4D、BIM 施工等插件支持功能。

8.4.2　设计文件提交与管理

8.4.2.1　文件操作

1. 文件权限操作

文件权限操作如图 8-46 所示。选定文件后，单击【删除】【移动到】【复制到】【下载】【分享】按钮，可分别实现删除文件、将文件移动或复制到其他文件目录、将文件下载到本地、生成文件链接分享给对方的功能。单击文件【锁定】按钮，则不能对文件进行【删除】与【移动】操作。

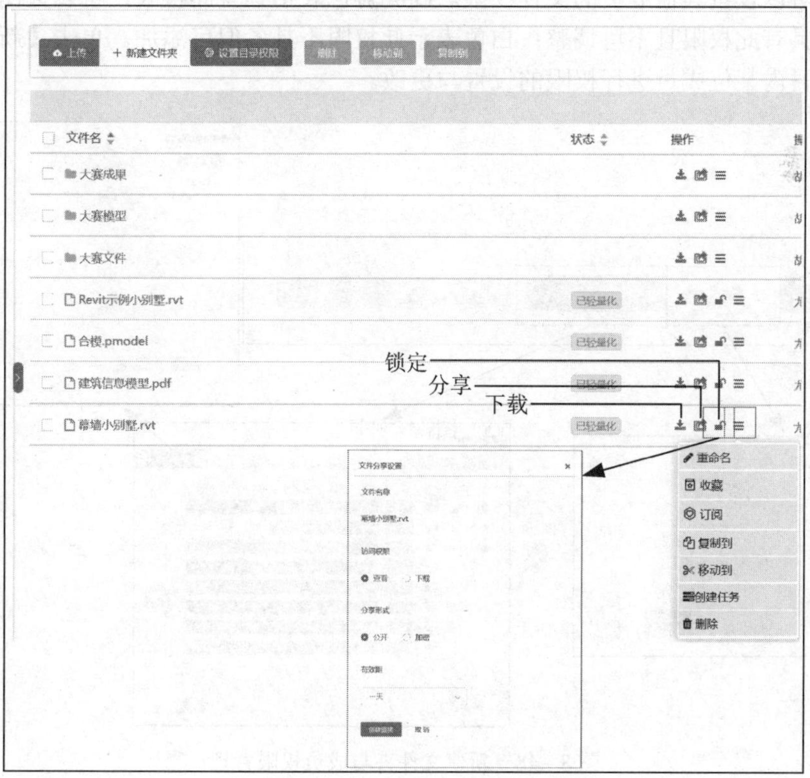

图 8-46　文件权限操作

2. 分享文件权限设置

在左侧对应的面板中可以对【分享文件】【收藏文件】【订阅文件】【回收文件】进行管理。

分享文件列表如图 8-47 所示。在生成链接之前，需要设置文件的访问权限。若设置为查看权限，则对方只能对文件进行在线查看；若访问权限设置为下载，则对方能将文件下载至本地。

若分享形式设置为公开，对方在打开文件的时候不需要密码；若分享形式设置为加密，则在创建链接时会生成一个提取密码，对方须输入提取密码后才能进行文件查看或下载。

在右侧菜单栏【分享文件】中，可以查看所分享的文件信息，单击【删除】会删除当前分享，删除分享后，被分享者将不能通过分享链接查看文件。

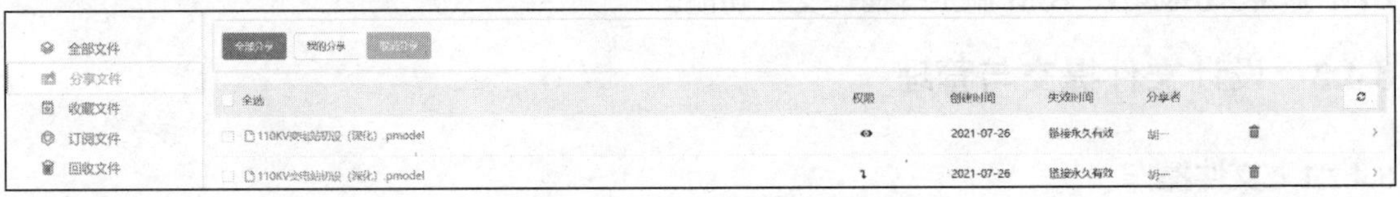

图 8-47　分享文件列表

8.4.2.2　新建文件夹与成员权限管理

新建文件夹与成员权限管理如图 8-48 所示。单击【新建文件夹】可以创建一个文件夹。项目管理员单击【设置目录权限】可以对当前文件进行文件权限设置。项目管理员默认拥有最高权限，可以设置其他成员的文件权限。高亮蓝色表示具有此权限，可以关闭此权限；低亮蓝色表示具有此权限且不可调整；白色表示此权限不具备但可添加。单击【新增权限】按钮可以对项目内某位成员进行权限的设置与更改。

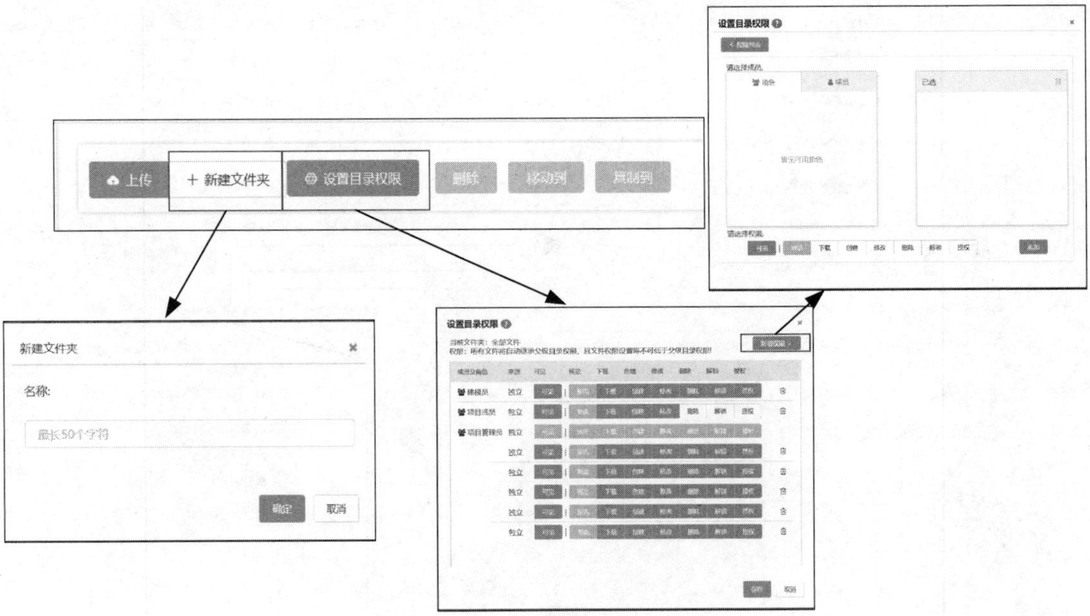

图 8-48　新建文件夹与成员权限管理

8.4.3　添加项目成员与成员分组管理

8.4.3.1　添加项目成员

添加项目成员如图 8−49 所示。在项目成员模块，单击【添加】按钮，给该项目添加成员。

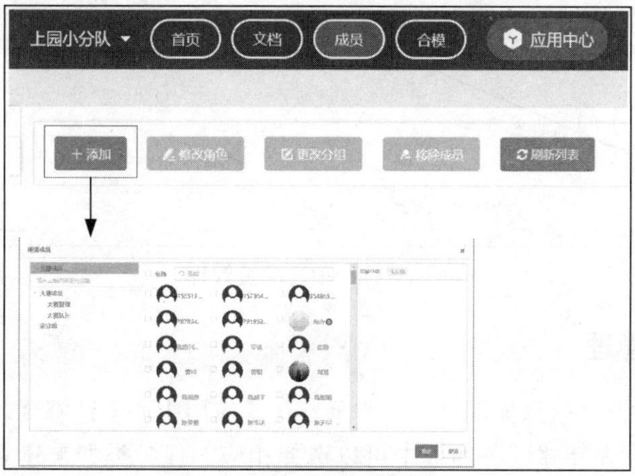

图 8−49　添加项目成员

选择需要加入的成员，添加项目成员支持全选与多选，可以批量添加项目成员。在添加过程中可以直接对该成员进行分组，若在邀请成员时没有对该成员进行分组，可在成员添加完成之后在【未分组成员】中对该成员进行分组。选择成员完成后，单击【确认】，即可将成员添加至项目。

8.4.3.2　成员分组管理

创建成员分组如图 8−50 所示。单击分组管理模块的【+新建】按钮，输入分组名，可以创建一个成员分组。单击分组旁的“ ✎ ”按钮，可以更改当前分组名。

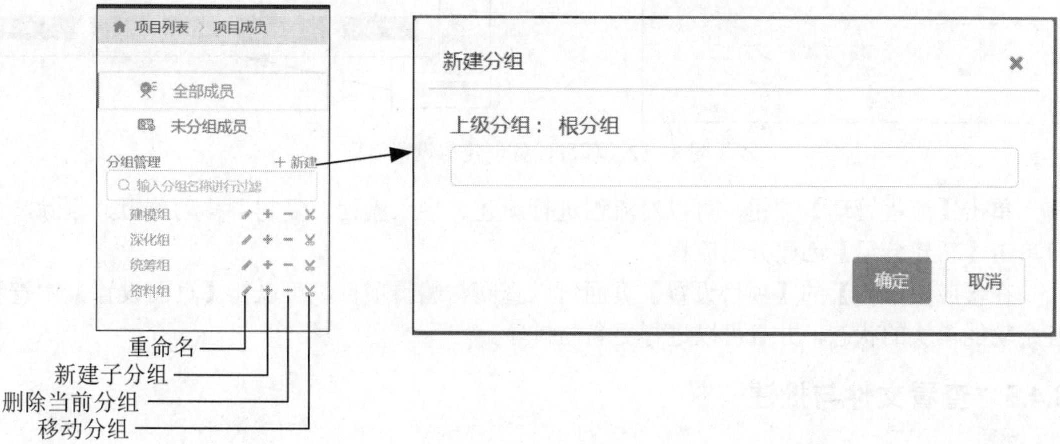

图 8−50　创建成员分组

单击分组旁的【+】按钮，可以对当前分组增加子分组。单击【−】按钮，可以删除当前分组。

项目成员管理如图 8-51 所示。选择成员后，单击【更改分组】按钮，可将该成员从当前组删除且添加进目标组；单击【移除成员】按钮或直接单击成员编辑栏中的【移除】，可将该成员从当前项目移除（项目管理员才具有移除成员的权限）；单击【修改角色】按钮，可勾选想要为此成员赋予的角色，一个成员可被赋予多种角色。

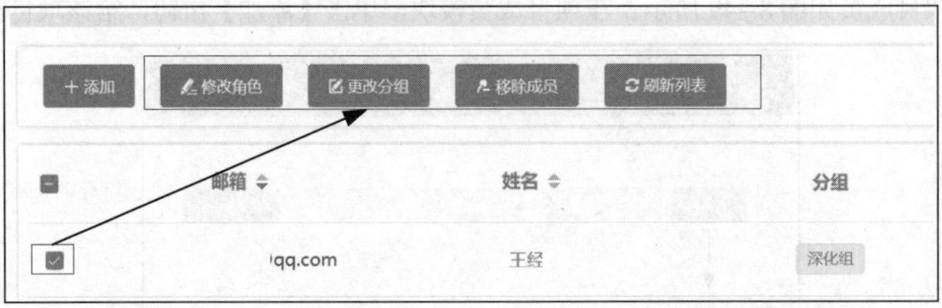

图 8-51　项目成员管理

8.4.4　项目任务管理

项目任务创建与设置信息如图 8-52 所示。在【应用中心】选择【项目任务】，单击右侧边栏的【新建任务】，在新建任务面板中可以选择相应的任务类型来建立任务流程。

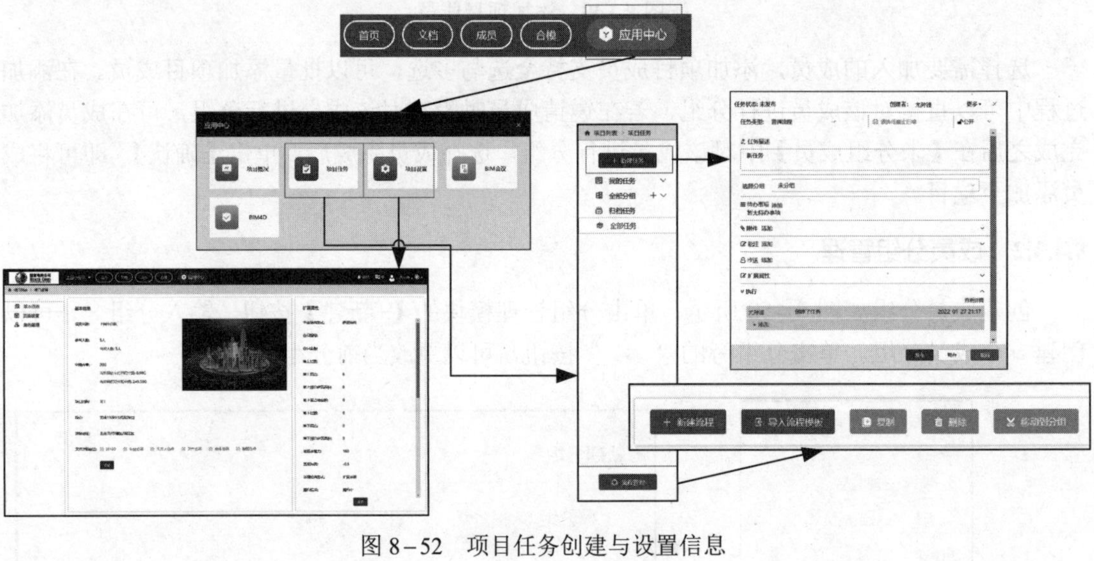

图 8-52　项目任务创建与设置信息

单击【流程管理】按钮，可以对流程进行新建、导入流程、复制、移动分组、删除，也可单击【新建分组】创建分组流程。

在【应用中心】的【项目设置】页面可以查阅与编辑项目，可以在【页面设置】中查看各个功能模块的状态，并且可以进行更名与排序。

8.4.5　查看文件与批注

8.4.5.1　模型轻量化查看

通过单击文件名称可以查看文件详情，如图 8-53 所示。

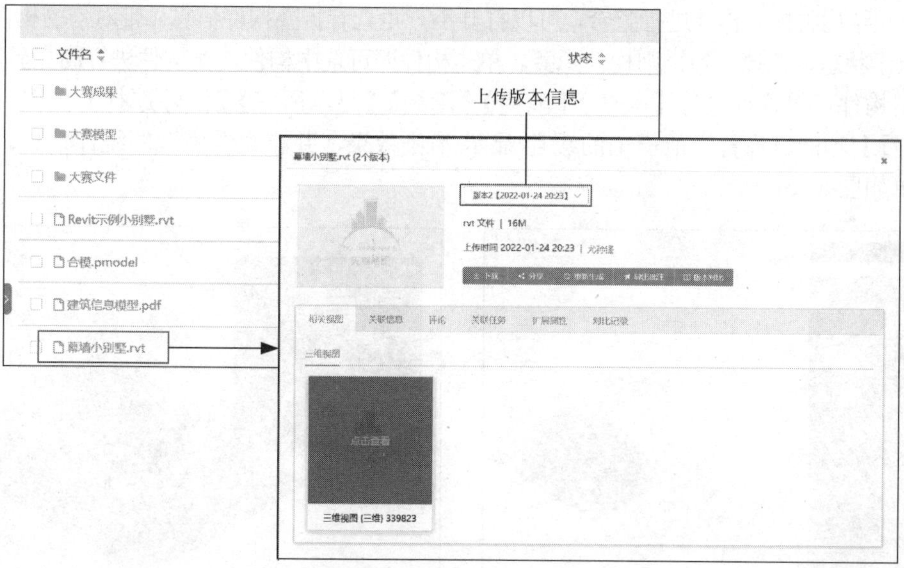

图 8－53　查看文件详情

模型浏览界面如图 8－54 所示。单击对应视图，可以查看当前视图模型，使用【主视图】【全视图】【平移】【动态观察】【漫游】【测量】【二三维联动】【剖切】等工具对模型进行全面查看。

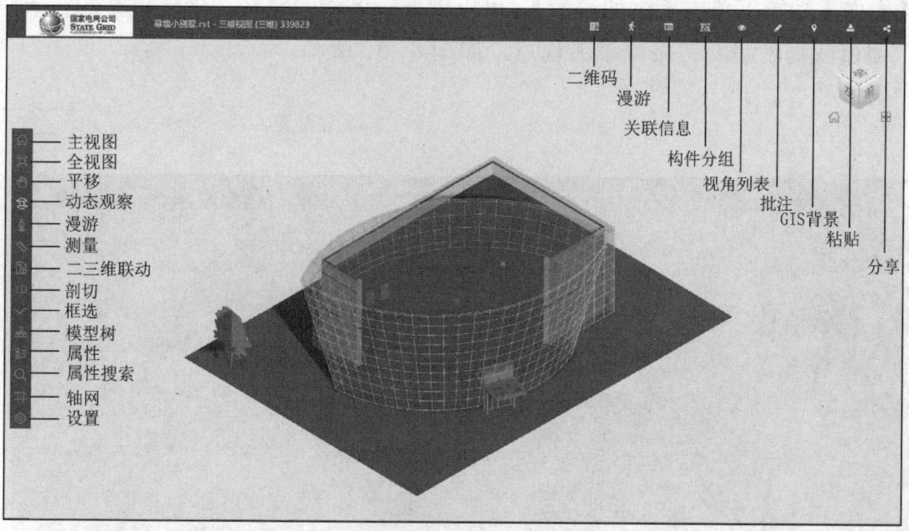

图 8－54　模型浏览界面

在【包围盒剖切】状态下，当进行剖切操作时可以拖动调节 X、Y、Z 坐标，调节剖切范围，也可在包围盒显示状态下拖动剖切面进行调节。

在【轴向剖切】状态下，可以通过【移动】来调节剖切面的位置，利用【水平旋转】与【垂直旋转】来调节剖切面的角度，对模型进行剖切，也可以直接选择 Z 轴，即剖切面以 XN/2 轴为法线进行移动剖切模型。

【模型树】查看及对构件操作如图 8－55 所示。模型文件会保留其构件信息，在【模型树】

中，以树状结构将模型构件进行整合，可以打开小三角查看折叠构件信息。带对勾的构件表示构件处于显示状态，关掉对勾，则构件隐藏。单击构件即可选中构件，对构件进行高亮显示。

右击构件可对构件进行【关注】【隔离】【隐藏】【显示所有】【清除选择】操作。

【设置】功能可设置当前模型的缓存/显示/渲染效果，并能查看模型的统计信息。【设置】界面菜单如图 8–56 所示。

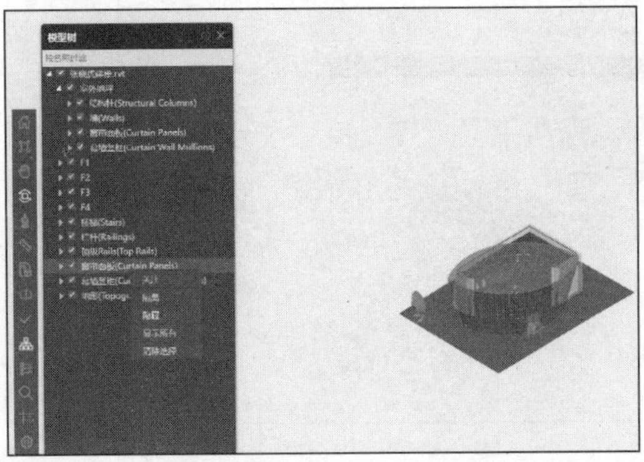

图 8–55 【模型树】查看及对构件操作

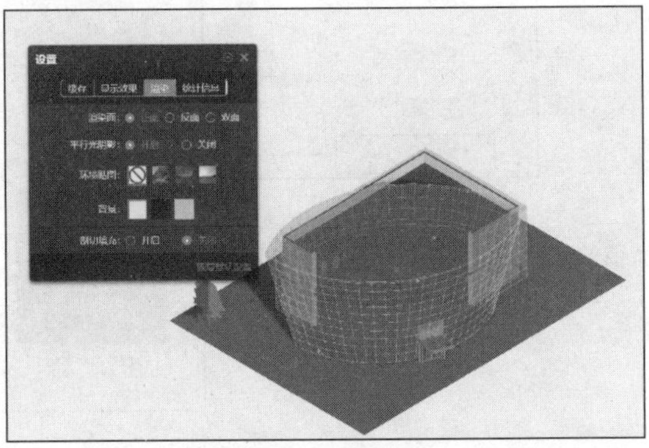

图 8–56 【设置】界面菜单

单击【生成二维码】按钮即可生成当前选择构件的二维码，可以预览/删除当前二维码。选择二维码，单击【导出选中】按钮，即可导出选中的二维码，分享查看构件，再次单击【生成二维码】按钮可退出该功能。

在【漫游】功能下单击【添加漫游】，可以创建一条漫游路径。确定模型的视点角度与停留时间，即可成功创建漫游路径添加视点，如图 8–57 所示。

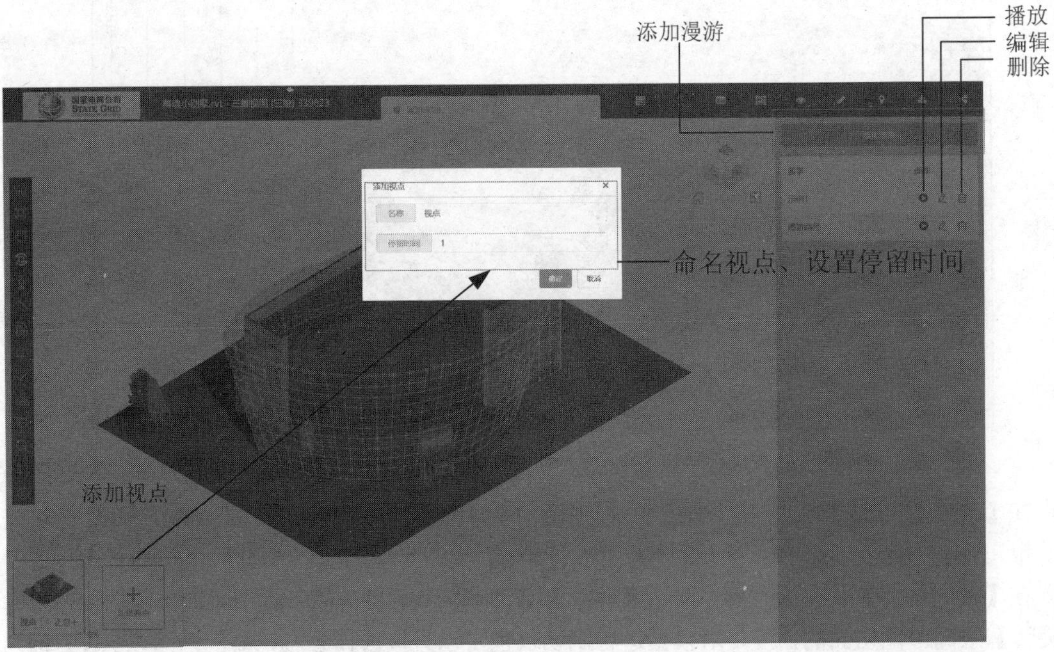

图 8–57 添加视点

单击【播放】按钮可以成功播放该条路径，【重命名】能修改当漫游路径名称，【删除】即删除此条路径。

8.4.5.2　模型批注与评论

模型在线批注如图 8-58 所示。单击【批注】按钮后，在批注面板上选择批注样式，在批注窗口中输入批注文字内容。

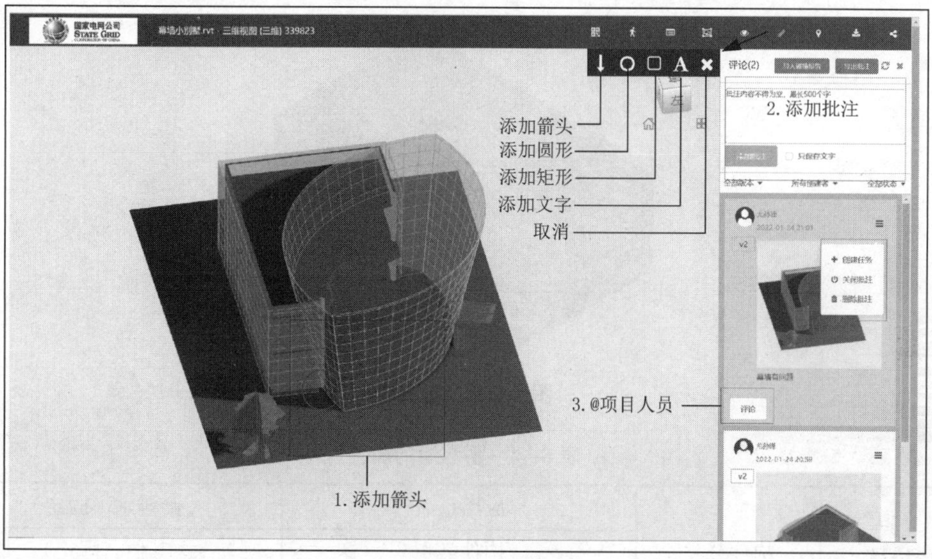

图 8-58　模型在线批注

批注窗口中可以查看批注内容，单击批注的图片，模型视图可以跳转到批注时的视图角度。单击右侧下部的【评论】按钮，可以针对此条批注进行评论，@项目人员。批注面板的下拉菜单中可以针对该批注进行创建任务、关闭批注、删除批注操作，创建任务如图 8-59 所示。

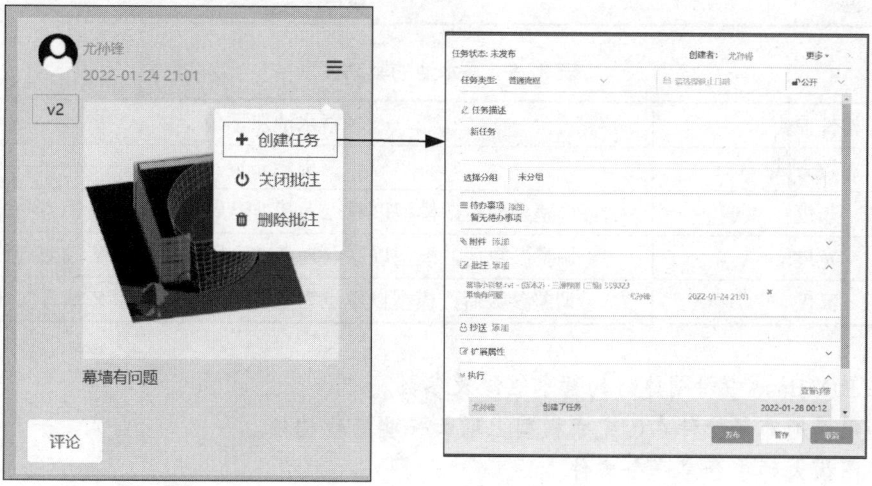

图 8-59　创建任务

习　题

1. 使用参数化代码创建参数化模型蓄水池，如图 8-60 所示。蓄水池的属性如表 8-4 所示，蓄水池的驱动关系如表 8-5 所示。

图 8-60　蓄水池

表 8-4　蓄水池的属性

分类信息	构件分类	应用场景	给排水（固定）
		构件类型	其他（固定）
		构件名称	蓄水池（可变）
构件属性	尺寸	长度	4000mm（可变）
		宽度	2500mm（可变）
		高度	1500mm（可变）
		壁厚	200mm（可变）
材质颜色	蓝色		

表 8-5　蓄水池的驱动关系

构件原点	蓄水池左下角
布置方式	旋转布置
长度	调整参数后，模型以原点为基准沿局部坐标系 X 轴方向伸缩
宽度	调整参数后，模型以原点为基准沿局部坐标系 Y 轴方向伸缩
高度	调整参数后，模型以原点为基准沿局部坐标系 Z 轴方向伸缩

2. 在 BIMBase 中对创建好的蓄水池修改参数。
3. 利用场地布置软件在已完成模型上增加一些场地构件。
4. 在图模大师中分享一个文件。
5. 在图模大师中对上传文件进行批注。

第9章

BIM+技术

BIM技术在数字化建筑行业发挥了至关重要的作用。从简化设计技术到协作，它彻底改变了设计过程，并有效提高了项目交付速度。在当今瞬息万变的世界中，没有什么在停滞不前，都在不断变革以寻求更好的发展，技术也是如此。如今BIM技术的出现，开启了建筑行业时代性的变革发展，BIM技术未来将融合更多新兴的技术，包括倾斜摄影、三维激光扫描、VR和MR、3D打印等。

倾斜摄影技术和三维激光扫描技术将克服传统三维建模精度低、偏差大以及还原度低的缺点，VR和MR等计算机仿真系统的出现可以实现BIM三维模型的可视性和具象性，通过构建虚拟展示，为使用者提供交互性设计和可视化印象。相较于传统的建筑行业，应用3D打印技术能够缩短工期，提高材料的利用率，还能够在短时间内打印出复杂的产品，但3D打印技术由于起步较晚，目前还存在很多的不足之处。

9.1 倾斜摄影技术

9.1.1 概述

倾斜摄影技术是国际测绘领域近些年发展起来的一项高新技术，它打破了以往正射影像只能从垂直角度拍摄的局限，通过在同一飞行平台上搭载多台传感器，同时从一个垂直、四个倾斜五个不同的角度采集影像，将用户引入符合人眼视觉的真实直观世界。BIM技术作为工程应用的一项重要实例技术，在基础建设应用中发挥着重要的作用，而BIM技术结合以实景三维全纹理全要素特性快速发展的倾斜摄影技术，又将带来行业发展思路的转变、成本的降低以及效率的提高。

通过倾斜摄影技术与BIM技术的结合，可以在短时间内快速完成大范围目标的建模，特别是在国土测绘、三维城市建模、市政模拟、资产管理、工程建设（如施工地表/山体监测、土方测量等）方面具有突出作用，可以克服传统三维建模在大目标应用场景下精度低、偏差大、还原度低、制作周期长以及需要大量人工参与的缺点。

倾斜摄影测量技术无疑将会在建筑信息模型的建立中扮演更加重要的角色。倾斜摄影不仅能够使影像真实地反映地物情况，而且还通过采用先进的定位技术，嵌入精确的地理信息，使用户获得更高级、更逼真的体验，极大地扩展了遥感影像的应用领域。

9.1.2 BIM+倾斜摄影技术的应用

1. 工程建设

以倾斜摄影获取工程建设地表环境信息，构建真实高精度的地理环境情况，生成实景三维底图，再通过 BIM 技术构建工程建设精细的工程建筑，包括地表施工情况、建设附属设施布置、物料的堆积管理、工程建筑的详细建设进度等。

2. 国土安全

倾斜摄影技术与 BIM 技术相结合可用于进行国土安全数据库的构建和信息的填充。利用倾斜摄影技术进行底层模型数据的加载，通过 BIM 技术进行精准化数据的分析和构建，国土信息数据逐步被采集和上传，可实现信息化管理和同步建设。

3. 室内导航

通过倾斜摄影技术构建真实的建筑物外建构面模型，再通过 BIM 技术构建建筑物内部房屋结构，结合后期导航系统，实时定位人员精准位置信息，对人员的室内导航提供可视化的指引。

4. 三维城市建模

城市建筑类型各具特色，外形尺寸不同，外部颜色纹理不同，障碍物阻挡情况也不同。如果是“航测+地面摄影”，后期需要人工做大量贴图；如果是用价格昂贵的激光雷达扫描，成本太高而且生成的建筑模型都是“空壳”，并且无法进行室内空间信息的查询和分析。而通过 BIM 技术，可以轻易得到建筑的精确高度、外观尺寸以及内部空间信息。因此，通过综合利用 BIM 技术和倾斜摄影技术，先对建筑进行建模，然后把建筑空间信息与其周围地理环境共享，应用到城市三维倾斜摄影分析中，就极大地降低了获取建筑空间信息的成本。三维城市建模如图 9-1 所示。

图 9-1　三维城市建模

5. 市政模拟

通过 BIM 技术和倾斜摄影技术相融合可以有效地进行楼内和地下管线的三维建模，并可以模拟冬季供暖时的热能传导路线，以检测热能对其附近管线的影响，还可以辅助建立疏通引导方案，避免当管线破裂时发生人员伤亡及能源浪费。市政模拟如图 9-2 所示。

图 9-2 市政模拟

6. 资产管理

以 BIM 提供的精细建筑模型为载体，利用倾斜摄影技术来管理建筑内部资产的位置等信息，可以提高资产管理的自动化水平和准确性，不会出现资产管理不明或是资产不在它该在的位置这种尴尬情况。资产管理如图 9-3 所示。

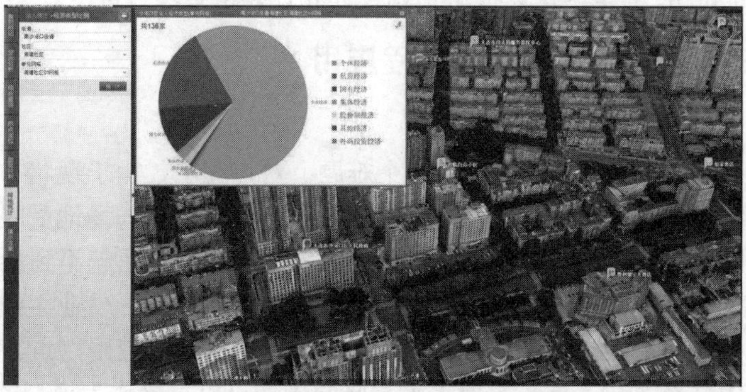

图 9-3 资产管理

9.2 三维激光扫描技术

9.2.1 概述

三维激光扫描技术是利用激光测距仪的原理，通过记录被测物表面大量密集的点坐标、反射率、纹理和全景图等信息，通过计算机辅助计算，形成三维空间点云模型。

水准仪、经纬仪、全站仪等上一代测量设备都是基于二维平面，进行项目的勘察和施工过程中的测绘，从技术上来说也可以达到毫米级的精度，但是缺少三维的参照标高，这就给实际项目增加了痛点。

三维激光扫描技术的出现，打破了技术壁垒。一个参数拥有单个空间三维坐标，这个参数被称为一个点，大量空间三维坐标的集合被称为点云。三维坐标通过色彩及反射强度等信息对空间信息进行表达，而且点云具有空间不可代替的特性。随着技术的发展，运用点云表现空间信息的方式将成为我们生活中的一部分。

通过反复的实践与探索，目前根据不同应用领域的需求，三维激光扫描技术已经应用到工程的方方面面，如地质勘探、无人机测量、放射性勘察、文物考古、古建筑修复、旧房改造等领域。新技术的运用解决了环境受限问题，如环境存在安全隐患、测量对象不易触碰等环境壁垒，对传统测量技术进行了升级的同时，还打破了效率低、信息不全、测量误差大等传统的行业痛点。

9.2.2 三维激光扫描工作流程

现场数据的采集，是获取点云前期的重要工作，点云数据的精度取决于仪器精度，大概两分钟一个数据点位。数据采集后很快呈现在手持设备中进行校对，数据转码后可以导入计算机或者 BIM 软件中使用。

得到第一手的点云数据后，可以导入 BIM 软件中的校对点进行校对工作，开展层高、轴网、梁板柱及建筑基础信息的校对。点云是设计的一个辅助工具，可以像剖切模型一样轻松可见平面、剖面、三维等视角。在施工阶段进行激光扫描具有许多优势，尤其是能够通过覆盖区、立面、剖面和 3D 模型，快速根据初始设计和计划检查项目进度。

9.2.3 BIM+三维激光扫描技术的工程应用

1. 改造项目中的现状测量

可以说房屋的改造项目中测量一直是一个难题。难点在于，由于现状与原始设计图纸不一致，以至于图纸无法提供现状建筑的设计基础信息；由于面积与场地受限，大空间建筑无法完成实际手工测量；由于测量仪器精度不准确，以至于测量数据起不到参照作用。

三维激光扫描技术，能够在虚拟环境对建筑进行可视化处理，使业主或设计团队能够实景测试设计方案，并了解影响决策的因素。通过在实际项目中的应用，点云导出 rpc 格式文件可以直接输入 BIM 模型中，点云数据水平与竖向剖切可以直接作为模型的参照点，现状测量后点云模型如图 9-4 所示。

图 9-4　现状测量后点云模型

三维激光扫描可以快速交付已建成模型的数据，而数字化模型有利于设施管理，促进商业的不断改造以适应用户需求。模型数据更加接近现状，数据更加精准，以及数据与模型互通等优势，使得三维激光扫描技术的应用更加广泛。

2. 新建项目中的设计模型与竣工模型比对

新建项目与改造项目不同，新建项目在建造过程中有大量的设计变更。三维激光扫描具有节省时间和成本的巨大潜力，尤其是在应对施工现场的复杂条件时，其可以提供一个与真实现场一致的数字化模型供各方讨论研究。借助三维激光扫描技术的优势，扫描建筑可得到竣工模型，从而与设计模型进行比对。竣工模型与设计模型比对如图 9−5 所示。

图 9−5　竣工模型与设计模型比对

该技术优点在于三维全透析模型与设计模型重叠与否清晰可见。缺点也是显而易见，由于点云数据是借助光谱照射生成的点，也就是说照射不到的位置是无法生成参照数据点的，如吊顶内的设备，需要在吊顶完工前进行设备扫描，如果吊顶有遮挡，三维激光扫描技术也无计可施。

3. 文物保护项目中的点云复原

在古建筑修复项目中，可以通过点云参照点新建模型，在旧房改造项目中也可以比对模型。现场测量一直是房建领域文物修复中的一个重要技术难题，经验可以在传统古建筑大雄宝殿的旧房修复中得到，难点有建筑年代久远、图纸无存档、建筑高大且结构复杂、斗拱构件特殊无法测量等。点云古建筑如图 9−6 所示。

图 9−6　点云古建筑

在三维激光扫描技术的支撑下，测量与修复不再是个难题。建筑立面与线脚构造很快呈现在建筑模型中，成为建筑修复与翻新的重要设计依据。另外，三维激光扫描技术也有助于电子存档，相比蓝图，点云数据更容易查找与存储。

9.3 VR 技术

9.3.1　概述

虚拟现实（virtual reality，VR）是一种可以创建和体验虚拟世界的计算机仿真系统。VR

技术利用计算机生成一种模拟环境，是多源信息融合、交互式的三维动态视景和实体行为的系统仿真技术。BIM 模型本身是三维的，与 VR 技术相结合，可以实现沉浸式全景漫游、场地规划、施工模拟、可视化交底、管线排布等多种功能。这种方式不仅可以使项目更加直观和容易理解，而且在设计协同方面也能够起到非常重要的促进作用。

BIM 技术虽然具备可视化的特征，但它表达不足，仅适用于专业人员读图与模型，无法适用于非专业人员。而 BIM+VR 技术是将建筑信息模型与虚拟现实技术相结合，创造一个直观具体的仿真展出环境，可以帮助业主更加直观、具体地观察和浏览建筑中的任何一个空间。BIM 技术结合 VR 技术可以弥补彼此的不足，通过 BIM 平台向 VR 平台提供建筑物的信息数据以及模型，再通过 VR 平台创造相应的虚拟环境，体验者直接通过虚拟环境来寻找建筑物的问题，及时地反馈给设计师，然后再通过对图纸进一步完善，大大地提高了施工过程的效率。

9.3.2 BIM+VR 技术的结合应用

1. 设计

BIM 正在推动建筑供给端同时也是最前端（设计环节）走向行业变革，而 VR 提升 BIM 应用效果并加速其推广应用。BIM 是以建筑工程项目各项相关信息数据作为模型的基础，进行建筑模型的建立，通过数字信息仿真模拟建筑物所具有的真实信息，具有可视化、协调性、模拟性、优化性和可出图性等特点。VR 的沉浸式体验，加强了具象性及交互功能，大大提升了 BIM 应用效果，从而推动其在建筑设计行业加速推广使用。

建筑设计行业目前最大的痛点在于“所见非所得”和“工程控制难”，难点在于统筹规划、资源整合、具象化联系和平台构建。BIM+VR 模式有望提供行业痛点的解决路径。系统化 BIM 平台将建筑设计过程信息化、三维化，同时加强项目管理能力。VR 在 BIM 的三维模型基础上，加强了可视性和具象性。通过构建虚拟展示，为使用者提供交互性设计和可视化印象。设计平台+VR 组合未来将成为设计企业的核心竞争力之一。

2. 施工

在实际工程施工中，复杂结构施工方案设计和施工结构计算是一个难度较大的问题，前者难点关键就在于施工现场的结构构件及机械设备间的空间关系的表达，后者在于施工结构在施工状态和荷载下的变形大于就位以后或结构成型以后的变形。

在虚拟的环境中，建立周围场景、结构构件及机械设备等的三维 BIM 模型（虚拟模型），形成基于计算机的具有一定功能的仿真系统，让系统中的模型具有动态性能，并对系统中的模型进行虚拟装配，根据虚拟装配的结果，在人机交互的可视化环境中对施工方案进行修改。同时，利用虚拟现实技术可以对不同的方案，在短时间内做大量的分析，从而保证施工方案最优化。

借助虚拟仿真系统，把不能预演的施工过程和方法表现出来，不仅可以节省时间和建设投资，还可以大大增加施工企业的投标竞争能力。

3. 地产营销

BIM+VR 在房地产营销领域是目前的主要应用方面，主要用于样板间的展示。这是一种全新的销售模式，客户能够在短时间看不同的样板间，甚至可以直接测量距离，还可以变换装修风格，还可以体验未来住宅小区的整体场景、景观等。BIM 模型能够将建筑原始数据真实还原。BIM+VR 模式的地产营销模式正在逐渐进入大家的视线，并日趋成熟。

4. 市政基础设施

市政设施如高架、隧道、立交、管廊、管线等实体构造物，都可以做出 BIM 模型，我们可以通过视角转化，在虚拟实景中体验高架、立交匝道之间的净高、坡度和长度，隧道的灯光、附属设施，管廊内管线、设备和建筑的空间关系等，也可以为设计人员、业主和施工人员以及运营工作人员提供直观的体验和数据的支持。

9.4 MR 技 术

9.4.1 概述

混合现实（mixed reality，MR）技术指的是现实世界和虚拟世界相融合的可视化环境，通过计算机的处理，将所需要的虚拟数字信息叠加在现实环境中，实现真实世界和虚拟世界的“无缝”结合。通过空间定位技术、全息投影技术、人机交互技术、传感技术，混合现实为用户提供了“实中有虚”的半沉浸式环境体验，MR 技术使用户不仅能感知到真实环境中的实际对象，还能获取该对象在虚拟环境中的数字信息，并允许用户对虚拟数字信息进行实时的交互，极大地增强了用户的信息获取能力。2015 年，微软公司发布其研发的 MR 设备 Hololens 眼镜。

不同于 VR 技术提供的沉浸式虚拟环境，MR 技术提供的是现实物理世界和虚拟数字世界融合的新可视化环境，让用户在触摸感受到真实世界物体的同时还能接收到该物体在虚拟环境中的数字信息，并且 MR 技术将微型计算机集成到移动设备中，使得用户的活动范围无限扩大。AR 技术和 MR 技术对虚拟数字信息呈现的方式是相似的，但是 MR 技术不仅将虚拟数字信息叠加在现实世界之上，虚拟数字信息还能与用户进行实时的交互反馈，极大地增强了体验的真实感。换言之，MR 技术是 VR 技术和 AR 技术的优点集成，同时弥补了后者的不足，在实时性、交互性、灵活性上有着明显的优势。

9.4.2 BIM+MR 技术在建筑工程中的应用

1. 协同化模型设计

不同于传统的 BIM 设计中，设计人员只能分散在各自办公地点对显示屏中的 BIM 模型进行创建修改等操作，Hololens 的工程应用为项目信息的呈现提供了一个三维显示平台，Hololens 使得不同专业的设计人员能在不同地点处于同一虚拟空间对项目模型进行在线协同设计，所有设计人员通过 Hololens 能看到项目的全息三维投影模型，与此同时，设计人员还能与 Hololens 所呈现的三维数据模型进行交互，实现在线修改、删除、添加等一系列操作，且能实时反映至模型上，其他专业的设计人员也能实时地接收到该修改信息，并做出相应的修改。在 Hololens 支持下的 BIM 设计实现了模型的三维呈现，交流的实时传递，极大地提高了设计效率，Hololens 全息三维协同设计如图 9-7 所示。

图 9-7　Hololens 全息三维协同设计

Hololens 一方面实现了虚拟数据模型与现实世界的交互，另一方面使得 BIM 技术的核心数据信息的呈现方式由二维变成了全息三维投影，使得大型项目的问题呈现更加直观。与此同时，甲方与施工方借助 Hololens 平台实时加入项目的设计流程，甲方在线对模型设计效果进行实时的评估评价，施工方对项目的施工难疑点同设计人员进行实时的交流，项目所有参与方利用 Hololens 平台能及时且直观地表达各方的意图与需求，简化了设计流程，提高了工作效率。

2. 信息化现场施工

AR 技术仅仅是将虚拟信息简单地叠加在真实环境中，不能实现虚拟信息与人之间的交互，并不适用于复杂多变的施工环境，而对于 MR 设备 Hololens，既能在真实环境中呈现虚拟数字信息，还能实现人与虚拟信息的交互。在施工现场中，每位佩戴 Hololens 的技术人员相当于分散的小型移动 BIM 数据库，技术人员可以随时随地调用 BIM 数据库中的虚拟信息同实际现场进行对比校验，同时技术人员还能根据现场的实际情况，对 BIM 数据库中的虚拟信息进行修改、删除、更新等交互行为，并且同步在服务器中的 BIM 云数据库。服务器 BIM 云数据库指导现场施工，现场移动端反馈数据更新服务器中的 BIM 云数据库，形成良性循环。

Hololens 钢筋绑扎指导如图 9-8 所示。

图 9-8　Hololens 钢筋绑扎指导

凭借着 Hololens 强大的虚拟与真实的交互能力，Hololens 不仅是数据信息的显示接收端，还是数据的反馈采集端。信息化施工的核心目标是建立关于项目的所有重要信息的存储库，Hololens + BIM 的结合为信息化施工提供了强有力的工具，满足了信息化施工对数据库建立、数据采集、数据更新的要求。

3. 高效化运营维护

在项目的运营维护阶段，BIM 技术使得管理人员脱离了繁乱的数据手册，使得数据信息直观地通过模型展现，极大地提高了运营维护的工作效率。但是大量的虚拟数据无法做到与现实进行交互，数据展现出来的问题也不够直观明确，使得 BIM 技术在运营管理深层次的应用受到制约，而 MR 设备则可为运营维护在 BIM 模型数据和真实世界交互提供一个实时通道。例如，在实际的维修过程中，管道维修人员利用 Hololens 调用 BIM 云数据库中的模型数据，查看相关隐蔽工程信息，并可将该信息模型 1:1 放置在实体空间中，让维修人员更加直观地感受隐蔽管道真实的相对空间位置，方便维修人员制订合理的维修方案。与此同时，维修人员还能通过蓝牙等近距离通信技术实时呈现传感器采集的设备运行状态数据，实时跟踪设备运行状态，极大地提高了维修人员的数据获取能力，在整个过程中，维修人员只需一台 Hololens 设备即可完成工作，脱离了图纸和技术手册，进一步提高了工作效率。设备运行信息呈现如图 9-9 所示。

图 9-9　设备运行信息呈现

9.5　3D 打印技术

9.5.1　概述

3D 打印技术又称计算机辅助增材制造技术。该技术是基于 BIM 技术研制出来的，可以在没有专业工具的情况下，按照预设的数字化模型自动生成具体的形状。目前该技术不仅应用于制造模型和原机，还在航空航天、自定义修复等领域得到广泛的应用。3D 打印技术属于智能化加工，在建筑行业主要用于打印房屋。房屋建筑项目需要消耗大量的材料、能源、设备、人工等方面的资源。3D 打印技术在基于 BIM 技术的模型建造基础上，能够打印建筑部件和建筑的各个元素。3D打印技术在建筑行业的应用起步较晚，因此该技术方面的研究比较欠缺。

9.5.2 BIM+3D打印技术的理论基础和关键技术

3D打印技术弥补了建筑行业施工中的不足之处，利用信息技术的优势，形成了自己独特的理论和方法。3D打印技术是基于BIM技术的新理论。BIM即建筑信息模型，具有可视化、模拟化、协调性、参数化、优化性等特点，可在3D图形的基础上形成五维模型的结构功能。在建筑的各个阶段应用BIM技术，能够确保各部门更好地进行沟通协调，提高工程项目的经济效益。3D打印技术在BIM技术的基础上，提出了新的建造方法。3D打印技术基于3D模型数据，通过分层制造、逐层叠加的方式形成三维实体。3D打印技术根据成型类型可以分为选择性激光烧结技术、分层实体制造技术、熔积成型技术和立体光固化成型技术。3D打印技术涉及多方面的技术知识，相较于传统的建筑行业，应用3D打印技术能够缩短工期，提高材料的利用率，还能够在短时间内打印出复杂的产品。

9.5.3 3D打印技术的优缺点

3D打印技术的优点很多。第一，成型速度快、打印精度高、质量好、尺寸大。第二，打印的成本低、污染小、施工材料可以回收再利用。3D打印技术不需要使用模板，可以节省施工成本，而且具有低碳、绿色环保的优点。第三，施工效率高，能够提高建筑项目的工作效率。在项目施工阶段，应用3D打印技术可以实现动态、可视化的建造管理。减少人员的资金投入和劳动强度。第四，推动建筑行业的信息化发展。3D打印技术的应用能够加快建筑行业的发展步伐，实现行业内的信息交流和共享。依靠云计算和大数据分析能力，能够完善企业对施工项目的管理，推动行业从粗放型向信息化转型。第五，提高企业的竞争力。应用3D打印技术，使企业形成新的技术框架系统，有利于企业更新管理理念，适应市场的发展规律，提高企业在行业内的地位。

3D打印技术由于起步较晚，目前还存在很多的不足之处。一方面，对建筑材料要求较高。建筑材料不仅要符合建筑施工的各项要求，还要符合3D打印技术的要求，这就需要加强对建筑材料的研制工作，推出更多适合3D打印技术的建筑材料，满足建筑施工对抗拉能力、抗裂能力等方面的需求。另一方面，3D打印技术针对的建筑对象多为底层建筑或者建筑的构件，而我国目前高层、超高层建筑施工越来越多，3D打印技术不能完成较高、较大型的建筑打印，只能以打印构件的形式进行拼装，这就对3D打印技术的发展和应用提出了更为严峻的挑战。

习　题

1. 目前与BIM技术相结合的新兴技术有哪些？
2. 简述倾斜摄影技术与BIM技术相结合的应用优势。
3. 三维激光扫描技术主要解决了传统测绘过程的什么问题？
4. 简述VR技术与MR技术的区别与联系。
5. 简述3D打印技术的优缺点。

参考文献

[1] 程明龙. BIM 技术研究及应用现状探讨[J]. 南方农机，2018，49（22）：101.

[2] 刘占省，王泽强，张桐睿，等. BIM 技术全寿命周期一体化应用研究[J]. 施工技术，2013，42（18）：91−95.

[3] TANG S，SHELDEN D R，EASTMAN C M，et al. A review of building information modeling（BIM）and the internet of things（IoT）devices integration：Present status and future trends[J]. Automation in Construction，2019，101：127−139.

[4] 何关培. “BIM”究竟是什么?[J]. 土木建筑工程信息技术，2010，2（3）：111−117.

[5] 宋智广，于海洲，党剑平，等. BIM 技术相关文献综述[J]. 内蒙古科技与经济，2020（8）：84−85.

[6] 周硕文，庞博，潘玉华，等. 基于 BIM 期刊文献的研究热点与趋势演化分析[C]//中国图学学会土木工程图学分会. 第七届 BIM 技术国际交流会：智能建造与建筑工业化创新发展论文集.《土木建筑工程信息技术》编辑部（Journal of Information Technology in Civil Engineering and Architecture），2020:8.DOI:10.26914/c.cnkihy.2020.015206.

[7] 林佳瑞，张建平. 我国 BIM 政策发展现状综述及其文本分析[J]. 施工技术，2018，47（6）：73−78.

[8] 刘献伟，高洪刚，王续胜. 施工领域 BIM 应用价值和实施思路[J]. 施工技术，2012，41（22）：84−86.

[9] 王宇鹏，杨丽军，李靖. 基于 BIM 技术在智慧工地建设中的应用研究[J]. 智能建筑与智慧城市，2021（8）：85−86.

[10] 李亚男. BIM 技术在智慧工地建设中的应用研究[J]. 砖瓦，2021（11）：102−103.

[11] 黄颖，高杰. “智慧工地”在公路工程项目中应用研究[J]. 土木建筑工程信息技术，2019，11（4）：33−38.

[12] 凌立睿，张强. 基于 BIM 的智慧工地管理体系框架研究[J]. 智能建筑与智慧城市，2021（4）：99−100.

[13] 曾凝霜，刘琰，徐波. 基于 BIM 的智慧工地管理体系框架研究[J]. 施工技术，2015，44（10）：96−100.

[14] 陶向东. 基于 BIM 的智慧工地管理体系框架探究[J]. 大众标准化，2019（16）：181.

[15] 王静. 三维激光扫描技术结合 BIM 技术在建设工程中的应用[J]. 江西建材，2018（11）：62−63.

[16] 彭书凝，王凤起，江兆尧. BIM 在建筑产业现代化进程中的应用[J]. 施工技术，2017，46（6）：56−59.

[17] 郭德弘，韦竞婧，张志雄，等. BIM+AR 技术在土建设计中的应用研究[J]. 工程经济，2021，

31（10）：43－47.
[18] 王晓亮，杜志芳. 基于 MR+BIM 技术的信息化建筑工程应用研究[J]. 居舍，2020（4）：66－67.
[19] 郭云峰，吴巍，杨贺同，等. 基于 BIM 模型轻量化的协同应用平台研究与实践[J]. 石油化工建设，2021，43（6）：66－70.
[20] 刘智敏. 建筑信息模型（BIM）技术与应用[M]. 北京：北京交通大学出版社，2020.
[21] 初毅，邵兆通，武涛. 基于 MR＋BIM 技术的信息化建筑工程应用探讨[J]. 土木建筑工程信息技术，2017，9（5）：94－97.
[22] 王刚. 基于 BIM 的 3D 打印技术在建筑行业的应用研究[J]. 门窗，2019（3）：146－147.